高等院校安全工程专业系列教材 · 新形态教材

江苏海洋大学本科教材建设专项基金项目

U0383754

防火防爆
技术与应用

主　编　姜　琴　施鹏飞

副主编　徐国想　钟向宏

参　编　张兰君　夏　明

　　　　张洪铭　杨校毅

特配电子资源

- 课件资源
- 视频学习
- 配套练习

南京大学出版社

图书在版编目(CIP)数据

防火防爆技术与应用 / 姜琴,施鹏飞主编. —南京:
南京大学出版社,2022.8

ISBN 978 - 7 - 305 - 25946 - 3

Ⅰ. ①防… Ⅱ. ①姜… ②施… Ⅲ. ①防火②防爆
Ⅳ. ①X932

中国版本图书馆 CIP 数据核字(2022)第 131585 号

出版发行　南京大学出版社
社　　址　南京市汉口路 22 号　　　　邮　编　210093
出 版 人　金鑫荣

书　　名　**防火防爆技术与应用**
主　　编　姜　琴　施鹏飞
责任编辑　刘　飞　　　　　　　编辑热线　025 - 83592146

照　　排　南京开卷文化传媒有限公司
印　　刷　南京人文印务有限公司
开　　本　787 mm×1092 mm　1/16　印张 23.5　字数 562 千
版　　次　2022 年 8 月第 1 版　2022 年 8 月第 1 次印刷
ISBN 978 - 7 - 305 - 25946 - 3

定　　价　59.00 元
网　　址:http://www.njupco.com
官方微博:http://weibo.com/njupco
微信服务号:njuyuexue
销售咨询热线:(025)83594756

前　　言

　　火灾和爆炸事故是威胁人民生命安全、企业安全生产,影响社会经济安全和生态安全的主要灾害之一。根据国家应急管理部发布的特别重大火灾爆炸事故调查报告,企业火灾风险防控和应急处置能力不足仍是当前事故频发的常见原因。因此,在全民范围内推广防火与防爆技术及消防安全知识,对于预防和减少火灾和爆炸事故、保护广大群众的人身和财产安全、保障国民经济的可持续安全发展,具有极其重要的意义。

　　本书首先从人类对火和爆炸现象的认识和应用入手,揭示火和爆炸现象在生产生活中发挥的强大作用,激发读者积极运用火和爆炸现象推进人类文明进步发展的主观能动性和创新思维。同时,从火灾爆炸事故的原因及危害入手,深入贯彻"以人为本,生命至上"的安全发展理念和"防患于未'燃'"的消防安全理念。其次从燃烧理论基础和火灾基本知识开始,详细阐述火灾发生、发展规律,在此基础上结合大量事故案例,讲解了火灾防控措施、灭火方法和技术。同时,基于爆炸基本知识和爆炸特征参数及其计算,阐述了爆炸理论及防爆技术措施。本书重点结合防火防爆技术在火灾爆炸风险和隐患排查中的应用,详细讲解了火灾隐患辨识,爆炸危险评定,危险化学品危险辨识,化工及危险化学品企业安全风险和隐患排查方法、步骤和判定依据,并在介绍建筑防火防爆知识的基础上,阐述了建筑安全疏散设计要求和火场逃生策略。

　　本书在编写过程中注重理论和实践相结合,筛选并引用了大量与防火防爆技术相关的虚拟仿真实验教学一流课程内容,帮助读者更好地掌握防火与防爆技术,并身临其境地应用到相关行业和领域。本书内容涵盖范围广、实用性强,可作为安全工程、消防工程及相关工程类专业教学使用,也可作为从事安全生产和应急管理的专业人员的参考用书以及注册消防工程师、注册安全工程师考试辅导用书。

本书共 6 章,由施鹏飞和姜琴担任主编,徐国想和钟向宏担任副主编。第 1 章和第 6 章由姜琴编写,第 2 章由施鹏飞、姜琴和张兰君共同编写,第 3 章和第 4 章由施鹏飞和姜琴共同编写,第 5 章由施鹏飞、姜琴、夏明和张洪铭共同编写,杨校毅参与第 6 章知识拓展与实践的编写。全书由施鹏飞和姜琴统稿。

本书编写时参阅了大量防火防爆领域的国内外著作、国家标准和期刊论文等文献资料,在此对原作者表示最诚挚的感谢! 由于编者水平有限,本书存在的疏漏和不足之处,欢迎各位读者提出宝贵建议!

编　者

2022 年 4 月

目　录

第一章

火灾和爆炸概述

认知目标 了解人类对火和爆炸现象的认知和应用过程；掌握各类取火工具的取火原理；掌握火与爆炸在生产生活中的助力作用及其原理；了解火灾爆炸事故对人员、物资和环境造成的危害后果，掌握火灾爆炸事故的常见原因。

技能目标 培养安全取火和用火技能；提升火灾事故致因分析能力。

素养目标 培养科学探索和创新实践精神、培养"以人为本，生命至上"的安全发展观和"防患于未'燃'"的消防安全责任意识。

学习目标

第一节　人类对火和爆炸的认知和应用

火的发现
及应用

一、人类用火史及火在社会发展中的应用

火的发现，源于野火燎原。原始人既目睹了野火的破坏力，也意外发现了野火的功能，如取暖、照明、威慑野兽和加工动、植物食材。考古证据显示，人类最早用火的时间可以追溯到旧石器时代。1973年，考古学家在云南省元谋人生活过的洞穴里，发现有炭屑及燃烧过的兽骨化石，我国著名旧石器时代考古学家、古人类学家贾兰坡先生研究后认为这是人类用火的最早证据。此外，在山西西侯度文化遗址、陕西蓝田以及北京的周口店等许多猿人遗迹中，也都发现过原始人用火的痕迹。恩格斯在《反杜林论》中称赞说，火的使用"第一次使人支配了一种自然力，从而最终把人同动物界分开"。

中华几千年文明发展史也是人类用火技术的发展史。人类充分显示出效法自然、取火自然的超凡智慧。金、木、水、火、土，世间万物皆可用于取火。

1. 以木取火

《庄子·外物》中"木与木相摩则然"的描述，反映了早期钻木取火的情形。《拾遗记》中描述，"燧明国有大树名燧，屈盘万顷。后有圣人，游至其国，有鸟啄树，粲然火出，圣人

感焉,因用小枝钻火,号燧人氏"。由此可知,钻木取火的方法是燧人氏从鸟啄燧木起火得到启示而发明的。《韩非子·五蠹》中记载,"上古之世,……民食果蓏蚌蛤,腥臊恶臭而伤害腹胃,民多疾病。有圣人作,钻燧取火,以化腥臊",充分说明了钻燧取火是人类用火和食用熟食的开始。"燧"也因此成为取火器具的代称。1980 年,在新疆鄯善县苏贝希遗址中出土了 2000 多年前人类使用的钻木取火工具。据此推断早期的钻木取火,首先需要选择干燥易燃、质地较软的木料制作出具有凹槽(取火孔)的钻木板,然后选择质地较硬的树枝制作出钻火棒,同时准备足够的引燃材料(如易燃的芯绒、干草、木屑、棉絮等)放在取火孔附近;接着将钻火棒插入钻木板的取火孔中,双掌来回搓动,使棒的末端与木板结合处因摩擦而生热;当热量聚集到一定程度就会产生火星,点燃取火孔处放置的引燃材料。钻木取火过程是机械能转化为热能的过程,要求操作者具备较强的体能,生火时间较长,过程非常辛苦。为了减少工作量并提高点火效率,人们在实践中又发明了刨木取火、易洛魁族式取火和弓弦钻木取火等。通过在钻木过程中改变施力方式、加飞轮以及弓弦作为加速器等,可以在很大程度上提高取火的效率。木燧取火是以木取火的方法,对木料的选择和操作技术要求高,在缺乏干燥易燃材料和操作者技术水平不高的前提下,是无法成功取火的。

2. 以金取火

为了克服木燧取火的局限性,古人发明了阳燧。1956 年,河南三门峡市虢国太子墓出土的虎鸟纹阳燧,证明早在春秋时期人们就开始使用青铜凹面镜作为取火工具。《淮南子·天文训》中提到"阳燧见日则燃而为火",说明阳燧的取火原理正是凹面镜聚日光生火。阳燧取火是把太阳能转化为热能的过程,因此只能在晴天使用。由于阳燧多以金属制成,故又称为"金燧"。《胁记·内则》提到人们日常佩带的器物中,"左佩金燧"而"右佩木燧"。唐孔颖达疏也记载有"晴则以金燧取火于日,阴则以木燧钻火也",表明金燧和木燧是当时人们交替使用的两种取火方式。除金属外,还可以采用石英、塑料和冰等透明材料制作阳燧。阳燧在当代也有类似产品,如镜面太阳能点火器。奥运会取火仪式,也是以这种方式采集天火。

阳燧省时省力,但受到天气的限制。因此,古人又发明了不受天气影响、易于操作的摩擦取火工具——火镰。火镰取火需要用到火镰、火石和火绒三个基本构件。火镰主件是铁条或钢条打造的镰刀,如果缀上珠玉玛瑙和绳子,就成了一件可随身携带的精美配饰;火石又称燧石,是比较常见的硅质岩石,质密坚硬;火绒是艾蒿的嫩叶。使用火镰取火时,首先使火镰与火石反复摩擦发热,然后向下猛击火石,使产生的火花点燃垫在火石下面的艾绒。近代使用的火石打火机也是同样的工作原理,只是其中的火石换成了铈铁合金,火绒换成了其他易燃物,如早期多用汽油,现在多用丁烷、丙烷类和石油液化气。

除了金燧和火镰,还有一款金属材质的取火工具,就是野外生存常备工具——打火棒。打火棒的主体是镁合金棒,不怕潮湿。当用配套的刮匙或刀快速刮擦其表面时,会产生大量镁屑。镁屑可在空气中迅速自燃,形成高温火种,落入事先准备好的引火物中,就可以迅速生火。打火棒的取火原理不是摩擦起火,而是制造易自燃的镁粉。镁粉自燃是化学能向热能转换继而生火的过程。打火棒最大的优点就是安全便携,即使湿透也能点火。

3. 以水取火

在气候寒冷的地方,可以就地取材,以冰块制成阳燧取火。这是以水取火的最典型例子。此外,碱金属如锂、钠、钾等以及它们的氢化物性质活泼,遇水发生反应能放出大量热和氢气,会剧烈燃烧甚至发生爆炸。在特殊情形下可用作引火物,但不能作为日常取火工具。

4. 以火取火

据史书记载,南北朝时期(约公元 577 年),北齐的宫女们为了加快做饭生火的速度,发明了火折子。火折子由外筒和纸构成,一般采用竹筒和烧纸作为原材料。制作时把纸裁成合适大小,卷起来插进竹筒里,点燃后盖住通风的盖子即制作成功。使用时,先拔掉盖子,然后对着火折子轻轻吹,即可复燃。火折子的取火原理是"火星复燃",是把化学能转化为热能后点火的过程,即通过给燃烧的火焰制造缺氧环境,让明火变成火星,打开盖子后,火星重获氧气复燃。使用火折子时,要特别注意防风防潮。随身携带火种,即使只是火星,也是不符合现代安全理念的。因此,现代科技产品智能吹气感应点烟器,虽借用了火折子的形式,却采用了截然不同的更为安全可靠的取火方式。智能吹气感应点烟器内置气流感应芯片和发热钨丝等部件。使用时,只需对着点烟口吹口气,即可连通电路,使电能转化为热能,达到"一触即燃"的效果。由于点燃过程无明火,因此不需要防风设计,5 秒内熄燃让取火过程更安全。此外,因其具有体积小(相当于一支烟的大小)和无限续航(内置锂电池,可充电)的特点,智能吹气感应点烟器携带和使用都非常方便。

5. 以土取火

火柴是根据物体摩擦生热的原理,利用化学药品的氧化还原反应活性,制造出的一种能摩擦发火的取火工具,可归结为以"土"取火的例子。1855 年,瑞典建立的火柴厂研制出安全火柴,逐渐为世界各国所采用。安全火柴的火柴盒侧面物质含有发火剂红磷,火柴头上的物质包括氧化剂($KClO_3$)和易燃物(S)等。当两者摩擦时,因摩擦产生的热使与 $KClO_3$ 接触的红磷发火,并引起火柴头上的易燃物燃烧。安全火柴的发明,使廉价安全的取火方式惠及广大人民群众。无论贫穷富贵,人人可以用最简单的方式获得火源,从而极大地推动了社会的文明进程。

人类掌握取火技术之后,社会文明往前迈进了一大步。从此,人类摆脱了茹毛饮血的原始生活状态,体魄更加强健,寿命更加绵长。在火的帮助下,人们开始烧制各种生活器具,如锅、碗、盆、壶等;锻造劳动工具,如锤、剪、犁、叉等;铸造武器,如刀、剑、枪、甲等;制作乐器、祭器等,如著名的秦兵马俑和唐三彩。

当代对火的掌控技术更加成熟,火已安全进入千家万户。点火的燃料从最初的木材、煤,过渡到煤油、酒精等,再到现在的天然气,使人们的生活质量不断提高。燃气灶的基本工作原理是燃气通过喷嘴喷出进入燃烧器,在燃烧器中与空气混合,经打火器点燃后发生稳定的燃烧。当代人还利用火来驱动汽车。汽油发动机的工作原理是汽油燃烧产生热气压,带动活塞做功,这是将化学能转化成机械能的过程。

人类控火史上最伟大的发明之一是实现了火力发电。火力发电的原理较为复杂,首先是煤的燃烧将化学能转变成热能,水受热蒸发生成水蒸气;然后借助水蒸气的气压推动汽轮机旋转,实现热能向机械能转换;其后汽轮机带动发电机旋转,最终将机械能转变成电能。

二、爆炸现象及其应用

爆炸是指通过瞬间释放的能量而对周围环境产生破坏作用的现象,其广泛存在于自然界中,如火山喷发、地震、陨石高速撞击地球等。地球表面称为地壳,其下是厚度约为 2 900 m 的地幔。地幔的温度很高,可达 1 980 ℃,里面的岩石呈液态,称为岩浆。火山喷发是岩浆等喷出物在短时间内从火山口向地表的释放。从某种程度上来说,火山就像是一个巨大的压力锅,里面的岩浆中含大量挥发分,受到覆盖岩层的围压而无法释放。当气体压力超过覆盖岩层能够承受的范围,挥发分就会炸开火山口,急剧释放出来,这就是火山爆发。而地震是漂浮在岩浆上的地壳板块在内部巨大压力驱动下发生的板块移动,同时以地震波形式将地震能量从地下传到地表。地震发生时,首先是挤压岩石的 P 型波以每秒 6 千米的速度在岩石中经过,然后是波浪似的 S 型波穿岩而过,最后是左右摇摆前后翻滚的 L 地表波。十二级地震所释放的能量无坚不摧。此外,陨石高速撞击地球也会造成威力巨大的爆炸。例如,科学家们猜测恐龙的灭绝以及 1908 年发生在俄罗斯西伯利亚的通古斯大爆炸,都是陨石高速撞地所引发的灾难。

爆炸现象也存在于人类的生产活动中,如煤矿的瓦斯爆炸。1815 年,英国化学家汉弗里·戴维在研究了煤矿的爆炸问题后,认为爆炸原因是矿灯的火焰过热引燃了瓦斯气体,由此发明了安全矿灯。人类最初了解和掌控爆炸技术,则要追溯到中国唐朝黑火药的发明。火药的配方最早出现在唐代炼丹师的著作中。名医兼炼丹家孙思邈(581—682 年)所著的《丹经内伏硫黄法》,提到用硫黄、硝石、皂角和木炭一起炼制丹药的方法。炼丹家清虚子撰写的《太上圣祖金丹秘诀》(808 年),记载有"伏火矾法":"硫二两,硝二两,马兜铃三钱半。右为末,拌匀。掘坑,入药于罐内与地平。将熟火一块,弹子大,下放里内,烟渐起"。还有一本名为《真元妙道要略》的炼丹书也谈到用硫黄、硝石、雄黄和蜜一起炼丹失火的事,书中告诫炼丹者要防止这类事故发生。炼丹师们把这种由硫、硝、炭三种物质构成的极易燃烧的药,称为"着火的药",即火药。

其后,火药的配方由炼丹家转到军事家手里,成为当时攻城略地的利器。据《宋史·兵记》记载:公元 970 年兵部令史冯继升进献火箭法,这种方法是在箭杆前端缚火药筒,点燃后利用火药燃烧向后喷出的气体的反作用力把箭射出,这是世界上最早的喷射火器。后来,人们发现火药在密闭容器内燃烧会发生爆炸,于是各种利用火药爆炸原理制成的火器如"霹雳炮""震天雷"等纷纷在北宋战场上登台亮相。例如公元 1126 年,李纲守开封时,用霹雳炮击退金兵的围攻。公元 1259 年,有人以粗竹筒制成了突火枪。突火枪内装"子巢"(即原始的子弹),火药点燃爆炸后产生的强大压力,把"子巢"射出去。现代枪支中的子弹在结构上做了改良,分为弹壳、底火、发射药、弹头四部分。发射时由撞针撞击底火,使发射药爆炸,产生的气体将弹头推出。这里用到的发射药就是无烟火药。无烟火药是 1884 年法国化学家维埃利发明的,主要原料是硝化纤维。子弹发射利用的是爆炸后气体对子弹的瞬时加速,而手榴弹则利用爆炸后产生的冲击波能量和碎片发挥威力。手榴弹的延时装置为使用者提供了爆炸前的缓冲时间,以免使用者受到爆炸波及,其中的引爆装置由弹簧加压的撞针触发。平时撞针被保险销固定,使用时拉出保险销,撞针失去束缚后弹出撞击火帽,产生火花,火花再点燃引信中的延时材料导火索。约四秒钟后,导火索全部烧尽,随即引爆其末端的雷管,雷管爆炸引爆榴弹内的炸药将榴弹炸碎。

控爆技术在当代军事、航空航天等领域有着广泛应用。军事上,控爆技术常用于制作各式威力巨大的导弹。例如,洲际导弹射程在 8 000 km 以上;巡航导弹既能在陆上和空中发射,又可从水下发射,能避开雷达低空飞行,且命中精度高;1945 年 8 月 6 日,美国在日本广岛投放了人类战争史上杀伤性最大的武器——原子弹,爆炸造成共计 25 万日本人直接或间接死亡。在航空航天领域,人类利用燃烧和爆炸的巨大威力,发射火箭、发射卫星、发射空间站、登陆月球、登陆火星,探索的足迹一次次向宇宙深处延伸。2018 年 12 月 8 日,嫦娥四号探测器在西昌卫星发射中心由长征三号乙运载火箭成功发射,并于 2019 年 1 月 3 日成功在月球着陆。2021 年 10 月 16 日,神舟十三号载人飞船在酒泉卫星发射中心点火发射,顺利将翟志刚、王亚平、叶光富 3 名宇航员送入空间站工作。

爆炸并不都是具有破坏性的。烟花的绽放也是爆炸,只是其爆炸过程所释放的能量绝大部分转化成光能呈现在人们眼中。制作烟花时通过加入特定的发光剂和发色剂能够使烟花放出五彩缤纷的颜色。这些发光剂往往是金属镁或金属铝的粉末,燃烧时会发出白炽的强光。发色剂是燃烧时会发出不同颜色光芒的各类金属化合物,这在化学上称为焰色反应。李白在《黄鹤楼送孟浩然之广陵》中写道,"故人西辞黄鹤楼,烟花三月下扬州"。以烟花泛指绮丽的春景,从侧面表现了烟花所营造出的炫丽夜空之美。2008 年奥运会烟花表演令世人叹为观止,独具匠心的脚印烟花充分显示了焰火师高超的控爆技术。

除了提供视觉享受之外,爆炸过程也会给人们的生产生活带来实质性的帮助,如爆破作业既可为矿工开矿提供便利,也可帮助建筑工人在拆除建筑和隧道施工过程中提高效率。应用于建筑物拆解的爆破作业称为拆除爆破,拆除爆破过程中必须严格控制炸药用量、爆破界限、建筑倒塌方向、堆渣范围和爆破产生的振动、飞石、噪声、冲击波、粉尘等负效应。例如,2020 年 4 月 20 日,上海中环四幢烂尾楼被同时爆破拆除,爆破用时 15 秒,爆破拆除面积约 16 万平方米。四幢超高建筑均为 20 层以上、高度超过 80 米,同一时间全部爆破拆除,施工难度非常大,在国内尚属首例。另据央视中文国际频道 2020 年 12 月 1 日报道,位于阿联酋阿布扎比的一座高达 144 层的摩天大楼 10 秒钟被爆破拆除,成为使用炸药拆除的最高建筑物,创造爆破拆除作业新的吉尼斯世界纪录。此次爆破使用了 1.8 万个雷管,6 000 公斤炸药。钻爆法是通过钻孔、装药、爆破开挖岩石的方法,可应用于矿山巷道和隧道爆破施工。现代化施工作业往往采用凿岩台车或多臂钻车钻孔,应用毫秒爆破、预裂爆破及光面爆破等爆破技术。我国隧道建设水平世界领先,秦岭终南山特长公路隧道全长 18.02 千米,是世界最长的双洞高速公路隧道。

善用爆炸过程有时还能保护人们免受事故伤害。例如,汽车上的安全气囊就是利用爆炸过程瞬间释放大量气体,为车上人员提供缓冲的装置。当汽车发生碰撞事故时,车上探测碰撞点火装置会将信号传递给气体发生器的引爆装置,使相关物质迅速生成大量氮气,快速充满气囊。气源物质是叠氮化钠,据计算,100 g 叠氮化钠爆炸后可以生成约 50 L 的氮气。

思考和实践

（1）2021年2月，美国得克萨斯州遭遇冬季风暴袭击，全州气温均低于零摄氏度。受这股寒潮影响，德州近360万用户断电、交通瘫痪、超市停业、学校停课。德州居民被迫人工取火、照明、取暖，其间因为用火不当，造成多起火灾伤亡事故。如果你面临同样的困境，你会如何取暖、照明？在用火的过程中应当采取哪些控火措施？尝试制作简易取火工具并指出其取火原理。

（2）据报道，2018年7月，长沙某大学生从冰箱拿出的罐装可乐坠地后发生爆炸，致其手部受伤。请指出可乐瓶爆炸原因、爆炸条件及如何避免此类爆炸事故伤害。

（3）2022年2月20日，北京冬奥会闭幕式上用烟花打出"天下一家"和"ONE WORLD ONE FAMILY"，表达人类命运共同体的主题和更团结的奥林匹克精神。请通过文献调研，简述两届北京奥运会焰火表演在安全环保方面的科技创新。

（4）2022年3月30日，我国在酒泉卫星发射中心用长征十一号运载火箭，成功将天平二号A、B、C卫星发射升空，卫星顺利进入预定轨道。请通过文献调研，简述火箭发射的原理。尝试利用矿泉水瓶等素材制作一个能发射升空的水火箭。

（5）2022年4月中旬，中国3位宇航员乘坐神舟十三号返回地球。请查阅文献后简述：为什么陨石高速撞地会产生爆炸？如何确保飞船穿越大气层不发生爆炸？

第二节　火灾爆炸事故的常见原因与危害后果

火灾爆炸
事故原因

一、火灾爆炸事故常见原因

从安全系统工程的角度来说，事故是由一系列错误因素相互作用导致的。火灾爆炸事故原因可分为人的因素、机器设备因素、物料因素、环境因素和管理因素五个方面。其中人为因素主要包括人为纵火和违反操作规程；设备因素主要是电气设备缺陷或故障等；物料因素主要是自燃；环境因素包括潮湿、高温、静电、雷击、通风不良等；管理因素包括违规指挥和消防管理不到位等。根据导致燃爆事故的直接原因进行事故统计，可以分为电气着火、物体自燃起火、人为纵火和违规操作失火。根据应急管理部消防救援局的统计分析，2012—2021年，我国132.4万起住宅火灾中，电气火灾占42.7%，用火不慎占29.8%，吸烟占4.6%，玩火占1.9%，自燃占1.8%，放火占1.3%，遗留火种等其他原因占17.9%。人为因素仍然是住宅火灾的主要原因。

1. 电气着火

电气是引发火灾的首要原因，电气火灾是由电流、电磁场、雷电、静电和某些电路故障等直接或间接造成的事故。根据我国消防救援局2020年火灾统计数据，全年因违反电气安装使用规定引发的火灾共8.5万起，占总数的33.6%；其中，因电气引发的较大火灾36起，占总数的55.4%。从电气火灾的分类看，因短路、过负荷、接触不良等线路问题引发的火灾占总数的68.9%，因故障、使用不当等设备问题引发的火灾占总数的26.2%，其他电气原因引发的火灾占4.9%。

违反电气安装和使用规定是住宅火灾常见事故原因。例如，2008年11月14日上海商学院宿舍楼火灾,4 名学生跳楼逃生,当场死亡,火灾原因是学生违规使用电器。2015 年 6 月 25 日,发生在郑州市关虎屯小区的火灾,造成 13 人死亡,4 人受伤,事故原因是配电箱内电气线路连接不规范,导致线路短路而引燃配电箱和楼道内杂物。2013 年 6 月 3 日,吉林省德惠市的宝源丰禽业有限公司主厂房发生特别重大火灾爆炸事故,共造成 121 人死亡、76 人受伤,直接经济损失 1.82 亿元。事故直接原因是宝源丰公司主厂房部分电气线路短路,引燃周围可燃物,燃烧产生的高温导致氨设备和氨管道发生物理爆炸。2017 年 11 月 18 日,位于北京市大兴区西红门镇新建二村新康东路 8 号的一处集储存、生产、居住功能为一体的"三合一"场所发生火灾,共造成 19 人死亡、8 人受伤及重大经济损失。火灾原因是冷库制冷设备调试过程中,为冷库压缩冷凝机组供电的铝芯电缆电气故障造成短路,引燃其表面覆盖的聚氨酯保温材料。

此外,电动车引发的火灾不容忽视。根据消防救援局数据统计,2021 年全年共接报电动自行车及其电池故障引发的火灾近 1.8 万起、死亡 57 人。这些事故往往是由于私拉"飞线"充电或电池充电时发生故障。例如,2017 年 12 月 13 日,北京朝阳区十八里店村民通过私拉电线给电动车充电,因电源线短路引发火灾,造成 5 死 9 伤。2021 年 11 月 17 日,南京传媒学院一宿舍楼突发火灾,经查明,该起火灾系学生违规在宿舍给电动平衡车电池充电所致。2021 年 5 月 23 日,南通某小区车库内电动车爆燃,经调查,该电动车的电池为大功率非国标锂电池。随着新能源新业态的不断发展,电动汽车引发的火灾风险不断攀升。2021 年全年新能源汽车火灾共 3 000 余起。

2. 人为纵火

人为纵火可分为故意纵火和过失纵火。故意纵火行为主要源于报复泄愤或毁灭罪证,因其蓄意性而防不胜防,后果极为严重。例如,2003 年 2 月 18 日在韩国大邱市地铁站,一名患抑郁症的金姓男子携带易燃物品恶意纵火,事故造成 198 人死亡,146 人受伤,298 人失踪。2009 年 6 月 5 日,发生在四川省成都市公交汽车上的张云良故意纵火案,造成乘客中 27 人死亡、74 人受伤。2017 年,浙江杭州"6·22"恶意纵火案造成母子 4 人死亡,涉嫌放火罪、盗窃罪的犯罪嫌疑人莫焕晶被刑拘并判处死刑。2018 年 4 月 24 日,广东省清远市嫌疑人刘某因酗酒后与他人发生口角而在 KTV 恶意纵火,共造成 18 人死亡、5 人受伤。

过失纵火的具体原因包括吸烟、遗留火种、用火不慎和玩火等。例如,2008 年 5 月 22 日,美国海军核动力航母"华盛顿"号发生火灾,导致 37 人受伤,起火原因是违规吸烟导致的火苗引燃了放置不当的可燃性液体。2014 年 3 月 22 日,福建省莆田市涵江区萩芦镇郭某某在山上放羊时抽烟引发森林火灾,火灾面积 608 亩,直接经济损失 385 684 元。2009 年 2 月 9 日,在建的中央电视台电视文化中心因违规在元宵节燃放大型烟花引发特大火灾,致使 1 名消防战士牺牲,另有多人受伤,造成直接经济损失 1.6 亿元。2016 年 2 月 9 日,湖南省岳阳县步仙乡北斗村某村民在其亡父坟墓前燃放鞭炮,引发森林火灾,过火面积 64.4 公顷。2015 年 2 月 5 日,一名 9 岁男孩在惠州市义乌小商品批发城内用打火机玩火引起货品燃烧并蔓延,造成 17 人死亡。2017 年 12 月 28 日晚,美国纽约市一幢 5 层公寓内一名 3 岁半的男孩玩火炉引发火灾,导致至少 12 人死亡。

根据国家消防救援局 2021 年火灾统计数据,导致火灾的原因中用火不慎占比 22.6%、遗留火种占比 13.7%、吸烟占比 10.9%、玩火 1%。其中,用火不慎是日常消防火灾主要原因。例如,2021 年 6 月 25 日凌晨 3 时许,河南省柘城县远襄镇北街一武术馆发生火灾,造成 18 人死亡、4 人重伤、12 人轻伤,事故原因是使用蚊香不慎。违章吸烟是作业场所消防安全的一大隐患。例如,2021 年 4 月 22 日金山区胜瑞电子科技(上海)有限公司因员工违章吸烟发生火灾,造成 8 人死亡。2020 年 6 月 17 日,湖南省双峰县永丰街道嘉信华庭小区临街门面一物流中转门店因工作人员现场吸烟,发生火灾造成 7 人死亡。2020 年 5 月 10 日,山西忻州某停车场内 6 辆公交车着火,原因是一名员工在车内抽烟后,随手扔下烟头,致公交车着火,由于风大引燃旁边 5 辆公交车。

3. 违规操作失火

违规操作失火的主要原因包括违反动火作业规程、违规导致粉尘积聚以及违规破坏市政燃油燃气管道等。

动火作业是使用明火且能产生高温火花的特种作业,必须遵守行业规范。违反安全操作规程就意味着事故。国家消防救援局 2021 年的统计数据显示,在各类火灾原因中,违规动火施工、焊接焊割等生产作业火灾数占总数的 2.7%,但造成的亡人却占总数的 6.3%,引发的较大火灾占总数的 10.7%。2000 年 12 月 25 日,河南省洛阳市老城区东都商厦特大火灾事故造成 309 人中毒窒息死亡,7 人受伤,直接经济损失 275 万元。该火灾即是因商厦地下一层东部分店非法施工、施焊人员违章作业,电焊火花溅落到地下二层家具商场的可燃物上造成的。2010 年 11 月 15 日,上海市静安区胶州路 728 号公寓大楼特别重大火灾事故造成 58 人死亡,71 人受伤,直接经济损失 1.58 亿元,事故也是由无证电焊工违章操作引发的。2019 年 4 月 15 日,位于山东省济南市历城区董家镇的齐鲁天和惠世制药有限公司四车间地下室,在冷媒系统管道改造过程中,发生重大着火中毒事故,造成 10 人死亡、12 人受伤,直接经济损失 1 867 万元。事故原因是天和公司四车间地下室管道改造作业过程中,违规动火作业引燃现场堆放的冷媒增效剂(主要成分是氧化剂亚硝酸钠,有机物苯并三氮唑、苯甲酸钠),瞬间产生爆燃,放出大量氮氧化物等有毒气体,造成现场施工和监护人员中毒窒息死亡。2019 年 11 月 18 日,位于山西省晋中市平遥县的峰岩煤焦集团二亩沟煤矿发生重大瓦斯爆炸事故,造成 15 人死亡、9 人受伤,直接经济损失 2 183.41 万元。事故原因是二亩沟煤矿违规布置炮采工作面开采区段煤柱、导通采空区,导致采空区瓦斯大量溢出;违章放炮产生明火引起瓦斯爆炸,波及与之相邻的正规回采工作面。2021 年 1 月 10 日 14 时,山东省烟台市栖霞市一金矿发生爆炸事故,经全力救援,11 人获救,10 人死亡,1 人失踪,直接经济损失 6 847.33 万元。事故原因是企业违规存放、使用民用爆炸物品和井口违规动火作业。

石油天然气输送管道采用高压输送,一旦发生泄露,就会使大量可燃物外泄,遇明火发生火灾爆炸事故。2010 年 7 月 28 日,南京市栖霞区南京塑料四厂拆迁工地丙烯管道被施工人员挖断后泄漏,导致爆炸事故,造成至少 22 人死亡,120 人住院治疗。2013 年 11 月 22 日,青岛市黄岛区中石化输油储运公司潍坊分公司输油管线破裂引发爆燃事故,致使部分原油沿着雨水管线进入胶州湾,胶州湾海面过油面积约 3 000 平方米。处置过程中发生爆燃,事故共造成 62 人死亡、136 人受伤,直接经济损失 7.5 亿元。人为破坏输油管道的后果更为可怕。2019 年 1 月 18 日,墨西哥伊达尔戈州图斯潘市—图拉市一输油管道发生爆炸事故,造成至少 100 人死亡。爆炸是因当地居民非法从管道中取油引起的,爆炸发生时,人群在人为切口处聚集,使用油桶和燃料箱收集燃料。在日常生活中,引入千家万户的天然气管道一旦发生泄露,也会引发严重事故。2015 年 10 月 10 日,安徽省芜湖市镜湖区杨家巷一私人小餐馆发生液化气罐爆炸,造成 17 人死亡。事故系液化气瓶减压阀与瓶口阀连接处发生泄漏着火,店主处置不当导致爆燃,随后气瓶发生爆炸,店内人员一氧化碳中毒死亡。2021 年 6 月 13 日,湖北省十堰市张湾区艳湖小区发生天然气爆炸事故,41 厂菜市场被炸毁,事故造成 25 人死亡、138 人受伤(其中 37 人重伤)。事发建筑物在河道上,起因是铺设在负一层河道中的燃气管道发生泄漏,建筑物负一层两侧封堵不通风,泄漏天然气聚集,并向一楼二楼扩散,达到爆炸极限后,遇火源引爆。

运输易燃危化品或液化石油气的槽罐车,在运输过程中应当严格遵循交通安全规定,若违章驾驶可能导致泄漏、火灾和爆炸事故。例如,2014 年 3 月 1 日 14 时 45 分许,位于山西省晋城市泽州县的晋济高速公路山西晋城段岩后隧道内,晋 E23504/晋 E2932 挂铰接列车在隧道内追尾豫 HC2923/豫 H085J 挂铰接列车,造成前车甲醇泄漏起火燃烧,后车发生电气短路,引燃周围可燃物,进而引燃泄漏的甲醇,隧道内滞留的另外两辆危险化学品运输车和 31 辆煤炭运输车等车辆被引燃引爆,造成 40 人死亡、12 人受伤、42 辆车烧毁。经调查,晋 E23504/晋 E2932 挂铰接列车存在超载行为和制动不及时行为。2020 年 6 月 13 日,沈海高速公路温岭段温州方向温岭西出口下匝道发生一起液化石油气运输槽罐车重大爆炸事故,造成 20 人死亡,175 人入院治疗。经调查确认,该事故源于槽罐车超速行经高速匝道引起侧翻、碰撞、泄出,进而引发爆炸。

易燃粉尘悬浮在空气中,会形成爆炸混合物,遇明火发生爆炸。例如,2014 年 8 月 2 日,发生在江苏省苏州市昆山市昆山经济技术开发区的昆山中荣金属制品有限公司抛光二车间的特别重大铝粉尘爆炸事故,共造成 97 人死亡、163 人受伤,直接经济损失 3.51 亿元。事故原因是事故车间除尘系统较长时间未按规定清理,铝粉尘集聚,形成粉尘云,遇高温引发除尘系统及车间的系列爆炸。2015 年 6 月 27 日晚,发生在台湾新北市游乐园的粉尘爆炸事故,造成 500 余人受伤、12 人死亡。事故调查报告指出,派对上抛洒的玉米粉接触到表面温度超过 400 ℃的电脑灯时,引起爆燃。2018 年 12 月 26 日,发生在北京交通大学实验室的粉尘爆炸事故造成现场 3 名学生死亡。这起事故是实验室内学生使用搅拌机对镁粉和磷酸搅拌,反应过程中,料斗内产生的氢气被搅拌机转轴处金属摩擦、碰撞产生的火花点燃导致爆炸,继而引发镁粉粉尘云爆炸,爆炸同时引起周边镁粉和其他可燃物发生殉爆。

4. 物体自燃

物体自燃主要有两类,电路老化自燃和危化品自燃。2007 年 10 月 2 日,一辆从重庆万盛经济技术开发区开往重庆主城区的大客车因电路老化发生自燃,导致 27 人遇难。2011 年 7 月 22 日,鲁 K08596 号大型卧铺客车违规运输 300 公斤危险化学品偶氮二异庚腈,并将其堆放在客车舱后部,偶氮二异庚腈在挤压、摩擦、发动机放热等综合因素作用下受热分解并发生爆燃,造成 41 人死亡、6 人受伤。2015 年 8 月 12 日,位于天津市滨海新区天津港的瑞海公司危险品仓库发生火灾爆炸事故,爆炸总能量约为 450 吨 TNT 当量,造成 165 人遇难。事故直接原因是危险品仓库集装箱内的硝化棉由于湿润剂散失出现局部干燥,在高温天气下加速分解放热,积热自燃,继而引起火灾爆炸。2019 年 3 月 21 日 14 时 48 分,位于江苏省盐城市响水县生态化工园区的天嘉宜化工有限公司发生特别重大爆炸事故,造成 78 人死亡、76 人重伤,640 人住院治疗,直接经济损失 198 635.07 万元。事故原因是事故企业旧固废库内长期违法贮存的硝化废料(主要成分是二硝基二酚、三硝基一酚、间二硝基苯、水和少量盐分等)持续积热升温导致自燃,燃烧引发爆炸。

二、火灾爆炸事故的危害

火灾和爆炸事故原因复杂,突发性强,易引发次生灾害,具有很大的破坏性。根据事故后果评价的标准,事故评估会从人员伤亡情况、经济财产损失情况以及对环境造成破坏情况三个方面进行综合评估。人员伤亡情况不仅包括人员致死、致残、受伤情况,还要考虑当事者及死者家属的心理创伤问

火灾爆炸
事故危害

题。经济损失情况既要考虑直接经济损失,也要考虑间接经济损失。环境破坏影响包括火灾爆炸事故对局部地区大气、水资源、土壤的污染及所造成的地质灾害如水土流失、泥石流、坍塌、地震等,在极端情况下还要考虑灾害事故对全球气候造成的深远影响。

1. 森林草原火灾的危害后果

美国加州山林大火和澳洲丛林大火是破坏性极大、影响范围极广的火灾。2017 年 10 月 8 日加州北部山林大火造成至少 42 人死亡,逾 7 000 栋建筑被毁,著名葡萄酒山谷付之一炬,约 10 万人紧急撤离。2017 年 12 月 4 日托马斯山火过火面积超过 1 106.4 平方公里,约有 1 063 栋房屋和建筑被损毁,10 万以上的居民被迫疏散,2 人死亡。根据以往经验,加州大火多数是电线老化或者被刮断引发的。2018 年 11 月 8 日坎普山火过火面积 620 平方公里,造成 85 人死亡,近千人失踪,30 万人逃离家园,至少 1.4 万栋住宅被毁,其中拥有 2.6 万人口的天堂镇在 24 小时内被大火夷为平地。2019 年 9 月开始的澳洲全国性山火一直燃烧到了 2020 年 1 月,肆虐了 4 个多月。整个澳洲总过火面积超过 630 万公顷,2 500 间房屋坍塌成废墟,27 人在火海中丧生,10 亿动物被波及,至少 5 亿动物在火灾中惨死。与此同时,澳洲空气质量快速下降,大火肆虐期间美国宇航局的卫星每天都能拍摄到大量浓烟从澳大利亚东部海岸流向南太平洋,最远到达南极洲。

近年来,因过度砍伐,亚马孙雨林火灾频发,火灾烟气对周边地区的大气环境造成明显影响。有关数据显示,2019 年以来亚马孙森林火灾数量超过 7.2 万起,巴西、秘鲁与玻利维亚交界处的亚马孙地区为火灾重灾区。据报道,火灾烟气造成的黑云覆盖在圣保罗市上空,白昼宛如黑夜。圣保罗市大学研究人员在燃烧物中发现有毒物质。欧盟哥白尼气候变化服务中心发出警告称,该区域的火灾已导致全球一氧化碳和二氧化碳的排放量明显飙升,不仅对人类健康构成威胁,还加剧了全球气候变暖。

根据国家消防救援局统计数据,2020 年我国发生森林火灾 1 153 起,受害森林面积

8 526 公顷;发生草原火灾 13 起,受害面积 11 046 公顷。2021 年,全国发生森林火灾 616 起,受害森林面积约 4 292 公顷;发生草原火灾 18 起,受害面积 4 170 公顷。

2. 地震、火山爆发的危害后果

与火灾的长期破坏性相比,地震和火山爆发因其突发性和瞬间释放的巨大能量,更易造成重大人员伤亡和财产损失。2019 年 12 月 9 日,新西兰著名旅游景点怀特岛(White Island)突然发生火山喷发,造成 47 名游客中 14 人死亡,30 多人受伤,部分患者伤势严重,全身烧伤程度达 90%。2020 年 1 月 12 日,菲律宾首都马尼拉附近的活火山大雅台塔尔火山突然爆发,火山灰直冲云霄高达 10～15 公里,甚至蔓延到 72 公里外的奎松城,同时引发了地震和海啸。

根据国家应急管理部消防局的统计数字显示,2021 年我国大陆地区共发生 5 级以上地震 20 次,主要集中在新疆、西藏、青海、云南、四川等西部地区。其中,3 月 19 日西藏比如县发生 6.1 级地震,造成 2 万余间房屋损坏,直接经济损失 4.8 亿元。5 月 21 日云南漾濞 6.4 级地震造成 16.5 万人受灾,3 人死亡,交通、道路、市政、教育等设施受损。5 月 22 日青海玛多 7.4 级地震造成 11.3 万人受灾,部分道路、桥梁等基础设施损毁。全年地震灾害共造成 14 省(区、市)58.5 万人受灾,9 人死亡,6.4 万间房屋倒塌和严重损坏,直接经济损失 106.5 亿元。

3. 人为火灾爆炸事故的危害后果

与自然界中的爆炸事件相比,人为爆炸事故的危害更为严重。例如,2001 年 9 月 11 日,恐怖分子劫持美国民航客机分别撞向纽约世界贸易中心双子大楼和五角大楼,共造成 2 996 人死亡,6 291 人受伤,343 名消防人员在救援时殉职或失踪,造价 11 亿美元的世贸双塔化为一片废墟。该事件直接导致美元相对主流货币贬值、股市下跌、石油等战略物资价格一度上涨,并波及欧洲及亚洲等主流金融市场,间接导致美国和世界其他国家经济增长减慢。美国政治外交政策也因此发生大转变,发动全球范围反恐战争。

日常生产和生活中的火灾事故是造成人员伤亡和财产损失的主要原因之一,而企业生产、运输和经营过程中发生特别重大火灾爆炸事故造成的人员和财产损失尤为严重。例如,2011 至 2020 年,国家应急管理部共发布 14 起特别重大火灾或爆炸事故调查报告,这些事故主要发生在煤矿、石油化工和危化品运输行业,共造成 879 人死亡,两千多人受伤(表 1-1)。

表 1-1　2011—2020 年 14 起特别重大火灾或爆炸事故概况及危害

事故类型	发生时间	伤亡人数	直接经济损失
京珠高速河南信阳"7·22"特别重大卧铺客车燃烧事故	2011 年 7 月 22 日 3 时 43 分	41 人死亡 6 人受伤	2 342.06 万元
四川省攀枝花市西区正金工贸有限责任公司肖家湾煤矿"8·29"特别重大瓦斯爆炸事故	2012 年 8 月 29 日 17 时 38 分	48 人死亡 54 人受伤	4 980 万元

事故类型	发生时间	伤亡人数	直接经济损失
吉林省吉煤集团通化矿业集团公司八宝煤业公司"3·29"特别重大瓦斯爆炸事故	2013 年 3 月 29 日 21 时 56 分	36 人死亡 12 人受伤	4 708.9 万元
山东保利民爆济南科技有限公司"5·20"特别重大爆炸事故	2013 年 5 月 20 日 10 时 51 分	33 人死亡 19 人受伤	6 600 余万元
吉林省长春市宝源丰禽业有限公司"6·3"特别重大火灾爆炸事故	2013 年 6 月 3 日 6 时 10 分	121 人死亡 76 人受伤	1.82 亿元
山东省青岛市"11·22"中石化东黄输油管道泄漏爆炸特别重大事故	2013 年 11 月 22 日 10 时 25 分	62 人死亡 136 人受伤	75 172 万元
晋济高速公路山西晋城段岩后隧道"3·1"特别重大道路交通危化品燃爆事故	2014 年 3 月 1 日 14 时 45 分	40 人死亡 12 人受伤	8 197 万元
沪昆高速湖南邵阳段"7·19"特别重大道路交通危化品爆炸事故	2014 年 7 月 19 日 2 时 57 分	54 人死亡 6 人受伤	5 300 余万元
江苏省苏州昆山市中荣金属制品有限公司"8·2"特别重大爆炸事故	2014 年 8 月 2 日 7 时 34 分	97 人死亡 163 人受伤	3.51 亿元
河南平顶山"5·25"特别重大火灾事故	2015 年 5 月 25 日 19 时 30 分	39 人死亡 6 人受伤	2 064.5 万元
天津港"8·12"瑞海公司危险品仓库特别重大火灾爆炸事故	2015 年 8 月 12 日 22 时 51 分	165 人死亡 8 人失踪 798 人受伤	68.66 亿元
重庆市永川区金山沟煤业有限责任公司"10·31"特别重大瓦斯爆炸事故	2016 年 10 月 31 日 7 时 30 分	33 人死亡 1 人受伤	3 688.22 万元
内蒙古自治区赤峰宝马矿业有限责任公司"12·3"特别重大瓦斯爆炸事故	2016 年 12 月 3 日 7 时 30 分	32 人死亡 20 人受伤	4 399 万元
江苏响水天嘉宜化工有限公司"3·21"特别重大爆炸事故	2019 年 3 月 21 日 14 时 48 分	78 人死亡 76 人重伤 640 人住院治疗	198 635.07 万元

　　火灾事故的主要危害源自产生的高温、烟雾和有毒有害气体,以及在一定条件下还可能引发的坍塌和爆炸。爆炸事故的主要危害源于爆炸产生的冲击波、爆炸碎片和震荡作用。此外,爆炸还会引发火灾、泄漏、坍塌甚至地震等二次事故。例如,2005 年 11 月 13 日,中国石油天然气股份有限公司吉林石化分公司双苯厂硝基苯精馏塔发生爆炸,造成 8 人死亡,60 人受伤,直接经济损失 6 908 万元,并引发松花江特别重大水污染。2013 年 11 月 22 日,青岛输油管线泄漏引发的重大爆燃事故,造成 52 人死亡,爆燃现场道路损毁,原油入海造成部分海域污染。2015 年 8 月 12 日,天津港瑞海公司危险品仓库特别重大火灾爆炸造成 165 人遇难,直接经济损失 68.66 亿元。其中,304 幢建筑物、12 428 辆商品汽车、7 533 个集装箱受损。2019 年 3 月 21 日江苏省盐城市响

水县陈家港化工园区内的江苏天嘉宜化工有限公司发生的爆炸事故造成 78 人死亡，566 人住院治疗，同时引发江苏盐城市响水县发生 3.0 级左右地震、江苏连云港市灌南县 2.2 级地震。

 思考和实践

（1）请仔细观察经常出入的宿舍、教学楼、图书馆、商场等人员密集的公共场所，找出可能引发火灾和爆炸事故的因素。

（2）唐朝诗人白居易曾在诗中描述"离离原上草，一岁一枯荣。野火烧不尽，春风吹又生"。请结合澳大利亚山火简述草原火灾的成因、危害和预防对策。

（3）请根据中央电视台《新闻直播间》栏目的动画解读——《森林大火的蔓延与救援》，写出森林火灾的成因、危害和救援措施。

森林大火的
蔓延与救援

（4）请登录国家应急管理部网站（https://www.mem.gov.cn/gk/sgcc/tbzdsgdcbg/），通过公布的调查报告找出表 1-1 所列出的 2011—2020 年 14 起特别重大火灾或爆炸事故原因。

（5）请仔细研读《江苏响水天嘉宜化工有限公司"3·21"特别重大爆炸事故调查报告》，了解事故过程、事故原因和事故危害，并提出相应的事故防范措施。

（6）根据北京交通大学"12·26"实验室爆炸事故调查报告，指出实验室火灾爆炸危险因素，提出预防此类事故发生的实验室安全管理对策。

第三节　课程研究意义与内容

一、我国消防安全形势

根据国家消防救援局的统计数据，2021 年全国共接报火灾 74.8 万起，死亡 1 987 人，受伤 2 225 人，直接财产损失 67.5 亿元。与 2020 年相比，2021 年全国火灾起数、伤人和损失分别上升 9.7%、24.1% 和 28.4%，死亡人数下降 4.8%。

火灾发生的区域、场所、季节和时间分布规律如下。

1. 火灾发生区域

根据 2021 年全国火灾事故统计情况，农村地区火灾大火概率偏高、现场死亡人数偏多，其中，乡村火灾的起数、死亡人数分别占总数的 54.6% 和 51%。这可能是由于农村地域面积大、建筑耐火等级低、农村居民特别是老龄人口自救、互救的逃生能力低、消防基础设施和救援力量相对薄弱。根据森林和草原火灾统计数据，2021 年，广东、广西、湖南、云南、福建等省（区）森林火灾较多，内蒙古、青海草原火灾较多。此外，根据近十年住宅火灾统计数据，城市地区火灾占 50.5%，其中城市市区占 33.1%、县城城区占 17.4%；农村地区占 47.9%，其中集镇镇区占 14.8%、乡村占 33.1%；其他区域占 1.6%。

2. 火灾发生场所

居民住宅是受火灾影响最大的场所，其次是工商文娱场所，这是因为上述场所人员聚集、生产经营设施集中、用电用油用气负荷大、成品原材料堆积，一旦发生火灾极易蔓延扩大,造成伤亡损失。高层建筑火灾数量不断上升,人员密集场所人员死亡概率相对较高。2021 年全年共接报高层建筑火灾 4 057 起、死亡 168 人,且主要集中于居住场所,其中,发生高层住宅火灾 3 438 起、死亡 155 人,分占高层建筑火灾的 84.7% 和 92.3%。学校、医院、商场市场、宾馆饭店、文化娱乐、交通枢纽、大型综合体等人员密集场所火灾伤亡相对集中,全年共发生火灾 3.2 万起,只占火灾总数的 4.3%,但死亡 179 人,伤 422 人,亡人、伤人分别占总数的 9% 和 19%。

3. 火灾的季节分布

冬春气温相对较低、风大干燥,且有春节、元宵节、清明节等传统节日,用火用电量较多,火灾概率较大。2012—2021 年冬春季节共发生居住场所火灾 75.2 万起,造成 7 410 人遇难,分别占总数的 56.9% 和 63.7%。2021 年冬春季节共发生火灾 43.7 万起,死亡 1 131 人,分别占总数的 58.6% 和 57.5%,明显多于夏秋季节,特别是春节期间为全年的火灾高峰,除夕当天的火灾数量相当于平常的近 3 倍。2021 年森林火灾主要集中在 1—4 月,共计 506 起,占全年森林火灾总数的 82%;草原火灾主要发生在 1—5 月,共计 13 起,占全年草原火灾总数的 72%;2020 年森林火灾主要集中在 2—5 月,共 780 起,接近全年森林火灾的七成。此外,重要节点、重点时段火灾伤亡较大,如 2020 年国庆当天的山西太原冰雕馆重大火灾造成 13 人遇难。

4. 火灾时段分布

夜晚火灾因发现晚、报警晚、处置晚,易造成较大火灾和人员伤亡。2020 年火灾统计数据显示,0 时至 6 时的火灾只占全天起火数的 13.7%,但死亡人数占 43.6%,较大火灾数则占 56.9%。2021 年火灾统计数据显示,夜间 22 时至次日 6 时的火灾只占总数的 17.3%,但亡人数占 41.9%,较大火灾数占 51.2%。2012—2021 年的住宅火灾数据显示,晚 8 时至次日 6 时发生在居住场所的火灾占居住场所火灾总数的 28.6%,但亡人数占 55.4%、伤人数占 50.4%,夜间火灾的亡人率接近白天的 2 倍。

5. 火灾中伤亡人员特征

2012—2021 年住宅火灾的亡人中,60 岁以上人员占 43.4%,19 至 59 岁占 39.4%,18 岁以下占 16.6%,其他未明确年龄的占 0.6%。由此可见,60 岁以上的老年人尤其是独居老人在火灾中的死亡比率最高,这是因为该群体很容易因吸烟、使用电热毯、电蚊香、蜡烛、生活用火等原因引发火灾,并因发现晚、报警晚及逃生自救不及时而导致死亡。从死亡人员的教育程度看,受初等教育的占 44.4%,未受教育的占 35.3%,受中等教育的占 15.8%,受高等教育的占 3.9%,其他未明确教育程度的占 0.6%。

二、课程研究意义和内容

火灾和爆炸事故是威胁人民生命安全、企业安全生产,影响社会经济安全和生态安全的主要灾害之一。近年来,一些特别重大火灾爆炸事故的发生,暴露出涉事企业在"重效益、轻安全"的思想驱使下,消防安全意识淡漠、员工缺乏消防安全培训、企业消防安全应急处置能力不足等严重问题。例如,2013 年吉林省长春市宝源丰禽业有限公司"6·3"特别重大火灾爆炸事故,造成 121 人遇难,76 人受伤。火灾的发生和重大的人员伤亡,源于企业如下违规行为。

（1）企业违规安装布设电气设备及线路，主厂房内电缆明敷，二车间的电线未使用桥架、槽盒，也未穿安全防护管，埋下重大事故隐患。

（2）企业厂房建设过程中，为了达到少花钱的目的，未按照原设计施工，违规将保温材料由不燃的岩棉换成易燃的聚氨酯泡沫，导致起火后火势迅速蔓延，产生大量有毒气体。

（3）主厂房内逃生通道复杂，且南部主通道西侧安全出口和二车间西侧直通室外的安全出口被锁闭，火灾发生时人员无法及时逃生。

（4）主厂房内没有报警装置，部分人员对火灾知情晚，加之最先发现起火的人员没有来得及通知二车间等区域的人员疏散，使一些人丧失了最佳逃生时机。

（5）宝源丰公司未对员工进行安全培训，未组织应急疏散演练，员工缺乏逃生自救互救知识和能力。

（6）未按照有关规定对重大危险源进行监控，未对存在的重大隐患进行排查、整改、消除。尤其是 2010 年发生多起火灾事故后，没有认真吸取教训、加强消防安全工作，没有彻底整改存在的事故隐患。

2013 年 6 月 6 日，习近平总书记就安全生产做出重要指示，强调"人命关天，发展决不能以牺牲人的生命为代价。这必须作为一条不可逾越的红线"。2021 年 6 月 10 日，《中华人民共和国安全生产法》第三次修正案通过实施。新安全生产法第三条规定：安全生产工作应当以人为本，坚持人民至上、生命至上，把保护人民生命安全摆在首位，树牢安全发展理念。坚持安全第一、预防为主、综合治理的方针，从源头上防范化解重大安全风险。

"以人为本，生命至上"的安全发展理念也是消防安全领域一直秉承的宗旨。《中华人民共和国消防法》第一条规定：为了预防火灾和减少火灾危害，加强应急救援工作，保护人身、财产安全，维护公共安全，制定本法。同时，消防法第二条还规定了"消防工作贯彻预防为主、防消结合的方针，按照政府统一领导、部门依法监管、单位全面负责、公民积极参与的原则，实行消防安全责任制，建立健全社会化的消防工作网络"。"防患于未'燃'"是消防安全工作的奋斗目标。根据国家应急管理部发布的特别重大火灾爆炸事故调查报告，企业火灾风险预防、控制及应急处置能力不足仍是当前事故频发的常见原因。因此，在全民范围内推广防火与防爆技术及消防安全知识，对于预防和减少火灾和爆炸事故、保护广大群众的人身和财产安全、保障国民经济的可持续安全发展，具有极其重要的意义。《中华人民共和国消防法》第六条规定，教育、人力资源行政主管部门和学校、有关职业培训机构应当将消防知识纳入教育、教学、培训的内容。

本课程作为安全工程专业必修课程，主要面向安全工程专业本科生开设，也可作为各机关、团体、企业、事业等单位工作人员、应急管理部门及消防救援机构消防人员的学习和培训资料。课程主要研究对象是燃烧现象和爆炸现象，主要内容包括火灾和爆炸概述、燃烧理论及其应用、火灾及其防控措施、爆炸理论及防爆技术、危险源辨识管理、建筑防火安全。课程重点是燃爆现象的原理、事故隐患辨识、火灾爆炸防控措施和技术。通过本课程学习，学习者可以较为全面地了解燃烧和爆炸现象的实质和原理，掌握防火防爆基本理论和技术措施，提高火灾爆炸事故隐患排查能力和事故应急处置能力。

 **思考和实践**

登录应急管理部消防救援局网站（https://www.119.gov.cn/gongkai/sjtj），了解我国消防安全现状及形势，自学《中华人民共和国消防法》，明确消防工作指导方针和内容。

知识拓展与实践

一、奥林匹克火炬中的取火和控火技术

1. 奥林匹克火炬仪式简介

从 1936 年柏林奥运会开始，奥林匹克火炬仪式正式成为奥运会的传统之一。该仪式起源于希腊神话中普罗米修斯为人类盗取火种的故事。1934 年，国际奥委会采纳了柏林奥运会组委会秘书长的建议，决定现代奥运会开始进行圣火采集仪式和火炬传递活动。

圣火采集遵循古希腊的传统，通过将太阳光聚焦于凹面镜中央，产生高温引燃圣火。点燃的圣火以火炬接力形式向奥运会会场传递，接力途中如遇地理阻碍，可用各类运输工具运送。火种必须在奥运会开幕前一天到达主办城市，在开幕式举行时，最后一位火炬手点燃主体育场的"奥林匹克圣火"。

1976 年，蒙特利尔奥运会别开生面地利用卫星激光技术传递奥运圣火。当时主办方通过一个捕捉离子化火焰微粒的传感器将圣火从希腊传送到渥太华，这种通过卫星传过来的脉冲信号进行解码而复制奥运圣火的传递方式因存在争议而未被沿用。

2. 奥运火炬设计

奥运火炬主要由燃料供应系统、燃烧器和保温回热装置构成。燃料供应系统的主要构成部件是稳压装置和燃料瓶，燃料瓶必须满足容量、耐压性、美观性和实用性等设计要求。稳压装置的作用是提供一定压力、一定流量的燃料供应。保温装置的作用是减缓燃烧热量损失的同时为燃烧瓶加热。燃烧器是燃料与空气混合燃烧形成火焰的地方，要求必须能够形成稳定可靠的火焰。

以 2008 北京奥运会"祥云"火炬为例，该火炬长 72 厘米，重 985 克，燃烧时间 15 分钟。采用丙烷为燃料，燃烧后只有二氧化碳和水，不会对环境造成污染。在零风速下火焰高度 25 至 30 厘米，在每小时 65 公里的强风和每小时 50 毫米的大雨情况下可保持燃烧，在强光和日光情况下均可识别和拍摄。在工艺方面使用锥体曲面异型一次成型技术和铝材腐蚀、着色技术。火炬外形制作材料为可回收的环保材料。

二、爆破技术的行业应用

1. 隧道爆破技术

爆破施工技术在岩体隧道、边坡等工程施工中起决定作用。隧道爆破设计是隧道爆破施工的一项重要内容，也是计算进度、工期、材料等的依据。沈阳工业大学的郭连军教授主持建设的国家级一流课程"隧道爆破施工虚拟仿真实验"向大家展现了炮眼的直径和数量、装药量的计算及分配、装药种类和结构参数设置、周边炮眼间距与装药密集系数、超爆顺序安排等知识。

2. 巷道掘进爆破技术

巷道类掘进爆破工作是岩石施工建设的难点。河南理工大学张飞燕教授主持建设的"巷道掘进爆破安全虚拟仿真实验"包括巷道掘进爆破设计到施工的全工艺过程,可以帮助同学们全面了解光面爆破原理、毫秒微差爆破原理、爆破危害计算与监测等知识。

3. 拆除爆破技术

随着国家节能减排政策的大力实施,近年来在城市和厂矿企业的改建和扩建工程中,大型烟囱的拆除工程越来越多,爆破作业要求逐渐提高。武汉科技大学吴亮教授主持建设的国家级一流课程申报项目"烟囱倒塌力学分析及爆破拆除虚拟仿真实验"展现了烟囱爆破拆除过程中的力学知识。

4. 露天矿台阶爆破技术

福州大学的楼晓明教授主持建设的国家级一流课程申报项目"露天矿台阶爆破工艺流程虚拟仿真实验"和华北理工大学李富平教授主持建设的"露天深孔台阶爆破仿真实验"针对露天矿台阶爆破过程进行模拟,强调不同的矿体特性条件下正常台阶爆破、缓冲爆破和预裂爆破的参数和爆破工艺设计,全面展现了凿岩爆破工艺流程。

第一章课程资源

第二章

燃烧理论基础

第一节　燃烧的学说和理论

燃烧的学说和理论

一、关于燃烧反应的实验研究

人类认识并使用火的历史可以追溯到原始人,但对燃烧本质的实验研究直到 17 世纪中叶以后才开展起来。随着金属冶炼等高温生产活动的发展,迫切需要对燃烧现象做出理论上的解释。1669 年,德国化学家贝歇尔提出了燃素学说的基本思想,认为一切可燃物均含有硫的油性土,并在燃烧过程中放出。1703 年,贝歇尔的学生斯塔尔对该思想加以补充和发展,提出了燃素学说。斯塔尔认为一切可燃物均含有燃素,可燃物是由燃素和灰渣构成的化合物,燃烧时放出燃素,留下灰渣;燃素和灰渣结合又可复原为可燃物。这种理论可以解释当时的大部分化学反应现象,但却无法解释为什么有的物质燃烧后反而重量增加,而有的物质在空气中燃烧后重量减少。此外,燃素究竟是什么物质?

气体化学的一系列发现证明燃素并不存在。1755 年,苏格兰化学家布拉克通过加热白镁石和石灰石,发现了不助燃且使动物窒息的二氧化碳气体。1766 年,英国化学家凯文迪许发现锌、铁、锡等金属和稀硫酸作用可以得到一种可燃气体,即氢气。1772 年,布拉克的学生苏格兰化学家卢瑟福研究了物质在空气中燃烧后的剩余气体,发现氮气。1774 年,英国化学家普利斯特列用凹透镜聚焦加热氧化汞时,发现了一种具有助燃性和有益于动物呼吸的气体,即氧气。1777 年,法国化学家拉瓦锡综合了 1772—1777 年的研究成果,撰写了题为《燃烧理论》的报告,全面、系统地阐述了"燃烧的氧化学说"。其要点是:物质在氧存在时才能燃烧,燃烧时发出光和热;物质在空气中燃烧时吸收其中的氧,物质燃烧后增加之重恰等于吸收的氧之重;非金属可燃烧物燃烧后变为酸,金属燃烧后变为金属氧化物。1789年,拉瓦锡的著作《化学纲要》问世,燃素说土崩瓦解。

二、关于燃烧反应条件的化学反应动力学研究

根据氧化学说,燃烧是同时有光和热发生的强烈的氧化反应。那么从分子层面来看,物质与氧气之间是如何发生反应的呢? 分子碰撞理论认为反应的先决条件是反应物分子必须发生碰撞。然而众所周知,地球大气中富含氧气和氮气分子,彼此频繁碰撞却并不发生反应。1918年,美国物理化学家路易斯根据气体运动理论,提出了化学反应的有效碰撞理论,认为有效碰撞的条件是:分子具有一定的能量且分子碰撞时相对取向合适。这是因为分子彼此接近时,需要克服较大的分子间斥力,并在碰撞的同时破坏旧的化学键、形成新的化学键。例如,氢气和氯气在常温下避光放置在同一个容器中,每秒彼此碰撞达10亿次,但却不会发生任何反应。但是,如果把这种混合气体放在日光下,二者就会以极快的速度发生反应生成氯化氢,并发生燃爆现象。再如在一氧化碳和二氧化氮的反应中,只有当一氧化碳的碳原子与二氧化氮中的氧原子发生碰撞,才能生成二氧化碳。

1889年瑞典物理化学家阿累尼乌斯通过大量实验与理论的论证,揭示了反应速率与温度关系的经验公式 $K = A e^{-E_a/RT}$,首次提出活化能 E_a 的概念,认为只有"活化分子"间的碰撞才能发生反应。1925年,美国物理学家托尔曼运用统计热力学来讨论化学反应速率与温度的关系,提出了活化能 E_a 是活化分子的平均能量 $\overline{E^*}$ 与反应物分子的平均能量 $\overline{E_R}$ 之差。实验证明,只有发生碰撞的分子的能量等于或超过一定的能量 E(临界能)时,才可能发生有效碰撞。能量大于或等于 E 的分子称为活化分子。使普通分子变为活化分子所必需的能量称为活化能,不同的反应具有的活化能不同。反应的活化能越低,则在指定温度下活化分子数越多,反应越快。根据玻耳兹曼能量分布定律可知,活化分子占总分子数的分数可用 $e^{-E_a/RT}$ 估算。因此,升高温度不仅使气体分子在单位时间内碰撞的次数增加,而且使得活化分子百分数增大,从而使反应速率增大。正因为活化能的存在,氧气和氮气分子才能在大气中和平共存,极少会发生反应生成氮的氧化物。而工业上以氮气与氧气制备一氧化氮时,必须将混合气通过电弧,反应温度达到4 000 ℃。此外,催化剂加速反应的原理也与活化能有关,即通过降低反应活化能,使得具有平均能量的反应物分子只要吸收较少的能量就能变成活化分子,有效增大化学反应速率。

活化能示意图如图2-1所示。图中的纵坐标表示所研究系统的分子能量,横

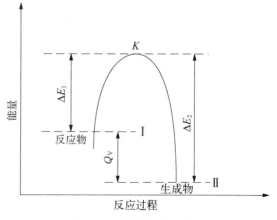

图2-1　活化能示意图

坐标表示反应过程。若系统从状态Ⅰ转变为状态Ⅱ,由于状态Ⅰ的能量大于状态Ⅱ的能量,该过程放热,反应热效应等于 Q_V。Q_V 即等于状态Ⅰ与状态Ⅱ的能级差。状态 K 的能量大小相当于使反应发生所必需的能量,所以状态 K 的能级与状态Ⅰ的能级之差等于正向反应的活化能 ΔE_1,状态 K 与状态Ⅱ的能级之差等于逆向反应的活化能 ΔE_2,ΔE_2 与 ΔE_1 的差($\Delta E_2 - \Delta E_1$)等于反应热效应。

三、关于燃烧反应过程及机理的化学动力学研究

过氧化物理论对涉及氧气的燃烧过程进行解释,认为氧分子(O=O)在能量作用下活化,被活化的氧分子的双键断开其一,形成中间体过氧基(—O—O—),过氧基能与被氧化物质的分子结合形成过氧化物。由于过氧基的存在,过氧化物中的氧原子比氧分子中的氧原子的得电子能力更强,因此,过氧化物是比氧分子更强的氧化剂,能进一步氧化氧分子难以氧化的其他物质。

氢与氧的燃烧反应,通常直接表达式为:

$$2H_2 + O_2 = 2H_2O$$

按照过氧化物理论,认为先是氢和氧生成过氧化氢,然后才是过氧化氢与氢反应生成 H_2O。其反应式为:

$$H_2 + O_2 = H_2O_2$$
$$H_2O_2 + H_2 = 2H_2O$$

有机过氧化物通常可看作过氧化氢(H—O—O—H)的衍生物,即过氧化氢有 1 个或 2 个氢原子被烃基取代而成为 H—O—O—R 或 R—O—O—R。所以,过氧化物是可燃物质被氧化时的最初产物,它们是不稳定的化合物,能够在受热、撞击、摩擦等情况下分解产生自由基。

过氧化物理论关于氧分子双键破坏形成过氧基的假定,在一定程度上解释了物质在气态下有被氧化的可能性。然而,在解释有机碳氢化合物的氧化过程时,若是考虑到必须破坏 R—H 键才能形成过氧化物 ROOH,则氧化过程很困难,与事实不符。因此,苏联生物化学家 A.H.巴赫认为,过氧化物的生成是由于参与反应的化合物双键的"自由能"活化了分子氧,过氧基不是氧化 R—H 而是氧化自由基 R·。这种观点是近代链式反应理论的基础。

链式反应理论的发现及燃烧机理的研究标志着现代化学动力学研究的重大进展。1913 年,德国的博登斯坦通过卤素与氢反应生成卤化氢的机理研究,提出了链式反应的假说。1916 年,能斯特以氢气和氯气反应为例提出了直链反应模式。在直链反应中,新的自由基的生成是沿直链传递的,较最初激发的自由基数量没有倍增。1927—1928 年,苏联化学家尼古拉·谢苗诺夫和英国化学家西里尔·邢歇伍德对氢气和磷化氢在氧气中的燃烧反应做出深入研究,均得出燃烧反应是链反应的结论,并提出了支链反应的概念。如图 2-2 所示,与氢气和氯气的直链反应不同,氢气和氧气的链式反应中,反应链数目随着反应的进行而呈现指数函数增长。1956 年,谢苗诺夫和邢歇伍德因对链式反应的机理研究,共同获得了诺贝尔化学奖。

氯氢反应：

$$Cl_2 + h\upsilon \longrightarrow 2Cl\cdot \begin{cases} Cl\cdot + H_2 \longrightarrow HCl + H\cdot & H\cdot + Cl_2 \longrightarrow HCl + Cl\cdot \\ Cl\cdot + H_2 \longrightarrow HCl + H\cdot & H\cdot + Cl_2 \longrightarrow HCl + Cl\cdot \end{cases}$$

氧氢反应：

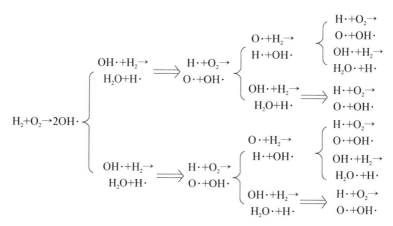

图 2-2　自由基链式反应机理

综上所述，链式反应理论认为物质的燃烧经历以下过程：可燃物质或助燃物质先吸收一定能量（热能、光能、化学反应能等）而离解为游离基，其后游离基与其他反应物分子相互作用发生一系列连锁反应，生成产物的同时释放燃烧热。

链式反应过程大致分为三个阶段：

（1）链的引发。该过程需要外来能量激发，以生成活化分子游离基。

（2）链的传递。游离基与其他化合物分子发生反应，产生新的游离基，反应以直链或支链方式继续进行。

（3）链的中断。链的中断过程中，游离基之间的碰撞、游离基与气相中的惰性组分或反应器壁的碰撞都会导致游离基的消失，使反应终止。例如，在氯氢反应中，涉及的链的中断反应有 $2H\cdot \longrightarrow H_2$ 和 $2Cl\cdot \longrightarrow Cl_2$；在氢氧反应中，涉及的链的中断反应有 $2H\cdot \longrightarrow H_2$ 或 $H\cdot \longrightarrow$ 器壁销毁，$H\cdot + O_2 + M(惰性分子) \longrightarrow HO_2\cdot \longrightarrow$ 器壁销毁，$OH\cdot \longrightarrow$ 器壁销毁等。

根据链式反应理论，当链的生成速度大于链的中断速度时，反应继续进行；反之，反应中止。链式反应速度 υ 可用下式表示。

$$v = \frac{F(c)}{f_s + f_c + A(1-\alpha)} \qquad (式 2-1)$$

其中，$F(c)$ 是反应物浓度函数，f_s 和 f_c 分别是链在器壁上的销毁因数和链在气相中的销毁因数，A 是反应浓度有关的函数，α 是链的分支数。直链反应中 α 为 1，支链反应中 $\alpha > 1$。在一定条件下，当 $f_s + f_c + A(1-\alpha) \longrightarrow 0$ 时，就会发生爆炸。使用链式反应理论可以对燃爆现象做出圆满的解释，并为阻火设备和灭火剂的研发提供理论依据。

将按化学计量比混合的 H_2 及 O_2 在 101.325 kPa 下置于容器中，并沉浸在 500 ℃ 的恒温热浴槽中；然后将容器内抽成几百帕的真空时，氢与氧的混合气发生爆炸；逐步增加容器内的压力至 0.01～0.13 MPa 时，氢与氧的混合气不能爆炸；继续增加混合气的压力至 0.2 MPa 时又能发生爆炸。可见，即使极易发生爆炸的氢氧混合气也需在一定的温度、压力等条件下才能发生爆炸。此压力、温度条件为该可燃混合气的爆炸极限。图 2-3 所示为化学计量比的氢氧混合气的爆炸极限，呈半岛状，所以又称为氢氧混合气的燃烧半岛。从图中可以看出，爆炸极限将混合气的压力、温度范围划分成爆炸区及非爆炸区。在非爆炸区，尽管有足够高的温度，由于压力对反应速度的影响，混合气不能爆炸。从图中可以看出该反应存在 3 个着火极限，其原因可以用链式反应着火理论进行解释。

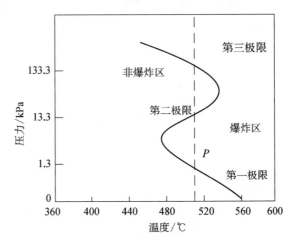

图 2-3 氢氧着火半岛现象

设第一、第二极限之间的爆炸区内有一点 P，保持系统温度不变而降低系统压力，P 点向下垂直移动，此时，因氢氧混合气体压力较低，自由基扩散较快，氢自由基很容易与器壁碰撞，自由基销毁主要发生在器壁上。压力越低，自由基销毁速度越大，当压力下降到某一数值后，自由基销毁速度有可能大于链传递过程中由于链分支而产生的自由基增长速度，于是系统由爆炸转为不爆炸，爆炸区与非爆炸区之间就出现了第一极限。如果在混合气中加入惰性气体，则能阻止氢自由基向容器壁扩散，导致下限下移。从着火半岛图中可以看出，若提高混合气的温度，可使其临界着火压力降低，二者成反比关系，表达式为

$$p_i = A' e^{\frac{B'}{T_i}} \qquad (式 2-2)$$

式中 A'，B' 为常数。

随着压力增加，开始发生新的链式反应，即

$$H \cdot + O_2 + M \longrightarrow HO_2 \cdot + M \qquad 反应式(1)$$

$HO_2 \cdot$ 会在未扩散到器壁前发生以下反应并生成 $OH \cdot$：

$$HO_2 \cdot + H_2 \longrightarrow H_2O + OH \cdot \qquad 反应式(2)$$

该反应导致自由基增长速度增大进而发生爆炸，此为爆炸第三极限。这时，该极限的放热大于散热，属于热力爆炸，完全遵守热自燃理论规律。因此"着火半岛"现象中的第三极限其实质就是热自燃极限。实验还表明，反应(1)(2)不仅适用于氢氧混合气"着火半

岛"现象,还可用来分析计算一氧化碳、氧气混合气的"着火半岛"现象。

四、关于燃烧平衡体系的化学热力学研究

燃烧反应一定是放热反应,但不是所有放热反应都会导致可燃物燃烧。19 世纪末到 20 世纪中期,燃烧过程开始被作为热力学平衡体系来研究。根据热力学第二定律,热量可以自发地从较热的物体传递到较冷的物体,那么在任何放热反应体系中,当体系放出的热使体系的温度高于外界温度时,体系会通过边界向外散热,使体系温度下降。1884 年 Jacobus Heriats van't Hoff 发表观点,认为体系热自燃只有在反应放出的热和体系向周围散发的热不能维持平衡时才能发生。其后多名学者提出用热生成和热损失速度随温度变化的曲线共同构成的"热图"来表示热生成速度和热损失速度的关系,两条曲线的相切点即物质热自燃的临界点。苏联化学家谢苗诺夫通过对热图的分析,首次从理论上提出了定量的热自燃判别准则。该理论被广泛应用于其他反应系统的研究中,包括爆炸系统。他为了使问题简化,做出了一系列假设:(1) 容器壁的温度为 T_0 并保持不变;(2) 反应系统的温度和浓度都是均匀的;(3) 由反应系统向器壁的对流换热系数为 h,h 不随温度而变化;(4) 反应系统放出的热量(即在该阶段的反应热)Q(J/mol)为定值。如果反应容器的容积为 V,反应速度为 w(单位时间内单位容积中物质的量的变化),则单位时间内反应系统所放出热量 q_1 为

$$q_1 = QVw \qquad (式 2-3)$$

根据化学反应速度理论和阿累尼乌斯定律,对于一般的二级反应,在达到着火时间内,反应速度可用下式表示:

$$w = K_0 C_A C_B e^{-\frac{E}{RT}} \qquad (式 2-4)$$

式中,K_0 为阿累尼乌斯反应速率常数;C_A,C_B 分别为燃料和空气分子的摩尔浓度。

将 w 值代入式 2-3,得出系统的放热量为

$$q_1 = K_0 QV C_A C_B e^{-\frac{E}{RT}} \qquad (式 2-5)$$

在单位时间内通过容器壁而损失的热量 q_2 可用式 2-6 表示(温度不高时,辐射损失可以忽略不计):

$$q_2 = \alpha S(T - T_0) \qquad (式 2-6)$$

式中,α 为通过器壁的对流换热系数;S 为器壁的传热面积;T 为反应系统温度;T_0 为反应系统起始温度。

根据谢苗诺夫热自燃理论,着火是放热因素和散热因素相互作用的结果。如果反应放热占优势,体系热量积聚,体系温度升高,直至自燃。反之,如果散热因素占优势,则体系温度下降,不能自燃。如图 2-4 所示,体系在散热条件下,反应由缓慢转变为着火的条件是系统的放热速度(q_1)和散热速度(q_2)相等,同时系统放热速度随温度变化的速度($\mathrm{d}q_1/\mathrm{d}T$)和系统散热温度随温度变化的速度($\mathrm{d}q_2/\mathrm{d}T$)也必须相等,这就是谢苗诺夫热自燃判据。根据这个判据,可以求出体系热自燃的最低自燃温度 T_B(自燃点)和临界压力。

通过该理论可以看出,混合气的着火温度不是一个常数,其数值随混合气的性质、压力(浓度)、容器壁的温度和导热系数以及容器尺寸不同而发生变化,即着火温度不仅取决于混合气的反应速度,而且取决于周围介质的散热速度。当混合气性质不变时,减少容器的表面积、提高容器的绝缘程度都可以降低自燃温度或混合气的临界压力。

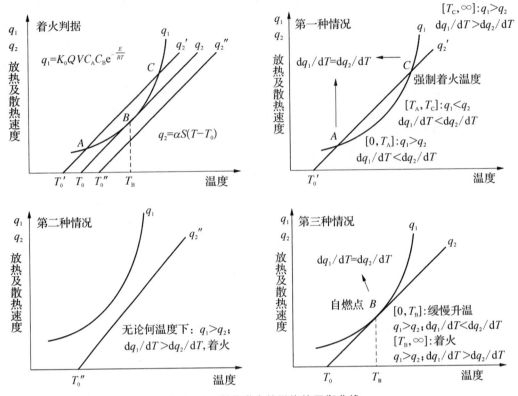

图 2-4 谢苗诺夫的燃烧热平衡曲线

谢苗诺夫热自燃理论是建立在反应体系内部温度均匀的假定之上,该理论仅适用于气体混合物体系和部分堆积固体物质(毕渥数 B_i 较小)。但对于体系内部各点温度相差较大的固体可燃物体系,需要建立另一种理论模型来进行分析,这就是弗兰克-卡门涅茨基热自燃理论。该理论考虑到了大 B_i 数条件下物质体系内部温度分布的不均匀性,以体系最终能否得到稳态温度分布作为自燃着火的判断依据,并提出了热自燃稳态分析方法。

弗兰克-卡门涅茨基热自燃理论认为,可燃物质在空气中堆放情况下会缓慢发生氧化反应并释

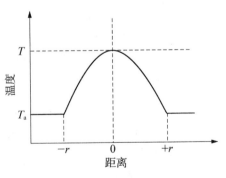

图 2-5 弗兰克-卡门涅茨基反应体系中的温度曲线

放出热量,热量一方面使体系内部温度升高,另一方面通过堆积体边界向环境散失。如果体系经过一段时间后,温度分布趋于稳定,也就是说,化学反应放出的热量与边界传热向外散失的热量相等,体系温度不再随时间的增加而发生变化,则体系不自燃。如果经过一

段时间(着火延滞期)后,体系自燃,则说明该体系内部未能出现稳态温度分布。根据该理论,体系能否达到稳定温度分布是判断体系能否自燃的判据。假设体系在 x,y,z 方向上的长度为 x_0,y_0 和 z_0,通过建立反应体系放热速率、导热系数的稳态温度分布方程并进行简化求解,研究者们发现,物体内部的稳态温度分布取决于物体的形状 $\left(\dfrac{x_0}{y_0}\text{和}\dfrac{x_0}{z_0}\right)$ 以及物体内部化学放热和通过边界向外传热的相对大小值 δ。当物体的形状确定后,其稳态分布仅取决于 δ。当 δ 等于某一临界值 δ_{cr} 时,与体系相关的参数均为临界参数,此时的环境温度称为临界环境温度 T_{cr},体系的尺寸 x_0 称为自燃的临界尺寸。也就是说,堆垛的大小和环境温度是影响固体堆自燃的重要因素。在一定的实验基础上,应用弗兰克-卡门涅茨基热自燃理论模型,可计算得到按特定形状堆积的固体堆在储存环境温度下的自燃临界尺寸。该理论对易燃物的安全存放具有重要的指导意义。

当体系不具备自燃条件时,物质内部稳态温度分布方程为

$$\frac{\partial^2 T}{\partial x^2}+\frac{\partial^2 T}{\partial y^2}+\frac{\partial^2 T}{\partial z^2}+\frac{q}{K}=0 \tag{式 2-7}$$

式中,q 为反应体系放热速率。

$$q=\Delta H_c K_n C_{A0}^n \exp\left[-E/(RT)\right] \tag{式 2-8}$$

经简化后得到

$$\frac{\partial^2 \theta}{\partial x_1^2}+\left(\frac{x_0}{y_0}\right)^2\frac{\partial^2 \theta}{\partial y_1^2}+\left(\frac{x_0}{z_0}\right)^2\frac{\partial^2 \theta}{\partial z_1^2}=-\delta\exp(\theta) \tag{式 2-9}$$

式中

$$\delta=\frac{\Delta H_c K_n C_{A0}^n E x_0^2}{KRT_0^2}\mathrm{e}^{-E/(RT_0)} \tag{式 2-10}$$

由式 2-7 可以看出,物体内部稳态温度分布取决于物体的形状和 δ 的大小。当物体的形状确定后,其稳态温度分布仅取决于 δ。如果物质以无限大平板、无限长圆柱体、球体和立方体等简单形状堆积,经过数学求解,可以得出临界自燃准则参数 δ_{cr}:无限大平板 $\delta_{cr}=0.88$,无限长圆柱体 $\delta_{cr}=2$,球体 $\delta_{cr}=3.32$,立方体 $\delta_{cr}=2.52$。当 $\delta>\delta_{cr}$ 时,体系自燃着火。

整理公式 2-10,对其两边取对数,得

$$\ln\left(\frac{\delta_{cr}T_{a,cr}^2}{x_{0c}^2}\right)=\ln\left(\frac{E\Delta H_c K_n C_{A0}^n}{KR}\right)-\frac{E}{RT_{a,cr}} \tag{式 2-11}$$

上式表明,对于特定物质来说,$\ln\left(\dfrac{E\Delta H_c K_n C_{A0}^n}{KR}\right)$ 为常数,则 $\ln\left(\dfrac{\delta_{cr}T_{a,cr}^2}{x_{0c}^2}\right)$ 是 $1/T_{a,cr}$ 的线性函数。对于给定几何形状的材料,$T_{a,cr}$ 和 x_{0c}(试样特征尺寸)之间的关系可以通过实验确定。

【例题 2-1】　经实验得到立方堆活性炭的数据如表 2-1 所示。已知该材料以无限大平板形式堆放时,在 40 ℃有自燃着火危险的最小堆积厚度。

表 2 - 1　立方堆活性炭数据

x_0(立方堆边长)/mm	25.40	18.60	16.00	12.50	9.53
$T_{a,cr}$(临界温度)/K	408	418	426	432	441

解:根据试验数据得

$\ln(2.52\,T_{a,cr}^2/x_{0c}^2)$	6.47	7.15	7.49	8.01	8.59
$1\,000/T_{a,cr}$	2.45	2.39	2.35	2.31	2.27

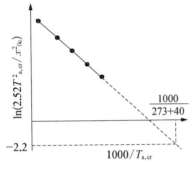

图 2 - 6　$\ln(2.52\,T_{a,cr}^2/x_{0c}^2)$ vs $1\,000/T_{a,cr}$

以 $1\,000/T_{a,cr}$ 为横轴,以 $\ln(2.52\,T_{a,cr}^2/x_{0c}^2)$ 为纵轴坐标系,可得图 2 - 6。从图中可以得出,$T_{a,cr}=40$ K $+273$ K $=313$ K 时,$\ln(\delta_c\,T_{a,cr}^2/x_{0c}^2)=-2.2$。对于"无限大平板"形式堆积方式,$\delta_{cr}=0.88$。

即 $\ln(0.88\times313^2/x_{0c}^2)=-2.2$,解得 $x_{0c}=882$(mm)。

由此得到:在环境温度为 40 ℃时,为避免自燃,以"无限平板"形式堆积的活性炭厚度不能大于 $2x_{0c}=1.764$ m。

除了热自燃之外,还有一种燃烧现象也受到了广泛的研究,即点燃。点燃也称为强制着火,通常是指用高温点火源引燃混合气的过程。将高温点火源放入可燃混合气中,贴近热源周围的薄层气体将被迅速加热甚至发生燃烧,火焰向其余较冷部分传播,就发生了强制着火。

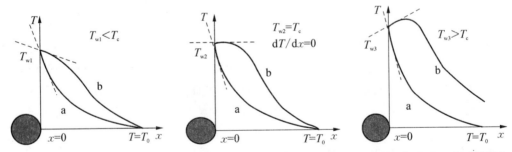

图 2 - 7　气体遇点火源后的温度变化曲线(曲线 a 为惰性气体温度变化趋势线,曲线 b 为可燃混合气温度变化趋势线,圆代表点火源,T_w 为点火源温度,T_c 为可燃混合气的强制着火点)

如图 2 - 7 所示,假定将温度为 T_w 的点火源放入初温为 T_0 的可燃混合气中($T_w>T_0$),由于温差作用,点火源向邻近的混合气散热,并在其周围建立起一个稳定的温度场。点火源周围紧贴的气体薄层为反应层,受热升温的同时反应放热,逐层依次加热离点火源较远的冷混气。图中曲线 a 为惰性气体在纯粹热传导下形成的温度分布,曲线 b 是在热传导基础上加上薄层中气体反应放热所形成的温度分布。图中的虚直线代表点火源表面的温度梯度。很明显,有化学反应放热的可燃气的温度分布曲线 b 在各点的温度比纯粹热传导的温度分布曲线 a 高,界面上的温度梯度相对较小。假定点火源的温度 T_w 等于

某一温度 T_c 时,温度梯度为零,则点火源向气体的热流为零。当 T_w 大于 T_c 时,气体反应剧烈,温度最高点逐渐离开点火源,火焰传播。因此,T_c 就是强制着火的最低温度,也称为物质的强制着火点。

五、关于火焰传播的流体动力学研究

强制着火要求点火源引发的火焰能传至整个气体空间,着火条件不仅与点火源温度有关,还与火焰传播有关。当一个炽热物体或电火花将可燃混合气体某一局部点燃着火时,将形成一个薄层火焰面,火焰面产生的热量将加热临近层的可燃混合气体,使其温度升高至燃烧。这样一层一层地着火燃烧,把燃烧温度逐渐扩展到整个可燃混合气,这种现象即为火焰传播。火焰正常传播是依靠导热和分子扩散使未燃混合气火焰前沿导出的热量能使未燃混合气温度上升至着火温度的过程,涉及气体流动、传热、传质等物理因素。

可燃混合气体的流动受气体黏性的影响,存在层流和湍流两种流动状态,可利用雷诺数 Re 来加以区分。雷诺数 $Re = \rho v d / \mu$,其中 v, ρ, μ 分别为流体的流速、密度与黏性系数,d 为特征长度。例如,流体流过圆形管道时,d 为管道的当量直径。流体在管内低速流动时呈现为层流,其质点沿着与管轴平行的方向做平滑直线运动。当流动的雷诺数大于或等于某一临界值后,层流流动变为湍流流动。在湍流状态下,质点的运动参数(速度的大小和方向)、动力参数(压力的大小)将随时间不断地、无规律地变化,这种运动参数和动力参数瞬息变化的现象称为脉动。

层流预混燃烧理论假定火焰焰锋在管内稳定不动,预混可燃混合气体以一定的速度沿着管子向焰锋流动。火焰前锋是宽度只有几百甚至几十微米的狭窄区域,该区域将已燃气体和未燃气体隔开,并在此完成燃烧反应、热传导和物质扩散等过程。火焰前锋内反应物的浓度、温度及反应速度的变化情况如图 2-8 所示。由于在该宽度内温度和浓度变化很大,出现极大的温度梯度 dT/dx 和浓度梯度 dC/dx,因而有强烈的热流和扩散流。热流从高温火焰向低温新鲜混合气体流动,而扩散流则从高浓度向低浓度流动。因此,在火焰中分子的迁移不仅是质量流(气体有方向的流动)的作用结果,还有扩散的作用。

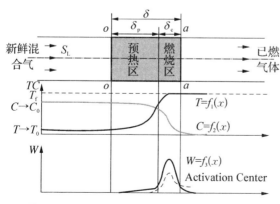

图 2-8 层流预混燃烧稳定的平面火焰前锋

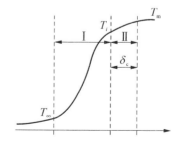

图 2-9 层流传播火焰速度

在初始较大宽度 δ_p 内,化学反应速度很小,其中温度和浓度的变化主要是由于导热和扩散的作用,这部分焰锋统称为预热区,新鲜混合气在此得到加热。此后,化学反应速

度随着温度的升高以指数函数规律急剧地增大,温度很快升高到燃烧温度 T_f。在温度升高的同时,反应物浓度不断减少,因此化学反应速度达到最大值时的温度要比燃烧温度 T_f 略低,但接近燃烧温度。由此可见,火焰中化学反应总是在接近于燃烧温度的高温下进行。

在焰锋剩余的极为狭窄的区域 δ_c 内,反应速度、温度和活化中心的浓度达到最大值,一般称为反应区或燃烧区或火焰前锋的化学宽度。焰锋的化学宽度总小于其物理宽度,即 $\delta_c < \delta_p$。在火焰焰锋中发生化学反应的着火延迟时(即感应期)很短甚至没有,这是与自燃过程不同的。

一层一层的混合气依次着火,火焰前锋的化学区开始由点燃的地方向未燃混合气传播,使已燃区与未燃区间形成明显的分界线,这层薄薄的化学反应发光区称为火焰前沿。火焰位移速度是火焰前沿在未燃混合气中相对于静止坐标系的前进速度,其法线指向未燃气体。火焰法向传播速度是指火焰相对无穷远处的未燃混合气在其法线方向上的速度。若火焰前沿的位移速度为 u,未燃烧混合气流速为 w,则火焰法向传播速度 $S_L = u \pm w$。若 u, w 方向同向取负号,反之取正号。

根据马兰特简化分析物理模型,假设反应区中温度分布为线性分布,若 δ_c 区导出的热量能使未燃混合气温度上升至着火温度 T_i(图 2-9),则火焰能保持温度的传播。根据马兰特简化分析物理模型列出的热平衡方程,可以推导出层流火焰传播速度 S_L 正比于 $p^{(\frac{n}{2}-1)}$,其中,p 为混合气压力,n 为燃烧反应级数。

与层流火焰相比,湍流火焰的火焰长度显著缩短、发光区厚度较厚、火焰面有抖动、火焰轮廓较模糊且有明显噪声(图 2-10)。在湍流火焰的传播过程中,湍流可能使火焰面弯曲,增大反应面积,而且在弯曲的火焰面的法向仍保持层流火焰速度;还可能增加热量和活性物质的运输速率,增大垂直于火焰面的燃烧速度。此外,湍流可以快速地混合已燃气和未燃新鲜可燃气,使火焰在本质上成为均匀混合反应物,从而缩短混合时间。湍流燃烧由湍流的流动性质和化学反应动力学因素共同起作用,其中流动的作用更大。

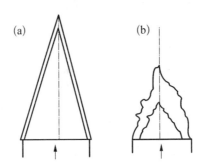

图 2-10　层流(a)与湍流(b)火焰传播示意图

德国的邓克勒和苏联的谢尔金最先开始研究湍流燃烧,用层流火焰传播的概念来解释湍流燃烧机理,用湍流火焰速度来说明湍流燃烧过程。假定来流为湍流,火焰变形,但并不破坏火焰锋面,且弯曲皱褶的火焰面上仍然是层流火焰,则湍流火焰传播速度 S_t 与来流速度 u_∞ 有关,即 $S_t = u_\infty \cos \psi$。根据该模型列出一维准稳态湍流火焰能量平衡方程并进行推导,可知湍流火焰传播速度取决于湍流脉动速度和层流火焰传播速度。

综上所述,燃烧学现阶段的研究是基于计算流体力学的数值计算法,可联立求解反应动力学方程和质量、动量及能量平衡方程组,但精度受燃烧模型和边界条件等限制。

 思考和实践

(1) 从燃烧反应的实验研究中可以发现,实践是检验真理的唯一标准。请简述氧气的发现和氧气参与燃烧反应得以证明的实验发现过程。

(2) 因为活化能的存在,氧气和氮气能在大气中共存,但是在闪电的条件下能够发生反应形成一氧化氮,请通过文献检索,写出该反应的活化能和闪电能量。

(3) 解析氢气和氯气的链式反应机理,写出链的引发、链的传递和链的中断,并据此思考阻燃措施。

(4) 简述谢苗诺夫热自燃判据,利用放热、散热曲线位置关系分析说明谢苗诺夫热自燃理论中着火的临界条件。

(5) 请用支链反应理论解释氢氧混合气的燃烧半岛现象。

(6) 登录中国知网(https://www.cnki.net/),分别以关键词"燃烧热力学""燃烧动力学"或者"燃烧力学"展开文献检索,了解当前研究进展,并选取其中一篇进行精读、分析和分享。

第二节　燃烧基本知识

燃烧基本知识

一、燃烧特征

放热、发光和氧化反应是燃烧现象的三个特征,据此可区别燃烧现象与其他的氧化现象。例如,铁的缓慢氧化反应,没有同时出现放热、发光现象,不属于燃烧。又如,灯泡中的灯丝在电流通过时放热、发光但没有氧化反应,也不是燃烧。

二、燃烧条件

(一) 燃烧三要素

燃烧是可燃物质与助燃物在外界能量激发下发生的一种发光发热的氧化反应。燃烧的必要条件包括可燃物、氧化剂和点燃源,即只有在这三种要素同时存在并发生相互作用时才能燃烧,因此,这三者也称燃烧三要素。例如,野外干枯的草木在雷电或高温激发下容易产生野火,有风的时候更会助长火势。唐代诗人岑参在其作品《至大梁却寄匡城主人》中有"长风吹白茅,野火烧枯桑"的描述,反映了当时的人们对燃烧现象的观察和思考。

1. 可燃物

可燃物是可以燃烧的物质,通常指在火源作用下能被点燃,并且当火源移走后能继续燃烧直到燃尽的物质。可燃物按其物理状态分为气体可燃物、液体可燃物和固体可燃物三种,如天然气、煤气属于气体可燃物,汽油、酒精属于液体可燃物,木材、纸张属于固体可燃物。按可燃物组成不同可分为无机可燃物和有机可燃物,如氢气和一氧化碳属于无机可燃物,而石油、木材等碳氢化合物是有机可燃物。根据物质燃烧发生的条件,还可以将可燃物分为易燃物质、自燃物质、自热物质和遇水易燃物质,如黄磷遇空气自燃、钠遇水燃烧等。其中易燃物质又可以分为易燃气体、易燃液体和易燃固体。详细分类见第五章火灾爆炸隐患辨识。

2. 氧化剂

氧化剂,即燃烧中的助燃物,通常指能够提供氧气,可能引起或促使其他物质燃烧的物质。最常见的氧化剂是空气。空气中的氧气比例约为 21%,大部分可燃物能在空气中燃烧。其他氧化剂按形态可以分为氧化性气体、氧化性液体和氧化性固体。其中氧化性气体是指通过提供氧气,比空气更能导致或促使其他物质燃烧的任何气体,如氧化氮 (N_2O)。对于气体混合物,如其氧化能力超过 23.5%,则认为其氧化性超过空气。氧化性液体包括硝酸、高氯酸、过氧化氢、固体氧化剂溶液及有机过氧化物。固体氧化剂有硝酸盐、氯酸盐、高氯酸盐、重铬酸盐、高锰酸盐、过氧化物和超氧化物等(如表 2-2)。氧化剂按组成不同,分为无机氧化剂和有机氧化剂。有机氧化剂包括可发生放热自加速分解、热不稳定的有机过氧化物,如过氧化氢苯甲酰。

表 2-2　氧化剂的分类和示例

按形态分类	示例
氧化性气体	氧气、空气
氧化性液体	硝酸、发烟硝酸、高氯酸、过氧化氢溶液、过乙酸溶液、氯酸钠溶液、氯酸钾溶液、过氧化二异丙苯、过氧化氢苯甲酰等
氧化性固体	硝酸钠、硝酸钾、硝酸铯、硝酸镁、硝酸钙、硝酸锶、硝酸钡、硝酸镍、硝酸银、硝酸锌、硝酸铅、氯酸钠、高氯酸锂、高氯酸钠、高氯酸钾、高氯酸铵、重铬酸锂、重铬酸钠、重铬酸铵、过氧化锂、过氧化钠、过氧化钾、过氧化镁、过氧化钙、过氧化锶、过氧化钡、过氧化锌、过氧化脲、超氧化钠、超氧化钾、高锰酸钾、高锰酸钠、硝酸胍

3. 点燃源

点燃源又称点火源、引火源或引燃源,是促使燃烧开始的能量来源。具有较高温度或能发出大量热,能够引起可燃物着火的能源或物质称为点燃源。点燃源的出现主要受下列因素影响:热能、电能、机械能和化学能(见表 2-3)。生活中常见的多种能源都能转化为点火源,如光照聚焦着火、摩擦撞击着火、化学反应放热着火、电火花着火、静电着火、雷击着火等,其能量来源分别是光能、机械能、化学能、电能等。其中光能可转化为热能;机械能可转化为摩擦热、压缩热、撞击热等;化学能可转化为化合热、分解热、聚合热等。与此同时,这些能源的能量转化可能形成各种高温表面,如取暖器、灯泡、烟囱、汽车排气管等。这些高温表面都可能成为潜在的着火源。表 2-4 给出了常见点燃源的温度。

表 2‑3 点燃源能量来源及示例

能量来源	示例
热能	加热装置、内燃机、明光或明火、热表面、焊接飞溅物、强辐射源（如激光）
电能	电气照明装置（如电灯）、电磁辐射、短路、电弧、接地故障、导线故障、雷击、静电放电、接触不良、过载引起的异常升温、热感应、电源连接不当
机械能	摩擦、撞击、超声波、冲击、磨削、压缩（包括绝热压缩）
化学能	自热物质、自燃物质、失控的放热反应等

表 2‑4 常见点燃源的温度

着火源名称	火源温度/℃	着火源名称	火源温度/℃
火柴焰	500～650	气体灯焰	1 600～2 100
烟头中心	700～800	酒精灯焰	1 180
烟头表面	250	煤油灯焰	700～900
机械火星	1 200	植物油灯焰	500～700
煤炉火焰	1 000	蜡烛焰	640～940
烟囱飞火	600	焊割火星	2 000～3 000
生石灰与水反应	600～700	汽车排气管火星	600～800

(二) 燃烧的临界条件

燃烧三要素的同时存在并发生相互作用是产生燃烧的必要条件，但要产生持续稳定的燃烧，可燃物、氧化剂和点燃源能量必须达到一定的临界条件。一是可燃混合气体中的可燃物组分过低或过高都不会被点燃，如甲烷混合气中甲烷的浓度低于 5% 或者高于 15% 时，混合气均不能被点燃。二是不同可燃物燃烧所需的最低氧浓度各不相同，如蜡烛在含氧量为 16% 及以上的空气中才可以燃烧，乙炔燃烧的最低含氧量仅为 3.7%。三是不同可燃物质的最小着火能量不同，如燃烧的烟头能点燃纸张但不能点燃金属铁；汽油的最小点火能量为 0.2 mJ，而硫黄的最小着火能量为 15 mJ。四是相同物质不同形态的着火能量不同，如铝粉尘的最小点火能量是 10 mJ，铝粉尘云点火能量为 1.6 mJ。

燃烧的临界条件可以通过仪器进行测定，也可以通过计算得到近似值。通常推荐采用实验方法。例如，根据 GB/T 23767—2009《固体化工产品在气态氧化剂中燃烧极限测定的通用方法》，化工产品在平衡条件下恰能维持连续燃烧时的极限条件（最低氧化剂浓度、最小压力和最低温度）可以采用燃烧筒进行测定。

综上所述，在一定压力和温度下，可燃物能否发生持续稳定的燃烧，取决于可燃物的数量、氧化剂的浓度以及点燃源能量大小。下面将从可燃物的燃烧极限浓度、氧指数、极限氧浓度和最小引燃能等方面阐述燃烧临界条件。

(三) 可燃物的燃烧极限

在一定压力和温度下，可燃气体或蒸气在其空气混合物中能被引燃并发生稳定燃烧的极限浓度称为该可燃气体的燃烧极限,单位是燃料的体积分数(燃料占空气的百分比)。当可燃气体在空气混合物中的含量低于燃烧下限(LFL)或高于燃烧上限(UFL)时,混合物不发生燃烧。可燃气体的燃烧极限可以通过实验测定,也可以根据可燃气体的燃烧反应式进行估算。混合可燃气体的燃烧极限可以通过 Le Chatelier 方程进行计算。

1. 可燃气体在空气中的燃烧极限

气体燃烧极限可用极限测定仪进行测定,通常推荐通过实验得到。当无法得到实验数据时,可以根据可燃气体的燃烧反应方程式进行估算。如计算有机化合物 $C_mH_xO_y$ 的燃烧上限 UFL 和燃烧下限 LFL,可以采用以下两种方法进行估算。

$$C_mH_xO_y + zO_2 \longrightarrow mCO_2 + \frac{x}{2}H_2O$$

计算方法一:大多数有机化合物可使用式 2-12 和式 2-13 来确定,其中反应计量系数 z 为 1 mol 可燃物按照燃烧反应发生完全燃烧时需要氧气的物质的量,在数据上 $z = m + \frac{x}{4} - \frac{y}{2}$,单位为 mol。LFL 和 UFL 分别为燃烧下限和燃烧上限。

$$LFL = \frac{0.55 \times 100}{4.76m + 1.19x - 2.38y + 1}\% \qquad (式 2-12)$$

$$UFL = \frac{3.50 \times 100}{4.76m + 1.19x - 2.38y + 1}\% \qquad (式 2-13)$$

计算方法二:对于含有碳、氢、氧和硫的多种有机物,可以通过将燃烧极限表达为可燃气体燃烧热的函数来进行理论计算,其结果与实验测得值的符合度较好。燃烧下限和燃烧上限的表达式如式 2-14 和式 2-15,其中 ΔH_c 为可燃物的燃烧热,单位为 10^3 kJ/mol。

$$LFL = \frac{-3.42}{\Delta H_c} + 0.569\Delta H_c + 0.0538\Delta H_c^2 + 1.80 \qquad (式 2-14)$$

$$UFL = 6.30\Delta H_c + 0.567\Delta H_c^2 + 23.5 \qquad (式 2-15)$$

值得注意的是,上述计算方法仅适用于燃烧上限 UFL 位于 4.9%～23% 范围内的有机物的快速估算,不应代替实际的实验数据。

【例题 2-2】 已知正己烷实验测定的燃烧极限为 1.2%～7.5%,请根据燃烧反应式估算正己烷的燃烧极限并将计算值同实验测定值进行比较。

解:化学反应式为 $C_6H_{14} + zO_2 \longrightarrow mCO_2 + \frac{x}{2}H_2O$

将反应配平得到 $z = 9.5, m = 6, x = 14$ 和 $y = 0$。

代入式 2-12 和式 2-13 有

$$LFL = \frac{0.55 \times 100}{4.76 \times 6 + 1.19 \times 14 + 1}\% = 1.2\%,与实验值 1.2% 的相对误差为 0。$$

$$UFL = \frac{3.50 \times 100}{4.76 \times 6 + 1.19 \times 14 + 1}\% = 7.6\%,与实验值 7.5% 的相对误差为 1.3%。$$

【例题 2-3】 已知正己烷的燃烧热为 -4 159.1 kJ/mol,请据此估算正己烷的燃烧极限并与实验测定值(1.2%~7.5%)进行比较。

解: 根据式 2-14 和式 2-15 计算 LFL 和 UFL,可得极限范围为

$$LFL = \frac{-3.42}{-4.159\ 1} + 0.569(-4.159\ 1) + 0.053\ 8(-4.159\ 1)^2 + 1.80 = 1.2\%$$

与实验值 1.2% 的相对误差为 0。

$$UFL = 6.30(-4.159\ 1) + 0.567(-4.159\ 1)^2 + 23.5 = 7.1\%$$

与实验值 7.5% 的相对误差为 5.3%。

2. 可燃气体在氧气中的燃烧极限

物质在纯氧中的燃烧极限常被用于系统防火设计。可燃气体在纯氧中的燃烧上限和燃烧下限分别表示为 UOL(纯氧环境的燃烧上限)和 LOL(纯氧环境的燃烧下限),指代燃料在纯氧中的体积分数。

大多数常见碳氢化合物的 LOL 和 LFL 非常接近。Hansen 和 Crowl 基于燃烧界限的连接关系推导了经验方程,发现了 UOL 的近似估算公式(式 2-16)。

$$UOL = UFL \times [100\% - C_{UOL} \times (1 - UFL_O)] / [UFL_O + UFL \times (1 - C_{UOL})]$$

(式 2-16)

式中,UOL 为纯氧环境下的燃烧上限(燃料在纯氧中的体积分数),UFL 为燃烧上限(燃料在空气中的体积分数),UFL_O 为燃烧上限时的氧气浓度(体积分数),C_{UOL} 为拟合常数。Hansen 和 Crowl 发现拟合常数 $C_{UOL} = -1.87$ 能很好地满足大多数燃料的 UOL 的估算。

【例题 2-4】 已知甲烷在空气中的燃烧上限为 15%,估算甲烷混合气体(甲烷与空气比例为 15:85,$C_{UOL} = -1.87$)在纯氧中的燃烧上限 UOL,并与实验值 61% 进行比较。

解: 该混合气体中 85% 是空气,则 UFL_O 为 21%×85% = 17.85%。

将 UFL = 15%,$C_{UOL} = -1.87$ 和 $UFL_O = 17.85\%$ 代入式 2-16 可得

$$\begin{aligned}UOL &= UFL \times [100\% - C_{UOL} \times (1 - UFL_O)] / [UFL_O + UFL \times (1 - C_{UOL})] \\ &= 15\% \times [100\% + 1.87(1 - 17.85\%)] / [17.85\% + 15\% \times (1 + 1.87)] \\ &= 62\%\end{aligned}$$

与实验值 61% 的相对误差为 2%。

3. 可燃气体混合物的燃烧极限

可燃气体混合物的 LFL_{mix} 和 UFL_{mix} 可以由经验公式 Le Chatelier 方程计算。

$$LFL_{mix} = \frac{1}{\sum_{i=1}^{n} \frac{y_i}{LFL_i}}$$ (式 2-17)

$$UFL_{mix} = \frac{1}{\sum_{i=1}^{n} \frac{y_i}{UFL_i}}$$ (式 2-18)

式中,LFL_i 和 UFL_i 分别为燃料-空气混合物中组分 i 的燃烧下限和燃烧上限(体积分数);y_i 为组分 i 占可燃物质部分的摩尔分数;n 为可燃物质的数量。

值得注意的是,Le Chatelier 方程是通过经验获得的,不具有普遍的适用性,方程式成立的前提是基于以下固有假设:物质的热容为常数;气体的物质的量为常数;纯物质燃烧动力学是独立的,并不因其他可燃物质的存在而变化;燃烧极限内绝热温度的升高对于所有物质都是相同的。

这些假设对于 LFL 的计算是非常有效的,但对 UFL 计算的有效性稍有降低。Le Chatelier 方程的正确使用,需要相同温度和压力下各可燃气体的燃烧极限数据。此外,文献中报道的燃烧极限数据的来源可能是不同的,数据上也可能存在较大的差别。不同来源的数据结合可能导致不能令人满意的结果。

【例题 2-5】 已知正己烷、甲烷和乙烯混合气体的各组分体积分数,各可燃组分的 LFL 和 UFL 如表 2-5 所示,请通过计算判断该可燃气体混合物是否可燃?

表 2-5 可燃组分的 LFL 和 UFL

物质	体积分数	基于可燃物质的摩尔分数	LFL(体积分数)	UFL(体积分数)
正己烷	0.8%	0.24	1.2%	7.5%
甲烷	2.0%	0.61	5.3%	15.0%
乙烯	0.5%	0.15	3.1%	32.0%

解:将相关数据代入式 2-17 计算混合气体的 LFL 可得

$$LFL_{mix} = \frac{1}{\sum_{i=1}^{n} \frac{y_i}{LFL_i}} = \frac{1}{\frac{0.24}{1.2\%} + \frac{0.61}{5.3\%} + \frac{0.15}{3.1\%}} = 2.8\%$$

代入式 2-18 计算混合气体的 UFL

$$UFL_{mix} = \frac{1}{\sum_{i=1}^{n} \frac{y_i}{UFL_i}} = \frac{1}{\frac{0.24}{7.5\%} + \frac{0.61}{15.0\%} + \frac{0.15}{32.0\%}} = 12.9\%$$

混合物含有的可燃物质占比为 0.8%＋2.0%＋0.5%＝3.3%,处于燃烧极限范围(2.8%～12.9%)内,因此是可燃的。

4. 影响可燃气体燃烧极限的外界因素

外界条件如温度和压力均能对可燃组分的燃烧极限产生一定影响,影响程度各有不同。图 2-11 为一定压力下温度对可燃气体燃烧极限的影响,其中 T_L 为可燃混合物在燃烧下限条件下发生燃烧的最低温度(K),T_U 为可燃混合物在燃烧上限条件下发生燃烧的最低温度(K)。

如图 2-11 所示,通常情况下,可燃气

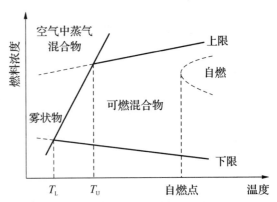

图 2-11 在一定压力下温度对可燃气体燃烧极限的影响(GB/T 31540.2—2015)

体或蒸气的燃烧上限随着温度的升高而增加,而燃烧下限随着温度的升高而下降,燃烧极限范围随温度的升高而扩大。蒸气燃烧极限随温度变化的经验公式如式 2-19 和式 2-20 所示,式中 ΔH_c 为可燃气体或蒸气的净燃烧热(kJ/mol),T 为温度(℃),LFL_{25} 和 UFL_{25} 分别为 25 ℃时的燃烧上限和燃烧下限(取%前数值代入)。

$$LFL_T = LFL_{25} - \frac{3.14}{\Delta H_c}(T-25) \qquad (式 2-19)$$

$$UFL_T = UFL_{25} + \frac{3.14}{\Delta H_c}(T-25) \qquad (式 2-20)$$

【例题 2-6】　已知正己烷的净燃烧热为 4 155 kJ/mol,在 25 ℃下的燃烧极限实验测定值为 1.2%~7.5%,请计算在 100 ℃下正己烷的燃烧极限。

解:将相关数据代入式 2-19 得

$$LFL_{100} = LFL_{25} - \frac{3.14}{\Delta H_c}(T-25) = 1.2 - \frac{3.14}{4\ 155}(100-25) = 1.1$$

将相关数据代入式 2-20 得

$$UFL_{100} = UFL_{25} + \frac{3.14}{\Delta H_c}(T-25) = 7.5 + \frac{3.14}{4\ 155}(100-25) = 7.6$$

则 100 ℃下正己烷的燃烧极限为 1.1%~7.6%。

除非在极低的压力下(<50 mmHg),压力对 LFL 的影响较小,因为在极低压力下火焰不传播。而 UFL 随着压力的增加而增加,从而扩大了燃烧范围。可燃蒸气 UFL 随压力变化的经验公式如式 2-21 所示。式中,p 为绝对压力(MPa);UFL 为燃烧上限(表压为 0.0 MPa 时燃料在空气中的体积分数,取%前数值代入式 2-21)。

$$UFL_p = UFL + 20.6(\log p + 1) \qquad (式 2-21)$$

【例题 2-7】　若可燃物的 UFL 在表压 0.0 MPa 下为 11.0%,那么,在表压为 6.2 MPa 下的 UFL 是多少?

解:一个大气压为 0.101 MPa,当表压为 6.2 MPa 时,

绝对压力 $p = 6.2 + 0.101 = 6.301$ MPa。

将 UFL=11.0,p=6.301 代入式 2-21 可得

$UFL_p = 11.0 + 20.6(\log 6.301 + 1) = 48\%$。

(四) 氧化剂指数和氧指数(OI)

氧化剂指数是指在给定的温度、压力、流动状态和传播方向等条件下,某氧化剂(如氧、氧化二氮、氟等)在氧化剂和稀释剂(如氮、氦、二氧化碳等)的混合物中恰好能维持连续燃烧时的最低氧化剂浓度,以体积分数表示。氧化剂指数可根据氧化剂的名字定义,如氧极限(指数)、氧化二氮极限(指数)、氟极限(指数)等。如无特殊说明,氧化剂均指氧,稀释剂均指氮,温度指室温。氧指数是指在规定的试验条件下,物质在氮氧混合物中恰好能维持有焰燃烧时所需的最低氧浓度,用体积分数(%)表示。根据 GB/T 16581—1996《绝缘液体燃烧性能试验方法氧指数法》、GB/T 8924—2005《纤维增强塑料燃烧性能试验方

法氧指数法》和 GB/T 2406.2—2009《塑料 用氧指数法测定燃烧行为 第 2 部分室温试验》,氧指数可以采用氧指数测定仪(图 2-12)进行测定。

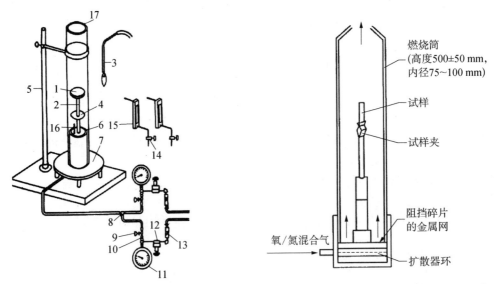

1—试杯;2—试样夹;3—点火器;4—盘状金属网;5—环状支架;6—支座中的玻璃珠;7—黄铜基座;8—气体预混合接头;9—截止阀;10—接头;11—压力表;12—精密压力控制器;13—过滤器;14—气流调节器(针阀);15—转子流量计;16—温度测量器;17—玻璃燃烧筒

图 2-12　燃烧极限的测定仪器——燃烧筒构造说明(GB/T 16581—1996)

采用氧指数测定仪测定时,将试样固定在含有向上流动的氧氮混合气的透明玻璃燃烧筒中,然后通过顶面点燃法或者扩散点燃法点燃试样顶端,刚好能维持试样燃烧的最低氧浓度即为其氧指数。以塑料燃烧行为为例,氧指数测量的判据包括点燃后的燃烧时间和燃料燃烧长度。一般要求点燃材料后的燃烧时间应当至少持续 180 s,燃烧长度至少为试样顶端以下 50 mm。氧指数 OI 由式 2-22 计算,其中,c_f 是测量得到的最后氧浓度值;d 为使用和控制的氧浓度的差值,均以体积分数表示;k 为测定校正系数,可根据测定次数和反应现象查表得到。

$$OI = c_f + kd \qquad\qquad (式 2-22)$$

氧指数高表示材料不易燃烧,氧指数低表示材料容易燃烧,一般认为氧指数<22%属于易燃材料,氧指数在 22%~27%属可燃材料,氧指数>27%属难燃材料。不同材质的塑料氧指数差异较大,例如,厚度为 0.025 mm 的低密度聚乙烯塑料(LDPE)的氧指数平均值为 17.7%,厚度为 0.030 mm 的聚丙烯塑料(PP)的氧指数平均值为 18.2%,均属于易燃材料;厚度为 0.025 mm 的聚对苯二甲酸乙二醇酯塑料(PET)的氧指数平均值为 22%,厚度为 0.028 mm 的聚己内酰胺塑料(PA-6)的氧指数平均值为 23.7%,均为可燃材料;厚度为 0.025 mm 的聚酰亚胺塑料(PI)的氧指数平均值为 59.3%,为难燃材料。表2-6给出了常见易燃物质燃烧需要的最低氧浓度。

表 2-6　几种易燃物质燃烧所需要的最低氧浓度

可燃物名称	最低氧浓度/%	可燃物名称	最低氧浓度/%
汽油	14.4	乙炔	3.7
乙醇	15.0	氢气	5.9
煤油	15.0	大量棉花	8.0
丙酮	13.0	黄磷	10.1
乙醚	12.0	橡胶屑	12.0
二硫化碳	10.5	蜡烛	16.0

(五) 极限空气浓度(LAC)和极限氧浓度(LOC)

极限空气浓度(LAC)是指在标定的试验条件下,可燃气体(蒸气)、空气和惰性气体混合物遇火源不发生爆炸的最大空气浓度。极限氧浓度(LOC)是指在规定的试验条件下,可燃气体(蒸气)、空气和惰性气体混合物遇火源不发生爆炸的最大氧气浓度。两者均以体积分数(%)表示。极限氧浓度可通过极限空气浓度进行换算(式 2-23)。根据 GB/T 38301—2019《可燃气体或蒸气极限氧浓度测定方法》,可采用管式装置或球式装置,通过测试确定可燃气体(蒸气)的极限空气浓度 LAC,进而计算得到待测可燃气体的极限氧浓度 LOC。

$$LOC = 0.209 \times LAC \tag{式 2-23}$$

【例题 2-8】　通过测定,正己烷、氮气和空气的混合气体的极限空气浓度 LAC 测定值为 39.7%,求其极限氧浓度 LOC 值。

解:该混合气体的极限氧浓度 LOC=0.209×39.7%=8.3%。

【例题 2-9】　通过测定,氢气、氮气和空气的混合气体的极限空气浓度 LAC 测定值为 21.2%,求其极限氧浓度 LOC 值。

解:该混合气体的极限氧浓度 LOC=0.209×21.2%=4.4%。

LOC 与可燃气体(蒸气)特性以及惰性气体种类等有关。当可燃混合物中的氧气含量低于极限氧浓度时,可燃组分的氧化反应就不能产生足够的能量,使整个气体混合物(包括惰性气体)被加热到火焰自传播的程度。因此,LOC 也被称为最大安全氧浓度(MSOC)。通过减少混合体系中的氧浓度,可以有效阻止爆炸和火灾的发生,这也是通过惰化来灭火抑爆的方法基础。

在没有相关实验数据时,可通过燃烧反应的化学计量比和体系中的可燃组分的 LFL 来估算 LOC。估算公式如式 2-24 所示:

$$LOC = \frac{氧气的物质的量}{总物质的量} = \frac{氧气的物质的量}{燃料的物质的量} \times \frac{燃料的物质的量}{总物质的量} = z \times LFL \tag{式 2-24}$$

式中,z 为可燃物发生完全燃烧时需要的氧气的物质的量与可燃物的物质的量的比值,在数值上等于 1 mol 可燃物完全燃烧时需要的氧气的物质的量。该估算方法对于许多烃类均适用。

【例题 2 - 10】 已知丁烷的 LFL 为 1.8%，估算丁烷(C_4H_{10})的 LOC 并思考阻止丁烷燃烧的惰化方案。

解: 该反应的化学方程式为 $C_4H_{10} + 6.5O_2 \longrightarrow 4CO_2 + 5H_2O$

代入公式 2-24，得到 $LOC = z \times LFL = \dfrac{6.5}{1.0} \times 1.8\% = 11.7\%$

因此，通过增加氮气、二氧化碳或水蒸气等惰性气体，使氧气浓度小于 11.7%，即可以阻止丁烷的燃烧，避免爆炸发生。

(六) 最小引燃能(MIE)和自燃温度(AIT)

1. 引燃能

最小引燃能(MIE)是初始燃烧所需的最小能量，所有可燃性物质(包括粉尘)都有最小引燃能。MIE 与物质或混合物特性、浓度、压力和温度相关。实验数据表明:MIE 随着压力的增加而降低;一般情况下，粉尘的 MIE 在能量等级上比可燃气体的大;氮气浓度的增加导致 MIE 增大。许多碳氢化合物与氧混合时的 MIE 远低于常见点燃源的能量(见表 2-7)。例如，人在地毯上行走所引发的静电放电能约为 22 mJ，火花塞通常释放的能量为 25 mJ。流体快速流动引起的静电放电也具有超出这些可燃物质 MIE 的能量等级，所以可能成为点燃源，导致燃爆事故。

表 2-7 爆炸性气体和爆炸性悬浮粉尘(和氧混合时)的最小点燃能量

爆炸性气体	最小引燃能/mJ	爆炸性粉尘	最小引燃能/mJ
甲烷	0.002 7	铝	10
乙烷	0.001 9	糖	30
丙烷	0.002 1	煤	30
乙炔	0.000 2	软木粉	35
乙烯	0.000 9	镁	40
二乙醚	0.001 2	玉米粉	40
氢	0.001 2	小麦粉	50

(数据来源:GB 12158—2006)

2. 可燃物质的自燃温度(AIT)

可燃物在没有外部火源的作用时，因受热或自身发热并蓄热所产生的燃烧称为自燃。常压下空气中纯净的可燃液体、蒸气和气体发生自燃时的最低温度称为自发引燃温度或自燃温度(AIT)。AIT 是物质在大气压下，未借助外部能源如火花或火焰，能够产生热焰的最低温度。根据 GB/T 5332—2007《可燃液体和气体引燃温度试验方法》、GB/T 21859—2008《气体和蒸气点燃温度的测定方法》、GB/T 21860—2008《液体化学品自燃温度的试验方法》和 GB/T 21791—2008《石油产品自燃温度测定法》，可燃液体、气体和蒸气以及石油产品的引燃温度(自燃温度)均可以采用加热炉(图 2-13)进行测定。

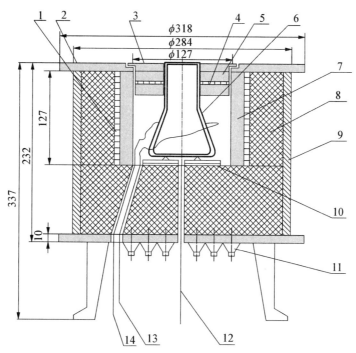

1—主加热器；2—耐火材料外盘；3—耐火材料圆形盘；4—颈部加热器；5—绝热层；6—200 mL 锥形玻璃烧瓶；
7—耐火绝缘材料圆柱体；8—绝热材料；9—支撑壳体；10—底部加热器；11—接线柱；12,13,14—热电偶
图 2-13　加热炉示例及其结构(GB/T 5332—2007)

测试可燃液体、气体和蒸气的自燃温度时，将一定体积(200 mL 或 500 mL)的敞口锥形玻璃烧瓶加热到一定温度后，把一定量的可燃液体或气体注入锥形烧瓶中，在暗室里观察直至烧瓶内发生自燃。烧瓶突如其来的火焰和气体混合物的温度急剧上升证明了自燃。物体产生热焰时的烧瓶内最低温度可作为自燃温度(AIT)，即该试样在常压下空气中的引燃温度。例如，正庚烷的引燃温度为 220 ℃，乙烯的引燃温度为 435 ℃，苯的引燃温度为 560 ℃。

AIT 的测定会受到物料的化学和物理性质及所采用的方法和仪器的影响。此外，蒸气浓度、蒸气体积、系统压力、接触反应物质的状况、催化剂和流动条件等也会影响 AIT 数据。例如，气体或蒸气浓度过高或过低都会使混合物具有较高的 AIT；系统体积增大、压力增大或者氧气浓度增大均会降低可燃物的 AIT。可燃物质自燃点的测定必须在与体系尽可能接近的条件下通过实验来确定。AIT 对条件的强烈依赖性，要求人们使用 AIT 数据时必须审慎。

根据 GB/T 38298—2019《固体化学品自动点火温度的试验方法》和 GB/T 21756—2008《工业用途的化学产品固体物质相对自燃温度的测定》，固体化学品的自动点火温度或相对自燃温度可以采用图 2-14 中的烘箱式仪器设备进行测试。试验方法是将待测样品装入金属丝网立方体中，悬挂于温度为室温的环境试验箱(烘箱)中心，将热电偶插入立方体中，另一个热电偶放置于立方体和环境试验箱之间。设定环境试验箱以一定速度升

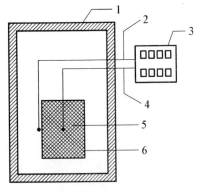

1—环境试验箱(烘箱);2—热电偶;3—温度数据采集仪;4—热电偶;5—样品;6—金属网容器

图 2-14　固体化学品自动点火温度的试验装置结构(GB/T 38298—2019)

温直到样品温度达到 400 ℃,通过热电偶连续记录环境试验箱和样品温度。当产品自燃时,相比于环境试验箱中热电偶温度,样品中热电偶的温度将出现明显的快速升高。

如图 2-15 所示,通过测量样品在不同试验尺寸条件下的着火温度,可以绘制样品在不同试验条件下的 $\lg(V_t/A_t)$ 与 $1/T$ 的关联曲线。其中,V_t 是试验容器的体积,A_t 是试验容器的表面积,T 是样品在不同试验条件下的自动点火温度。根据拟合曲线,可以获得样品在大量堆积条件下的外推自动点火温度。如图 2-16 所示,当样品通过自加热达到 400 ℃ 时的环境试验箱(烘箱)温度即为该样品的自燃温度。

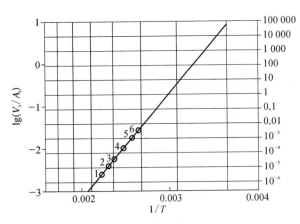

图 2-15　样品外推自燃温度的数据处理图(GB/T 38298—2019)

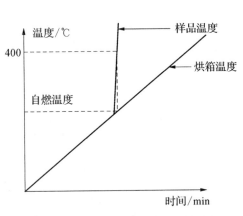

图 2-16　通过温度/时间升温曲线推导样品自燃温度(GB/T 21756—2008)

自发燃烧主要是物质的缓慢氧化所导致。物质缓慢氧化产生的热量未能从体系中转移时就会导致体系温度升高而发生自燃。挥发性较低的液体深受自燃的影响,挥发性较高的液体由于蒸发吸热制冷,很少会发生自燃现象。许多火灾都是由物质的缓慢氧化引起的。例如,当用推土机清除用助滤剂滤渣填充的土壤层时,存放了 10 年的助滤剂滤渣自燃。江苏"3·21"天嘉宜公司特别重大爆炸事故,也是由于存放 7 年之久的硝化废料的自热自燃引发的。

绝热压缩过程也会使体系温度升高,导致可燃气体或蒸气自燃。例如,汽车汽缸内的汽油蒸气和空气混合物受到压缩,当体系温度超过其自燃温度时,就会被点燃。这就是发动机内发生缸内爆震的原因,也是过热发动机在点火装置关闭后仍能继续运行的原因。可燃性蒸气被吸入空气压缩机的入口,随后被压缩会导致严重的自燃事故。如果压缩机的二次冷却器结垢,那么压缩机就特别容易受自燃的影响。在进行工艺设计时,必须增设安全装置,以防止由绝热压缩引发的不必要的火灾。

对于理想气体,绝热温度升高可由热力学绝热压缩方程(式 2 - 25)来计算。

$$T_f = T_i \left(\frac{p_f}{p_i} \right)^{\frac{\gamma-1}{\gamma}}$$

（式 2 - 25）

式中，T_f 为绝热压缩后的热力学温度(K)；T_i 为初始热力学温度(K)；p_f 为绝热压缩后的绝对压力(kPa)；p_i 为初始绝对压力(kPa)；$\gamma = c_p / c_V$，其中 c_p 和 c_V 分别为物质的比定压热容和恒容热容。

下述两个例题说明了化工装置内绝热升温的潜在后果。

【例题 2 - 11】 将正己烷上方的空气由 101.3 kPa 压缩至 3 445.6 kPa，如果初始温度为 37.8 ℃，那么最终的温度是多少？ 正己烷的 AIT 为 487 ℃，空气的 γ 值为 1.4。

解：将 $p_f = 3\,445.6$ kPa，$p_i = 101.3$ kPa，$T_i = (37.8 + 273.15)$K，$\gamma = 1.4$ 代入式 2 - 25

得 $T = (37.8 + 273.15)$ K $\times \left(\dfrac{3\,445.6\ \text{kPa}}{101.3\ \text{kPa}} \right)^{\frac{1.4-1}{1.4}} = 852.1$ K，即 579 ℃。

该温度超过了正己烷的 AIT，将导致爆炸。

【例题 2 - 12】 汽缸孔内经常会出现少量活塞式压缩机润滑油，为防止发生爆炸，压缩操作必须保持在低于润滑油 AIT 很多的情况下进行。某种润滑油的 AIT 为 400 ℃。计算将空气温度从室温升高至润滑油的 AIT 所需的压缩比。假设初始空气温度为 25 ℃，大气压为 1 标准大气压，空气的 γ 值为 1.4。

解：将 $T_i = (25 + 273.15)$ K，$T_f = (400 + 273.15)$ K，$\gamma = 1.4$ 相关数值代入式 2 - 25，

可得压缩比 $\dfrac{p_f}{p_i} = \left(\dfrac{T_f}{T_i} \right)^{\frac{\gamma}{\gamma-1}} = \left(\dfrac{400 + 273.15}{25 + 273.15} \right)^{\frac{1.4}{1.4-1}} = 17.3$。

该压缩比说明，当温度达到润滑油的 AIT 时，输出压力为 17.3 × 101.3 kPa = 1 752.5 kPa，为了防止发生燃烧爆炸，实际的压缩比或压力应远低于该值。

通过上述例子可以发现，当压缩机的工作物质是可燃气体时，仔细设计和监视工作状况并进行定期预防性维护是很重要的。对于当今高压工艺条件非常普遍的化工企业，这点尤为重要。

三、物质可燃性判定

(一) 可燃界区图判定法

可燃气体或可燃蒸气的可燃界区图是标有空气线、化学计量组成线、LOC 线以及混合气体可燃区域的三角形图，可用于判断气体或蒸气混合物是否具有可燃性(如图 2 - 17)。在可燃界区图中，可燃气体、氧气和惰性气体的浓度(以体积分数或摩尔分数表示)标绘在三角坐标系的三条轴上，三个顶点分别表示 100% 的可燃气体、氧气和氮气。图内任何一点均可表示可燃混合气体中三种成分的体积分数，其读法是在点上作三条平行线，分别与三角形的三条边平行，每条平行线与相应边的交点，可读出其浓度。例如，图中 A 点表示甲烷、氧气和氮气的体积分数分别为 60%、20% 和 20%。根据 A 与可燃区域的相对位置可以判定该混合物是否可燃。

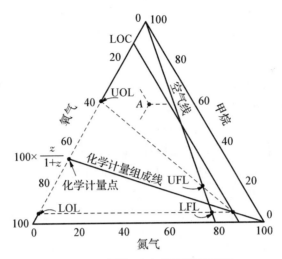

图 2-17 甲烷-空气的可燃界区图

1. 空气线

如图 2-17 所示,将代表 100%可燃气体的顶点和氮气轴上代表纯净空气的点(78%的氮气含量,21%的氧气含量)相连得到的线称为空气线,该线代表可燃气体和空气所有可能的组合。空气线与燃烧区域边界的交点就是该混合体系的可燃上限 UFL 和可燃下限 LFL。

2. 化学计量组成线

任何可燃气体的燃烧反应可以写成:可燃气体$+z\mathrm{O}_2 \longrightarrow$燃烧产物,式中,$z$ 为氧气的化学计量系数。化学计量组成线代表可燃气体与氧气按化学计量比组成的所有混合体系。化学计量组成线与氧气轴(氧气的体积分数)的交点的计算式为$100\times\dfrac{z}{1+z}$,化学计量组成线由该点与纯氮气的顶点连接绘制而成。

3. LOC 线

在可燃界区图中也标出了 LOC 线。对于已知可燃气体,其极限氧浓度 LOC 值是常数。因此,对于任何比例的混合气体,当其含有的氧浓度低于 LOC 时,是不会燃烧的。

4. 可燃区域及可燃性判定

LOC 线与化学计量组成线的交点、可燃气体在空气中和纯氧中的燃烧极限共五点相连构成的区域即为近似的可燃区域。位于该区的混合气体体系是可燃的。由于点 A 位于燃烧区域范围之外,该混合气体不可燃。可燃界区图上的可燃区域的形状随着许多参数而变化,包括燃料的种类、温度、压力和惰性气体的种类。

(二)利用可燃界区图进行可燃性判定的说明

(1)如果两种气体混合物 R 和 S 混合在一起,那么得到的混合物的组成位于可燃界区图中连接点 R 和点 S 的直线上。最终混合物在直线上的位置依赖于两种混合气体的相对物质的量:如果混合物 S 的物质的量较多,那么混合物的位置就接近于点 S。这与相图中使用的杠杆规则是相同的。

（2）如果混合物 R 被混合物 S 连续稀释，那么混合后的混合物组成将在可燃界区图中连接点 R 和点 S 的直线上移动。随着稀释不断进行，混合物的组成越来越接近于点 S。最后，无限稀释后，混合物的组成将位于点 S 处。

（3）对于组成点落在穿越相对应的一种纯组分物质顶点的直线上的系统来说，其他两组分将沿该直线的全部长度以固定比存在。例如，在图 2-17 中，当直线穿过代表纯氮气的顶点（如化学计量线），则可燃气与氧气以固定比存在（化学计量比）。

（4）通过读取位于化学组成计量线与经过 LFL 的水平线交点处氧气的浓度可以估算 LOC，估算结果与式 2-24 的计算值相等。

上述结论对于在操作过程中追踪气体组成，以确定该过程中是否存在可燃性混合物是很有用的。例如，对于盛装纯甲烷的贮罐，作为定期维护程序的一部分，必须对其内壁进行检查。检查前的安全操作流程是首先把甲烷从贮罐中转移出来，然后充入空气以便检查人员有足够的空气呼吸。由图 2-18 所示，A 点代表贮罐内装有 100% 的甲烷，先将贮罐内的压力降至大气压，然后此时如果打开贮罐使空气进入，贮罐内气体组成将沿图 2-18 中的空气线移动，直至容器内气体的组成最终到达点 B，即纯空气。注意在该操作的某些点处气体组成经过了可燃区域。如果存在足够能量的着火源，就会导致火灾或爆炸。将储罐内重新装入甲烷的过程则恰好与上述过程相反。该情况下，过程由图 2-18 中的 B 点开始，如果关闭储罐并充入甲烷，储罐内的气体组成将沿空气线移动并在 A 点处结束。当气体组成经过可燃区域时，混合物再一次成为可燃物。上述两种情况均可使用惰化的方法来避开可燃区域，这将在第三章中详细讨论。

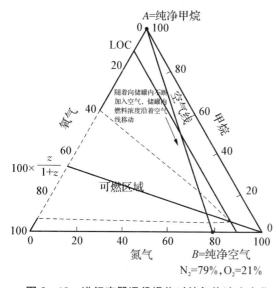

图 2-18　进行容器退役操作时的气体浓度变化

图 2-19　20 L 爆炸球装置图

要确定可燃气体或蒸气的可燃界区图，需要使用特定的测试仪器如爆炸球，如图 2-19 所示。

图 2-20 和图 2-21 分别为甲烷和乙烯的实验可燃界区图。在测定过程中，由于出现最大压力超过了容器的压力等级，燃烧不稳定或观察到有向爆轰转变等情形而导致未

能得到燃烧中间区域的数据。通过比较两图可以发现,乙烯的燃烧区域比甲烷的燃烧区域大得多,乙烯的 UFL 非常高;在燃烧区域上部燃料较丰富的部分,乙烯燃烧产生大量的黑烟;两种可燃物燃烧区域的下边界基本是水平的,且近似于 LFL。

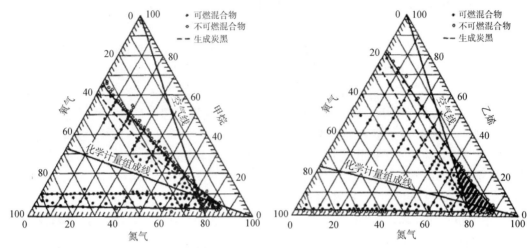

图 2 - 20　甲烷的实验可燃界区图　　　　图 2 - 21　乙烯的实验可燃界区图

(三) 可燃界区图燃烧区域的估算

对于大多数可燃混合体系,没有像图 2 - 20 和图 2 - 21 所示的详细的实验数据。可通过以下方法进行燃烧区域的估算。

方法一(见图 2 - 17):已知可燃物在空气中的燃烧极限 LFL 和 UFL,可燃物在氧气中的燃烧极限 LOL 和 UOL,以及极限氧浓度 LOC 进行燃烧区域估算的方法。

(1) 以点的形式将空气中的燃烧极限 LFL 和 UFL 画在空气线上。

(2) 以点的形式将氧气中的燃烧极限 LOL 和 UOL 画在氧气轴上。

(3) 使用式 $100 \times \dfrac{z}{1+z}$ 在氧气轴上确定化学组成计量点,由该点开始到 100% 氮气顶点绘制化学组成计量线。

(4) 在氧气轴上定位 LOC,绘制平行于燃料轴的直线,直至该直线与化学组成计量线相交,在交点处绘制一点。

(5) 连接所显示的所有点。

由该方法得到的燃烧区域只是真实区域的近似。需要注意的是,图 2 - 20 和图 2 - 21 中确定区域极限的线并不刚好是直线。

方法二(见图 2 - 22):已知空气中的燃烧极限 LFL 和 UFL 以及极限氧浓度 LOC 进行燃烧区域估算。

使用方法一中的步骤(1)(3)和(4)。该情形下,仅能连接可燃区域前端的点。空气线至氧气轴之间的部分尽管可以通过延长边线至氧气轴的方式补齐,但这是很粗略的。如果需要对这部分区域进行细致化,必须有额外的数据来辅助。比如,可燃区域的下边界可以由 LFL 延长近似,上边界可以通过式 2 - 16 估算出 UOL 从而近似确定。

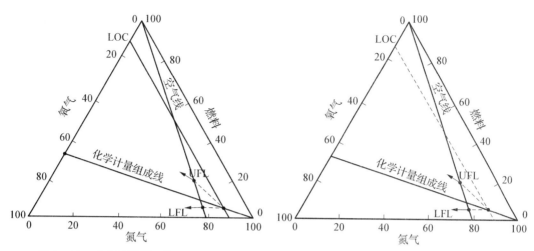

图 2 - 22 确定可燃界区的近似方法二   图 2 - 23 确定可燃界区的近似方法三

方法三(见图 2 - 23):已知空气中燃烧极限 LFL 和 UFL,估算燃烧区域的方法。使用方法一中的步骤(1)(3)。由式 2 - 24 估算 LOC。

四、燃烧历程

不同形态的物质,其燃烧历程有所不同,但均要经历氧化分解、着火和燃烧。绝大多数的物质燃烧形态是气体。在实际燃烧过程中,可燃气体在外界能量激发下与空气发生氧化反应,外加能量和氧化过程放出的热量使体系升温并达到着火点。可燃液体需要首先吸收热量产生蒸气,而后与空气混合发生氧化反应,达到着火点后燃烧。与气体燃烧相比,液体燃烧需要消耗蒸发热。可燃固体的燃烧主要有两种情况:对于硫、磷、石蜡等简单物质,受热时首先熔化,而后蒸发为蒸气进行燃烧,无分解过程;对于复合物质,受热时首先分解,生成气态和液态产物,而后气态产物和液态产物蒸气着火燃烧。

根据上述分析,按可燃物与氧化剂的相态不同,可以将燃烧历程分为均相燃烧过程和非均相燃烧过程。均相燃烧过程中,可燃物质和氧化剂都是气相,如可燃气体在空气中的燃烧。非均相燃烧过程是指可燃物质为液体或固体的情况,如石油、木材在空气中的燃烧。与均相燃烧历程比较,非均相燃烧历程更为复杂,需要考虑可燃液体的蒸发、固体的熔融和分解,以及由此产生的相变化。

五、燃烧产物及其影响

可燃物在不同条件下发生燃烧反应,所生成的气体、液体和固体物质,称为燃烧产物。燃烧产物对火势发展、人类健康和环境所造成的影响各不相同。

根据燃烧产物能否继续燃烧,可将其分为完全燃烧产物和不完全燃烧产物。完全燃烧产物如二氧化碳、二氧化硫、水蒸气、五氧化二磷、二氧化氮等,完全燃烧产物的产生能够在一定程度上降低可燃物和氧化剂的含量,具有阻燃作用。如果火灾发生在密闭空间,或将着火间的所有与外界交换空气的孔洞完全封闭,则随着氧气的减少,完全燃烧产物浓度的增加(当空气中的二氧化碳浓度达到 30% 时),燃烧就会停止。不完全燃烧产物包括一氧化碳、未燃尽的炭、醇类、酮类、醛类、醚类等。这些物质在火灾现场易形成烟雾,较高浓度的烟雾会大大降低火场的能见度,影响人员的安全疏散和消防人员的应急救援。不完全燃烧产物还容易引起二次火灾甚至爆炸。

根据燃烧产物对人体的危害性,可将其分为有害产物和无害产物。燃烧产物除水蒸气外,大多对人体有害,如 HCN,CO,SO_2,NO_2,HCl 等均属于有害产物,具有毒性、刺激性或腐蚀性,能造成人体中毒甚至死亡。其中,CO 中毒窒息是火灾致死的常见原因。当火场中的一氧化碳浓度达到 0.1%时,会使人感觉到头晕、头痛、作呕;达 0.5%时,经过20~30 分钟有死亡危险;达 1%时,吸气数次后失去知觉,经 1~2 分钟可中毒死亡。此外,二氧化碳在空气中含量较高时,会使人呼吸急促、头痛、浑身无力,严重时可导致窒息死亡。

根据燃烧产物对环境的负面影响,可将其分为易致霾产物、易致酸雨产物和温室气体。例如,不完全燃烧产生的有机碳氢化合物是造成霾的主要原因,燃烧含硫煤炭所释放的二氧化硫是造成酸雨的主要原因。过多燃烧矿物质以及大量排放的汽车尾气中所含有的二氧化碳是温室效应的主要肇因,CO_2 能够强烈吸收地面长波辐射,并向地面辐射出波长更长的长波辐射,从而大大减少了地球对外部空间的自然散热过程。

六、燃烧的类型

(一) 闪燃和持续性燃烧

根据延续时间的长短,燃烧可分为闪燃和持续性燃烧。物质发生闪燃的最低温度称为闪点,物质发生持续性燃烧的最低温度称为燃点。

1. 闪燃

闪燃是指可燃性液体或挥发的蒸气与空气混合达到一定浓度或者可燃性固体加热到一定程度,遇明火一闪即灭(延续时间小于 5 秒)的燃烧现象。可燃液体之所以会发生一闪即灭的闪燃现象,是因为它在闪点的温度下蒸发速度较慢,所蒸发出来的蒸气仅能维持短时间的燃烧。体系如果持续升温,提供足够的蒸气补充进来,就会产生稳定的燃烧。由此可见,闪燃是可燃液体发生着火前的危险警告。

2. 闪点

在规定的试验条件下,可燃性液体或固体表面产生的蒸气在试验火焰下被点燃的最低温度称为该物质的闪点。闪点越低,该物质的火灾危险性越大。闪点是可燃液体生产、储存场所火灾危险性分类的重要依据,是甲、乙、丙类危险液体分类的依据。根据 GB 50016—2014《建筑设计防火规范》,闪点小于 28 ℃的液体为甲类火灾危险性液体,如原油、汽油等;闪点大于或等于 28 ℃但小于 60 ℃的液体为乙类液体,如喷气燃料、灯用煤油等;闪点大于或等于 60 ℃的液体为丙类液体。此外,闪点还是油品危险等级的划分依据,闪点在 45 ℃以下的称为易燃品;45 ℃以上的为可燃品,如煤油的闪点为 28~45 ℃,属于乙类易燃液体。

3. 闪点的测定

物质的闪点可采用闪点仪测定。闪点仪分为开口式和闭口式两种(如图 2 - 24 所示)。闪点仪主要由加热装置、测温装置和点火装置构成。闪点测定原理是把试样装入试验杯中至规定的刻线,采用酒精灯或电炉缓慢升高试样的温度。在规定的温度间隔下,以试验火焰横着通过试杯,试验火焰使液体表面上的蒸气发生闪燃的最低温度即为该试样的闪点。开杯闪点和闭杯闪点测定的区别在于前者是开放体系,没有搅拌装置,后者是封闭体系并加有搅拌装置。因此,闪点较高、挥发性较小的可燃液体常用开杯仪器测定,而常温下能闪燃的、挥发性较大的可燃液体常用闭杯仪器测定。同一种可燃液体的开杯闪点高于闭杯闪点。如表2-8所示,为现行标准中采用的闪点测定方法。

图2-24　开口闪点仪(左)与闭口闪点仪(右)

表2-8　不同液体闪点的测定方法和依据

测定方法	适应样品	测定依据
阿贝尔闭口杯法	闪点在-30~70 ℃范围的石油产品和其他液体	GB/T 21789—2008
快速平衡闭杯法	闪点在-30~300 ℃范围的色漆、清漆、溶剂、石油及有关产品	GB/T 5208—2008
闭杯闪点试验方法	闪点不高于60 ℃的易燃液体	GB/T 21615—2008
闭杯平衡法	闪点在-30~110 ℃范围的色漆、清漆、色漆基料、溶剂、石油及有关产品	GB/T 21775—2008
泰格闭口杯闪点测定法	40 ℃时黏度小于5.5 mm²/s(cSt)或在25 ℃时黏度小于9.5 mm²/s(cSt)且闪点高于93 ℃的液体	GB/T 21929—2008
阿贝尔-宾斯基闭口杯法	闪点在5~65 ℃范围内的石油产品以及其他液体	GB/T 27847—2011
阿贝尔闭口杯法	闪点不高于110 ℃的液态沥青和稀释沥青	GB/T 27848—2011
闭杯法	胶粘剂	GB/T 30777—2014

可燃液体水溶液的闪点会随水溶液浓度的降低而升高。例如,乙醇含量为100%时,11 ℃即可发生闪燃,而含量降至3%时则没有闪燃现象。利用此特点,水溶性液体的火灾可用大量水扑救,即降低可燃液体的浓度可减弱燃烧强度,使火熄灭。除了可燃液体之外,某些易升华的固体,如石蜡、樟脑、萘等,其表面产生的蒸气达到一定浓度,若与明火接触也能出现闪燃现象。

(二)自燃和强制着火

根据燃烧前是否存在升温过程(燃烧延滞期),燃烧可分为自燃和强制着火。

1. 自燃和强制着火的区别

可燃物受热升温,在一段时间后不需外界着火源就能自行燃烧的现象称为自燃。自燃通常是由于可燃物内在或外部环境因素造成其温度升高,同时散热受阻而造成体系热量积聚,当达到一定温度时引起的燃烧。点燃是指可燃物受到外界火源的直接作用而引起的持续燃烧,现象表现为可燃物与火源接触即可燃烧,并且在移走火源后仍能保持燃烧。二者的区别在于燃烧前是否存在燃烧延滞期。

2. 自燃点和燃点

根据谢苗诺夫热自燃理论,当可燃混合气体体系放热因素大于散热因素时,即可发生自燃。自燃体系放热因素来自体系自身放热或外界受热,当体系散热条件不良时,热量积聚即可使体系温度不断升高,达到自燃温度后发生持续性燃烧。引起物质发生自燃的最低温度称为自燃点。根据强制着火理论,高温点火源放入可燃混合气中,可以迅速加热热源周围的薄层气体,使其燃烧,同时使火焰发生传播,此时的最低火源温度,称为强制着火温度,即着火点,也称燃点。

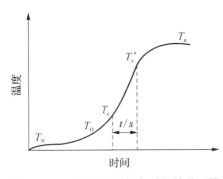

图 2 - 25 自燃过程升温与时间的关系图

图 2 - 25 为物质自燃过程中的温度变化趋势。可燃物在开始加热时,即温度为 T_N 的一段时间内,热量消耗主要用于固体熔化或液体蒸发、分解,可燃物质的温度略高于环境温度。当温度上升达到 T_O 时,可燃物氧化反应速度较快,放热量逐渐增大,但仍小于散热量,如不继续加热,温度不再升高。若继续加热,氧化反应速度加快,体系温度达到理论自燃点 T_c 时,此时氧化反应产生的热量与散失的热量相等。当温度再稍稍升高超过这种平衡状态时,即使停止加热,温度亦能自行快速升高,达到温度 T_c' 时,出现火焰并燃烧起来。理论自燃点 T_c 和实际自燃点 T_c' 间的时间称为物质燃烧的感应时间。物质的感应时间越短,火灾危险性越大。物质自燃的感应时间也是预防火灾的抢救时间。

物质在外部引火源作用下表面起火并持续一段时间所需的最低温度称为燃点。所有固态、液态和气体可燃物质都有燃点。例如,木材的燃点为 295 ℃,蜡烛的燃点为 190 ℃,黄磷的燃点为 30 ℃。

3. 自燃点和燃点的测定

自燃点可以采用加热炉或烘箱定速升温的方式进行测定。根据 GB/T 267—1988《石油产品闪点与燃点测定法(开口杯法)》和 GB/T 3536—2008《石油产品闪点和燃点的测定克利夫兰开口杯法》,石油产品的燃点可采用开口杯闪点测定仪进行测定。测定方法是测出试样的闪点后,继续给试样加热,当试样接触火焰后立即着火并能持续燃烧不少于 5 s 时,此时温度计读数即为该试样的燃点。可燃液体的燃点大都高于闪点,闪点越低的可燃液体,燃点与闪点之差越小。燃点越低的可燃物,火灾危险性越大。控制可燃物质的环境温度在燃点以下是预防发生火灾的有效措施之一。

（三）受热自燃和自热自燃

根据可燃物自燃的热量来源不同,自燃又可分为受热自燃和自热自燃。

1. 受热自燃

可燃物由于外界加热,温度升高至自燃点而发生自行燃烧的现象称为受热自燃。可燃物靠近或接触热量大和温度高的物体时,通过热传导、热对流和热辐射作用,可能将物质加热升温到自燃点而引起自燃。

热传导(thermal conduction)是介质无宏观运动时的传热现象,实质是物质中大量的分子热运动互相撞击,而使能量从物体的高温部分传至低温部分,或由高温物体传给低温物体的过程。热传导是固体中传热的主要方式,在不流动的液体或气体层中也可以发生,在流动情况下往往与热对流同时发生。

热对流(thermal convection/heat convection)又称对流传热,指流体中质点发生相对位移而引起的热量传递过程。热对流只能发生在流体(气体和液体)之中,且同时伴有流体本身分子运动所产生的导热作用。热对流的三种基本形式是自然对流、强迫对流和湍流,其中以湍流的热传递速率最高。自然对流是由温度不均匀而引起流体内压强或密度不均匀,从而导致循环流动,如煮水时水的上下循环流动。风扇则是采用气体或液体的强迫对流。

热辐射(thermal radiation)是物体由于具有温度而辐射电磁波的现象。一切温度高于绝对零度的物体都能产生热辐射,温度愈高,辐射出的总能量就愈大,短波成分也愈多。由于电磁波的传播无须任何介质,因此热辐射是在真空中唯一的传热方式。温度较低时热辐射主要以不可见的红外光进行,当温度为 300 ℃时热辐射中最强的波长在红外区。当物体的温度在 500 ℃至 800 ℃时,热辐射中最强的波长成分在可见光区。

2. 自热自燃

自热自燃的热量来自物质本身的化学反应、物理或生物作用。例如,煤堆自燃的热量主要来自物理吸附作用和氧化反应,部分来自生物活动。煤堆在低温时氧化速度不大,主要是表面吸附作用,能吸附水蒸气和氧等气体。吸附水蒸气后,水蒸气在煤的表面浓缩而变成液体,放出热量使温度升高;吸附氧后,煤的氧化速度不断加快,放出更多的热量。此外,某些煤堆中含有大量微生物,微生物在一定温度下生存和繁殖,在其呼吸繁殖过程中也会不断产生热量。如果散热条件不良,就会积聚热量,使温度持续升高,直到发生自燃。再如黄磷的自燃和植物堆垛的自燃,前者主要是化学反应放热,后者主要是生物作用引起的。

（四）有焰燃烧、无焰燃烧和阴燃

根据燃烧是否产生带色火焰,物质燃烧可分为有焰燃烧、无焰燃烧和阴燃。大部分可燃物发生燃烧时火焰较长并有鲜明的轮廓,这种燃烧方式称为有焰燃烧,如木材的燃烧。无焰燃烧是指有些物质(如焦炭、铁、铜等)处于固体状态而没有火焰的燃烧。阴燃是固体燃烧的一种形式,是无可见光的缓慢燃烧,通常产生烟并有温度升高的现象。受热分解后能产生刚性结构的多孔碳的固体物质,在空气不流通、加热温度较低或含水分较高时会发生阴燃,如堆垛放置的煤、烟草、湿木材等。阴燃与有焰燃烧的区别是无火焰,它与无焰燃烧的区别是能热分解出可燃气,因此在一定条件下阴燃可以转换成有焰燃烧。

(五)轰燃和复燃

除了根据燃烧持续时间、燃烧延滞时间、燃烧热量来源和燃烧火焰来进行分类,还有一种特殊的燃烧现象称为轰燃。轰燃是指在某一空间内,所有可燃物的表面全部卷入燃烧的瞬变过程。例如,当室内大火燃烧形成的可燃气体和没充分燃烧的气体达到一定浓度时,会形成爆发性燃烧,使室内其他空间中未接触大火的可燃物也一起被点燃,这种现象即为轰燃。轰燃是以亚音速传播的爆炸现象,轰燃发生时,会造成局部负氧现象,导致瞬间窒息死亡。复燃是燃烧火焰熄灭后再度发生有焰燃烧的现象。例如,森林火灾扑救时,未燃烧殆尽的树木,可能会再次复燃,造成二次灾害。为了防止这种现象的发生,消防人员会在可能发生复燃的地区人工投放乒乓球燃烧弹助燃。

思考和实践

(1)为什么分级的氢气压缩机需要级间冷却器?

(2)估算丙烷、氢气和丁烷的 LOC。

(3)计算由体积分数为 2% 的正己烷、3% 的丙烷和 2% 的甲烷组成的混合物的 LOC。

(4)计算将空气温度升高到正己烷的 AIT 所需的最小压缩比,假设初始温度为 100 ℃。

(5)根据丙烯、乙醚和丙酮的化学计量反应式,分别估算其 LFL 和 UFL。

(6)根据丙烯的燃烧极限,绘制其可燃界区图。

第三节　燃烧学基础及相关计算

燃烧是化学能转变为热能的过程,可以用化学热力学定律分析能量的转换过程和反应平衡条件。燃烧是剧烈的化学反应,可以用化学动力学来研究化学反应机理及化学反应速度。无论何种燃烧过程,反应总是全部的或部分的在气相中进行,同时燃烧现象往往伴有火焰的传播和流动,甚至有的燃烧问题就是在流动系统中发生的。因此,可以采用流体力学的基本原理来分析燃烧系统的传质和传热问题。

一、化学热力学基础及相关计算

燃烧热力学基础

燃烧是放热发光的氧化还原反应,符合热力学相关规律。根据热力学第一定律,不同形式的能量在传递与转换过程中保持守恒,也就是说,各种形式的能量在转换过程中,总值保持不变。根据热力学第一定律(能量守恒定律),可以分析燃烧过程的热能转化问题,即可以计算给定的燃烧过程的燃烧焓和绝热火焰温度。根据热力学第二定律,热量不能自发地从低温物体转移到高温物体,可以解决燃烧反应自发进行的方向、条件和限度问题,即可以判断某可燃物的燃烧反应能否自发进行、反应进行的限度以及反应的平衡组成问题。

热力学定律主要用于下列热力学参数的计算:燃烧热、热值、耗氧量和燃烧所需的空气量、平衡组成及绝热火焰温度。

（一）生成焓和反应焓

根据热力学第一定律，当单质可燃物和助燃物在燃烧反应中形成化合物时，化学能将转化为热能。转变中生成的能量称为化合物的生成焓（单位：J）。一般常用标准生成焓，即处于标准状态的各元素的最稳定单质生成标准状态下 1 mol 化合物的热效应，标准状态指温度为 298 K、气体压力为 0.1 MPa。标准生成焓用 $\Delta h_{f298}^{\ominus}$ 表示。例如，氢气和碘蒸气生成碘化氢的反应放出的热就是 HI 的生成焓，但是 CO 与氧气反应生成 CO_2 的反应热就不是 CO_2 的生成焓，因为 CO 为化合物。

$$CO+\frac{1}{2}O_2 \longrightarrow CO_2 \quad \Delta h_{f298,CO_2}^{\ominus}=-283.10 \text{ kJ/mol}$$

$$\frac{1}{2}H_2+\frac{1}{2}I_2 \longrightarrow HI \quad \Delta h_{f298,HI}^{\ominus}=-25.12 \text{ kJ/mol}$$

物质的生成焓有正负之分，其中负号表示生成该化合物时反应放热，正号表示生成该化合物时反应吸热。

几种化合物（或元素）相互反应形成生成物时，放出或吸收的热量称为反应焓（单位：kJ）。体系恒温、恒容、非体积功为零时的反应焓称为恒容反应焓。爆炸瞬间可视为恒容过程。体系恒温恒压、非体积功为零时的反应焓称为恒压反应焓。燃烧一般为恒压过程。

（二）燃烧热

根据热化学的定义，1 mol 物质完全氧化时的反应热称为燃烧热。完全氧化对燃烧产物有明确的规定，如有机化合物中的碳被氧化成二氧化碳，硫被氧化成二氧化硫气体，氢被氧化成水等。恒容条件下测得的燃烧热称为恒容燃烧热 Q_V，恒容燃烧热等于热力学能变。恒压条件下测得的燃烧热称为恒压燃烧热 Q_p，恒压燃烧热等于焓变，也称为燃烧焓 $\Delta H_{RT}^{\ominus}$。

可燃化合物的燃烧热可以根据燃烧反应中各物质的生成焓进行求算，可燃混合物的燃烧热则可以根据混合物中各可燃物的燃烧热和其体积分数进行求算。

1. 可燃化合物的燃烧热计算

某可燃化合物的燃烧焓是反应生成物的生成焓与其化学计量数乘积之和与反应物的生成焓与其化学计量数乘积之和的差（式 2-26），式中 M_s 为 M_j 分别为生成物和反应物的反应计量系数，$\Delta h_{fT_s}^{\ominus}$ 和 $\Delta h_{fT_j}^{\ominus}$ 分别为生成物和反应物的摩尔生成焓。

$$\Delta H_{RT}^{\ominus}=\sum M_s \Delta h_{fT_s}^{\ominus} - \sum M_j \Delta h_{fT_j}^{\ominus} \qquad (式 2-26)$$

2. 可燃混合物的燃烧热计算

可燃混合物的燃烧热为所有可燃物标准燃烧热与其体积百分含量的乘积之和（式 2-27）。式中，$\Delta H_{c,m}^{\ominus}$ 为混合物的摩尔燃烧热，V_i 为混合物中 i 组分的体积百分比，$\Delta H_{c,m,i}^{\ominus}$ 为 i 组分的摩尔燃烧热。

$$\Delta H_{c,m}^{\ominus}=\sum V_i \Delta H_{c,m,i}^{\ominus} \qquad (式 2-27)$$

【例题 2 - 13】 已知乙醇、二氧化碳和水的标准生成焓分别为 -277.7 kJ/mol，-393.51 kJ/mol 和 -285.83 kJ/mol，求乙醇在 25 ℃ 下的标准燃烧热。

解： 乙醇的燃烧反应式为

$$C_2H_5OH(l) + 3O_2(g) \longrightarrow 2CO_2(g) + 3H_2O(l)$$

根据可燃化合物的燃烧焓计算公式 2 - 26 可得乙醇在 25 ℃ 下的标准燃烧热：

$$
\begin{aligned}
Q_p = \Delta H^{\ominus}_{298} &= \sum M_s \Delta h^{\ominus}_{f298_s} - \sum M_j \Delta h^{\ominus}_{f298_j} \\
&= 2 \times (-393.51 \text{ kJ/mol}) + 3 \times (-285.83 \text{ kJ/mol}) - (-277.7 \text{ kJ/mol}) \\
&= -1\,366.81 \text{ kJ/mol}
\end{aligned}
$$

【例题 2 - 14】 已知某焦炉煤气的体积组成和各组分的标准燃烧热如表 2 - 9 所示，求该焦炉煤气的标准燃烧热。

表 2 - 9　焦炉煤气的体积组成和各组分的标准燃烧热

煤气组分	CO	H_2	CH_4	C_2H_4	CO_2	N_2	H_2O
标准燃烧热/(kJ/mol)	283.0	285.83	890.31	1 411.0	/	/	/
体积百分数	6.8%	57%	22.5%	3.7%	2.3%	4.7%	3%

解： 该焦炉煤气中可燃组分为 CO，H_2，CH_4 和 C_2H_4，故该煤气的标准燃烧热 $Q_p = \Delta H^{\ominus}_{c,m} = \sum V_i \Delta H^{\ominus}_{c,m,i}$

$$
\begin{aligned}
&= 283.0 \text{ kJ/mol} \times 6.8\% + 285.83 \text{ kJ/mol} \times 57\% + 890.31 \text{ kJ/mol} \times 22.5\% + \\
&\quad 1\,411.0 \text{ kJ/mol} \times 3.7\% = 434.69 \text{ kJ/mol}
\end{aligned}
$$

燃烧热可以通过仪器在恒容或恒压条件下进行测定。恒容燃烧热可以采用氧弹量热计(仪)进行测定，氧弹量热计的量热系统由氧弹、内筒、外筒、搅拌器、点火装置、温度传感器、温度测量和控制系统以及水构成。外筒盛满处于室温的水，用于保持环境温度恒定；内筒用于盛放吸热用的纯水、燃烧样品的氧弹等。内、外筒间用空气隔离。测定原理是将一定待测样品在氧弹中完全燃烧，燃烧时放出的热量使得氧弹及其周围介质和热量计有关附件的温度升高。通过测量样品在燃烧前后热量计温度的变化值，即可通过公式计算得到样品的燃烧热。实验方法及计算公式参见西安电子科技大学梁燕萍教授主持的国家级一流课程"含能材料燃烧热的测定研究虚拟仿真实验"(见附录 1)。

(三) 热值

为了生产实际需要，可燃物燃烧生成的热量往往采用热值来表示。所谓热值，是指单位质量或单位体积的可燃物质在完全燃烧时所放出的热量，可用量热法测定，或者通过可燃物的燃烧热进行单位换算。可燃固体或液体的热值以 J/kg 表示，可燃气体以 J/m^3 表示。可燃物质燃烧时所能达到的最高温度、最高压力等均与物质的热值有关。

1. 可燃化合物热值的计算

气态可燃物热值 Q_v 的计算公式如式 2 - 28 所示，式中，燃烧热的单位是 J/mol。由于 1 mol 标准状态下的气体为 22.4 L，1 m^3 的气体为 1 000 L，所以热值等于燃烧热乘以

1 000/22.4。如果可燃物为液态或固态，则需要用到可燃物的摩尔质量，单位为 g/mol。因此，液体或固体可燃物的热值 Q_m 等于燃烧热乘以 1 000/M（式 2-29）。

$$Q_v = \frac{1\,000 \cdot \Delta h_f}{22.4} \quad\quad （式2-28）$$

$$Q_m = \frac{1\,000 \cdot \Delta h_f}{M} \quad\quad （式2-29）$$

【例题 2-15】 已知乙炔的摩尔燃烧热为 130.6×10^4 J/mol，求乙炔的热值。

解： 乙炔为气体，其热值采用式 2-28 进行计算，得乙炔的热值为 5.83×10^7 J/m³。

【例题 2-16】 已知苯的摩尔质量为 78 g/mol，摩尔燃烧热为 328×10^4 J/mol。求苯的热值。

解： 苯在标准状态下为液体，其热值采用式 2-29 进行计算，可求得苯的热值为 4.21×10^7 J/kg。

2. 可燃混合物的热值计算

组成复杂的可燃物如石油、煤炭、木材等的热值，可采用门捷列夫经验公式计算。如式 2-30 和式 2-31 所示，门捷列夫经验公式分为高热值和低热值两个计算公式。高热值是指单位质量的燃料完全燃烧，生成的水蒸气也全部冷凝成水时放出的热量；低热值是指单位质量的燃料完全燃烧，生成的水蒸气不冷凝成水时放出的热量。门捷列夫经验公式如下所示：

$$Q_H = 4.184\times[81C+300H-26(O-S)]\,(kJ/kg) \quad（式2-30）$$

$$Q_L = 4.184\times[81C+300H-26(O-S)-6(9H+W)]\,(kJ/kg)$$

$$（式2-31）$$

式中，Q_H 和 Q_L 是指可燃物的高热值和低热值，单位是 kJ/kg；C，H，O，S 和 W 分别表示可燃物中碳、氢、氧、硫、水分的质量百分数（%，在式 2-30 和式 2-31 中应代入%前的数值）。

【例题 2-17】 已知木材的组成如下所示，C 为 43%，H 为 7%，O 为 41%，N 为 2%，W 为 6%，A 为 1%（质量组成数），求 5 kg 木材的高热值和低热值。

解： 根据式 2-30，代入相关数据可以求得 1 kg 木材的高热值为

$Q_H = 4.184\times[81C+300H-26(O-S)]$
$\quad = 4.184\times[81\times43+300\times7-26(41-0)]=18\,899\,(kJ/kg)$

根据式 2-31，代入相关数据可以求得 1 kg 木材的低热值为

$Q_L = 4.184\times[81C+300H-26(O-S)-6(9H+W)]$
$\quad = 4.184\times[81\times43+300\times7-26(41-0)-6(9\times7+6)]=17\,167\,(kJ/kg)$

则 5 kg 木材的高热值和低热值分别为 94 495 kJ/kg 和 85 835 kJ/kg。

（四）空气需要量

一般情况下，可燃物在空气中遇点火源就能燃烧。但当空气量或氧气量不足时，可燃物

就不能燃烧或者正在进行的燃烧将会逐渐熄灭。空气需要量作为燃烧反应的基本参数,表示一定量可燃物燃烧所需要的空气质量或者体积。其计算是在可燃物完全燃烧的条件下进行的。理论空气需要量是指单位量的燃料完全燃烧所需要的最少空气量,通常也称为理论空气需要量。此时,燃料中的可燃物与空气中的氧完全反应,得到完全氧化的产物。

1. 固体和液体可燃物理论空气量的计算

对于固体和液体可燃物,习惯上用质量百分数表示其组成,其成分为

$$C\% + H\% + O\% + N\% + S\% + A\% + W\% = 100\%$$

式中,$C\%$、$H\%$、$O\%$、$N\%$、$S\%$、$A\%$ 和 $W\%$ 分别表示可燃物中碳、氢、氧、氮、硫、灰分和水分的质量百分数,其中,C,H 和 S 是可燃成分;N,A 和 W 是不可燃成分;O 是助燃成分。空气中含有约 21% 的氧气,因此要计算可燃物质的理论空气量,应该首先依据可燃元素(碳、氢、硫等)完全燃烧的计量方程式计算出所需要的氧气量,理论空气量即为完全燃烧所需氧气量除以 21%。

可燃元素(碳、氢、硫等)完全燃烧的反应方程如下所示:

$$C + O_2 = CO_2 \qquad H + \frac{1}{4}O_2 = \frac{1}{2}H_2O \qquad S + O_2 = SO_2$$

假定计算中涉及的气体是理想气体,那么 $1\,000$ mol 气体在标准状态下的体积为 22.4 m^3,则每 1 kg 可燃物完全燃烧时所需氧气的体积量为

$$V_{0,O_2} = \left(\frac{C}{12} + \frac{H}{4} + \frac{S}{32} - \frac{O}{32}\right) \times 22.4 \times 10^{-2}(\text{m}^3) \qquad (式\ 2\text{-}32)$$

由此可知,每 1 kg 可燃物完全燃烧时所需空气量的体积如下式所示:

$$V_{0,\text{air}} = \frac{V_{0,O_2}}{0.21}(\text{m}^3) \qquad (式\ 2\text{-}33)$$

【例题 2-18】 已知木材的组成如下所示,C 为 43%,H 为 7%,O 为 41%,N 为 2%,W 为 6%,A 为 1%(质量组成数),求 5 kg 木材完全燃烧所需要的理论空气量。

解:1 kg 木材完全燃烧所需要的理论空气量 V_{0,O_2} 为

$$V_{0,O_2} = \left(\frac{C}{12} + \frac{H}{4} + \frac{S}{32} - \frac{O}{32}\right) \times 22.4 \times 10^{-2} = \left(\frac{43}{12} + \frac{7}{4} + \frac{0}{32} - \frac{41}{32}\right) \times 22.4 \times 10^{-2}$$
$$= 0.91(\text{m}^3)$$

则 5 kg 木材完全燃烧所需要的理论空气量为 $0.91/0.21 \times 5 = 21.67$ m^3。

2. 气体可燃物的理论空气量的计算

对于气体可燃物,习惯上用体积百分数表示其组成,其成分为

$$CO\% + H_2\% + \sum c_n H_m\% + H_2S\% + CO_2\% + O_2\% + N_2\% + H_2O\% = 100\%$$

式中 $CO\%$、$H_2\%$、$C_nH_m\%$、$H_2S\%$、$CO_2\%$、$O_2\%$、$N_2\%$、$H_2O\%$ 分别表示气态可燃物中各相应成分的体积百分数。C_nH_m 为碳氢化合物的通式,可表示 CH_4,C_2H_2 等可燃气体。

根据可燃组分完全燃烧的反应方程式：

$$CO+\frac{1}{2}O_2 =CO_2 \qquad H_2+\frac{1}{2}O_2 =H_2O$$

$$H_2S+\frac{3}{2}O_2 =H_2O+SO_2 \qquad c_nH_m+\left(n+\frac{m}{4}\right)O_2 =nCO_2+\frac{m}{2}H_2O$$

完全燃烧 1 mol 的 CO 需要 $\frac{1}{2}$ mol 的 O_2，根据理想气体状态方程，则燃烧 1 m³ CO 需要 0.5 m³ 的 O_2。同理，完全燃烧 1 m³ H_2、H_2S、C_nH_m 分别需要 $\frac{1}{2}$ m³、$\frac{3}{2}$ m³、$\left(n+\frac{m}{4}\right)$ m³ 的 O_2，因此，每 1 m³ 可燃物完全燃烧时需要的氧气体积为

$$V_{0,O_2} =\left[\frac{1}{2}CO+\frac{1}{2}H_2+\frac{3}{2}H_2S+\sum\left(n+\frac{m}{4}\right)C_nH_m-O_2\right]\times10^{-2}(m^3)$$

（式 2-34）

每 1 m³ 可燃物完全燃烧的理论空气体积需要量为

$$V_{0,air}=\frac{V_{0,O_2}}{0.21}=4.76\times\left[\frac{1}{2}CO+\frac{1}{2}H_2+\frac{3}{2}H_2S+\sum\left(n+\frac{m}{4}\right)C_nH_m-O_2\right]\times10^{-2}(m^3)$$

（式 2-35）

【例题 2-19】　已知焦炉煤气的体积百分数组成如表 2-10 所示，求 1 m³ 焦炉煤气燃烧所需要的理论空气量。

表 2-10　焦炉煤气的体积百分数组成

煤气组分	CO	H_2	CH_4	C_2H_4	CO_2	N_2	H_2O
体积百分数	6.8%	57%	22.5%	3.7%	2.3%	4.7%	3%

解：由碳氢化合物通式得

$$\sum\left(n+\frac{m}{4}\right)C_nH_m=\left(1+\frac{4}{4}\right)\times22.5+\left(2+\frac{4}{4}\right)\times3.7=56.1$$

因此，完全燃烧 1 m³ 这种煤气所需理论空气体积为

$$V_{0,air}=\frac{V_{0,O_2}}{0.21}=4.76\times\left[\frac{1}{2}CO+\frac{1}{2}H_2+\frac{3}{2}H_2S+\sum\left(n+\frac{m}{4}\right)C_nH_m-O_2\right]\times10^{-2}$$

$$=4.76\times\left(\frac{1}{2}\times6.8+\frac{1}{2}\times57+56.1\right)\times10^{-2}$$

$$=4.19\ m^3$$

3. 实际空气量

在实际燃烧过程中，供应的空气量往往不等于燃烧所需要的理论空气量。实际供给的空气量称为实际空气需要量或者实际空气量。实际空气量与理论空气量之比称为过量

空气系数,通常用 α 表示。因此,实际空气需要量与理论空气需要量的关系为:$V_{\alpha,air}=\alpha \cdot V_{0,air}$。当 $\alpha=1$ 时,表示实际供给的空气量等于理论空气量。从理论上讲,此时燃料中的可燃物质可以全部氧化,燃料与氧化剂的配比符合化学反应方程式的当量关系。此时的燃料与空气量之比称为化学当量比。

当 $\alpha<1$ 时,表示实际供给的空气量少于理论空气量。这种燃烧过程不可能是完全的,燃烧产物中尚剩余可燃物质,而氧气却消耗完毕,这样势必造成燃料浪费,一般情况下应当避免 $\alpha<1$ 的情况。但在某些情况下,如点火时,为使点燃成功,往往多供应燃料。

当 $\alpha>1$ 时,表示实际供应的空气量多于理论空气量。在实际的燃烧装置中,多数采用这种供气方式,因为这样既可以节省燃料,也具有其他的有益作用。

过量空气系数 α 是表示在由液体或者气体燃料与空气组成的可燃混合气中,燃料和空气比的参数,其数值对于燃烧过程有着很大影响,α 过大或者过小都不利于燃烧的进行。

(五) 烟气量

燃烧过程会生成气体、气体所携带的灰粒和未燃尽的固体颗粒,后两者在烟气中所占的体积百分数很小,因而通常在工程燃烧计算中忽略不计。一般情况下,燃烧产生的烟气主要是指燃烧生成的气相产物,其成分主要取决于可燃物的组成和燃烧条件。大部分可燃物属于有机化合物,它们主要由碳、氢、氧、氮、硫等元素组成。在空气充足时,燃烧产物主要是完全燃烧产物,不完全燃烧产物量很少;如果空气不足或者温度较低,不完全燃烧产物量相对增多。当可燃物完全燃烧时,烟气的组成及其体积可由反应方程式、可燃物的元素组成或者成分组成求得。一般情况下,产物中有水蒸气的烟气称为"湿烟气",把水分扣除后的烟气称为"干烟气"。若过量空气系数 $\alpha=1$,可燃物完全燃烧时的组分主要是 CO_2,H_2O,SO_2 和 N_2,则湿烟气体积为 $V_{sq}=V_{CO_2}+V_{SO_2}+V_{N_2}+V_{H_2O}$。若过量空气系数 $\alpha=1$,可燃物完全燃烧时的组分主要是 CO_2,SO_2 和 N_2,则干烟气体积为 $V_{gq}=V_{CO_2}+V_{SO_2}+V_{N_2}$。

(六) 燃烧温度

可燃物燃烧所放出的热量一部分被火焰辐射散失,而大部分消耗在加热燃烧产物上。由于可燃物质燃烧产生的热量是在火焰燃烧区域内析出的,所以火焰温度也就是燃烧温度。燃烧温度可分为实际燃烧温度和理论燃烧温度。实际火灾中测定的温度称为实际燃烧温度。假设燃烧产生的热量全部用于加热燃烧产物,在没有外界热源向系统输入热量和不考虑系统与外界的功交换的前提下,该温度是反应生成物所能达到温度的极限值,称为可燃物的绝热火焰温度,即理论燃烧温度。

如果燃烧是在 $\alpha=1$ 的完全燃烧情况下进行的,并且可燃物和空气的初始温度均为 25℃时,可燃物燃烧所放出的热全部用于加热燃烧产物,使之从室温加热到理论燃烧温度,则在恒压条件下,恒压燃烧热 Q_p 与燃烧产物 i 的比定压热容、温度 T 的关系如式 2-36所示。

$$Q_L = \sum n_i \cdot \int_{298}^{T} C_{pi} dT \qquad (式 2-36)$$

式中,Q_L 是可燃物质的低热值;n_i 是第 i 种产物的摩尔数;C_{pi} 是第 i 种产物的比定压热容。通过积分求解,可以得到较精确的理论燃烧温度值,由于上式积分的结果为三次方程,得到具体的解相对较麻烦,因此在实际计算中常采用平均比定压热容来进行理论燃烧温度的近似计算。计算公式为

$$Q_L = \sum V_i \cdot \overline{C}_{pi} \cdot (T - 298) \qquad (式\ 2 - 37)$$

或
$$Q_L = \sum V_i \cdot \overline{C}_{pi} \cdot (t - 25) \qquad (式\ 2 - 38)$$

式中,V_i 为第 i 种产物的体积;$\overline{C}_{pi}$ 指第 i 种产物的平均比定压热容,即在恒压条件下,每立方米物质平均每升高一度所需的热量,单位为 $J \cdot K^{-1} \cdot m^{-3}$。

为了方便计算,通常假定燃烧前可燃物和空气的初始温度为 0 ℃ 来进一步简化式 2 - 37 为式 2 - 38,即

$$Q_L = \sum V_i \cdot C_{pi} \cdot t \qquad (式\ 2 - 39)$$

由此可在已知燃烧热 Q、各物质的平均比定压热容和体积的前提下,根据式 2 - 39 可以快速求解某可燃物质的绝热火焰温度 t,具体求解方法如下。

（1）判断燃烧产物的平衡组成并计算每一平衡组分的体积 V_i。

（2）假定一个理论燃烧温度 t_1℃,从"平均比定压热容"表中查出相应的值代入公式 2 - 38,求出相应的 Q_1。

（3）假定第二个理论燃烧温度 t_2℃,求出相应 Q_2,使 $Q_1 < Q < Q_2$。

（4）根据燃烧热与绝热火焰温度成正比,采用插值法求出理论燃烧温度 T。

$$t = t_1 + \frac{t_2 - t_1}{Q_2 - Q_1} \cdot (Q_L - Q) \qquad (式\ 2 - 40)$$

【例题 2 - 20】已知木材的组成如下:C 为 43%,H 为 7%,O 为 41%,N 为 2%,W 为 6%,A 为 1%（质量组成数）,请根据下列平均比定压热容表,求 1 kg 木材的理论燃烧温度（平均比定压热容单位 $kJ \cdot m^{-3} \cdot K^{-1}$）。

表 2 - 11　部分物质平均比定压热容表　　　　单位：$kJ \cdot m^{-3} \cdot K^{-1}$

温度 T/K	$\overline{C}_{p,CO_2}$	$\overline{C}_{p,N_2}$	$\overline{C}_{p,O_2}$	$\overline{C}_{p,H_2O}$
1 073	2.131 1	1.367 0	1.449 9	1.668 0
1 173	2.169 2	1.379 6	1.464 5	1.695 7
1 273	2.203 5	1.391 7	1.477 5	1.722 9
1 373	2.234 9	1.403 4	1.489 2	1.750 1
1 473	2.263 8	1.414 3	1.500 5	1.776 9
1 573	2.289 8	1.425 2	1.510 6	1.802 8
1 673	2.313 6	1.434 8	1.520 2	1.828 0
1 773	2.335 4	1.444	1.529 4	1.852 7

温度 T/K	$\overline{C}_{p,CO_2}$	$\overline{C}_{p,N_2}$	$\overline{C}_{p,O_2}$	$\overline{C}_{p,H_2O}$
1 873	2.355 5	1.452 8	1.537 8	1.876 1
2 073	2.391 5	1.468 7	1.554 1	1.921 3
2 173	2.407 4	1.475 8	1.561 7	1.942 3
2 273	2.422 1	1.482 5	1.569 2	1.962 8

解：1 kg 木材的燃烧产物中各种组分的生成量分别为

$$V_{0,CO_2}=\frac{22.4}{12}\times\frac{43}{100}=0.80(\text{m}^3) \qquad V_{0,H_2O}=\frac{22.4}{2}\times\frac{7}{100}+\frac{22.4}{18}\times\frac{6}{100}=0.86(\text{m}^3)$$

燃烧 1 kg 此木材所需理论氧气体积为

$$V_{0,O_2}=\left(\frac{C}{12}+\frac{H}{4}+\frac{S}{32}-\frac{O}{32}\right)\times22.4\times10^{-2}$$

$$=\left(\frac{43}{12}+\frac{7}{4}-\frac{41}{32}\right)\times22.4\times10^{-2}=0.91(\text{m}^3)$$

则 1 kg 木材完全燃烧需要的理论空气量 $V_{0,air}=\dfrac{0.91}{0.21}=4.33(\text{m}^3)$

N_2 的生成量：$V_{0,N_2}=\dfrac{2}{28}\times\dfrac{22.4}{100}+\dfrac{79}{100}\times4.33=3.44(\text{m}^3)$

1 kg 木材燃烧放出的低热值由式 2-31 可得，

$$Q_L=4.184\times[81C+300H-26(O-S)-6(9H+W)]$$

$$=4.184\times[81\times43+300\times7-26(41-0)-6(9\times7+6)]=17\ 167(\text{kJ/kg})$$

设 $t_1=1\ 900\ ℃$，查表得 $T=2\ 173\ K$ 时的 CO_2，H_2O 和 N_2 的平均比定压热容分别为 2.407 4 kJ·m^{-3}·K^{-1}，1.475 8 kJ·m^{-3}·K^{-1} 和 1.942 3 kJ·m^{-3}·K^{-1}，代入式 2-39 得

$$Q_1=1\ 900\times(0.80\times2.407\ 4+3.44\times1.475\ 8+0.86\times1.942\ 3)=16\ 479(\text{kJ})$$

因为 $Q_L>Q_1$，所以 $t>t_1$，可再选取高于 t 的温度值。

设 $t_2=2\ 000\ ℃$，查表得 $T=2\ 273\ K$ 时的 CO_2，N_2 和 H_2O 的平均比定压热容分别为 2.422 1 kJ·m^{-3}·K^{-1}，1.482 5 kJ·m^{-3}·K^{-1} 和 1.962 8 kJ·m^{-3}·K^{-1}，代入式 2-39 中得

$$Q_2=2\ 000\times(0.80\times2.422\ 1+3.44\times1.482\ 5+0.86\times1.962\ 8)=17\ 451(\text{kJ})$$

因为 $Q_1<Q_L<Q_2$，所以 $t_1<t<t_2$，利用公式 2-40 求得木材理论燃烧温度为

$$t=1\ 900+\frac{2\ 000-1\ 900}{17\ 451-16\ 479}\times(17\ 167-16\ 479)=1\ 971(℃)$$

可燃物在绝热条件下完全燃烧所能达到的理论燃烧温度称为绝热燃烧温度。由于反应系统不可能做到绝热，总存在散热过程，也很难做到完全燃烧，因此，绝热燃烧温度在实际反应过程中是永远达不到的，只能作为一个参考指标。从理论上说，在 $\alpha=1$ 且完全燃烧情况下，燃烧温度最高；当 $\alpha<1$ 时，由于燃料过剩，导致燃烧不完全，使燃料的化学能不能充分放出，从而使燃烧温度降低；当 $\alpha>1$ 时，供给的空气量过多，而燃料释放的热量却

基本为确定值,因而燃烧温度也要降低。

根据热力学第二定律,可以通过化学反应的平衡常数来确定反应方向,判断反应限度并计算燃烧反应的平衡组成。给定化学反应的标准平衡常数 $K^\ominus$ 是各燃烧产物浓度计量系数次方的乘积与反应物浓度计量系数次方的乘积之比。$K^\ominus$ 是温度的函数,与浓度和压力无关。上标表示标准状态,标准状态的气体是指分压为标准压力 100 kPa 的理想气体;标准状态的溶液是浓度为 1 mol/L 的理想溶液。

通过吉布斯自由能、反应商与标准平衡常数的相对大小可以判断某化学反应能否自发进行,吉布斯自由能小于零的反应可自发进行。吉布斯自由能与标准平衡常数的关系是 $\Delta G = -RT\ln K^\ominus < 0$。反应商判据指出,当反应商 J 的值小于标准平衡常数 $K^\ominus$ 时,反应正向进行;其中反应商的表达式与标准平衡常数的表达式类似,只是代入其中的物质浓度值是某一时刻的瞬时浓度。

根据化学反应的标准平衡常数值,可以对反应的限度进行判断,标准平衡常数值越大,反应进行得越完全,反之则反应进行得不完全。当标准平衡常数值处于 $10^{-3} \sim 10^3$ 时,反应物部分发生反应,可用反应物的平衡转化率来表示反应限度的大小。反应达到平衡时,参与反应的各物质的平衡浓度可以根据反应物的初始浓度和平衡常数进行计算。

二、化学动力学基础及相关计算

(一)化学反应速度

燃烧动力学
基础

化学反应速率是单位时间内反应物或产物浓度的变化,常用单位时间内反应物浓度的减少或者产物浓度的增加来表示,符号为 w,单位是 mol/(L·s)。任一反应的反应速率可以通过反应中任一物质的反应速率来表达。选用的物质不同,其速率表达式亦不同。对于化学反应 $a\mathrm{A}+b\mathrm{B}\longrightarrow c\mathrm{C}+d\mathrm{D}$,单位时间内消耗 a mol 的物质 A,同一时间必生成 d mol 的物质 D。例如,在氢气和氧气的反应中,每生成 2 mol 水分子,必然消耗 2 mol 氢气和 1 mol 氧气,因此以氢气表达的反应速率是按氧气表达的反应速率的两倍,即 $w(\mathrm{H_2})=2w(\mathrm{O_2})=-w(\mathrm{H_2O})$。

(二)化学反应速率方程和反应级数

化学反应一般可分为简单反应和复杂反应两类。简单反应又称基元反应,是反应物分子在有效碰撞中一步直接转化为产物的反应;复杂反应是由两个或多个基元反应步骤完成的反应。化学反应速率与各反应物的浓度、温度、压力以及各物质的物理、化学性质有关。

根据质量作用定律,温度不变时对于基元反应 $a\mathrm{A}+b\mathrm{B}\longrightarrow c\mathrm{C}+d\mathrm{D}$,其反应速率与反应物浓度之间的定量方程,即反应速率方程如下:

$$w = kc_\mathrm{A}^a c_\mathrm{B}^b \tag{式 2-41}$$

该基元反应的反应级数 n 为各浓度次方之和,即 $n=a+b$。对于复杂反应,其反应速率方程和反应级别均需要通过实验来测定。

根据基元反应的速率方程或通过实验测得的复杂反应的化学反应速率与浓度的关系,可以将化学反应进行分级。若反应速率与反应物浓度的一次方成正比,这样的反应称为一级反应。同理,二级、三级反应的反应速率分别与反应物浓度的二次方和三次方成正比。零次反应与反应物浓度无关。

假设某化学反应的速率方程只与反应物 A 的浓度有关,可以分别写出其一级、二级和三级反应速率方程、微分方程和积分方程(如表 2-12 所示)。求解定积分方程,可以得到表示 A 的瞬时浓度和时间相互关系的函数式。在零级反应中,A 的瞬时浓度与时间呈直线关系,斜率的绝对值就是速率常数。一级反应中,A 的瞬时浓度的 ln 值与时间呈线性关系;二级反应中,A 的瞬时浓度的倒数与时间呈线性关系;三级反应中,A 的瞬时浓度的倒数的平方与时间呈线性关系。

表 2-12　基于反应物 A 的零级、一级、二级、三级反应速率方程表达式

反应级别	微分式	积分式	函数式
零级反应 $w=k_0$	$-dc_A/dt=k_0$	$\int_{c_{A,0}}^{c_{A,t}} -dc_A = \int_0^t k_0 dt$	$c_{A,t}=c_{A,0}-k_0 t$
一级反应 $w=k_1 c_A$	$-dc_A/dt=k_1 c_A$	$\int_{c_{A,0}}^{c_{A,t}} \dfrac{dc_A}{c_A} = \int_0^t k_1 dt$	$\ln c_{A,t}=\ln c_{A,0}-k_1 t$
二级反应 $w=k_2 c_A^2$	$-dc_A/dt=k_2 c_A^2$	$\int_{c_{A,0}}^{c_{A,t}} \dfrac{dc_A}{c_A^2} = \int_0^t k_2 dt$	$\dfrac{1}{c_{A,t}}=\dfrac{1}{c_{A,0}}-k_2 t$
三级反应 $w=k_3 c_A^3$	$-dc_A/dt=k_3 c_A^3$	$\int_{c_{A,0}}^{c_{A,t}} \dfrac{dc_A}{c_A^3} = \int_0^t k_3 dt$	$\dfrac{1}{c_{A,t}^2}=\dfrac{1}{c_{A,0}^2}-2k_3 t$

对任一化学反应,可以根据实验测得的数据通过微分法、积分法、半衰期法或孤立法来确定反应的级数(见表 2-13)。

表 2-13　化学反应级数的定级方法和依据

定级方法	具体方法	判断依据
微分法	根据实验数据作 $c_A \sim t$ 曲线。在不同时刻 t 求 $-dc_A/dt$。以 $\ln(-dc_A/dt)$ 对 $\ln c_A$ 作图,从直线斜率求出 n 值,从截距求出反应速率常数 k。	$-dc_A/dt=kc_A^n$ $\ln(-dc_A/dt)=\ln k+n\ln c_A$
积分法	将各组 $c_{A,t}$ 值代入具有简单级数反应的速率定积分式中,计算 k 值。若 k 值基本为常数,则实际反应级数就是代入方程进行计算的级数;若不是常数则另行假设。	$\ln c_A \sim t, \dfrac{1}{c_A} \sim t, \dfrac{1}{c_A^2} \sim t$ 符合线性关系
半衰期法	用 n 级反应的半衰期通式求解除一级反应以外的其他反应的级数。从多个实验数据以 $\ln t_{1/2} \sim \ln c_{A,0}$ 作图,从直线斜率求 n 值 ($n\neq 1$)。	$t_{\frac{1}{2}}=\dfrac{2^{n-1}-1}{(n-1)kc_{A,0}^{n-1}}; \ln t_{1/2}=\ln k+(1-n)\ln c_{A,0}$
孤立法	若反应速率与两个及以上反应物的浓度有关,使 A 的浓度远远超过 B 的浓度,即 $c_A \gg c_B$,此时可认为反应物 A 在反应过程中浓度是不改变的,先确定 b 值。然后令 $c_B \gg c_A$,反过来求 a 值。	$w=kc_A^a c_B^b$

【例题 2-21】　根据表 2-14 中的实验数据判断反应 $2H_2+2NO=\!=\!=2H_2O+N_2$ 的反应级数和反应速率常数。

表 2-14　实验数据

编号	起始浓度/(mol·dm^{-3})		生成 N_2 的起始浓度
	$c(NO)$	$c(H_2)$	$v/(mol·dm^{-3})$
1	$6.00×10^{-3}$	$1.00×10^{-3}$	$3.19×10^{-3}$
2	$6.00×10^{-3}$	$2.00×10^{-3}$	$6.36×10^{-3}$
3	$6.00×10^{-3}$	$3.00×10^{-3}$	$9.56×10^{-3}$
4	$1.00×10^{-3}$	$6.00×10^{-3}$	$0.48×10^{-3}$
5	$2.00×10^{-3}$	$6.00×10^{-3}$	$1.92×10^{-3}$
6	$3.00×10^{-3}$	$6.00×10^{-3}$	$4.30×10^{-3}$

解:对比实验 1,2 和 3 组数据,可知该反应速率 w 正比于 $c(H_2)$;对比实验 4,5 和 6 组数据,可知该反应速率 w 正比于 $c^2(NO)$。则该反应的速度方程可以表示为 $w=kc(H_2)c^2(NO)$,则反应级数为 3。将表中任意一组数据代入该方程即可求得 k 值,如将第 1 组数据代入,得 $k=8.86×10^4$。则该反应的反应速率方程表达式为 $w=8.86×10^4c(H_2)c^2(NO)$。

实际的化学反应过程往往比较复杂。常见复杂反应包括可逆反应、平行反应、连串反应和共轭反应。

可逆反应是指正向和逆向同时进行的反应。因此,既要考虑正反应速率,也要考虑逆反应速率。例如,对于正、逆反应都为一级反应的可逆反应 A↔B,反应速率方程 $-dc_A/dt=k_fc_A-k_rc_B$。

平行反应是指相同反应条件下,反应物能同时进行几个不同的反应。在平行反应中,反应速率较大的反应称为主反应,其余称为次要反应。例如,A ⟶ B 的同时 A ⟶ C,若两个反应均为一级反应,则有 $-dc_A/dt=(k_1+k_2)c_A$。

连串反应是指反应所产生的物质能继续反应产生其他物质的反应。例如,若连串反应 A ⟶ B ⟶ C 都为一级反应,则有 $-dc_A/dt=k_1c_A$,$dc_B/dt=k_1c_A-k_2c_B$。

共轭反应中,第一个反应生成了第二个反应的中间化合物,该化合物对第二个反应起催化作用。例如,高锰酸钾在酸性条件下与亚铁离子的反应中会生成 Mn^{2+},能够催化该反应。

复杂反应的速率方程可采用平衡态近似法和稳态近似法来进行求解。

(1)平衡态近似法:假设在连串反应 A+B ⟷ C ⟶ D 中所有反应均为一级反应,第一步反应可逆且很快达到平衡,则所有物质浓度不随时间而发生变化,$dc_M/dt=0$。第二步反应慢,是决定该反应速率的主要反应。

(2)稳态近似法:在连串反应中,若中间产物 B 很活跃,极易继续反应,则 B 的浓度处于稳态,浓度不随时间而变化的状态,$dc_B/dt=0$,即 B 的生成速率与消耗速率相等,如自由基就可做稳态处理。

【例题 2-22】　根据光谱学研究提出的反应机理,确定反应 $2NO+2H_2 \longrightarrow N_2+2H_2O$ 的反应速率方程及反应级数。

（1）$2NO \longleftrightarrow N_2O_2, k_1$ 快速，平衡

（2）$N_2O_2 + H_2 \longleftrightarrow N_2O + H_2O, k_2$ 慢速

（3）$N_2O + H_2 \longleftrightarrow N_2 + H_2O, k_3$ 快速

解：由题意可知第（1）步反应达到平衡，则 $k_{-1}c(N_2O_2) = k_1c^2(NO)$；

第（2）步反应为决速步骤，可知 $w = k_2c(N_2O_2)c(H_2) = k_2k_1/k_{-1}c^2(NO)c(H_2) = kc^2(NO)c(H_2)$。由此可知该反应级数为三级。

【例题 2-23】 对于 $H_2 + Cl_2 \longrightarrow 2HCl$ 的反应，已知其分步反应步骤如下：$Cl_2 \longrightarrow 2Cl\cdot$；$Cl\cdot + H_2 \longrightarrow HCl + H\cdot$；$H\cdot + Cl_2 \longrightarrow HCl + Cl\cdot$；$2Cl\cdot \longrightarrow Cl_2$。请写出该反应的速率方程及反应级数。

解：（1）$H\cdot$ 是自由基，处于稳态，则有 $dc(H\cdot)/dt = k_2c(Cl\cdot)c(H_2) - k_3c(H\cdot)c(Cl_2) = 0$

得 $k_2c(Cl\cdot)c(H_2) = k_3c(H\cdot)c(Cl_2)$ ①

（2）$Cl\cdot$ 是自由基，处于稳态，则有

$dc(Cl\cdot)/dt = 2k_1c(Cl_2) + k_3c(H\cdot)c(Cl_2) - k_2c(Cl\cdot)c(H_2) - 2k_4c^2(Cl\cdot) = 0$ ②

将①代入②得到 $2k_1c(Cl_2) - 2k_4c^2(Cl\cdot) = 0$，即 $c(Cl\cdot) = [(k_1/k_4)c(Cl_2)]^{1/2}$ ③

（3）该反应的速率方程 $dc(HCl)/dt = k_2c(Cl\cdot)c(H_2) + k_3c(H\cdot)c(Cl_2)$ ④

将①③代入得到 $dc(HCl)/dt = 2k_2c(Cl\cdot)c(H_2) = 2k_2k_1^{1/2}/k_4^{1/2}c^{1/2}(Cl_2)c(H_2)$，则该反应的速率方程为 $dc(HCl)/dt = 2k_2k_1^{1/2}/k_4^{1/2}c^{1/2}(Cl_2)c(H_2)$，反应的级数为 3/2。

影响化学反应速率的因素包括物质自身的物理化学性质、浓度（分压）以及温度。质量作用定律认为，当温度不变时，基元反应的反应速率与各反应物浓度的幂的乘积成正比，反应速率常数 k 与浓度无关，与温度相关。根据道尔顿分压定律，混合气体中某一成分的浓度与该成分的压力成正比。压力升高使反应速率加快。Van't Hoff 根据实验事实，总结出一条近似经验规则，即温度每升高 10 ℃，反应速率增大 2～4 倍。1889 年瑞典科学家阿累尼乌斯总结了大量的实验数据，得出了如下结论：化学反应的速率常数 k 与温度 T 之间呈指数关系，即 $k = A \cdot e^{-E/RT}$，A 是碰撞频率因子，与温度、分子折合质量和分子大小相关，E_a 为反应活化能。由阿累尼乌斯方程的指数式可以得到其对数式 $\ln k = \ln A - E/R \times 1/T$，以 $\ln k$ 对 $1/T$ 作图是一条直线，其斜率为 $-E_a/R$，截距为 $\ln A$。因此活化能可以通过实验来测定。

三、流体力学基础及其应用

真实的燃烧过程总是全部或部分在气相中进行，同时燃烧现象总是伴有火焰的传播和流动，有的燃烧就是在流动系统中发生的。因此，需要用到多组分流体的分子输运定律和守恒方程来对燃烧现象进行分析。

流体力学基础

分子在输运过程中存在传质、传热和动量的传递。牛顿黏性定律描述了速度梯度驱动的动量交换现象，傅里叶导热定律描述了温度梯度驱动的热量交换现象，菲克扩散定律描述了浓度梯度驱动的质量交换现象。

1. 牛顿黏性定律

一切真实流体中,由于分子的扩散或分子间相互吸引的影响,使不同流速的流体之间有动量交换发生,因此,在流体内部两流层的接触面上产生内摩擦力。内摩擦力平行于接触面,又称黏性力。黏性力的方向,对流速大的流体层而言,与流速方向相反,是阻力,对流速小的流体层则是促使其加速的力。黏性力的大小可由牛顿内摩擦定律确定。1686年英国科学家牛顿给出了表征内摩擦力的定律,指出内摩擦力 F 正比于流层移动的相对速度 $\dfrac{\mathrm{d}u}{\mathrm{d}y}$ 和流层间的接触面积 A,内摩擦力随流体的物理性质(μ)而改变,但与正压力无关。其表达式为 $F=\mu A\dfrac{\mathrm{d}u}{\mathrm{d}y}$。工程学中,常令 τ 为单位面积上的内摩擦力,即摩擦应力(又称切应力),于是得到 $\tau=\dfrac{F}{A}=\mu\dfrac{\mathrm{d}u}{\mathrm{d}y}$,$\tau$ 的单位为 Pa 或 N/m²。其中,F 为相邻流体层间内摩擦力,单位 N;A 为流体层接触面积,单位 m²;μ 为与流体性质相关的比例系数,通常称为动力黏性系数,单位 Pa·s 或 kg/(m·s);$\mathrm{d}u/\mathrm{d}y$ 为速度梯度,单位是 s⁻¹。这就是牛顿内摩擦定律,也称为黏性定律。

2. 傅里叶导热定律

傅里叶定律是法国著名科学家傅里叶在 1822 年提出的。该定律指在导热过程中,单位时间内通过给定截面的导热量 Q,正比于该截面垂直方向上的温度变化率 $\mathrm{d}T/\mathrm{d}x$ 和截面面积 A,而热量传递的方向与温度升高的方向相反。用单位面积上的热流密度 J_T 表示时形式如下:$J_T=-k\dfrac{\mathrm{d}T}{\mathrm{d}x}$。热流密度是指单位时间内通过单位面积传递的热量,也称为热通量,单位是 J/(m²·s)

热流密度是在与传输方向相垂直的单位面积上,在 x 方向上的传热速率。它与该方向上的温度梯度 $\mathrm{d}T/\mathrm{d}x$ 成正比。比例常数 k 是一个输运特性,称为导热系数。傅里叶导热定律的物理意义通常被理解为:温度梯度是驱动力,热流密度是被驱动的热量流。

3. 菲克扩散定律

菲克定律是阿道夫·菲克于 1855 年提出的描述分子扩散过程中传质通量与浓度梯度之间关系的定律。菲克提出:单位时间内通过垂直于扩散方向的单位截面积的扩散物质流量与该截面处的浓度梯度成正比。也就是说,浓度梯度越大,扩散通量越大。这就是菲克第一定律。1858 年,菲克参照傅里叶于 1822 年建立的热传导方程,建立了描述物质从高浓度区向低浓度区迁移的扩散方程。数学表达式如式 2-42。

$$J=-D_{AB}\left(\frac{\partial c}{\partial x}\right) \tag{式 2-42}$$

其中,D_{AB} 称为 A 在 B 中的扩散系数(m²/s),$\dfrac{\partial c}{\partial x}$ 为浓度梯度,"—"号表示扩散方向为浓度梯度的反方向,即扩散组元由高浓度区向低浓度区扩散。扩散通量 J 的单位是

kg/(m² · s)。菲克第一定律指出：在任何浓度梯度驱动的扩散体系中，物质将沿其浓度场决定的负梯度方向进行扩散，其扩散流大小与浓度梯度成正比。

对有关燃烧现象做定量分析时，必需的方程有质量守恒、动量守恒、能量守恒及组分守恒四个方程。连续方程是描述守恒量传输行为的偏微分方程，是质量守恒定律在流体力学中的具体表述形式。质量守恒方程的意义是：在任意区域内某种守恒量总量的改变，等于从边界进入或离去的数量；守恒量不能够增加或减少，只能够从某一个位置迁移到另外一个位置。连续方程建立的基础是菲克第二定律。菲克第二定律是在第一定律的基础上推导出来的。菲克第二定律指出，在非稳态扩散过程中，在距离 x 处，浓度随时间的变化率等于该处的扩散通量随距离变化率的负值，即 $\dfrac{\partial c}{\partial t} = \dfrac{\partial \left(\dfrac{\partial c}{\partial x}\right)}{\partial x}$。动量守恒方程的基础是牛顿运动第二定律，即微元体动量的变化率等于作用在微元体上的外力的矢量和。能量守恒方程的基础是热力学第一定律，即一个微元体能量的变化等于外界传给微元体的能量加上外界力对微元体做功之和，可用公式 $dE = dQ + dW$ 表示。

 思考和实践

（1）已知某焦炉煤气的体积组成和各组分的标准燃烧热如表 2-15 所示，求该焦炉煤气的标准燃烧热。

表 2-15　某焦炉煤气的体积组成和各组分的标准燃烧热

煤气组分	CO	H_2	CH_4	C_2H_4	CO_2	N_2	H_2O
标准燃烧热/(kJ/mol)	283.0	285.83	890.31	1 411.0	−393.51	0	−285.83
体积百分数	5%	50%	20%	10%	5%	5%	5%

（2）对臭氧转变成氧的反应 $2O_3(g) \longrightarrow 3O_2(g)$，经实验研究发现其反应历程为：$O_3 \leftrightarrow O_2 + O$（快速平衡）；$O + O_3 \leftrightarrow 2O_2$（慢）。请采用平衡态法求解该反应的速率方程，并确定反应级数。

（3）已知木材的质量组成如下：C 为 40%，H 为 7%，O 为 40%，N 为 3%，W 为 6%，A 为 4%。

① 根据门捷列夫经验公式求 1 kg 木材的低热值（单位：kJ，结果保留整数）。

② 求 1 kg 木材的耗氧量（单位：m³，结果保留小数点后两位）。

③ 求 1 kg 木材的燃烧产物组成及其体积（单位：m³，结果保留小数点后两位）。

④ 根据平均比定压热容表，求 1 kg 木材的理论燃烧温度（单位：℃，计算中出现的热量值及结果均保留整数）（表中的平均比定压热容单位为 $kJ \cdot m^{-3} \cdot K^{-1}$）。

知识拓展与实践

一、物质燃烧性能的测定

1. 含能材料燃烧热的测定

含能材料燃烧热的测定常用于石油、煤、燃料油等热值测量，也可用于求算化合物的生成热、键能等。根据热化学的定义，1 mol 物质完全氧化时的反应热称为燃烧热。燃烧热的测定可以在恒容或恒压条件下进行。恒容条件下测得的燃烧热称为恒容燃烧热,恒容燃烧热等于热力学能变;恒压条件下测得的燃烧热称为恒压燃烧热,恒压燃烧热等于焓变。恒容燃烧热通常用氧弹热量计测定。氧弹热量计由内、外两筒组成,外筒盛满处于室温的水,用于保持环境温度恒定,内筒用于盛放吸热用的纯水、燃烧样品的关键部件"氧弹"等。内、外筒间用空气隔离。氧弹热量计的测定原理是将一定量待测样品在氧弹中完全燃烧,燃烧时放出的热量使得氧弹本身及其周围的介质和热量计有关附件的温度升高。通过测量样品在燃烧前后热量计温度的变化值,即可通过相关算式计算出样品的燃烧热。西安电子科技大学梁燕萍教授建设的国家级一流课程"含能材料燃烧热的测定研究虚拟仿真实验",形象直观地展现了氧弹热量计的构造、原理和使用方法,使同学们在含能材料燃烧热测定过程中掌握量热实验测量技术。

2. 阻燃改性聚合物热氧化降解与燃烧过程测试

聚合物的燃烧是非常激烈复杂的化学反应,具有冒发浓烟或炽烈火焰的特征,燃烧过程受到自由基反应、热量、氧气和可燃物四种因素的影响。热失重分析是测试聚合物的热氧化降解性能的常用方法;垂直燃烧法是最常用的一种阻燃性能测试方法;极限氧指数是评价塑料及其他高分子材料相对燃烧性的表示方法;锥形量热试验可以在各种预设条件下对材料进行阻燃和燃烧性能测试。浙大宁波理工学院方征平主持的"阻燃改性聚合物热氧化降解与燃烧过程测试虚拟仿真实验"能够帮助学习者系统了解聚合物的燃烧机理,掌握阻燃改性聚合物的配方设计、制备,热氧化降解与燃烧过程测试和力学性能测试过程。

3. 合成反应热测量及危险性评估

危险化工工艺过程中工艺参数的波动或员工的误操作、违规操作会诱发反应热失控,进而导致火灾爆炸事故的发生。开展各类危险化学反应的反应热危险性评估并进行工艺优化,对于提高化工工艺的本质安全度和促进化工行业的安全发展具有重要意义。南京工业大学赵声萍教授主持的"合成反应热危险性评估虚拟仿真实验"依据应急管理部颁布的《精细化工反应安全评估导则(试行)》,以物质量热分析和反应量热分析为基础,运用Stoessel失控危险度法确定工艺热危险等级,并根据本质安全原则对热危险性较高的工艺进行参数优化以降低其热危险等级直至其本质安全度达到可接受的程度,帮助学习者掌握差示扫描量热仪(DSC)、绝热加速量热仪(PHI-TECII)和反应量热仪(RC1)等仪器的基本原理和操作方法,掌握反应风险评估中热危险性特征参数计算原理及方法。

4. 气体燃烧特性测定

本生灯层流火焰在不同的空燃比下呈现不同的燃烧特性和火焰特点。辽宁科技大学李丽丽建设的"气体燃烧特性虚拟实验",可根据燃料成分计算空气需要量,并通过调节流量呈现不同燃烧特性的火焰;通过气流速度与火焰传播速度的平衡计算,测定脱火和回火现象;通过流体计算软件获取湍流流体特性参数,并将参数用于仿真湍流状态下固态、气态燃料燃烧的特性。该项目可帮助学习者掌握气体燃烧在流过喷管时的物质性质变化,分析对燃烧的影响;分析不同工况下的火焰特征;分析脱火和回火现象机理;根据火焰特征反推工艺状况;分析非自由燃烧时,燃烧室对火焰特征的影响。

二、燃烧学的应用

1. 内燃动力装置燃烧与热力学

内燃机在高温高压环境下的缸内燃烧涉及复杂的物理与化学过程,包含燃烧学、热力学、传热学、流体力学及内燃机学基础知识信息。天津大学高文志教授主持的国家一流课程"内燃动力装置燃烧与热力学循环虚拟仿真实验"可以帮助学习者深入认识内燃机缸内气体流动、燃油喷雾雾化与燃烧的全过程,加深燃烧学、工程热力学、流体力学及内燃机学的基础理论知识,接触和了解内燃机燃烧领域前沿和热点问题,熟悉内燃机燃烧测试相关的实验设备和测试方法。例如,掌握内燃机示功图的测量及燃烧分析方法;了解内燃机缸内气体流动特点,观察缸内气体流动特征;观察喷雾的形成与发展过程,测试喷雾的特征参数;测量并观察汽油机的点火、火焰中心形成与发展、层流火焰结构特征;测量并观察柴油机的着火、火焰的发展、扩散燃烧及部分预混扩散燃烧的特征;获得柴油机有害排放物生成与分布规律及废气再循环对燃烧和有害排放物的影响规律;拓展研究新型燃烧方式,引导同学们探索内燃机新的燃烧方式。

2. 煤炭燃烧化学反应过程及其影响规律

了解煤炭燃烧化学反应过程及其影响规律,可以为从事节能减排工作奠定基础。东北大学杜涛教授建设的"煤炭燃烧控制及其燃烧烟气污染物协同脱除实验",以煤炭燃烧化学反应过程及其反应生成污染物协同处理为背景,以真实火力电站环境为依托,帮助学习者全面认识煤炭燃烧与污染物的生成机理,掌握燃料特性对空气需要量和燃烧产物生成量的影响规律,掌握燃烧方式和燃烧条件对燃烧过程和燃烧污染物生成的影响规律,学会烟气脱硫脱硝一体技术,掌握源头削减、过程控制和末端治理相结合的协同治理方法。

火电厂锅炉燃烧系统是锅炉中组织燃料按一定方式进行燃烧的设备和部件,主要由燃烧器和炉膛两部分构成。燃烧器的作用是将燃料和空气送入炉膛,并组织一定的气流结构使燃料和空气均匀混合,促使燃料稳定地着火,以达到尽可能完全燃烧的目的。燃烧器摆角的改变将影响燃烧火焰中心的位置,进而对炉内的燃烧、传热、湍流、化学反应等产生影响,从而影响炉内温度分布、NO_x 和 CO 等排放水平、过热器和再热器温度、锅炉效率等。积灰可引起过热器、再热器局部超温、腐蚀、爆管,省煤器局部磨损,空气预热器腐蚀,烟道阻力大,炉膛负压不够等问题。控制好过量空气系数对锅炉的安全和经济运行有重要的影响。清华大学高琪瑞教授建设的国家级一流课程"1 000 MW 超超临界火电机组燃烧系统虚拟仿真实验"以实际电站设计资料为原型,模拟电厂环境和燃烧系统操作过程,形象地展示了燃烧器摆角、过量空气系数、吹灰处理等操控对燃烧效率和污染物控制的影响,帮助学习者全面深刻认识和理解燃煤电厂燃烧系统调节的操作过程和安全注意事项。

长沙理工大学刘亮教授建设的"直流锅炉燃烧调整虚拟仿真实验项目"探索了不同负荷、煤质条件下的燃烧调整方法对锅炉燃烧稳定性、燃烧效率、NO_x 排放的影响规律,帮助学习者掌握燃水比对气体温度的影响,配风方式对燃烧的稳定性、锅炉效率、NO_x 排放的影响,各种扰动与调节作用下的燃烧稳定性等知识。

哈尔滨理工大学陈巨辉建设的"流化床锅炉燃烧虚拟仿真实验"提供了鼓泡流化床和循环流化床两种典型炉型,帮助学习者掌握流化床锅炉燃烧机理,学会分析不同煤种、燃料量、进风量和脱硫剂等参数对流化床锅炉燃烧效率、温度场、压力场及各种排放污染物的影响。

第二章节课程资源

第三章
火灾及其防控措施

第一节　火灾基本知识

火灾分类和
起火条件

一、火灾分类

火灾是一种特殊的燃烧现象。根据 GB 5970.1—2014《消防词汇第 1 部分：通用术语》，火灾是指时间或空间上失去控制的燃烧。火灾是工伤事故类别中的一类事故。

（一）火灾统计管理分类

为了健全火灾统计制度，全面掌握火灾情况，正确分析火灾规律，充分发挥火灾统计在消防工作中的作用，国家统计局根据《中华人民共和国统计法》和《中华人民共和国消防条例》及其实施细则，颁布了《火灾统计管理规定》，规定凡失去控制并对财物和人身造成损害的燃烧现象，都为火灾。所有火灾不论损害大小，都列入火灾统计范围，主要包括以下五种情况。

（1）民用爆炸物品爆炸而引起的火灾。

（2）易燃可燃液体、可燃气体、蒸气、粉尘以及其他化学易燃易爆物品爆炸引起的火灾（其中地下矿井爆炸，不列入火灾统计范围）。

（3）破坏性试验中引起非实验体燃烧的事故。

（4）机电设备因内部故障导致外部明火燃烧需要组织扑灭的事故，或者引起其他物件燃烧的事故。

（5）车辆、船舶、飞机以及其他交通工具发生的燃烧事故，或者由此引起的其他物件燃烧的事故（飞机因飞行事故而导致本身燃烧的除外）。

（二）火灾事故后果分类

根据《生产安全事故报告和调查处理条例》和公安部消防局《关于调整火灾等级标准的通知》，按照火灾造成的人员伤亡或者直接经济损失，将火灾分为四个等级。

（1）特别重大火灾事故是指造成30人及以上死亡，或者100人及以上重伤，或者1亿元以上直接经济损失的事故。

（2）重大火灾事故是指造成10人及以上30人以下死亡，或者50人及以上100人以下重伤，或者5 000万元以上1亿元以下直接经济损失的事故。

（3）较大火灾事故是指造成3人及以上10人以下死亡，或者10人及以上50人以下重伤，或者1 000万元以上5 000万元以下直接经济损失的事故。

（4）一般火灾事故是指造成3人以下死亡，或者10人以下重伤，或者1 000万元以下直接经济损失的事故。

（三）可燃物类型和燃烧特性分类

GB/T 4968—2008《火灾分类》根据可燃物的类型和燃烧特性将火灾定义为六类。

（1）A类火灾指固体物质火灾，这种物质通常具有有机物性质，一般在燃烧时能产生灼热的余烬，如木材、棉、毛、麻、纸张、稻草、煤炭、轮胎等。

（2）B类火灾指液体或可熔化的固体物质火灾，如汽油、油脂、油漆、煤油、柴油、原油、醚、甲醇、乙醇、沥青、石蜡火灾等。

（3）C类火灾指气体火灾，如煤气、天然气、甲烷、乙烷、氢气火灾等。

（4）D类火灾指金属火灾，如钾、钠、镁、钛、锆、锂、铝镁合金火灾等。

（5）E类火灾是带电火灾，物体带电燃烧的火灾。

（6）F类火灾是指烹饪器具内的烹饪物（如动植物油脂）火灾。

上述火灾分类对灭火，特别是选用灭火器和灭火剂具有指导作用。

二、物质起火条件

物质着火是有条件的。可燃物能否被引燃，以及引燃所需的条件是评估火灾发生可能性的重要依据。下面分别就非自燃火灾现象中的气体可燃物、液体可燃物、固体可燃物的起火条件展开分析。

（一）气体可燃物的起火条件

在一定的燃空比（燃料与空气的质量比）条件下，当环境温度高于可燃气体自燃点时就能发生有焰燃烧。

如图3-1所示，当混合气中的燃空比不变时，混合物着火的临界温度与临界压力成反比。温度越高，对应的起火临界压力越低；压力越高，对应的起火临界温度越低。当压力不变时，可燃物起火的临界温度随浓度变化趋势线为U型曲线。当温度不变时，可燃物起火的临界压力随浓度的变化趋势线也为U型曲线。这表明在一定的压力和温度下，气体可燃物在混合物中的浓度必须处于一定范围才能起火，即存在燃烧极限。此外，可燃气体起火还存在压力极限和温度极限。即在温度一定前提下，存在最小起火压力；在压力一定前提下，也存在最小起火温度。低于极限压力或极限温度时，无论可燃气体在混合物中的浓度如何变化，均不可能起火。由此可见，控制可燃气浓度在燃烧极限外，降低环境温度和环境压力是防止可燃气体混合物着火的有效方法。

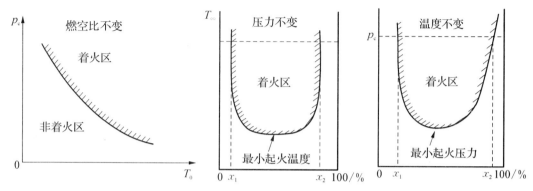

图 3-1　可燃气体混合物的起火界限示意图

(二) 可燃液体的起火条件

可燃液体的燃烧，通常经历受热蒸发、蒸气扩散、空气掺混等过程形成可燃混合气后，着火燃烧。可燃蒸气起火，可以视为可燃气体起火。液体可燃物转变为气体可燃物需要一定的能量，所需能量与其蒸发率、分布方式或被何种物质吸附有关。燃料特性如气化潜热、闪点、燃烧温度极限、不同受热条件时的氧化和热解速率及引火源等条件对火灾发生的可能性产生影响。

可燃液体的起火特性与其蒸发特性密切相关。闪点是表示可燃液体蒸发特性的重要参数。闪点越低，越易蒸发。当可燃液体从容器喷出后，一般都雾化成许多小液滴。可燃液体的蒸气在达到闪点时可以发生瞬时燃烧，但是可燃性液滴需要在更高的环境温度下才能起火燃烧。液体火灾中，经常会出现扬沸现象，导致液滴落在炽热物体表面上。从液滴与炽热物体表面接触开始到液滴蒸发完毕所用的时间称为液滴寿命。液滴寿命越短，越快起火燃烧。大量研究结果表明，处在恒温炽热物体表面上的液滴寿命与炽热物体的温度密切相关。

如图 3-2 所示，以初始直径为 2.14 mm 的苯滴为例，开始时，液滴随温度升高而蒸发消失，寿命变短。当温度为 118 ℃时，也就是超过苯沸点 40 ℃左右，炽热物体通过表面向液滴的传热量达到最大值，液滴蒸发速度也达到最大值，液滴寿命最短。随着炽热物体的温度进一步升高，苯滴在炽热物体表面发生核沸腾，大大减少了液滴与炽热物体的接触，蒸发速度减小而液滴寿命延长。当炽热温度达到 195 ℃时，苯滴的寿

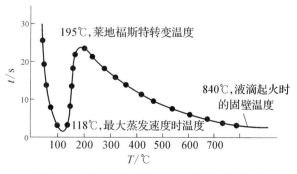

图 3-2　炽热物体的温度与苯滴寿命的关系

命达到最大值,相应的温度称为莱地福斯特转变温度。当炽热物体的温度继续升高时,苯滴从核沸腾转变为膜沸腾,即在炽热物体表面形成一层蒸气层,也就是说在苯滴与炽热物体接触之前,苯滴已全部蒸发完。此时炽热物体温度升高,会导致苯滴蒸发速度加快,寿命变短。当炽热物体温度达到 840 度时,苯滴起火燃烧。核沸腾和膜沸腾引起苯滴寿命的变化是物体温度、传热面积和环境温度三者变化所致,一般液体都有这种特性。

(三) 可燃固体的起火

可燃固体转变为气体可燃物需要一定的能量,其起火过程如图 3-3 所示。有些可燃固体受热先液化,再蒸发,所以起火特性类似液体可燃物起火,控制起火的主要参数是蒸发速度,如蜡烛燃烧。有些可燃固体可以直接通过升华、裂解或热解在其上方形成气体可燃物,起火时形成扩散火焰,如木材起火。在足够高的温度下,可燃性固体先释放出 H_2O,CO_2,然后释放出可燃气体如 C_2H_6,C_2H_4,CH_4,焦油,CO,H_2 等,最后剩下多余的炭。炭的燃烧是无焰燃烧。影响固体燃烧过程的因素有着火方式、热交换速率、可燃物成分、可燃物位置、热量及环境。研究发现,固体物质的种类、形状、尺寸、结构、放置位置、起火位置等也能够在很大程度上影响其起火的难易程度。

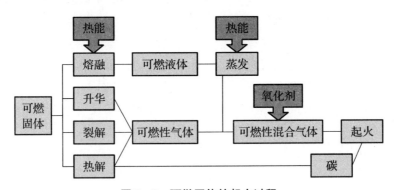

图 3-3　可燃固体的起火过程

1. 不同着火方式对起火温度的要求

可燃固体的闪点和自燃点一般均低于燃点。例如,木材受热后,水分首先析出,随后才发生热解,使气体析出形成可燃性气体。大量实验结果表明,树种不同的木材热解、气化规律相似。热解、气化产物的主要成分均包括 CO,H_2,CH_4 等。因此,控制一定温度加热木材,可以烘干木材而不点燃木材。木材在制成家具前通常会经过两次烘干,这样在制作家具的过程中木材才不易变形。但是长时间低温加热也可能因热量积聚和散热不良造成木材的自燃。木材起火主要有闪燃和明火点燃两种方式。研究发现杨树、红松、榉木、桂树、夷松木材,闪火温度处于 253～270 ℃范围内,起火温度则处于 426～455 ℃范围内。当温度达到 260 ℃时,可燃气体的析出量迅速增加,此时明火可将其点燃,但并不能维持稳定燃烧,此时的温度称为木材的闪火温度。环境温度一旦超过 260 ℃,木材起火的可能性增加。

2. 不同结构对着火方式的影响

除了受热温度外,影响木材起火的因素还有木材的纹理。垂直木纹方向比顺木纹方向容易起火,这是因为顺木纹方向透气性好,导热系数大,而垂直木纹方向的透气性差、导热系数小。因此,垂直木纹方向受热后不易散热,容易形成局部高温,有利于木材的热解气化。实验表明,垂直木纹方向的最小点火能小。

若可燃物受热分解后能够产生多孔碳结构的固体物质,周围环境具备能够发生阴燃的适合温度和供热速率时,可燃物的燃烧就呈现阴燃状态。随着燃烧的发展,阴燃可能转变为有焰燃烧。从阴燃转变到有焰燃烧是火灾发展的一个过程。该过程受到可燃物种类、可燃物尺寸和氧气浓度的影响。如图3-4,点燃的蚊香属于阴燃状态,在上面覆盖几层易燃的餐巾纸,因为供氧不足,首先发生纸张的阴燃现象,只冒烟,不发光发热。随着阴燃的蔓延,松软的阴燃灰分脱落,有利于氧气进入内部反应区,阴燃就变成了有焰燃烧。能否从阴燃转变为有焰燃烧,取决于温度和氧气的浓度。

图3-4 纸张的阴燃向有焰燃烧的转变

3. 材料厚度对起火时间的影响

厚度不同的材料,其着火时间不同。根据样品厚度不同,可将材料分为热厚型材料和热薄型材料,一般将厚度 L 远大于导热系数 k 与着火时间 t_{ig} 乘积的平方[即 $L > (kt_{ig})^2$]或者厚度 L 大于 $0.6\rho q_{ext}$ 的材料划分为热厚型材料。热厚型材料和热薄型材料的着火时间计算公式如式3-1,式3-2所示。

热厚型材料着火时间:

$$t_{ig} \propto k\rho c (T_{ig} - T_0)^2 / (q_{ext} - q_{loss})^2 \qquad (式3-1)$$

热薄型材料着火时间:

$$t_{ig} \propto \rho c L (T_{ig} - T_0) / (q_{ext} - q_{loss}) \qquad (式3-2)$$

式中,t_{ig} 为着火时间,单位为秒;k 为导热系数,单位为瓦特每米开[W/(m·K)];ρ 为密度,单位为千克每立方米(kg/m³);L 为样品厚度,单位为米(m);c 为比热容,单位为瓦特每千克开[W/(kg·K)];T_{ig} 和 T_0 分别为固体着火温度和表面初始温度,单位为开尔文(K);q_{ext} 为外部热通量,单位为瓦特每平方米(W/m²);q_{loss} 为表面对流或传导引起的热通量损失,单位为瓦特每平方米(W/m²)。其中 $k\rho c(T_{ig}-T_0)^2$ 或 $\rho c L(T_{ig}-T_0)$ 项可用试验方法确定。

4. 固体颗粒大小对着火性能的影响

可燃微粒物与其他可燃固体物相比,具有形状尺寸不固定、松散易在空气中悬浮的特点。悬浮可燃微粒物的起火特性与可燃混合气的起火特性相类似,具有燃烧极限或称起火浓度范围,其起火浓度下限与微粒平均直径相关。但当微粒平均直径在 $50\sim100\ \mu m$ 以下时,起火浓度下限为常数,与微粒物的种类无关。微粒物带电量增大,自燃可能性增大。振动频率和振幅、环境温度和湿度对微粒物的带电性能有显著影响。降低振动频率和振幅、降低温度、加大湿度,可燃微粒物的起火性能降低。

5. 金属反应活性对着火性能的影响

金属起火的难易程度主要决定于金属的性质。钠、钾等活泼金属在空气中可以发生自燃,所以必须隔绝空气保存。燃烧时金属气化,燃烧反应仍在气相中进行。铝、铁等金属虽然在空气中不燃烧,但在纯氧中也可以燃烧。

三、火灾的发展

(一) 火灾发展阶段

从物质起火到失控发展成火灾,通常经历引燃初期、发展期、最盛期和衰退期四个阶段。引燃初期产生的热量较低,主要特征是少量冒烟和阴燃,火势不稳定,该阶段是灭火的最佳时机。火灾发展期,着火方式从阴燃发展为有焰燃烧,其主要特征是产生明火且火势由小到大,烟气量大大增加,火焰开始蔓延。最盛期阶段,可燃物的燃烧速率达到最大,形成大火且火焰稳定燃烧,产生大量热和烟气,火场温度最高。火灾衰退期是火灾由最盛期开始消减直至熄灭的阶段,火灾的衰减通常是由于可燃物大量消耗导致的燃料不足,或灭火行为导致的燃烧不足或氧气不足,此时燃烧速率逐渐减小,从明火转为阴燃,直至火焰熄灭。

值得指出的是,火灾存在燃料控制和通风控制两种情形。在火灾的初期,火区与所在场所相比较小,火灾燃烧所需的氧气比较充足,燃烧速率主要由可燃物燃烧性能决定,该阶段为燃料控制火灾。随着火灾的发展,火区面积不断增大,当通风状况无法满足火灾继续增长的需要,燃烧速率由火场的通风条件控制,这种形式称为通风控制火灾。对于建筑火灾而言,当上层热烟气平均温度达到 $600\ ℃$ 且地面处接受的热流密度达到 $20\ kW/m^2$ 时,可燃物可以发生轰燃。轰燃可使建筑火灾由局部转变为大火,火场内所有可燃物表面都开始燃烧;室内顶棚下方积聚的未燃气体或蒸气突然着火而造成火焰迅速扩展,火灾由燃料控制转变为通风控制,并由发展期进入最盛期。

(二) 火灾发展的表征参数

表征火灾发展的有关参数包括燃烧速率、火焰尺寸、火焰热辐射、固体表面的火焰蔓延速率等。火灾燃烧速率可采用试验方法和计算模拟获得。火焰尺寸大小与热释放速率 Q 相对应,而热释放速率 Q 与燃烧时间 t 的平方成正比。火灾对建筑物以及建筑内物体的影响主要取决于火焰热辐射。火焰热辐射与火焰特征有关,火焰特征受燃烧物的种类、燃空比、火焰的尺寸和形状等因素的影响。

固体表面火焰的竖向蔓延速率可用式 3-3 描述。其中 x_p 为材料热解最前端的位置、x_f 为火焰高度,单位均为米(m);t 为在适合的热能量下的引燃时间(s)。

$$\frac{dx_p}{dt}=\frac{x_f-x_p}{t} \tag{式 3-3}$$

对于通风控制型火灾,在封闭环境中的燃烧速率取决于通风因素,如封闭环境的开口面积和开口高度。气体在封闭环境中的温度取决于边界的热物性和开口因子,开口因子 F_O 与开口面积 A_v、开口高度 H_v 以及封闭房间表面的总面积相关(式3-4)。

$$F_O = A_v (H_v)^{1/2} / A_T \qquad\qquad (式3-4)$$

式中,F_O 为开口因子,单位为二分之一次方米($m^{1/2}$);A_v 为开口面积,单位为平方米(m^2);H_v 为开口高度,单位为米(m);A_T 为建筑物总表面积,单位为平方米(m^2)。在狭小封闭环境中,当木垛火燃烧满足 $F_O = 0.08$ 时,可达最高燃烧温度。F_O 值较大,表示空气过多;F_O 值较小,表示燃料过多。当 F_O 值超过 0.11 时,火灾发展由燃料控制。

四、火灾蔓延

(一)建筑火灾蔓延途径

建筑内火灾可通过火灾发生前就存在的开口向外蔓延,也可因建筑构件的隔热性、完整性或稳定性失效而在建筑物内蔓延。沿物体表面传播的火焰可使火灾从一个可燃物蔓延到其他紧邻的可燃物,火灾还可通过辐射热、火焰直接冲击和(或)飞火等方式在与火焰保持一段距离的邻近物体间蔓延。根据 GB/T 31540.3—2015《消防安全工程指南 第3部分:结构响应和室内火灾的对外蔓延》,常见的火灾蔓延途径如表3-1所示。其中水平方向的蔓延方式有7种,火焰及烟气可经由耐火性能失效或耐火极限较低的建筑水平分隔构件如墙体、地板、天花板和建筑开口连接处如天窗、吊顶、水平管道等实现水平蔓延;垂直方向蔓延方式有6种,火焰可经由竖向管道、楼梯间、电梯井实现建筑内垂直蔓延,或者受浮力和空气卷吸作用通过外墙及外墙上的窗户等向上蔓延。火灾在建筑物间的蔓延分为室内火焰向外蔓延和室外火焰蔓延两种。无论室内还是室外,火焰均可通过热辐射和飞火进行蔓延,室外火焰还可通过火焰的直接冲击影响周边建筑。

表3-1 常见的建筑火灾蔓延途径(GB/T 31540.3—2015)

火灾蔓延途径	火灾蔓延途径说明
	因完整性或隔热性失效,火焰直接穿过墙体,或通过裂缝在墙和邻近构件(如天花板)之间传播,图中1代指墙
	火焰穿过耐火极限较低的构件,从一个封闭间传播到另外一个封闭间,图中2代指墙开口部
	因屋顶结构垮塌或完整性受到大面积破坏,火焰从封闭间冲出屋顶,并通过火焰辐射、燃烧滴落物等方式再次向下穿透屋顶进入相邻的封闭间,包括通过天窗的火灾蔓延,图中3代指楼层顶板

火灾蔓延途径	火灾蔓延途径说明
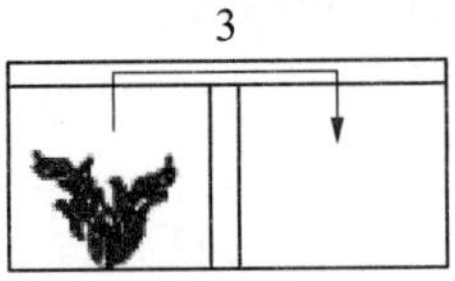 3	因屋顶材料燃烧或熔化等,火焰或热烟气在屋顶结构内传播至相邻的封闭间,图中 3 代指楼层顶板
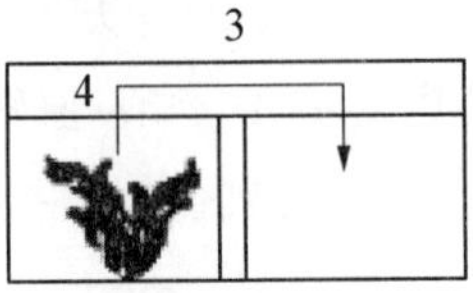 3 4	墙体没有分隔到顶,火焰或热烟气穿透天花板通过夹层空间进入相邻的封闭间,图中 4 代指天花板夹层空间
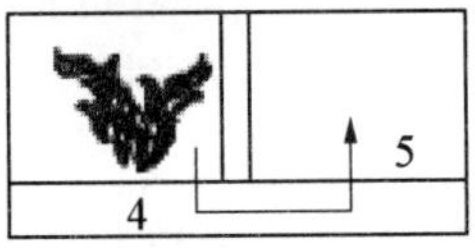 5 4	火焰通过地板进入相邻的封闭间,图中 4 代指天花板夹层空间,5 代指地板
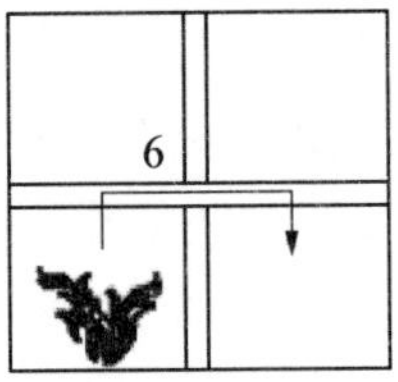 6	火焰通过管道,水平蔓延到邻近的封闭间,图中 6 代指水平管道
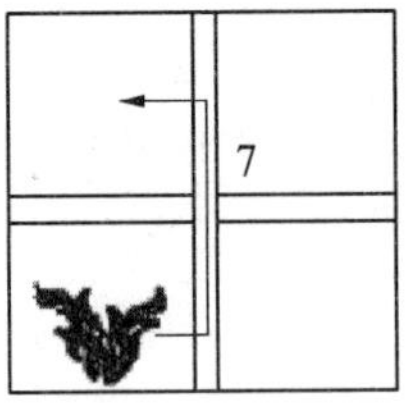 7	火焰在垂直管道内部向上蔓延,同时受到浮升和烟囱效应的影响,图中 7 代指垂直管道
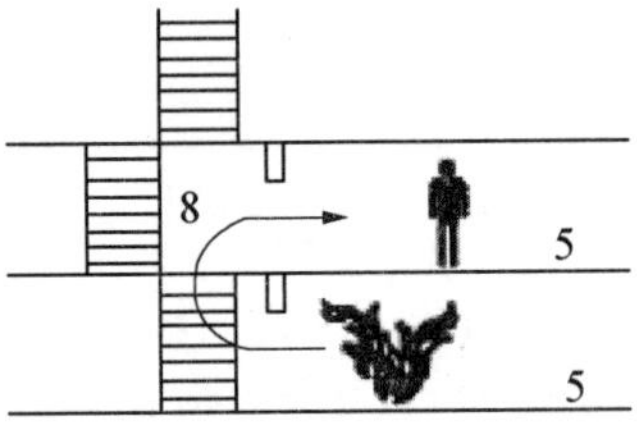 8　5 5	火焰进入电梯井或者楼梯间蔓延到上面的楼层,图中 5 代指地板,8 代指垂直竖井(电梯井、楼梯间等)
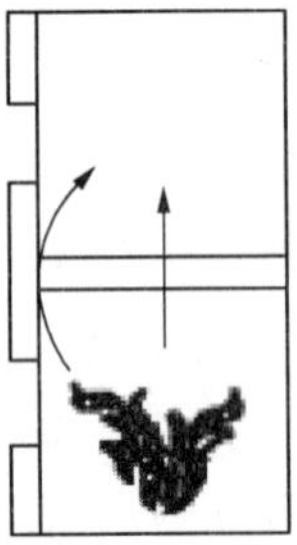	因楼板的完整性或隔热性失效,火灾通过楼板或楼板缝隙向上蔓延

火灾蔓延途径	火灾蔓延途径说明
	火焰通过窗户或外墙上的开口蔓延到上一楼层，图中 9 指窗户
	火焰通过外墙的内表面空隙传播到上一楼层，图中 10 指外墙
	从窗户或外墙的开口窜出的火焰或热烟气引燃外墙表面上的可燃材料，沿建筑物垂直向上蔓延，图中 11 为外墙表面
	火灾以热辐射、直接火焰冲击和飞火等方式在建筑物间传播蔓延，图中 12 指飞火，13 和 15 分别指火灾邻近建筑和起火建筑，14 为辐射
	建筑物外的火焰以热辐射、直接火焰冲击和飞火等方式传播到建筑物内，图中 12 指飞火，14 为辐射，18 指火焰传播，13 指火灾邻近建筑，17 为外部火源，16 为风

（二）火灾在气体混合物中的蔓延

可燃气体泄漏到空气中，与空气混合会形成可燃气体混合物。一旦着火燃烧，就会形成气体可燃物中的火灾蔓延，从而引起火灾规模扩大。

火灾蔓延

1. 火焰在气体中的传播

气体可燃物中的火灾蔓延规律与预混气体混合物中的火焰传播特性密切相关。根据第二章有关火焰前沿的知识，火焰前沿分成预热区和燃烧区，也称为物理区和化学反应区。火焰前沿具有较大的温度梯度和浓度梯度，导致在该处出现强烈的热量传导和物质扩散。目前关于预混气体混合物中的火焰传播机理有热理论和扩散理论两种。热理论认为火焰能在预混气体混合物中传播是由于火焰中化学反应放出的热量传播到新鲜冷混气中，使冷混气温度升高，化学反应加速。扩散理论认为火焰能在新鲜混气中传播是由于火焰中的自由基向新鲜冷湿气中扩散，使新鲜冷混气发生链锁反应。而在实际燃烧过程中，火焰传播可能是在强迫流动和扩散作用下可燃气体分子迁移以及在强迫对流、热辐射和热传导下热量迁移共同作用的结果。

2. 火灾烟气向上蔓延

实际火灾特别是建筑火灾中，气体可燃物的火灾蔓延，往往是由热烟气与周围空气间的自然对流、对周围介质的加热和热辐射作用下产生的。可燃物着火燃烧后，在可燃物上方会形成火灾烟气。所有从燃烧或热解中产生的气体、卷吸的空气、颗粒物和气溶胶液滴统称为火灾烟气。其中，在火灾燃烧中，火源上方的火焰及燃烧生成的烟气流称为火羽流。如图 3-5 所示，火羽流由靠近火源的有焰燃烧区域（阴燃火灾除外）和远离火源的热气流湍流区域两部分组成。当火羽流到达顶棚，竖直扩展的火羽流受到顶棚的阻挡，就会在顶棚下形成水平运动的烟气流，即顶棚射流。因此，室内火灾区域可以大致分为火焰区、羽流区和顶棚射流区。当室内墙壁上存在门、窗等开口时，烟气流得以从这些开口处扩散到室外开放空间，这些通过门、窗等洞口流入室外的烟流称为开口烟流。

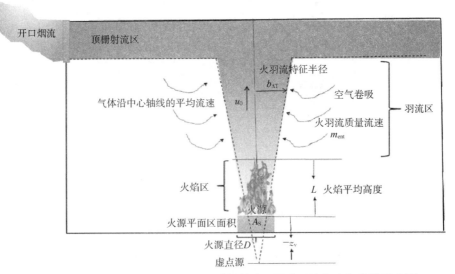

图 3-5　建筑火灾中火焰区、羽流区和顶棚射流区及火羽流各表征参数示意图

火灾烟气的蔓延主要借助浮力和空气卷吸作用。对于静态环境条件下在平面区域内大体呈圆形或方形的火源(燃烧不受防火措施或风的干扰),可以采用 GB/T 31593.5—2015 中的公式来计算火羽流的特征参数,如火羽流中心轴线上各位置的气体温度和流速,也可以根据气体温升和火焰平均温升计算火焰平均高度、火羽流卷吸空气质量流速和火羽流特征半径。根据这些参数,可以评估火灾烟气蔓延的规模和速度。

(1)火焰平均高度

火焰平均高度是指火源基部以上的火焰在一定时间内的平均高度,该高度处出现火焰的概率不小于 50%。火焰平均高度以 L 表示,单位为 m。在一定的大气条件下,已知可燃物的有效直径和热释放速率,可根据式 3-5、式 3-6 和式 3-7 求解多种空气环境和燃烧条件下发生的建筑工程内火灾的火焰平均高度。

$$\frac{L}{D} = -1.02 + 15.6 N^{\frac{1}{5}} \qquad (式3-5)$$

$$N = \left[\frac{C_p T_a}{g \rho_a^2 (\Delta H_c/S)^3}\right] \frac{\dot{Q}^2}{D^5} \qquad (式3-6)$$

$$\dot{Q} = \dot{m}_f \chi_a \Delta H_c \qquad (式3-7)$$

式中,L 为火焰平均高度,单位为 m;D 为火源直径[火源的有效直径,圆形火源为实际直径,非圆形火源则取同等面积 A_s 的圆的直径,计算公式为 $D=(4A_s/\pi)^{1/2}$],单位为 m;N 为无量纲参数,定义式如 3-6。C_p 为常压下空气的定压热容,单位为 kJ·(kg·K)$^{-1}$;T_a 为环境温度;ρ_a 为环境空气密度,单位为 kg·m^{-3};g 为重力加速度,单位为 m·s^{-2};ΔH_c 为净燃烧热(单位质量物质完全燃烧并且生成的水完全为气体条件下所产生的热量),单位为 kJ·kg^{-1};S 为空气质量与燃料质量的化学当量比;$\Delta H_c/S$ 为单位空气质量的燃烧热,单位为 kJ·kg^{-1};$\dot{Q}$ 为实际测量或给定的火灾热释放速率,单位为 kW,该参数采用的量热计通过测量收集的气体产物中氧气、二氧化碳和一氧化碳的产生速率进行测量;$\dot{m}_f$ 为燃料的质量燃烧速率(燃料蒸气的质量生成速率),单位为 kg·s^{-1};χ_a 为燃烧效率因子,是在特定的火灾试验条件下测得的燃烧热与净燃烧热的比值。

在正常大气条件下,即 $g=9.81$ m·s^{-2},$C_p=1.00$ kJ·(kg·K)$^{-1}$,$\rho_a=1.2$ kg·m^{-3},$T_a=293$ K,以及 $\Delta H_c/S=3\,000$ kJ·kg^{-1} 时,火焰平均高度计算式可简化为式 3-8:

$$L = -1.02D + 0.235\dot{Q}^{\frac{2}{5}} \qquad (式3-8)$$

式中,L 为火焰平均高度,单位为 m;D 为火源直径,单位为 m;Q 为火灾热释放速率,单位为 kW。

【例题 3-1】 假设有一个直径为 1.8 m 的圆形油盘着火,油盘里可燃液体的热释放速率为 2 500 kW·m^{-2}。环境条件基本为正常大气条件(空气压力为 101.3 kPa,空气温度为 293 K),求火焰平均高度 L(单位为 m)。

解:$L = -1.02D + 0.235\dot{Q}^{\frac{2}{5}}$

$$= -1.02 \times 1.8 + 0.235 \times \left(2\,500 \times \pi \times \frac{1.8^2}{4}\right)^{\frac{2}{5}} = 5.97\,(\text{m})$$

答：该火焰平均高度约为 5.97 m。

注意：在该题解中应当注意单位面积的热释放速率向热释放速率的转化。

（2）虚点源高度

假设羽流是由一个虚拟点火源产生，受浮力作用而上升的理想气体，则火羽流的虚拟点火源（虚点源）的高度 z_V 可根据式 3-9 到式 3-13 求解。

$$\frac{z_V}{D} = -1.02 + 15.6(X-Y)\frac{\dot{Q}^{2/5}}{D} \qquad （式3-9）$$

$$X = \left[\frac{C_p T_a}{g\rho_a^2 \left(\frac{\Delta H_c}{S}\right)^3}\right]^{1/5} \qquad （式3-10）$$

$$Y = 0.158 \left[(C_p \rho_a)^{\frac{4}{5}} T_a^{\frac{3}{5}} g^{\frac{2}{5}}\right]^{-1/2} a^{2/5} \frac{T_{0L}^{1/2}}{\Delta T_{0L}^{3/5}} \qquad （式3-11）$$

$$T_{0L} = \Delta T_{0L} + T_a \qquad （式3-12）$$

$$a = \dot{Q}_c / \dot{Q} \qquad （式3-13）$$

式中，a 为对流热释放速率 $\dot{Q}_c$ 与总热释放速率 $\dot{Q}$ 的比率，对暴露在外的固体表面或在油池中的液体燃烧而言，a 的取值范围通常为 0.6~0.7；对氧化性液体燃料或小分子气体燃料，a 可以取值为 0.8 及以上。ΔT_{0L} 为火焰平均高度处的火羽流中心轴线平均温升，单位为 K。在正常大气条件下，即 $g = 9.81\ \text{m} \cdot \text{s}^{-2}$，$C_p = 1.00\ \text{kJ} \cdot (\text{kg} \cdot \text{K})^{-1}$，$\rho_a = 1.2\ \text{kg} \cdot \text{m}^{-3}$，$T_a = 293\ \text{K}$；$\Delta T_{0L} = 500\ \text{K}$ 以及 $\Delta H_c / S = 3\,000\ \text{kJ} \cdot \text{kg}^{-1}$ 时，虚点源平均高度 z_V 的计算式可简化为式 3-14：

$$z_V = -1.02D + 0.083\dot{Q}^{\frac{2}{5}} \qquad （式3-14）$$

【例题 3-2】 假设有一个直径为 1.8 m 的圆形油盘着火，油盘里可燃液体的热释放速率为 2 500 kW·m⁻²。环境条件基本为正常大气条件（空气压力为 101.3 kPa，空气温度为 293 K），求虚点源高度 z_V（单位为 m）。

解： $z_V = -1.02D + 0.083\dot{Q}^{\frac{2}{5}}$

$\qquad = -1.02 \times 1.8 + 0.083 \times (2\,500 \times \pi \times 1.8^2/4)^{\frac{2}{5}} = 0.921 \text{(m)}$

答：虚点源的位置位于火焰基部以上的 0.921 m 高度处，即该虚点源位于可燃液体表面以上的 0.921 m 高度处。

（3）火羽流中心轴线平均温升

火羽流中心轴线处气体温度相对于周围环境温度在一定时间内的平均温升值称为火羽流中心轴线平均温升，以 ΔT_0 表示，单位为 K。火焰平均高度 L 处的火羽流中心轴线平均温升，以 ΔT_{0L} 表示。根据火焰平均高度及以上位置处的中心轴线平均温升，可以计算火焰平均高度以上位置处的气体最高平均温度。火焰平均高度及以上位置处的中心轴线平均温升可按以下公式进行计算：

$$\Delta T_0 = 9.1 \left(\frac{T_a}{g C_p^2 \rho_a^2}\right)^{\frac{1}{3}} \dot{Q}_c^{\frac{2}{3}} (z - z_V)^{-5/3} \qquad （式3-15）$$

式中,z 为火源基部以上的高度。在正常大气条件下,即 $g = 9.81\ \mathrm{m \cdot s^{-2}}$,$C_p = 1.00\ \mathrm{kJ \cdot (kg \cdot K)^{-1}}$,$\rho_a = 1.2\ \mathrm{kg \cdot m^{-3}}$;$T_a = 293\ \mathrm{K}$ 时,火焰平均高度及以上位置处的中心轴线的平均温升计算式可简化为式 3-16:

$$\Delta T_0 = 25.0 \dot{Q}_c^{\frac{2}{3}} (z - z_V)^{-5/3} \qquad (式\ 3-16)$$

将 $\dot{Q}_c = a\dot{Q}$ 代入,可得:

$$\Delta T_0 = 25.0 (a\dot{Q})^{\frac{2}{3}} (z - z_V)^{-5/3} \qquad (式\ 3-17)$$

【例题 3-3】 假设有一个直径为 1.8 m 的圆形油盘着火,油盘里可燃液体的热释放速率为 2 500 kW·m⁻²。热释放速率的对流热份数 a 取值为 0.7,环境条件基本为正常大气条件(空气压力为 101.3 kPa,空气温度为 293 K),求在可燃液体表面以上 9 m 高度处的火羽流中心轴线平均温度(单位为 K)。

解: $\Delta T_0 = 25.0 (a\dot{Q})^{\frac{2}{3}} (z - z_V)^{-\frac{5}{3}}$

$$= 25 \times \left(0.7 \times 2\,500 \times \pi \times \frac{1.8^2}{4} \right)^{\frac{2}{3}} \times (9 - 0.921)^{-5/3} = 208\ \mathrm{K}$$

$T(9\ \mathrm{m}) = T_a + \Delta T_0 = 293 + 208 = 501(\mathrm{K})$,即 228 ℃。

所以 9 m 高度处的平均温度为 501 K,即 228 ℃。

(4) 火羽流特征半径

在火羽流半径方向上,火羽流平均温升值等于中心线处平均温升值一半的位置与火羽流中心轴线间的距离称为火羽流特征半径,以 $b_{\Delta T}$ 表示(单位为 m),可根据式 3-18 进行计算。

$$b_{\Delta T} = 0.12 \left(\frac{T_0}{T_a} \right)^{1/2} (z - z_V) \qquad (式\ 3-18)$$

【例题 3-4】 假设有一个直径为 1.8 m 的圆形油盘着火,油盘里可燃液体的热释放速率为 2 500 kW·m⁻²。环境条件基本为正常大气条件(空气压力为 101.3 kPa,空气温度为 293 K),求在可燃液体表面以上 9 m 高度处的火羽流中心轴线上的火羽流特征半径(单位为 m)。

解: $b_{\Delta T} = 0.12 \left(\frac{T_0}{T_a} \right)^{\frac{1}{2}} (z - z_V) = 0.12 \times \left(\frac{501}{293} \right)^{\frac{1}{2}} (9 - 0.921) = 1.27(\mathrm{m})$

答:在表面以上 9 m 高度处的火羽流中心轴线上的火羽流特征半径为 1.27 m。

(5) 火羽流中心轴线的轴向气体平均流速

气体在火羽流中心轴线处向上运动时的平均速度称为火羽流中心轴线的轴向气体平均流速,以 u_0 表示,单位为 m·s⁻¹。火羽流中心轴线的轴向气体平均流速 u_0 可根据式 3-19 进行计算。

$$u_0 = 3.4 \left(\frac{g}{C_p \rho_a T_a} \right)^{\frac{1}{3}} \dot{Q}_c^{\frac{2}{3}} (z - z_V)^{-1/3} \qquad (式\ 3-19)$$

在正常大气条件下,即 $g = 9.81\ \mathrm{m \cdot s^{-2}}$,$C_p = 1.00\ \mathrm{kJ \cdot (kg \cdot K)^{-1}}$,$\rho_a = 1.2\ \mathrm{kg} \cdot$

m^{-3}，$T_a=293\,K$ 时，火焰平均高度及以上位置处的中心轴线的平均流速计算式可简化为式3-20：

$$u_0=1.03\dot{Q}_c^{\frac{1}{3}}(z-z_V)^{-1/3} \qquad (式3-20)$$

将 $\dot{Q}_c=a\dot{Q}$ 代入，可得简化式3-21：

$$u_0=1.03(a\dot{Q})^{\frac{1}{3}}(z-z_V)^{-1/3} \qquad (式3-21)$$

【例题3-5】 假设有一个直径为 1.8 m 的圆形油盘着火，油盘里可燃液体的热释放速率为 2 500 kW·m^{-2}。热释放速率的对流热份数 a 取值为 0.7，环境条件基本为正常大气条件(空气压力为 101.3 kPa，空气温度为 293 K)，求在可燃液体表面以上 9 m 高度处的火羽流中心轴线上的平均流速(单位为 m·s^{-1})。

解： $u_0=1.03(a\dot{Q})^{\frac{1}{3}}(z-z_V)^{-1/3}$

$$=1.03\times\left(0.7\times2\,500\times\pi\times\frac{1.8^2}{4}\right)^{\frac{1}{3}}\times(9-0.921)^{-1/3}=8.44\,m\cdot s^{-1}$$

答：在表面以上 9 m 高度处的火羽流中心轴线上的平均流速为 8.44 m·s^{-1}。

(6) 火羽流卷吸空气质量流速

火羽流从其四周吸入空气的质量流量，又称为火羽流卷吸空气质量流速，以 $\dot{m}_{ent}$ 表示，单位为 kg·s^{-1}。可根据式3-22进行计算。

$$\dot{m}_{ent}=0.196\left(\frac{g\rho_a^2}{C_pT_a}\right)^{\frac{1}{3}}\dot{Q}_c^{\frac{1}{3}}(z-z_V)^{5/3}\left[1+\frac{2.9\dot{Q}_c^{\frac{2}{3}}}{(gC_p\rho_aT_a)^{2/3}(z-z_V)^{5/3}}\right]$$
$$(式3-22)$$

在正常大气条件下，即 $g=9.81\,m\cdot s^{-2}$，$C_p=1.00\,kJ\cdot(kg\cdot K)^{-1}$，$\rho_a=1.2\,kg\cdot m^{-3}$，$T_a=293\,K$ 时，火焰平均高度及以上位置处($z\gg L$)的火羽流卷吸空气质量流速 $\dot{m}_{ent}$ 计算式可简化为式3-23：

$$\dot{m}_{ent}=0.071\dot{Q}_c^{\frac{1}{3}}(z-z_V)^{5/3}[1+0.027\dot{Q}_c^{\frac{2}{3}}(z-z_V)^{-5/3}] \qquad (式3-23)$$

火焰平均高度 L 处的火羽流卷吸空气质量流速以 $\dot{m}_{ent,L}$ 表示，单位为 kg·s^{-1}。取 $z=L$，同时将 z_V 的计算式代入3-22可得式3-24：

$$\dot{m}_{ent,L}=0.878\left[\left(\frac{T_{0L}}{T_a}\right)^{\frac{5}{6}}\left(\frac{T_a}{\Delta T_{0L}}\right)+0.647\right]\frac{\dot{Q}_c}{C_pT_a} \qquad (式3-24)$$

在正常大气条件下，即 $C_p=1.00\,kJ\cdot(kg\cdot K)^{-1}$，$T_a=293\,K$，以及 $\Delta T_{0L}=500\,K$ 时，火焰平均高度处的火羽流卷吸空气质量流速 $\dot{m}_{ent,L}$ 可简化为式3-25：

$$\dot{m}_{ent,L}=0.005\,9\dot{Q}_c=0.005\,9a\dot{Q} \qquad (式3-25)$$

【例题3-6】 假设有一个直径为 1.8 m 的圆形油盘着火，油盘里可燃液体的热释放速率为 2 500 kW·m^{-2}。热释放速率的对流热份数 a 取值为 0.7，环境条件基本为正常大气条件(空气压力为 101.3 kPa，空气温度为 293 K)，求火焰平均高度处的火羽流卷吸空气质量流速$\dot{m}_{ent,L}$(单位为 kg·s^{-1})。

解:$\dot{m}_{ent,L}=0.005\,9a\dot{Q}=0.005\,9\times\left(0.7\times2\,500\times\pi\times\dfrac{1.8^2}{4}\right)=26.27$ kg·s^{-1}

答:火焰平均高度处的火羽流卷吸空气质量流速为 26.27 kg·s^{-1}。

3. 火灾烟气向下扩散

室内的容积有限,随着热烟气的不断产生,热烟气上升充满整个室内上层空间之后,热烟气层下边缘开始下降,热烟气层变厚。随着热烟气层的厚度越来越大,人员逃生的空间变得越来越小,受到有毒烟气的毒害作用也越来越显著。所以计算热烟气层的下降速度,对于安全逃生、组织初期灭火活动等非常重要。

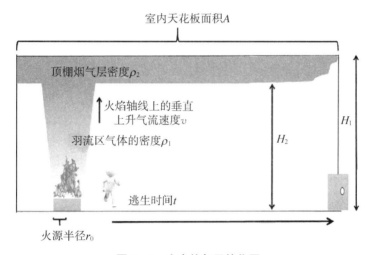

图 3 - 6 室内热气层简化图

火焰轴线上的垂直上升气流速率 v,可根据式 3 - 26 进行求算:

$$v=37.2Q^{\frac{1}{3}}r^{-1/3} \tag{式 3 - 26}$$

式中,Q 为可燃物的发热量,r 为可燃物的有效半径。若上升热气流密度为 ρ_1,流速的平均化系数为 α,顶棚烟气层的密度为 ρ_2,室内天花板面积为 A,则上升热气流的质量流量 m_1 和下降的热烟气量 m_2 可以分别以式 3 - 27 和式 3 - 28 表示:

$$m_1=\alpha\rho_1 v\pi r^2 \tag{式 3 - 27}$$

$$m_2=-\rho_2 A\,\mathrm{d}H/\mathrm{d}t \tag{式 3 - 28}$$

如果不考虑开口损失,则下降的热烟气量 m_2 应当等于从羽流区上升的热气流的质量流量 m_1,则有

$$-\rho_2 A\,\mathrm{d}H/\mathrm{d}t=\alpha\rho_1 v\pi r^2 \tag{式 3 - 29}$$

将式 3 - 26 代入式 3 - 29,对其积分就得到热烟气层厚度(H_1-H_2)如式 3 - 30 所示:

$$H_1-H_2=\frac{37.2\alpha Q^{1/3}\pi r^{5/3}\rho_1}{A\rho_2}t \tag{式 3 - 30}$$

式中,H_1 为天花板的高度,H_2 指热烟气层下边缘距离地板的高度。若不考虑其他参数的变化,就得到了热烟气厚度与时间的关系。H_2 越小,即热烟气层距地板越低,人员逃生难度越大。如果人均身高为 1.7 m,则将 $H_2=1.7$ 代入式 3-30,所求时间即为平均安全逃生时间。

4. 火灾烟气向外扩散

当热烟气层下降到室内开口处上沿时,热烟气将向室外流出,形成开口烟流,并可能引起其他室内可燃物着火,造成火灾的蔓延。封闭空间及其相邻区域因存在温差而产生压差,从而造成有气流从封闭空间的开口通过。图 3-7 为 $T_i > T_j$ 时,垂直开口单向气流和双向气流流动示意图。其中,$\dot{m}_{ij}$ 是指烟气或空气由相邻封闭空间 i 到 j 的质量流量,$\dot{m}_{ji}$ 是指烟气或空气由相邻封闭空间 j 到 i 的质量流量,单位为 $kg \cdot s^{-1}$。ρ_i 和 ρ_j 分别是封闭空间 i 和 j 的烟气(或空气)密度,单位为 $kg \cdot m^{-3}$;h 为中性面高度,即室内空间内部与外部压力相等处的高度;T_i 和 T_j 分别是封闭空间 i 和 j 的温度;p_i 和 p_j 分别是封闭空间 i 和 j 在参考高度以上的高度 z 处的压力,单位为 Pa;A_{vent} 指开口面积,单位为 m^2。

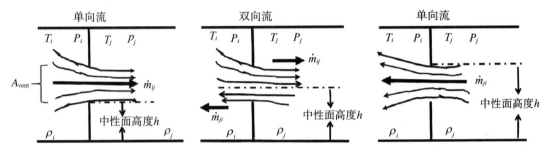

图 3-7 垂直开口单向气流和双向气流示意图($T_i > T_j$)

根据 GB/T 31593.8—2015,在给定开口两侧的压差、封闭空间及其相邻空间的温度时,可应用孔板流量理论来计算质量流量(本书只讨论一般情况)。

(1)通过两个温度相等的均衡封闭空间之间的开口的质量流量

当两个封闭空间的温度相等时,$T_i = T_j$,$\rho_i = \rho_j$,由于火灾引起开口两侧产生压差 $\Delta p_{ij} = p_i - p_j$,则通过开口的质量流量 $\dot{m}_{ij}$ 可根据以下公式计算:

$$\dot{m}_{ij} = C_D A_{vent} \sqrt{2\rho_i \Delta p_{ij}} \qquad (\text{式 3-31})$$

式中,C_D 为流量系数。

(2)通过两个温度不同的均衡封闭空间之间的垂直开口的质量流量

如图 3-7 所示,$T_i > T_j$ 时,$\rho_i < \rho_j$,当中性面低于开口下沿($h < H_l$)时,气流为从封闭空间 i 到 j 的单向流;当中性面位于开口高度范围内($H_l \leqslant h < H_u$)时,气流为双向流;当中性面高于开口上沿($h \geqslant H_u$)时,气流为从封闭空间 j 到 i 的单向流。当 $T_i < T_j$ 时,$\rho_i > \rho_j$,气流方向与上述情形恰好相反。如果压差是由于自然通风或机械通风引起的,则中性面高度 h 可根据式 3-32 和式 3-33 计算,质量流量 $\dot{m}_{ij}$ 和 $\dot{m}_{ji}$ 可根据表 3-2 中的公式根据条件进行计算(式中 B_{vent} 指开口宽度)。

$$h = \frac{\Delta p_{ij(0)}}{(\rho_i - \rho_j)g} \qquad (式 3-32)$$

封闭空间最低边界面以上的高度 z 处的密度 ρ_i 和 ρ_j 均可通过式 3-33 进行近似计算：

$$\rho(z) \approx \frac{353}{T(z)} \qquad (式 3-33)$$

表 3-2 通过两个温度不同的均衡封闭空间间的垂直开口的质量流量的计算公式

温度条件	中性面高度	质量流量计算公式
$T_i > T_j$ $\rho_i < \rho_j$	$h < H_l$	$\dot{m}_{ij} = \frac{2}{3} c_D B_{vent} \sqrt{2\rho_i(\rho_j - \rho_i)g}\,[(H_u - h)^{3/2} - (H_l - h)^{3/2}]$
	$H_l \leq h < H_u$	$\dot{m}_{ij} = \frac{2}{3} c_D B_{vent} \sqrt{2\rho_i(\rho_j - \rho_i)g}\,(H_u - h)^{3/2}$
	$h \geq H_u$	0
	$h < H_l$	0
	$H_l \leq h < H_u$	$\dot{m}_{ji} = \frac{2}{3} c_D B_{vent} \sqrt{2\rho_j(\rho_j - \rho_i)g}\,(h - H_l)^{3/2}$
	$h \geq H_u$	$\dot{m}_{ji} = \frac{2}{3} c_D B_{vent} \sqrt{2\rho_j(\rho_j - \rho_i)g}\,[(h - H_l)^{3/2} - (h - H_u)^{3/2}]$
$T_i < T_j$ $\rho_i > \rho_j$	$h < H_l$	0
	$H_l \leq h < H_u$	$\dot{m}_{ij} = \frac{2}{3} c_D B_{vent} \sqrt{2\rho_i(\rho_i - \rho_j)g}\,(h - H_l)^{3/2}$
	$h \geq H_u$	$\dot{m}_{ij} = \frac{2}{3} c_D B_{vent} \sqrt{2\rho_i(\rho_i - \rho_j)g}\,[(h - H_l)^{3/2} - (h - H_u)^{3/2}]$
	$h < H_l$	$\dot{m}_{ji} = \frac{2}{3} c_D B_{vent} \sqrt{2\rho_j(\rho_i - \rho_j)g}\,[(H_u - h)^{3/2} - (H_l - h)^{3/2}]$
	$H_l \leq h < H_u$	$\dot{m}_{ji} = \frac{2}{3} c_D B_{vent} \sqrt{2\rho_j(\rho_i - \rho_j)g}\,(H_u - h)^{3/2}$
	$h \geq H_u$	0

【例题 3-7】 计算通过 0.9 m 宽、2.0 m 高的门的流量。假定 T_i 为 353 K，T_j 为 293 K，在较低的界面高度上，封闭空间 j 内的压力比封闭空间 i 内的压力高 2 Pa，即 $\Delta p_{ij(0)} = -2$ Pa，流量系数取 0.7，求两封闭空间的烟气密度 ρ_i 和 ρ_j，中性面高度 h，质量流量 $\dot{m}_{ij}$ 和 $\dot{m}_{ji}$。

解： $\rho_i \approx \frac{353}{T_i} = \frac{353}{353} = 1.0 \text{ kg} \cdot \text{m}^{-3}$ $\rho_j \approx \frac{353}{T_j} = \frac{353}{293} = 1.2 \text{ kg} \cdot \text{m}^{-3}$

$h = \frac{\Delta p_{ij(0)}}{(\rho_i - \rho_j)g} = \frac{-2}{(1.0 - 1.2) \times 9.8} = 1.0 \text{ m}$，$h$ 正好处于门高度中间，故为双向流。因为 $T_i > T_j$，

$\dot{m}_{ij} = \frac{2}{3} c_D B_{vent} \sqrt{2\rho_i(\rho_j - \rho_i)g}\,(H_u - h)^{\frac{3}{2}}$

$= \frac{2}{3} \times 0.7 \times 0.9 \times \sqrt{2 \times 1.0 \times (1.2 - 1.0) \times 9.8} \times (2.0 - 1.0)^{3/2} = 0.83 \text{ kg} \cdot \text{s}^{-1}$

$$\dot{m}_{ji} = \frac{2}{3} C_D B_{\text{vent}} \sqrt{2\rho_j(\rho_j - \rho_i)g}(h - H_l)^{3/2}$$

$$= \frac{2}{3} \times 0.7 \times 0.9 \times \sqrt{2 \times 1.20 \times (1.20 - 1.0) \times 9.8} \times (1.0 - 0.0)^{3/2} = 0.91 \, \text{kg} \cdot \text{s}^{-1}$$

(三) 液体火灾的蔓延

根据液体可燃物所处的状态,其火灾的蔓延情况主要分为油池火灾和油面火灾。油池火灾是发生在盛油容器中的可燃液体火灾;油面火灾是指在大面积的水面上有一层较薄的浮油,该浮油燃烧引起的火灾。油面火灾和油池火灾的区别在于:油面火灾有不断扩大的过程,一旦着火,很快会在整个油面上形成火焰。因为二者燃烧情况不同,蔓延规律不同,所以描述两过程的参数也不相同。

1. 油池火灾蔓延

描述油池火灾的特征参数为液面下降速度(单位时间里的燃料消耗量)。实验数据表明,液面下降速度与容器直径有关。油池火灾中液面下降速度应等于火焰向液体传入热量引起的液体蒸发而导致液面下降的速度。液面上方液体蒸气的扩散速度决定了燃烧速度,所以其燃烧形式为扩散火焰。从火焰传入液体的热量包括从容器壁向液体的传热 Q_{cd}、液面上方高温气体向液体的对流传热 Q_{cv}、火焰及高温气体向液体的辐射传热 Q_{ra} 等。假设 T_F 为火焰温度,T_1 为液体温度,d 为油池直径,λ 为气体导热系数,h 为对流传热系数,σ 为斯特藩-玻耳兹曼常数,Φ_F 为火焰及高温气体对液面的形态系数,ε_F 和 ε_λ 分别为火焰及高温气体的辐射率和液体的辐射率。可以写出三种传热方式传递的热量表达式。

器壁传热量:

$$Q_{cd} = \pi d \lambda (T_F - T_1) \tag{式 3-34}$$

对流传热量:

$$Q_{cv} = \frac{1}{4}\pi d^2 h(T_F - T_1) \tag{式 3-35}$$

辐射传热量:

$$Q_{ra} = \frac{1}{4}\pi d^2 \sigma(\Phi_F \varepsilon_F T_F^4 - \varepsilon \lambda T_1) \tag{式 3-36}$$

传入液体的热量起到两种作用,其一是使液体的温度升高,其二是使液体蒸发。使液体升温的热量 $Q_1 = \frac{1}{4}\pi d^2 C_{p1}\rho_1(T_1 - T_0)$。

其中,C_{p1},ρ_1 和 T_0 分别为液体的比热容、密度和初始温度,则使液体蒸发的热流量 Q 应为接受热量之和减去液体升温的热流量,并等于 $1/4 \, \pi d^2 v_1\rho_1 q_v$。

即

$$Q = Q_{cd} + Q_{cv} + Q_{ra} - Q_1 = \frac{1}{4}\pi d^2 v_1\rho_1 q_v \tag{式 3-37}$$

其中，v_1 为液体下降的速度，q_v 为室温条件下液体的蒸发潜热。整理可得液面下降速度如式 3－38 所示：

$$v_1 = (1/\rho_1 q_v)[4\lambda/d(T_F - T_1) + h(T_F - T_1) + \sigma(\Phi_F \varepsilon_F T_F^4 - \varepsilon_\lambda T_1) - C_{p1}\rho_1(T_1 - T_0)]$$

$$\text{（式 3－38）}$$

当油池直径 d 很小时，该速度与 d 成反比；当直径 d 很大时，式 3－38 中第一项可忽略不计，此时液体下降速度与直径无关。这表明在油池火灾中，蒸发过程是火灾蔓延的控制过程，要控制蒸发过程必须控制液体与外界环境的换热过程，所以采用泡沫灭火器在液面上生成一层泡沫层，既能减少向液体的传热量，又能阻止液体的蒸发，是防治油池火灾的好方法。

如果油池或储罐中含有积水时，受热易发生极其危险的扬沸现象。当储存的液体黏度较大、沸点较高并含有少量水分时，水受热蒸发变成蒸气，被油膜包围形成大量油泡群，体积膨胀，溢出油池或储罐，从而扩大火灾的危险性。例如，重油、黑油等石油产品的燃烧，如果油中含有水分，易形成沸溢火灾。当油池或储罐内有水垫时（即水沉在油池底部），对于沸点较低的可燃液体，受热后将以对流的方式使高温层在较大深度内加热水垫，导致低层的水气化产生大量蒸气，把上面的油层抛向上空，并向四周喷溅，形成喷溅火灾。油罐或油池发生喷溅的前提是罐内液体底部有积水层，且被加热至沸点。研究结果表明，飞溅的高度和散落面积与油层厚度、油池直径有关。一般散落面积的直径 D 与油池直径 d 之比在 10 以上，即 $D/d > 10$。发生沸溢或喷溅时，大量燃烧的油涌出罐外或池外，会形成流淌火，迅速扩大火灾范围，具有很大的危险性。因此，对油池火灾而言，应避免扬沸现象的发生。

2. 油面火灾蔓延

在静止环境中，油的初始温度对油面火灾蔓延速度有显著影响。实验表明，当油的初温低于闪点温度时，形成的是以扩散火焰为主的燃烧形式（如图 3－8 左图）。要维持燃烧，火焰必须向火焰面前方的液体传送足够的热量，使该部分液体升温，这就在火焰面前方的液体与火焰面正下方的液体间产生了温差，继而引起表面张力差，在表面张力差的作用下产生了表面流，使得温度较高的液体不断流向火焰面的前方以保持液体的蒸发速度与火焰蔓延速度的平衡。当可燃液体温度高于闪点时，大量蒸发的气体与空气形成预混合气体，此时是以预混合火焰为主的燃烧形式（如图 3－8 右图）。

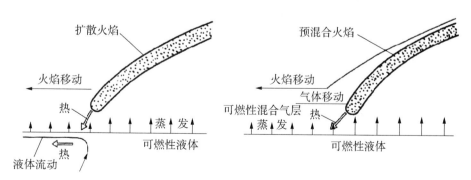

图 3－8　可燃液体中的火灾蔓延

有风的环境中,油面火灾的蔓延与静止环境不同。逆风条件下,液体的初始温度对火灾蔓延速度有显著影响;顺风条件下,液体的初温几乎对火灾蔓延速度没有影响,火灾蔓延速度主要受风速影响。这主要是因为火焰在风的作用下,倾斜角增大,强化了火焰向未燃烧的油面方向倾斜,加热升温作用显著。逆风时,火焰向已燃烧的区域倾斜,起不到强化作用,风的影响不明显。因此,在灭油面火时,最好采用逆向灭火方式。

(四) 固体火灾蔓延

相对于可燃气体和可燃液体,可燃固体的燃烧过程比较复杂。因此,其火灾蔓延过程也比较复杂。可燃固体的着火位置、厚度、结构等均能对其蔓延速度产生影响。

1. 着火位置对火灾蔓延的影响

以棒状或板状固体火灾为例,分为上端着火,火向下蔓延;下端着火,火向上蔓延;中间着火,火向两边蔓延三种情况。着火的部位不同,传热情况不同,火灾蔓延速度也不同。在无相对风速情况下,下端着火、火向上蔓延时,因燃烧后的高温燃气流经未燃烧部分的表面,所以对流换热的作用很强。未燃烧部分通过对流传热能从高温燃气得到更多的热量,这对未燃烧部分的热解、汽化都有利,所以火的蔓延速度快。而对上端着火、火向下蔓延的情况,因为高温烟气不流经未燃烧部分,对未燃烧部分传热量少,所以火蔓延速度慢。值得注意的是,如果是能够液化的金属上端着火,则会因为重力作用,高温熔液向下流动,对未燃部分起到预热作用,反而会加快火灾蔓延速度。

2. 板的厚度对火灾蔓延的影响

板的厚度对火蔓延速度有较大影响。当板厚较小时,火向预热区的传热方式主要为气相传热;当板厚较大时,传热方式主要为固体内部传热。传热方式变化导致火蔓延速度变化。一般情况下,板厚度增加,火蔓延速度减小;板厚度超过某一值后,火蔓延速度趋于某一常数值。根据火蔓延速度 V_F、板厚度、板表面温度 T_S 三者之间关系的研究:若可燃物汽化温度为 T_V,当板厚度较小时,火蔓延速度 V_F 与 $(T_V - T_S)$ 成反比;当板厚度较大时,火蔓延速度 V_F 与 $(T_V - T_S)^2$ 成反比。这说明,对厚度较大的固体可燃物,其表面温度对火蔓延速度有显著影响。

上述讨论没有考虑固体可燃物受热后液化或结焦的影响。受热后液化的可燃物,具有液体燃料的燃烧特性;受热后结焦的可燃物,表面形成的焦壳一般具有较强的隔热性,可使内层物质不受高温影响,具有一定的阻燃作用。

3. 燃料结构对火灾蔓延的影响

木材的结构特点对木材着火特性有显著影响。实验证明:木材结构对火蔓延速度有影响。根据同种木材、相同尺寸、相同燃烧条件、不同木纹方向的两根木条的实验结果,火焰沿木条横纹方向的蔓延速度大于顺纹方向的蔓延速度,其中 $\bar{v}_横 \approx 1.3 \bar{v}_顺$。此外,木材尺寸、木材倾斜角、树种等都对火蔓延速度有显著影响,如木材厚度越大,火蔓延速度越慢;高度越高,火蔓延速度越快。

薄片固体可燃物如壁纸或窗帘的质量燃烧速度等于固体可燃物的汽化速度,而固体可燃物的汽化速度与外部向固体可燃物的传热量有关。实验数据表明,各类薄片固体可燃物的质量燃烧速度与传热速度量基本呈现线性关系。

除了薄片可燃物,还有一类特殊的可燃物就是可燃粉尘。可燃粉尘兼具预混可燃气和固体燃烧的特点,其燃烧速度与供氧速度有关。此外,可燃粉尘爆炸的浓度界限与粉尘的尺寸、浓度有关。

四、火灾烟气

火灾烟气及其特性

火灾会产生大量的烟气。烟气是燃烧或热解过程中生成的悬浮固体或者液体颗粒,是不完全燃烧的产物。烟气生成率随材料、暴露情况、燃烧条件以及时间而变化。烟气的危害主要有毒害性和减光性。燃烧物的化学性质对烟气的产生有决定性影响,如碳氢化合物燃烧时产生的烟气比含氧有机物燃烧时产生得多。烟气的产生也受环境影响,如热辐射通量、含氧量、空气流通状况、可燃物几何尺寸及其含水率等。阴燃比有焰燃烧生成的烟多。阻燃材料的产烟量可能比同类的未经阻燃处理的材料更高。

(一)烟气的燃烧速率

能产生烟气的燃烧现象有明火燃烧、热解和阴燃,燃烧情况不同,烟气的生成量、成分和特性也各不相同。明火燃烧时会产生炭黑,以微小固相颗粒形式分布在火焰和烟气中。阴燃为无焰燃烧,其典型的温度范围为 $600\sim1\,100$ K。热解过程的典型温度为 $600\sim900$ K,大大低于气相火焰温度 $1\,200\sim1\,700$ K。可燃物热解,析出可燃挥发分,析出的可燃蒸气中大致包括燃烧单体、部分氧化产物、聚合链等,部分组分由于低蒸气压而凝结成为微小的液相颗粒,形成白色烟雾。热解的速率取决于可燃物的表面积及其所接收到的热量。热解包含有明火和无明火两种情况。稳态条件下的热解过程可用以下表达式来描述。

无明火情况下热解速率:

$$\dot{m}_{nf}=(\dot{q}''_e-\dot{q}''_L)A_V/L_V \qquad (式\ 3-39)$$

有明火情况下燃烧速率:

$$\dot{m}_f=(\dot{q}''_e+\dot{q}''_f-\dot{q}''_L)A_V/L_V \qquad (式\ 3-40)$$

式中,$\dot{m}_{nf}$ 和 $\dot{m}_f$ 分别为热解速率和燃烧速率,单位是 kg/s;$\dot{q}''_e$、$\dot{q}''_f$、$\dot{q}''_L$ 分别为单位可燃物表面积上的外加热流量、火焰热流量和辐射热损失,单位是 kW/m^2;A_V 为可燃物表面积,单位为 m^2;L_V 为可燃挥发分析出的潜热,单位为 kJ/kg(1 kJ＝1 kW·s)。在已知可燃挥发分析出的潜热值 L_V、单位可燃物面积上的外加热流量、火焰热流量和辐射热损失情况下,通过热解速率和燃烧速率公式,可求出可燃物火灾的燃烧速率。

【例题 3-8】 对于敞开环境中的大尺度聚丙烯火灾,已知聚丙烯的潜热值为 2.03 kJ/g,单位面积上接收到的火焰热流量为 66 kW/m^2,附近燃烧物供给其表面的外加热流量为 15 kW/m^2,辐射热损失量为 18 kW/m^2,请估算其单位面积上的最大燃烧速率。

解:由题意可知,此为有明火情况下的燃烧,故采用式 3-40 进行计算。

单位面积上的燃烧速率 $\dot{m}''_f=\dot{m}_f/A_V=(\dot{q}''_e+\dot{q}''_f-\dot{q}''_L)/L_V$

$=(15\ kW/m^2+66\ kW/m^2-18\ kW/m^2)/(2.03\ kJ/g)=31.0\ g/(m^2\cdot s)$

注意:本题求解的是单位面积上的燃烧速率,需要对式 3-40 进行转换。

(二) 烟气的光学密度

1. 减光率和光学烟密度

烟气密度是火灾防治界最为关心的烟气特性之一。由于烟对光的吸收和散射作用，仅有一部分光能够穿过烟气，降低了火灾环境的能见度，因此可以利用光学烟密度计测试烟密度的情况。

假设初始光强度为 I_0 的一束光线穿过烟气粒子后，光强变为 I_t，烟粒子可有效吸收热量的横截面面积用 σ 表示，单位为平方米（m^2）。该烟气粒子是随机分布的，其烟粒子密度用 $n = dN/dV$ 来表示，其中 N 表示总体积 V 里的烟粒子总数，如果烟气厚度为 L，消光系数为 K（单位体积的烟粒子总截面积，单位为 m^{-1}）。根据朗伯-比尔定律可推导出光线衰减的程度为

$$I_t L = I_0 \exp^{-\sigma nL} = I_0 \exp^{-KL} \quad (\text{式 } 3-41)$$

根据上式计算得到

$$K = (1/L)\ln(I_0/I_t) = (2.3/L)\lg(I_0/I_t) \quad (\text{式 } 3-42)$$

烟气密度以减光率 S（光的百分不透明度）和烟气的光密度 D 来表示，其表达式如下：

$$S = \left(\frac{I_0 - I_t}{I_0}\right) \times 100\% \quad (\text{式 } 3-43)$$

$$D = \lg\left(\frac{I_0}{I_t}\right) \quad (\text{式 } 3-44)$$

为了比较烟气浓度，通常以单位厚度烟气的光密度 D_L 作为描述烟气密度的基本参数。

$$D_L = \frac{D}{L} = \frac{K}{2.3} \quad (\text{式 } 3-45)$$

【例题 3-9】 对于空气供应充足的明火燃烧所形成的厚度为 1.0 m 的烟气层，测得有 50% 的光穿过，计算单位厚度上烟气的光学密度及烟气的消光系数。

解： 根据式 3-44 和 3-45 可得，$D = \lg\left(\frac{I_0}{I_t}\right) = \lg\left(\frac{1}{50\%}\right) = \lg 2 \approx 0.30$

$D_L = \frac{D}{L} = \frac{0.30}{1} = 0.30 \text{ m}^{-1}$ $K = 2.3D_L \approx 0.69 \text{ m}^{-1}$

2. 可见度和能见度

火场中疏散标志和通道的可见度对人员逃生极为重要。要看清某一物体，要求该物体与背景之间有一定的对比度，对于很大的均匀背景下的孤立物体，其对比度 C 的定义式为

$$C = \frac{B}{B_0} - 1 \quad (\text{式 } 3-46)$$

式中，B 和 B_0 分别为物体和背景的亮度或光线强度。日光下黑色物体相对于白色背景的对比度为 $C = -0.02$，该值通常被认为是能够从背景中清楚地辨别物体的临界对比

度。物体的能见度 S 定义为与对比度减小至 -0.02 这点的距离,火灾环境中通风度的测量常以物体不可辨清的最小距离为标准。烟浓度增加 1 倍,能见距离减少 $1/2$,人在烟雾中一般能见度为 30 cm。火场能见度与许多因素有关,包括烟气对眼睛的刺激作用,烟气的散射及吸收系数、室内的亮度、所辨认的物体是发光还是反光以及光线的波长等,此外,能见度还依赖于逃生者的视力及其眼睛对光强的适应状态。大量的测试和研究显示,火场能见度 S_N 与烟气消光系数 K 的经验关系为:对于发光物体,$KS_N=8$;对于反光物体,$KS_N=3$。这表明能见度与烟气的消光系数成反比,且相同情况下发光物体的能见度是反光物体能见度的 $2\sim4$ 倍。

(三) 烟气的危害

火灾烟气主要有三种危害:高温烟气携带并辐射大量热;烟气中氧含量低,形成缺氧环境;烟气中含有毒有害和腐蚀性物质。

火灾最明显的危害是产生大量的热量,其中一部分由烟气携带。人对高温烟气的忍耐程度有限。温度达到 45 ℃时,人体皮肤有痛感。人体处于 120 ℃热烟气中 15 分钟时,将产生不可恢复的损失。温度达到 140 ℃时,人最多忍受 5 分钟;170 ℃时,人可忍受 1 分钟。更高温度的热烟气会引起人体强烈的疼痛感,使人心率加快、肌肉痉挛,甚至休克,从而导致不能及时逃离火场而被烧死。例如,2022 年 3 月 13 日,南京市雨花台区龙凤佳园小区内一住户家中发生火灾。尽管丈夫将妻子置于阳台外侧,舍身相救,事发时夫妻二人均受到烟气大面积皮肤灼伤。两人被解救后送往医院,几经手术仍然不治而亡。此外,浓烟还会造成人们的恐慌心理,使人失去理智和判断能力。例如,2008 年 11 月 14 日上海商学院宿舍楼火灾事故,4 名学生因恐慌跳楼逃生死亡。

人体组织供氧量不足会导致神经、肌肉活动能力下降,呼吸困难;人脑缺氧 3 min 以上就会损坏。因此,在发生轰燃时,可能很大区域内的氧气会被耗尽,造成人体窒息死亡。空气中一般含有 21% 的氧气。当空气中含氧量为 19.5% 时,为最低安全水平;当氧含量为 $12\%\sim16\%$ 时,人会发生呼吸急促、情绪不稳,活动后异常疲倦;当氧含量为 $10\%\sim11\%$ 时,人会心跳快而弱、激动和眩晕;当氧气含量为 $6\%\sim10\%$ 时,人会发闷及呕吐,不能自由活动,处于半昏迷状态;当氧气含量为 $3\%\sim6\%$ 时,人会停止呼吸,数分钟后死亡;当氧气含量小于 2% 时,45 秒内人会死亡。

有毒物质的生成取决于可燃物本身的性质及火灾环境。火灾烟气中有毒有害成分主要有 CO_2,CO,HCN,H_2S,HCl,NH_3,HF,SO_2,C_3H_4O,CH_2O,Cl_2 和 NO_2 等,对人体有麻醉、窒息和刺激作用。热解过程中,是否产生氰化氢与材料本身有关,只有含氮的物质才会燃烧产生氰化氢,而含卤素(氟、氯、溴)的聚合物则在火灾中生成卤化氢(氟化氢、氯化氢、溴化氢)。2013 年,吉林省长春市宝源丰禽业有限公司"6·3"特别重大火灾爆炸事故造成 121 人死亡、76 人受伤,如此重大伤亡的原因之一就是起火后,聚氨酯泡沫塑料、聚苯乙烯泡沫塑料等材料大面积燃烧,产生高温有毒烟气,同时伴有氨气等毒害物质的泄漏。2019 年 4 月 15 日,山东省济南市齐鲁天和惠世制药有限公司在对四车间(冻干粉针剂生产车间)地下室的冷媒水(乙二醇)系统管道维修过程中发生重大事故,造成 10 人死亡、12 人轻伤。事发时,施工单位 7 名员工动火切割冷媒水系统管道,3 名齐鲁制药公司员工在现场监护,作业过程中电焊火花引燃了旁边堆放的乙二醇缓蚀剂,乙二醇缓蚀剂燃烧产生氮氧化物。现场虽然着火程度较轻,但产生大量有毒烟雾,导致 8 人当场死亡,2 人在抢救过程中死亡,另有 12 名救援人员受烟雾熏呛受伤。

实际火灾中,火灾烟气组分非常复杂,对人体和动物有相似的影响。因此,可通过动物的半数致死率 LC_{50} 推导出各类烟气组分对人类的毒害性强弱。根据表 3-3 所示的大鼠暴露在各种火灾烟气组分中 30 min 的 LC_{50} 实验值,可见这些火灾烟气组分中毒性最强的依次为丙烯醛(C_3H_4O),HCN,NO_2 和甲醛(CH_2O)。

表 3-3　大鼠暴露在各种火灾烟气组分中 30 min 的 LC_{50} 实验值

烟气组分	30 min 的 LC_{50} 值	烟气组分	30 min 的 LC_{50} 值	烟气组分	30 min 的 LC_{50} 值
C_3H_4O	150 μL/L	HCN	165 μL/L	NO_2	170 μL/L
CH_2O	750 μL/L	SO_2	1 400 μL/L	CO	5 700 μL/L
HF	2 900 μL/L	HCl	3 800 μL/L	HBr	3 800 μL/L

根据 GB/T 38310—2019《火灾烟气致死毒性的评估》,火灾烟气的毒性是根据燃烧产物中毒性组分的浓度与有效暴露剂量进行计算确定的,用有效剂量分数(FED)来表征。毒性组分的综合毒性为各组分毒性之和。计算公式如式 3-47:

$$FED = \sum_{i=1}^{n} \int_0^i \frac{C_i}{(C \cdot t)_i} dt \qquad (式 3-47)$$

式中,C_i 为毒性组分 i 的浓度,单位为 μL/L;$C \cdot t_i$ 为浓度与暴露时间的乘积,单位为 (μL/L)·min,指毒性组分 i 的有效暴露剂量。如设定暴露时间为 30 min,且采用半数致死浓度 LC_{50} 作为有效暴露剂量时,则 FED 可简化为暴露时间内毒性组分 i 的平均浓度与其 LC_{50} 的比值。

火灾烟气除了对人体造成危害,还会对物体和环境造成非热损伤。这些损伤包括表面腐蚀、结构损伤、电气故障、变色、异味等。火灾烟气中的酸性气体产物可能会导致钢筋混凝土建筑物中钢筋的腐蚀,使其结构性能下降。燃烧产生的烟灰沉积,也可能导致控制面板、微电路、电气开关和电路板等出现故障。

(四) 火灾烟气的构成

可燃物燃烧后被氧化成乙醛、有机酸、一氧化碳、二氧化碳等。其中一氧化碳与二氧化碳的比值一般可作为火灾生成物的特征参数。生成气体的质量生成速率 m 可通过生成因子 f 与燃料质量损失速率 m_{fuel} 相乘进行估算。

一氧化碳和二氧化碳的产量主要取决于空气的供给,若以 ϕ 表示燃烧时燃空比和当量燃空比的比值,则有

$$\phi = \frac{kg_{fuel}/kg_{air}}{(kg_{fuel}/kg_{air})_{stoich}} \qquad (式 3-48)$$

其中,kg_{fuel} 和 kg_{air} 分别为参与燃烧的燃料质量和参与燃烧空气的质量,单位为千克(kg);kg_{fuel}/kg_{air} 为燃空比(燃料与空气的质量比);$(kg_{fuel}/kg_{air})_{stoich}$ 表示当量燃空比,下标

stoich 表示燃料和空气的比例处于当量燃空比,即燃料完全燃烧,氧气无剩余。

研究表明,当 $\phi=1$ 时,燃料完全燃烧且氧气没有剩余;当 $\phi\ll1$ 时,燃烧时空气通风良好,所有的含碳燃料都被氧化成二氧化碳,一氧化碳生成很少;在 $\phi<0.5$ 时,一氧化碳的生成量可忽略;在 ϕ 到达 0.5 时,一氧化碳生成量随着 ϕ 的增长急剧增长;当 $\phi>1$ 时,燃烧过剩或通风不足,一氧化碳生成量会到达 0.1~0.2。一氧化碳质量生成速率为 $m_{CO}=f_{CO}m_{fuel}$。式中 f_{CO} 为一氧化碳生成因子,在轰燃条件下,通常设定为 0.2。其他气体生成因子的最大值,可以根据表 3-4 中的公式进行估算。

表 3-4　烟气最大生成因子的计算公式(GB/T 31540.2—2015)

气体	燃料的实验式	相对分子质量 M_{fuel}	生成因子的最大值计算公式
CO_2	$CH_xO_yN_z$	$12+x+16y+14z$	$f_{CO_2}(max)=44/M_{fuel}$
HCN	$C_{1/z}H_{x/z}O_{y/z}N$	$(12+x+16y+14z)/z$	$f_{HCN}(max)=27/M_{fuel}$
HX	$C_{1/w}H_{x/w}O_{y/w}N_{z/w}X$	$(12+x+16y+14z+xw)/w$	$f_{HX}(max)=M_{halide}/M_{fuel}$

五、烟气蔓延的影响因素

建筑中影响烟气蔓延的主要因素来自烟囱效应、浮力、气体膨胀、外部风以及供暖、通风和空调系统。

1. 烟囱效应

烟囱效应是建筑火灾中烟气流动的主要影响因素,烟囱效应一定程度上影响烟气在建筑内的蔓延。当外界温度较低时,在诸如楼梯井、电梯井、垃圾井、机械管道等建筑物中的竖井内存在向上的空气流动,称为正向烟囱效应。在正向烟囱效应的影响下,空气流动能够促使烟气从着火区通过建筑内竖向通道上升至建筑内较高楼层。而当外界温度较高时,在建筑物中的竖井内则存在向下的空气流动,称为逆向烟囱效应。烟囱效应所产生的压差可用式 3-49 来描述:

$$\Delta p=\Delta\rho\times g\times h_v=\rho_0\times T_0\times g\times h_v\times\left(\frac{1}{T_0}-\frac{1}{T_i}\right)\qquad(式3-49)$$

式中,$\Delta\rho$ 指空气密度差,单位为 kg/m³;h_v 为竖井高度,单位为 m;ρ_0 为环境空气密度,T_0 为环境温度,单位为 K;T_i 为竖井内温度,单位为 K。根据式 3-49,冬季时,$T_i>T_0$,$\Delta p>0$,故气流向上流动;夏季时 $T_i<T_0$,$\Delta p<0$,故气流向下流动。竖井高度越高,压差越大;内外温差越大,压差越大。

可以根据中性面判断火灾发生在建筑不同位置时的烟气走向。在中性面上内外压力相等,即 $p=p_0=p_i$ 时。假设竖井内某一截面位置距离中性面的距离为 H(当该截面高于中性面,$H>0$;低于中性面,$H<0$),可求出横截面上的竖井内压力 $p_i=p-\rho_igH$,同理可以求得该截面竖井外压力 $p_0=p-\rho_0gH$。由此,可得到竖井内任一截面的内外压差为 $\Delta p=p_i-p_0=(\rho_0-\rho_i)gH$。

如图 3-9 左图所示,冬季建筑物内竖井的内部温度 T_i 一般会高于外界大气温度

T_0，则 $\rho_0 > \rho_i$，那么中性面以上的竖井部分处于正压状态，中性层以下的竖井处于负压状态。若起火层在中性面以下时，受竖井内负压影响，着火层的烟气由着火点沿水平方向流向建筑物内竖井，再沿竖井向上，中性面以下各楼层不受烟气侵犯。当向上的烟气超过中性面到达中性面以上时，由于竖井内处于正压状态，烟气将通过竖井与各楼层的开口向各楼层流动，各楼层将受到烟气侵犯。当着火层在中性层以上时，烟气受竖井正压作用，限制了烟气在层间的流动。着火烟气只能在正压作用下，由起火点沿水平方向直接流向窗外，整个建筑其他各层都不受烟气侵犯。

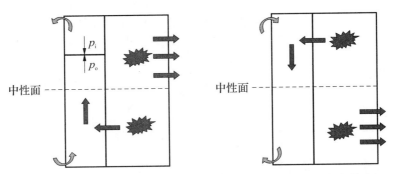

图 3-9 "烟囱效应"示意图(左侧：正向烟囱效应；右侧：逆向烟囱效应)

如果是在夏季，则情况恰好相反(图 3-9 右图)。由于建筑内部温度低于外界环境温度，则 $\rho_0 < \rho_i$，那么中性面以上的竖井部分为负压状态，中性面以下的竖井部分处于正压状态。当着火层在中性面以上时，受竖井内负压影响，着火层烟气由着火点沿水平方向流向竖井，再沿竖井向下流动；中性面以上各楼层不受烟气侵犯。当烟气经过中性面到达中性面以下时，由于竖井内变为正压，烟气通过竖井向各楼层的开口流向各楼层，则各楼层都将受到侵犯。当着火层在中性面以下时，烟气受竖井内正压作用，限制了烟气在层间的流动，着火层烟气只能由着火点沿水平方向直接流向窗外，整个建筑其他各层都不受烟气侵犯。

2. 浮力作用

如果着火层燃烧剧烈，火区产生的高温烟气由于其密度降低而具有浮力，若热烟气浮力克服了竖井内烟囱效应引起的中性层以上的正压，则烟气仍可进入竖井并流入上部楼层。假设 T_0 和 T_F 分别为外界环境温度和着火房间的温度，单位为 K，h 为距中性面以上距离，则着火房间与环境间的差压可以表达为

$$p_F - p_0 = \Delta p = K_s \left(\frac{1}{T_0} - \frac{1}{T_F} \right) h \qquad \text{(式 3-50)}$$

其中系数 $K_s = 3\,460\,\text{Pa} \cdot \text{K} \cdot \text{m}^{-1}$。对于高度较高的着火房间，因为 h 较大，可能产生很大的压差，若着火房间顶棚上开口，则浮力作用产生的压力会使烟气经此开口向上面的楼层蔓延。同时浮力作用产生的压力还会使烟气从墙壁上的任何开口及缝隙中泄露。

3. 膨胀作用

除浮力作用外，火区释放的能量还可以通过气体热膨胀作用而使烟气运动。对于有

多个门或窗敞开的着火房间,气体膨胀产生的内外压差可以忽略。对于密闭性较好的着火房间,气体膨胀作用产生的压差可能非常重要。

4. 外部风作用

在很多情况下,外部风可能对建筑内部的烟气蔓延产生明显影响。风作用于某一表面上的压力可表示为

$$p_w = \frac{C_w \rho_\infty v^2}{2} \qquad (式 3-51)$$

式中,C_w,ρ_∞,v 分别为压力系数、环境空气密度和风速。若环境空气密度取 $1.20\ \text{kg/m}^3$,则上述表达式可改写为

$$p_w = C_w K_w v^2 \qquad (式 3-52)$$

其中,$K_w = 0.600\ \text{Pa} \cdot \text{s}^2 \cdot \text{m}^{-2}$;$C_w$ 取值范围为 $-0.8 \sim 0.8$,对于迎风墙面其值为正,对于背风墙面,其值为负。在发生建筑火灾时,经常出现着火房间玻璃破碎的情况。如果破碎的窗户处于建筑的背风侧,则外部风作用产生的负压会将烟气从着火房间抽出,这可以大大缓解烟气在建筑内部的蔓延。而如果破碎的窗户处于建筑的迎风侧,则外部风将驱动烟气在着火楼层内迅速蔓延,甚至蔓延到其他楼层。这种情况下外部风作用产生的压力可能会很大,而且可以轻易地驱动整个建筑内的气体流动。

5. 供暖、通风和空调系统的影响

建筑火灾过程中,供暖、通风和空调系统能够迅速传送烟气。在火灾发生初期,处于工作状态的加热、通风和空调系统有利于火灾探测。例如,当火情发生在建筑中的无人区时,上述系统能将烟气迅速传送到有人的地方,使人们能够很快发现火情,及时报警并采取扑救措施。但与此同时,这些系统会将烟气传送到系统所能到达的任何地方,加速烟气的蔓延;还会将大量新鲜空气输入火区,促进火灾发展。

建筑火灾中烟气控制的主要着眼点在于楼梯井和着火区域。设计和建设楼梯井的首要目的是为火灾中人员疏散提供无烟的安全通道,其次是为消防人员提供中间装备区域。在起火楼层,加压楼梯间必须保持正压,以避免烟气侵入。楼梯井加压系统分为单点加压送风系统和多点加压送风系统。单点加压送风是从单一地点向楼梯井输入加压空气,多点加压可从沿楼梯高度的不同地点供入,从而克服单点加压送风因送风点附近的门敞开而失效的问题。

楼梯井加压旨在阻止烟气侵入。然而,只对楼梯井加压,烟气还可能通过地板和隔墙的缝隙以及建筑中的其他竖井从火区向外蔓延。区域烟气控制正是针对这种形式的烟气蔓延。这种烟气控制方法是将建筑划分为防烟分区,然后通过单独向无烟区送风保持正压或从烟气区排烟的方法来防止烟气蔓延。从烟气区排烟可通过建筑外墙开孔、烟气井和机械抽风来实现。

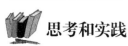 **思考和实践**

(1) 假设有一个直径为 $2.0\ \text{m}$ 的圆形油盘着火,油盘里可燃液体的热释放速率为 $2\,500\ \text{kW} \cdot \text{m}^{-2}$。

热释放速率的对流热份数 a 为 0.7,环境条件基本为正常大气条件(空气压力为 101.3 kPa,空气温度为 293 K),求火焰平均高度 L 以及该处的火羽流质量流速 $\dot{m}_{\mathrm{ent,L}}$。

(2)计算通过 1.0 m 宽、2.0 m 高的门的流量。假定 T_i 为 453 K,T_j 为 293 K,在较低的界面高度上,封闭空间 j 内的压力比封闭空间 i 内的压力高 3 Pa,流量系数取 0.7,求两封闭空间的烟气密度 ρ_i 和 ρ_j,中性面高度 h 和质量流量 $\dot{m}_{ij}$ 和 $\dot{m}_{ji}$。

(3)对于敞开环境中的聚丙烯火灾,已知聚丙烯的潜热值为 2.03 kJ/g,单位面积上接收到的火焰热流量为 88 kW/m²,附近燃烧物供给其表面的外加热流量为 25 kW/m²,辐射热损失量为 20 kW/m²,请估算其单位面积上的最大燃烧速率。

(4)对于空气供应充足的明火燃烧所形成的厚度为 2.0 m 的烟气层,测得有 25% 的光穿过,计算单位厚度上烟气的光密度及烟气的消光系数。

(5)阐述烟囱效应的原理和在火场逃生中的应用。

(6)简述沸溢火灾和喷溅火灾的成因和不同。

第二节　火灾防控措施

防火理论和原则

一、火灾防控理论

火灾是失控的燃烧,如果同一时间和同一地点存在足够的可燃物、氧化剂和点燃能量,就存在火灾危险。火灾是这三个要素以无约束化学反应的形式相互作用的结果(图 3-10)。通过控制或去除火四面体中一个或多个要素,可防止或抑制火灾的发生。因此,火灾防控的基本理论是采取措施,防止燃烧三要素同时存在或者避免其相互作用,由此衍生出各种防火措施。例如,宋代诗人苏轼在其作品《武昌西山》里写道:"至今好事除草棘,常恐野火烧苍苔",抒发了自己朴素的消防思想——通过消除可燃物来避免野火的发生。"天干物燥,小心火烛",古代打更人的巡检口号言简意赅地阐述了火灾与可燃物、点火源以及环境因素的关系。当代防火安全操作规范则更加详细地明确了三要素不能同时并存的临界条件。例如,使用气焊焊割动火作业时,氧气瓶与乙炔气瓶间距应不小于 5 m,二者距动火作业地点均应不小于 10 m,并不准在烈日下曝晒。在日常存贮过程中,乙炔气瓶和氧气瓶应当分别存放,存放距离应大于 12 m。火灾防治中还要综合考虑影响火灾变化的各种

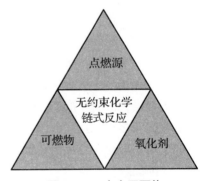

图 3-10　火灾四面体

因素,如可燃物的含水量、封闭空间的空气流量、可燃液体的蒸发潜热等。

燃烧失控会发展成火灾,小火灾蔓延会发展成危害后果更大的火灾。为了预防火灾的形成,就要使燃烧在可控范围内发生;为了防止火灾蔓延,就要在火灾初期控制其发展规模,其后才能有效地扑灭火灾。所以说,火灾防控工作的重心就是预防燃烧失控和防止火灾蔓延。火灾一般经历酝酿期、发展期、最盛期和衰灭期四个时期,各个时期的火灾防控工作重心不同。

1. 酝酿期——火灾隐患排查和处置

火灾酝酿期的主要特征是可燃物的热解、汽化、冒烟或发生阴燃。例如,煤堆、草垛自燃初期的特点是热量聚集和阴燃冒烟,如果能够通过感温或感烟探测器及时发现这些征兆,可以将火灾扼杀在萌芽状态。热传播是影响火灾发展的决定性因素。火灾的热量是通过火焰表面的热传导、火焰和热烟气的热对流以及热辐射来进行传播的。为了防止阴燃发展成为有焰燃烧,应当采取措施使火灾易发场所保持良好的通风散热状态。

2. 发展期——小火应急处置和控制

火灾发展期也称火灾初期,即开始出现明火,火势开始增长。一般来说,可燃物在着火初期,燃烧面积不大,火焰不高,辐射热不强,烟和气体流动缓慢,燃烧速度不快。例如,建筑火灾在初期阶段往往局限于室内,燃热蔓延范围不大。这个阶段只要发现及时,用较少人力和消防器材就能将火控制住或扑灭。如果火灾初期没有被及时发现,随着燃烧时间延长、温度升高,周围可燃物质被迅速加热,气体对流增强,燃烧速度加快,燃烧面积迅速扩大。当局部空间火灾产生的热烟气已经通过门、窗或建筑结构的缝隙蔓延而出,那么建筑物其他部分也有被点燃的可能性。因此,火灾发展期阶段是灭火的最佳时机和防止火灾蔓延的关键期。

3. 全盛期——灭火攻坚期

火灾达到全盛期时,可燃物的燃烧速率最快,放出大量辐射热,温度高,热烟气流对流加剧,火灾扑救的难度最大。此时是火灾扑救的攻坚期,必须组织更多的灭火力量,经过较长时间,才能控制火势并扑灭火灾。此时还要采取措施保护周围尚未被火势波及的可燃物或建筑物。

4. 衰灭期——预防复燃和中毒

随着可燃物逐渐减少,以及灭火行为的有效实施,火势逐渐衰弱就达到火灾的衰灭期,直到最后熄灭。这时,由于灭火行为,部分明火转为阴燃,可能产生大量有毒有害气体,对于救援人员和逃生人员均构成威胁,应当注意个人防护。同时要采取措施防止火场阴燃转为有焰燃烧,减少发生二次火灾的可能性。

二、火灾防治原则

消防安全工作的指导思想是防消结合,以防为主。采取火灾防治措施之前,应当了解防治对象的火灾危险性,开展火灾隐患辨识和风险评价,以确定是否需要采取措施减小火灾风险(火灾隐患辨识见本书第五章)。如果需要采取减小风险的措施,则应决定采取哪些保护措施来减小火灾风险和/或限制火灾的影响,采取每种减小火灾风险的措施后,应再次进行风险评估,以确定措施有效。火灾防治措施包括防火措施和消防措施两类,这些措施按以下优先顺序实施。

1. 本质安全设计措施

首先应当通过建筑防火设计、建筑内部装修防火设计、机械防火设计、电气防火设计、化工安全设计等措施来消除或减小建筑物、建筑内部设施、机械设备、电气和生产工艺等方面存在的火灾风险。

2. 安全防护措施

当通过本质安全设计措施不可能消除危险或充分降低风险时,应考虑通过安全防护来防止人员暴露于危险之中。安全防护包括限制火灾的影响(如通过防护罩或机器的外壳来消除或尽可能减少火焰、热量和烟雾对人员的伤亡和/或财产损失的风险)、有害组分的抑制或疏散(如灰尘、热量、烟雾、毒性)以及其他防止火焰和热气流释放的防护装置如阻火装置等。

3. 补充保护措施

当本质安全设计措施和安全防护无法充分降低火灾风险时,应通过补充保护措施实现进一步风险减小。一般优先考虑火灾探测与灭火集成系统。火灾探测与灭火集成系统包括火灾探测、控制、报警和灭火装置。

如上所述,为了有效防止火灾的发生和发展,需要在工程可行性研究及设计阶段考虑火灾可能的危险,进行安全预评价并指导初步设计,然后对工程材料和建筑结构进行阻燃处理,如采用耐火材料、安装阻火装置、设置防火防烟分区以降低火灾发生的概率和发展的速率。在日常工作中广泛采用各类火灾监测报警系统、平台和设备,监视酝酿期特征,以准确及时发现火灾并报警。合理配置消防灭火设备,组织训练消防队伍,建立火灾事故应急救援预案并定期开展应急演练,以便在火灾发生时能够迅速灭火。本章着重向大家介绍工业活动中的火灾风险来源及防范措施,常见的阻火装置、火灾探测报警装置和消防器材等。

三、防火措施

围绕燃烧三要素开展的防火措施主要是消除点燃源、控制可燃物和隔绝空气。

(一) 消除点燃源

点燃源有很多类别,根据能量来源不同,可分为热火源、电火源、机械火源和化学火源。

防火基本
措施

1. 热火源防范措施

热火源的引燃能是热能,加热装置、内燃机、明火、高温热表面、焊接飞溅物和强辐射源等均属于热火源。其中明火指开放式火焰、火星和火花等,能放出大量热,是引起火灾的主要火源。明火在日常生活中主要用于加热、照明、点燃和焊割等。工业上,伴有裸露的火焰和炽热工件的作业如使用电焊、气焊、气割或喷灯等设备的作业均称为明火作业。动火作业产生的焊接火花和高温金属熔渣等也是常见的火灾点燃源。针对热火源的防火措施主要包括以下几点。

(1) 易燃易爆场所禁止明火作业

禁止明火作业的场所包括所有生产、储存、经营和使用易燃易爆物品的场所以及其他可能产生或积聚可燃气体、粉尘的场所。例如,进行加油、涂刷油漆等有火灾危险的工作场所,盛有或残存易燃易爆油、气的容器或管道,未经泄至正常气压的压力容器周边场所,正在装卸、运输易燃易爆的货物或可能产生易燃易爆气体或粉尘货物的运输设备(如油罐车、油船、输运管道)等。

在易燃易爆场所内,严禁采用蜡烛、火柴等明火照明,能够产生电火花的普通照明灯具和车辆也不允许进入。在有爆炸危险的车间和仓库内,禁止吸烟和携带火柴、打火机等。为此,应在醒目的地方张贴警示标志以引起注意。如果绝对禁止吸烟很难做到,应划出安全区域作为吸烟室。

(2)明火加热安全操作规范

明火加热常见于熬炼过程。采用明火的熬炼过程应当注意防止熬炼物质与明火接触。明火加热过程的火灾危险性与熬炼物料、熬炼设备和熬炼操作密切相关。例如,加料过满会使含水分的油料发生沸溢现象;熬炼物料底部如含有积水层,还可能导致喷溅现象,二者均会使物料与火焰接触而发生火灾。熬炼设备如发生破漏,或者因加热时间长、温度过高而导致设备结构性损坏,均会导致物料与火焰接触而发生火灾。因此,在含有加热环节的工艺操作过程中,应当尽可能采用不燃导热油、低压水蒸气或密闭的电器等安全的加热设备。如果必须采用明火,设备应该密闭,炉灶应采用封闭的砖墙隔绝在单独的房间内,周围及附近地区不得存放可燃物,严防易燃物质进入燃烧室。点火前炉膛应用惰性气体吹扫,排除其中的可燃气体或蒸气,以免形成爆炸性混合气。同时应经常检查熬炼设备,防止熬锅破裂或烟道蹿火。熬炼过程中,物料不能装盛过满,应在熬锅沿外围设置金属防溢槽,防止溢出的物料与灶火接触。可以采用“死锅活灶”的方法,以便能随时撤出灶火。

明火加热还可能出现在玻璃加工和维修作业中,常用的加热器具是喷灯。根据所需可燃液体不同,喷灯分为酒精喷灯、煤油喷灯、柴油喷灯和汽油喷灯等。其中酒精喷灯为实验室常用仪器,火焰温度可达 1 000 ℃左右,常用于玻璃仪器的加工。常用的酒精喷灯有酒精贮存在灯座内的座式喷灯和酒精贮罐挂于高处的挂式喷灯。喷灯点火时,先调小灯管上的空气调节杆,在预热盘中注入酒精并点燃,使铜质灯管受热;待盘中酒精将近燃完时,喷管温度上升,使自贮罐内上升的酒精在灯管内受热汽化,与来自气孔的空气混合,火柴点燃管口即可产生高温火焰。此时可以调节调节杆来控制火焰的大小。用完后,挂式喷灯座旋紧开关,同时关闭酒精贮罐下的活栓,使灯焰熄灭。座式酒精喷灯需用石棉网覆盖喷口以熄灭火焰。煤油和汽油喷灯常用于焊接时加热烙铁,铸造时烘烤砂型,热处理时加热工件,汽车水箱的加热解冻等。使用喷灯前,必须检查是否存在漏气和漏油现象;不准把喷灯放在火炉上加热;加油不可太满,充气气压不可过高;喷灯燃着后不准倒放,不准加油;需要加油时,必须将火熄灭、冷却后再加油;在人孔、电缆地下室内及易燃物附近,不准点燃和修理喷灯;在人孔内不准加油;喷灯使用完毕应及时放气,并开关一次油门,以避免油门堵塞,冷却后,妥善保管。

(3)动火作业安全防火要求

动火作业是指直接或间接产生明火的工艺设置以外的非常规作业,如使用电焊、气焊(割)、喷灯、电钻、砂轮作业等可能产生火焰、火花和炽热表面的非常规作业。动火作业分为特殊动火作业、一级动火作业和二级动火作业。特殊动火作业是指在生产运行状态下的易燃易爆生产装置、输送管道、储罐、容器等部位上及其他特殊危险场所进行的动火作业,带压不置换动火作业按特殊动火作业管理。一级动火作业是指在易燃易爆场所进行的除特殊动火作业以外的动火作业,厂区管廊上的动火作业按一级动火作业管理。二级动火作业是指除特殊动火作业和一级动火作业以外的禁火区的动火作业。凡生产装置或系统全部停车,装置经清洗、转换、取样分析合格并采取安全隔离措施后,可根据其火灾、爆炸危险性大小,经厂安全部门批准,按二级动火作业管理。

焊割作业产生的金属熔渣的温度较高,其中气焊温度达 1 500 ℃,电焊温度超 2 000 ℃,地面作业时熔渣水平飞散距离达 0.5~1 m。因此,动火焊接前,必须严格检查焊接区域周围,确保与可燃物间的安全距离不小于 10 m,垂直距离无孔洞。焊接中配置灭火器和看火人员,焊接后严格检查可燃物有无异常。高处或密闭空间动火作业前,操作者必须确认作业周围环境,对潜在的落下区域采取防止火花飞溅的遮挡措施,严禁在动火作业点下方存放易燃或可燃物。动火作业防火具体要求详见 AQ 3022—2008 中规定。

动火作业应办理《动火安全作业证》。动火作业应有专人监火,动火作业前应清除动火现场及周围的易燃物品,或采取其他有效的安全防火措施,配备足够适用的消防器材。动火作业区域设置明显的安全警示标志和警示说明。动火作业申请人应负责组织清理作业现场、检查应急装备和救援器材,确保动火作业方案及措施落实到位。需制定动火作业方案的,应会同施工单位或专业服务单位共同制定。动火作业完毕,动火人和监火人以及参与动火作业的人员应清理现场,监火人确认无残留火种后方可离开。

凡在盛有或盛过危险化学品的容器、设备、管道等生产、储存装置及处于 GB 50016—2014 规定的甲、乙类区域的生产设备上动火作业,应将其与生产系统彻底隔离,并进行清洗、置换,取样分析合格后方可动火作业;因条件限制无法进行清洗、置换而确需动火作业时执行特殊动火作业的安全防火要求。凡处于 GB 50016—2014 规定的甲、乙类区域的动火作业,地面如有可燃物、空洞、窖井、地沟、水封等,应检查分析,距用火点 15 m 以内的,应采取清理或封盖等措施;对于用火点周围有可能泄漏易燃、可燃物料的设备,应采取有效的空间隔离措施。拆除管线的动火作业,应先查明其内部介质及走向,并制订相应的安全防火措施。

五级风以上(含五级风)天气,原则上禁止露天动火作业。因生产需要确需动火作业时,动火作业应升级管理。在铁路沿线(25 m 以内)进行动火作业时,遇装有危险化学品的火车通过或停留时,应立即停止作业。凡在有可燃物构件的凉水塔、脱气塔、水洗塔等内部进行动火作业时,应采取防火隔绝措施。在生产、使用、储存氧气的设备上进行动火作业,氧含量不得超过 21%。动火期间距动火点 30 m 内不得排放各类可燃气体;距动火点 15 m 内不得排放各类可燃液体;不得在动火点 10 m 范围内及用火点下方同时进行可燃溶剂清洗或喷漆等作业。动火作业前,应检查电焊、气焊、手持电动工具等动火工器具本质安全程度,保证安全可靠。使用气焊、气割动火作业时,乙炔瓶应直立放置;氧气瓶与乙炔气瓶间距不应小于 5 m,二者与动火作业地点不应小于 10 m,并不得在烈日下曝晒。

特殊动火作业规定:在生产不稳定的情况下不得进行带压不置换动火作业。动火作业应事先制定安全施工方案,落实安全防火措施,必要时可请专职消防队到现场监护。动火作业前,生产车间(分厂)应通知工厂生产调度部门及有关单位,使之在异常情况下能及时采取相应的应急措施。动火作业过程中,应使系统保持正压,严禁负压动火作业。动火作业现场的通排风应良好,以便使泄漏的气体顺畅排走。

(4) 防止可燃物接触高温物质表面

可燃物接触高温物质表面,若该物质表面温度超过可燃物的燃点,就会引发火灾。例如,通电加热的金属丝表面、烧红的金属或非金属表面、长时间通电的白炽灯泡、焊接飞溅的氧化铁小颗粒表面、汽车发动机排气管表面、炉火烟囱或烟道表面、蒸汽暖气片表面、长时间使用的电器散热口表面、燃烧的烟蒂和蚊香等。其他高温物体如电炉、火炉、火炕、火墙等也应与易燃、可燃、易爆炸物保持不少于 20 米的安全距离。

针对高温物质引起的火灾防控,应从源头开始降温或消除高温危害,优先采用新技术、新工艺、新材料或新设备。例如,照明灯的表面温度很高,60 W 灯泡表面温度达 137～180 ℃、100 W 灯泡表面温度达 170～216 ℃、200 W 灯泡表面温度达 154～296 ℃、1 000 W 碘钨灯表面温度达 500～800 ℃。因此,照明灯具与一般可燃物应保持不小于 50 米的距离。在散发可燃气体和可燃蒸气的易燃易爆场所,应选用防爆照明灯具。如果实在不能避免采用高温设备的情况下,必须加装高温防护措施。例如,铁皮烟囱表面温度可达 200 ℃以上,应当避免可燃物靠近烟囱,烟囱通过可燃物时应用耐火材料隔离并采用不燃材料固定。发动机排气管口处的温度为 150～200 ℃,因此汽车驶入棉、麻、纸张、粉尘等易燃物品场所时,应保证路面清洁。煤炉、蒸汽机车或船舶烟囱及汽车排气管还会产生无焰燃烧的火星,温度在 350 ℃以上,应当在排气管上安装火星熄灭器,烟囱上安设双层钢丝网、蒸汽喷管等使火星熄灭。烟头中心温度 700 ℃,表面 200～300 ℃,在储运或加工易燃物品的场所,应设置"禁止吸烟"安全标志,严防吸烟和乱扔烟头。

(5) 避免日光直射和聚焦

光辐射(如激光)、太阳光直接照射或太阳光聚焦也会导致可燃物起火。因此,应避免光线直接照射自燃物品,严禁易爆物品露天堆放,对易燃易爆容器采取降温措施或加设防晒棚等措施。注意类似凹凸透镜的物体所产生的日光聚焦点火现象,化学品仓库的玻璃应涂白色或用毛玻璃。

2. 电火源防范措施

(1) 电气防火安全措施

电火源包括电气照明装置如电灯、电磁辐射、短路、电弧、接地故障、导地故障、雷击、静电放电、接触不良、过载引起的异常升温、热感应和电源连接不当等。

电力供应和发电装置、电加热和电照明设施等电气设备或线路出现危险温度、电火花和电弧时,能够引起可燃气体、蒸气和粉尘着火爆炸。所谓危险温度指电气设备在运行过程中设备和线路的短路、接触电阻过大、超负荷或通风散热不良造成电气设备的发热量增加、温度急剧上升,出现大大超过允许温度范围的温度。危险温度可引起绝缘材料、可燃物质和积落的可燃粉尘燃烧以及金属熔化,酿成电气火灾。电火花是电极间击穿放电所致,大量电火花可汇集成电弧,其点火能量达到燃点时,会引起可燃物燃烧。电火花分为工作火花和事故火花。工作火花是电气设备(或直流电焊机)正常工作时产生的火花,如直流电机电刷与整流子滑动接触产生的火花,开关或接触器开合时的火花,插销拔出或插入时的火花。故障火花是电气设备和线路发生故障或错误作业时出现的火花,如电气短路、过载、接触电阻过大、漏电、接点松动等。

可采取的防范措施包括安装过载、漏电保护装置;不得使用劣质插头和插座;电气线路应采取穿管(金属管、金属线槽、难燃材料管)保护措施;定期对电气线路绝缘电阻进行检测;保持设备及线路各导电部分连接可靠、接触良好,定期清扫电气设备,以保持清洁;采用机械传动或气压控制代替电力控制等;化工装置内的电缆沟应有防止可燃气体积聚或防止含有可燃液体的污水进入沟内的措施;电缆沟进入变配电所、控制室的墙洞处,应填实密封;在火灾、爆炸危险场所内,不应带电对接电线(明火对接)和使用能产生冲击火花的工器具;清理具有易燃易爆物质的设备内部应切断其电源,并挂警告牌;向具有易燃易爆物质的设备内部送电前,应确认安全后方准送电(必要时进行检测分析)。

(2)静电防范措施

静电指处于静止状态的电荷,当电荷聚集在某个物体上或表面时就形成了静电。静电分为正静电和负静电。常见的静电荷积聚过程有接触和摩擦起电、双层起电、感应起电和输送起电。例如油质喷漏时,因管内油质流速过快而摩擦起电;穿化纤衣物在有易燃易爆场所行走;可燃粉尘在干燥环境中飞扬时均可能产生静电。当两种物质接触时,若其中一种为绝缘体,则会在界面处发生电荷分离。如果把这两种物质分开,那么部分电荷仍然维持分离状态,导致这两种物质带有极性相反、电量相等的电荷,这种情况称为接触或摩擦起电。当电荷分离发生在任何界面处液相的微小尺度上(固-液、气-液或液-液),随着液体的流动,液体将电荷带走,并使极性相反的电荷留在另一个界面如管壁上,这种现象称为双层起电。导电的物质容易感应起电。例如,穿有绝缘鞋的人可能接触到头顶上方带有正电荷的容器,身体上的电子会向上方的容器移动,从而导致人体另一端积累了等量的正电荷,这就使人体的下部由于感应而带有正电荷。当碰到金属物体时,就会发生电子的转移而产生火花。当带电的液体液滴,或固体颗粒被置于绝缘的物体上时,该绝缘物体带电,称为输送起电。

当带静电物体接触零电位物体(接地物体)或与其有电位差的物体时都会发生电荷转移,就是静电放电现象。如图 3-11 所示,当场强超过 3 MV/m(空气的击穿电压),或当表面以下述 6 种方法达到最大电荷密度 2.7×10^5 C/m^2 时,带电物体就会向地面或带有相反电荷的物体放电:① 火花放电,② 传播电极,③ 尖端积聚(有时以尖端放电著称),④ 电刷,⑤ 电弧,⑥ 电晕放电。

其中,电弧放电是来自粉尘上方空气中的云团放电。电弧放电在体积小于 60 m^3 的容器或直径小于 3 m 的塔中是不会发生的。目前还没有物理证据证明电弧放电导致过工业上的爆燃事故。

当电极相距较远,在物体表面的尖端或突出部位电场较强处较易发生电晕放电。电晕放电有时有声光,不形成放电通道。感应电晕单次脉冲放电能量小于 20 μJ,而有源电晕单次脉冲放电能量则较此大若干倍,引燃引爆能力甚小,能够引燃最小点燃能极低的爆炸性气体,如乙炔(0.2 μJ)、乙烯(0.9 μJ)、乙烷(1.9 μJ)、氢气和二乙醚(1.2 μJ)、丙烷(2.1 μJ)和甲烷(2.7 μJ)。

电刷放电在带电电位较高的静电非导体与导体间较易发生。放电通道在静电非导体

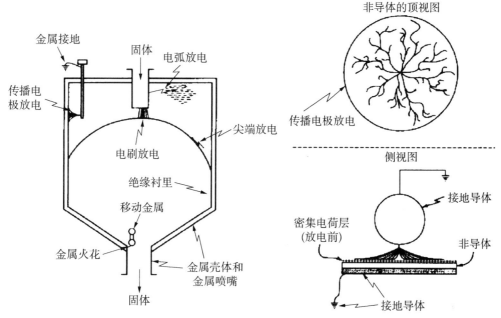

图 3-11 常见的静电放电方式

表面附近形成许多分叉,像刷子的形状发光。一般放电能量不超过 4 mJ,引爆能力中等,但也能引燃上述乙炔、乙烯等可燃气体。

火花放电主要发生在相距较近的带电金属物体间。有声、光,放电通道一般不形成分叉,电极上有明显放电集中点,释放能量比较集中,引燃和引爆能力很强,能够引燃可燃性气体或粉尘。

传播电极放电是接地导电体接近由导电体做衬里的带电绝缘体时的放电。这些放电具有较高的能量,能够引燃可燃性气体和粉尘。数据表明,如果绝缘体的击穿电压为 4 kV 或更小时,传播电极放电是不可能发生的。

尖端放电是发生在粉尘堆圆锥表面上的一种电极型放电。这种放电所需的条件是:① 高电阻率的粉尘(>10^{10} Ω·m);② 粗糙颗粒的粉尘(直径大于 1 mm);③ 具有高电荷质量比的粉尘(例如,由于风力输送而带电);④ 充装速度大于 0.5 kg/s。这些是相对强烈的放电,能量达到数百毫焦,可以引燃可燃气体和粉尘。

由上可知,静电火花可导致可燃物燃烧或爆炸。当场所中存在爆炸混合物、有产生静电的工艺条件或操作过程,并且静电积累达到相当程度,即静电放电能量达到爆炸混合物的最小点燃能量,就会引发火灾或爆炸事故。当可燃物的温度比常温高、局部环境氧含量比正常空气高、爆炸性气体的压力比常压高以及相对湿度较低时,更易发生静电危害。

静电火灾的多发工艺包括输送、研磨、搅拌、喷射、灌注、卷缠和涂层等,多发行业包括炼油、化工、橡胶、造纸、印刷、运输和粉末加工等。

静电防护措施的目的是减少静电荷产生,使静电荷尽快消散。工业生产中常采用工艺控制法、泄漏法、中和法来消除静电。

工艺控制法:通过改造起电强烈的工艺环节、设备和传动装置,采用静电效应较小的设备材料、降低流速和流量等措施防止静电产生。例如,设计和制作工艺装置或装备时,应避免存在静电放电的条件,包括在容器内避免出现细长的导电性突出物,避免物料的高速剥离等;限制静电非导体材料制品的暴露面积及暴露面的宽度;在遇到分层或套叠的结构时避免使用静电非导体材料;在静电危险场所使用的软管及绳索的单位长度电阻值应在 $1 \times 10^3 \sim 1 \times 10^6$ Ω/m;在气体爆炸危险场所禁止使用金属链;生产工艺设备应采用静电导体或静电亚导体,避免采用静电非导体;对于高带电的物料,宜在接近排放口前的适当位置装设静电缓和器;在某些物料中,可添加适量的防静电添加剂,以降低其电阻率;限制液体的速度,经常对输送可燃气体或易燃液体的压力管道进行气密性检查,以防止管道破裂、接口松脱而快速跑漏物料。

泄漏法:采用静电消除球可消除人体携带静电,采用抗静电添加剂和导电性地面等措施,促使静电电荷从绝缘体上自行消散。在静电危险场所,所有属于静电导体的物体必须接地。对金属物体应将金属导体与大地做导通性连接,对金属以外的静电导体及亚导体则应间接接地。在生产现场使用静电导体制作的操作工具应接地。带电体应进行局部或全部静电屏蔽,或利用各种形式的金属网减少静电的积聚,同时屏蔽体或金属网应可靠接地。此外,增湿可以防止静电危害的发生,在爆炸危险场所,可向地面洒水或喷水蒸气等增湿来消除静电。局部环境的相对湿度宜增加至 50% 以上,但这种方法不得用在气体爆炸危险场所 0 区。

中和法:即在静电电荷密集的地方设法产生带电离子,使该处静电电荷被中和,从而消除绝缘体上的静电。可使用静电消除器迅速中和静电。静电消除器的工作原理是利用外部设备或装置产生需要的正或负电荷以消除带电体上的电荷。静电消除器原则上应安装在带电体接近最高电位的部位。应根据现场情况采用不同类型的静电消除器,静电危险场所要使用防爆型静电消除器。

人体静电防护措施:当气体爆炸危险场所的等级属 0 区和 1 区,且可燃物的最小点燃能量在 0.25 mJ 以下时,工作人员需穿防静电鞋、防静电服。当环境相对湿度保持在 50% 以上时,可穿棉工作服。静电危险场所的工作人员,外露穿着物(包括鞋、衣物)应具防静电或导电功能,各部分穿着物应存在电气连续性,地面应配用导电地面。禁止在静电危险场所穿脱衣物、帽子及类似物,并避免剧烈的身体运动。在气体爆炸危险场所的等级属 0 区和 1 区工作时,应佩戴防静电手套。防静电衣物所用材料的表面电阻率应小于 5×10^9 Ω,防静电工作服技术要求见 GB 12014—2019。可以采用安全有效的局部静电防护措施(如腕带),以防止静电危害的发生。

3. 机械火源防范措施

机械火源包括摩擦、冲击、磨削、超声波、压缩等。摩擦发热和撞击产生的火花往往是导致可燃气体、蒸气和粉尘,爆炸物品等着火爆炸的根源之一。机械设备上的构件如轴承、齿轮等摩擦会使局部过热,铁制工具相互撞击或铁制容器破裂时可能会产生火星。上述这些可能出现火星的作业均属于火种作业。为了防止过热现象,应保持机件的运转部分润滑和清洁;经常检查运输易燃易爆物品的起重设备和工具,减小因吊绳断裂导致的碰撞概率;保证金属制造的机器设备在真空或惰性气体中运转。严禁踩踏易爆品,严禁在易燃易爆场所穿钉鞋,严禁使用铁轮车,应使用专门的运输工具;禁止拖拉、抛掷造成的容器摩擦和撞击；应使用防爆工具等。

在有火灾爆炸危险的生产中，必须采用不产生火花的铍铜合金或铝铜合金制作的轴承、接头和工具，标志为防爆 EX。例如，常见的铍青铜工具属国家ⅡC级产品，在浓度21%的氢气中作业不引爆气体；铝青铜工具属国家ⅡB级产品，在浓度7.8%的乙烯气体中作业不引爆气体。铍铜合金或铝铜合金的防爆原理是当与物体发生摩擦或撞击时，能吸收产生的热量并加以传导，材质具有很好的退让性，不易产生微小金属颗粒，所以基本不产生火花。

4. 化学点燃源防范措施

化学点燃源包括自热和自燃物质以及其他失控的放热反应。能够通过自分解反应或缓慢氧化反应使自身温度升高或遇空气自燃的物质应隔绝空气存放，并做好通风散热措施。遇湿燃烧物质应保持干燥且注意防水防潮。在存贮时，室内应保持良好通风，室外注意避热吸潮。

（二）控制可燃物

控制可燃物主要有四种方法：替代法、降低浓度法、防泄漏法和隔离法。

1. 替代法

以难燃和不燃材料或阻燃材料代替可燃材料是控制可燃物的有效措施之一。其中，阻燃材料是指能够抑制或者延滞燃烧且自己并不容易燃烧的材料，主要分为有机阻燃材料和无机阻燃材料，或卤素类和非卤素类。有机阻燃材料是以溴系、氮系和红磷基化合物为代表的阻燃剂，无机阻燃材料主要是三氧化二锑、氢氧化镁、氢氧化铝、硅系等阻燃体系。

无机阻燃材料主要有以下几种：① 三氧化二锑，必须与有机阻燃材料协同使用；② 氢氧化镁、氢氧化铝，可分别单独使用，但加入量大，往往与树脂用量相当；③ 无机磷类，常用红磷及硫酸盐，纯红磷在使用前需经过微化处理，可单用和并用，磷酸盐有磷酸铵等；④ 硼类阻燃材料，常用水合硼酸锌，一般与其他阻燃材料协同使用；⑤ 金属卤化物，如各类卤化锑类。

有机阻燃材料主要有以下几种：① 有机卤化物，主要为溴化物。常用的有十溴联苯醚（DBDPO）、四溴双酚 A（TBBPA）、溴化聚苯乙烯（BPS）等。氯化物只有氯化石蜡和氯化聚乙烯获得应用。卤化物常与三氧化二锑或磷化物协同使用。② 有机磷化物可分为无机磷和卤代磷两类。无卤磷主要为磷酸类，如磷酸三苯酯（TPP）等。无卤磷需与卤化磷协同加入。卤代磷的分子内同时含有磷和卤素两种元素，具有分子内协同作用，因而可单独使用。③ 氮系，主要品种有三聚氰胺等，常用于聚酰胺（PA）和聚氨酯（PU）中，并与磷类阻燃剂协同使用。

相比其他阻燃剂，卤系阻燃剂特别是溴系阻燃剂的应用更为广泛。主要原因是溴系阻燃剂阻燃效率特别高且添加量相对来说比较少。目前卤素和具有协同效应的卤-锑系统在世界阻燃剂用量中已占据主要份额，其中用量最大的溴系阻燃剂主要有四溴双酚 A、十溴联苯醚、四溴邻苯二甲酚酐、二溴新戊二醇。

随着人们环保、安全、健康意识的日益增强，世界各国开始把环保型阻燃剂作为研究开发和应用的重点，聚合型或大分子阻燃剂由于其结构上具有与生俱来的低毒性、非生物累积性而成为绿色环保阻燃剂研究热点。

2. 降低浓度法

采用全面通风或局部排风,可以控制可燃气体、蒸气和粉尘在空气中的浓度。

3. 防泄漏法

该方法通过设计,使生产、储存和运输可燃物质的容器、管道保持良好的气密性,加强储罐、管道的防腐蚀、防泄漏安全管理,防止可燃物质的跑、冒、滴、漏。

4. 隔离法

对于那些能相互反应产生可燃气体或蒸气,或者相互接触能够发生强烈放热反应的物质应加以隔离,分开存放。例如,氧化剂和易燃物质分开存放。

(三) 隔绝空气

为了使可燃物与空气隔绝,在必要时可以使生产在真空条件下进行,或在设备容器中充装惰性介质加以保护。例如,水入电石式乙炔发生器在加料后,应采取惰性介质氮气吹扫;燃料容器在检修或动火作业前,应用惰性介质置换等。此外,也可将可燃物隔绝空气储存,如钠存于煤油中、磷存于水中、二硫化碳用水封存放等。

1. 惰化法

惰化是把惰性气体加入可燃性混合气体中,使氧气浓度减少到极限氧浓度(LOC)以下的过程。惰性气体通常是氮气或二氧化碳,有时也用水蒸气。对于大多数可燃气体,LOC 约为 10%;对于大多数粉尘,LOC 约为 8%。惰化最初是用惰性气体吹扫容器,以使氧气浓度降至安全浓度以下,通常的控制点是比 LOC 低 4%。也就是说,如果 LOC 为 10%,那么控制点就是氧气浓度为 6%。

空容器被惰化后,氧气浓度低于 LOC,才可以充装可燃性物质。惰化系统维持液面上方的气相空间为惰化环境。惰化系统应包括氧气分析器和惰性气体自动添加功能,从而可以连续监测与 LOC 相关的氧气浓度,并且能够在氧气浓度接近 LOC 时,控制惰性气体添加系统添加惰性气体。可使用以下 5 种惰化方法将初始氧气浓度降低至低设置点。

(1) 真空惰化

真空惰化对容器来说是最为普通的惰化过程。这一过程不适用于大型贮罐,因为它们通常仅能承受数十毫米水柱的压力。然而,一些反应器通常是针对完全真空设计的,即表压为 $-760\,mmHg$ 或绝对压力为零。因此,对于反应器来说,真空惰化是很普通的过程。真空惰化过程包括以下步骤:① 对容器抽真空直到达到所需的真空;② 用诸如氮气或二氧化碳等惰性气体来消除真空,直到大气压力;③ 重复步骤①和②,直到达到所需的氧化剂浓度。

真空惰化过程可用图 3 - 12 所示的楼梯式进程进行说明。真空下氧化剂浓度与初始浓度(y_0)相同,初始高压(p_H)和低压或真空(p_L)下的物质的量可利用状态方程进行计算。某已知体积 V 的容器从初始氧气浓度 y_0 被真空惰化为最终的目标氧气浓度 y_i。对容器初始压力为 p_H,使用压力为 p_L 的真空装置进行真空惰化。假设每次循环的压力极

限 p_H 和 p_L 都是相同的,采用式 3-53 可以确定经过 j 次循环后氧气的浓度。假设每次循环添加的 N_2 的总物质的量为一常数,j 次循环后使用的惰性气体的物质的量 Δn_{N_2} 可以由式 3-54 来计算。

$$y_j = y_0 \left(\frac{p_L}{p_H}\right)^j \qquad (\text{式 } 3-53)$$

$$\Delta n_{N_2} = j(p_H - p_L)\frac{V}{RT} \qquad (\text{式 } 3-54)$$

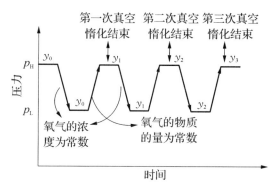

图 3-12 真空惰化循环

【例题 3-10】 使用真空惰化技术惰化装有空气的 150 m^3 储罐中的氧气,使用纯净的氮气作为惰化气体,将氧气减少到 1 ppm,假设真空惰化由大气压到 20 mmHg(绝压),温度为 300 K,确定所需的惰化循环次数以及使用的氮气的物质的量。

解:$y_0 = 0.21$,$y_i = 10^{-6}$

$$y_i = y_0\left(\frac{p_L}{p_H}\right)^j, j = \frac{\ln(10^{-6} \div 0.21)}{\ln(20 \div 760)} = 3.37, \quad \text{即 4 次真空惰化循环即可实现。}$$

$$\Delta n_{N_2} = j(p_H - p_L)\frac{V}{RT} = 4 \times \frac{(760-20)}{760} \times 10^5 \times 150/(8.314 \times 300) = 2.34 \times 10^4 \text{ mol}$$

(2) 压力惰化

容器通过添加带压的惰性气体而得到压力惰化。添加的气体扩散并遍及整个容器后与大气相通,压力降至周围环境压力。将氧化剂浓度降至所期望的浓度可能需要一次以上的压力循环,如图 3-13 所示。这种情况下,容器初始压力为 p_L,使用压力为 p_H 的纯氮气源加压,目标是确定将浓度降低至所期望的浓度所需的压力惰化循环次数。因为容器使用纯氮气加压,因此,在加压过程中氧气的物质的量不变,但摩尔分数减小。在降压过程中,容器内气体组成不变,但总物质的量减少,而氧气的摩尔分数不变。该惰化过程所使用的关系式与式 3-53、式 3-54 相同,但容器内氧的初始浓度(y_0)在容器加压(首次加压状态)后计算。压力惰化较真空惰化的优点是潜在的循环时间减少了。加压过程比相对较慢的制造真空的过程要快得多。另外,随着绝对真空的减少,真空系统的容量急剧减少,而压力惰化需要较多的惰性气体。因此,应根据成本和性能来选择最优的惰化过程。

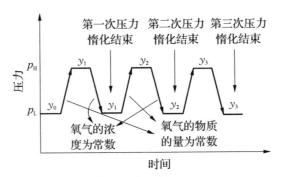

图 3-13 压力惰化循环

【例题 3-11】 使用压力惰化技术惰化装有空气的 $150\ m^3$ 储罐中的氧气,使用纯净的氮气作为惰化气体,将氧气减少到 $1\ ppm$,假设压力惰化由大气压增加到 $2\ MPa$(绝对压力),温度为 $300\ K$,请确定所需的惰化循环次数以及使用的氮气的物质的量。

解: $y_0 = 0.21\left(\dfrac{1}{20}\right) = 0.010\ 5,\ y_i = 10^{-6}$

$$y_i = y_0\left(\frac{p_L}{p_H}\right)^j,\quad j = \frac{\ln(10^{-6} \div 0.010\ 5)}{\ln(0.1 \div 2)} = 3.09,\ \text{即 4 次压力惰化循环即可实现。}$$

$$\Delta n_{N_2} = 4(p_H - p_L)\frac{V}{RT} = 4 \times (20 - 1) \times 10^5 \times 150 / (8.314 \times 300) = 4.57 \times 10^5\ mol$$

(3)压力-真空联合惰化

某些情况下,可同时使用压力和真空来惰化容器。计算过程依赖于容器是被首先抽空还是加压。初始为加压惰化的惰化循环如图 3-14 所示。这种情况下,循环的开始定义为初始加压的结束。如果初始氧气的摩尔分数为 0.21,初始加压后氧气的摩尔分数由 $0.21\left(\dfrac{p_L}{p_H}\right)$ 计算,在该点处剩余的循环与压力惰化相同,循环的次数 j 为初始加压后的循环次数。初始为真空惰化的惰化循环如图 3-15 所示。这种情况下,循环的开始定义为初始抽真空的结束。该点处氧气的摩尔分数与初始氧气的摩尔分数相同。另外,剩余的循环与真空惰化操作相同,循环次数 j 为初始抽真空后的循环次数。

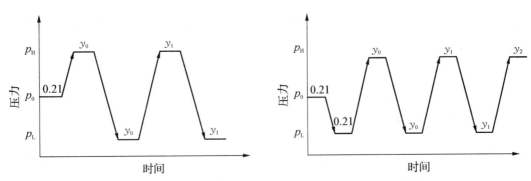

图 3-14 初始加压的真空-压力惰化   图 3-15 初始抽真空的真空-压力惰化

为真空和压力惰化而建立的方程,仅能应用于纯氮气的情况。而如今许多氮气分离过程并不能提供纯净的氮气,它们提供的氮气浓度大于98%。假设氮气中含有恒定摩尔分数为y_{oxy}的氧气,可以用下列递归方程计算惰化次数和惰性气体的用量。

$$y_j = y_{j-1}\left(\frac{p_L}{p_H}\right) + y_{oxy}\left(1 - \frac{p_L}{p_H}\right) \qquad (式3-55)$$

$$(y_j - y_{oxy}) = \left(\frac{p_L}{p_H}\right)^j (y_0 - y_{oxy}) \qquad (式3-56)$$

各种压力和真空惰化过程的优缺点:压力惰化较快,因为压力差较大;然而,压力惰化比真空惰化需要使用更多的惰性气体。真空惰化使用较少的惰性气体,因为氧气浓度主要由抽真空来减少。当真空和压力联合惰化时,与压力惰化相比,使用的氮气较少,尤其是当初始循环为真空循环时。

（4）吹扫惰化

吹扫惰化过程是指在一个开口处将惰化气体加入容器内,再从另一个开口处将混合气体从容器内抽到环境中。当容器或设备没有针对压力或真空划分等级时,通常使用该惰化过程。

惰化气体在大气环境压力下被加入和抽出。假设气体在容器内完全混合,温度和压力为常数。在这些条件下,排出气流的质量或体积流率等于进口气流。将氧化剂浓度从c_1减小至c_2,所需的惰性气体的体积为$Q_V t$,使用式3-57计算:

$$Q_V t = V\ln\left(\frac{c_1 - c_0}{c_2 - c_0}\right) \qquad (式3-57)$$

式中,V为容器体积;c为容器内氧化剂的浓度（质量或体积单位）;c_0为进口氧化剂浓度（质量或体积单位）,对于许多系统,$c_0 = 0$;Q_V为体积流量;t为时间。

（5）虹吸惰化

吹扫惰化过程需要大量的氮气,当惰化大型容器时,代价会很高。使用虹吸惰化可使这种类型的惰化费用降至最低。虹吸惰化过程开始是将容器用液体充满,使用的液体是水或其他任何能与容器内的产品互溶的液体。惰化气体随后在液体排出容器时加入容器的气相空间。惰化气体的体积等于容器的体积,惰化速率等于液体体积排放速率。在使用虹吸惰化过程中,首先将容器中充满液体,然后使用吹扫惰化过程将氧气从剩余的顶部空间移走。使用该方法,对于额外的吹扫惰化,仅需要少许额外的费用就能将氧气浓度降至低浓度。

2. 惰化法在生产中的应用

根据第2章中介绍的可燃性图表,可利用惰化法避免在可燃气体容器退役和开始投入使用时由于空气置换产生可燃性混合物。

（1）容器退役过程的惰化方式优化

如图3-16所示,当某一盛装可燃气体的容器退出使用时,描述容器内气体组分的初始点位于点R,为纯净的燃料。如果使用空气来惰化该容器,组成将沿穿越可燃区域的AR线变化。如果氮气首先注入该容器,气体组成将沿R-OSFC线变化（见图3-16）。如果持续注入氮气直至容器充满氮气,则需要耗费大量氮气。为了节省氮气,可以先使用氮气惰化,到点 OSFC 为止。然后导入空气,气体组成将沿图 3-16 中的 OSFC-A 线变化。通过这种方法,可避免可燃区域,确保容器准备过程的安全性。

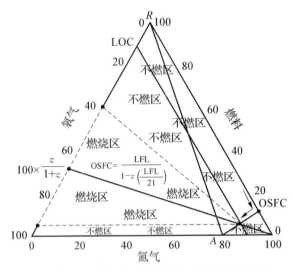

图 3-16 容器退出使用时避免燃烧界区的过程

此外,还可以提出其他更加优化的过程。例如,首先将空气充入容器,直至到达空气化学计量线上位于 UFL 上方的点,然后,充入氮气,最后再充入空气。该方法避免了可燃区域的前端,使氮气的使用量减少。然而,该方法的问题是当纯净空气与容器内富含燃料的混合气混合时,会在进口处形成可燃性混合物。先使用氮气,则能避免该问题。

当使用氮气惰化时,人们必须确定图 3-16 中点 OSFC 的位置。方法为点 OSFC 可由连接纯净空气点 A 和 LFL 与化学计量燃烧线的交点的直线来近似。由于点 A 和交点处的气体组成是已知的,点 OSFC 处的组成可通过图表式 3-58 来确定:

$$OSFC = \frac{LFL}{1 - z\left(\frac{LFL}{21}\right)} \qquad (式 3-58)$$

式中,OSFC 为退役燃料浓度;LFL 为处于燃烧下限时燃料在空气中的体积分数;z 为燃烧方程中的氧气化学计量系数。式 3-58 是点 OSFC 处燃料浓度的近似值。这些值通常偏于保守,即小于实验确定的 OSFC。例如,对于甲烷,LFL 为 5.3%,z 为 2,式 3-58 预测的 OSFC 为 10.7%,而实验确定的 OSFC 为 14.5%。

(2) 容器投入使用过程的惰化方式优化

图 3-17 为容器投入使用的过程。开始时容器内充满空气(A 点),充入氮气直至到达点 ISOC。然后充入燃料,沿 ISOC-R 线移动,直至到达点 R。点 ISOC 处的氧气浓度即在役氧气浓度,是图中刚好避开可燃区域的最大氧浓度。如果没有详细的可燃性图表,那么必须估算 ISOC。一种方法是使用 LFL 与化学计量燃烧线的交点。从三角形的上部顶点(R)开始画线,并通过该交点,一直与氮气轴相交,如图 3-17 所示。点 ISOC 处的组成可由图表确定或由式 3-59 计算,使用式 3-59 的预测值均比实验值低一些。

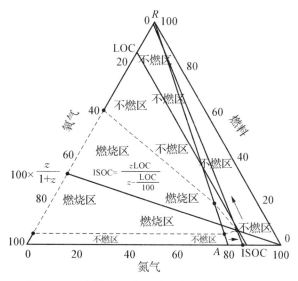

图 3 - 17　容器投入使用时避免燃烧界区的过程

$$\text{ISOC} = \frac{z \times \text{LFL}}{1 - \left(\dfrac{\text{LFL}}{100}\right)} \qquad\qquad (式 3 - 59)$$

式中，ISOC 为在役氧气浓度；LFL 为处于燃烧下限时燃料在空气中的体积分数；z 为燃烧方程中的氧气化学计量系数。点 ISOC 处氮气的浓度为 100-ISOC。

(四) 防止火灾蔓延

采取分区隔离、露天布置和设置阻火装置等措施可以在火灾发生时防止火灾蔓延。例如，在总体设计时，应慎重考虑危险车间的布置位置。危险车间与其他车间或装置应保持一定的间距，充分估计相邻车间建筑物可能引起的相互影响。为了便于有害气体的散发，减少因设备泄漏而造成易燃气体在厂房内积聚的危险性，宜将此类设备和装置布置在露天或半露天场所。对于露天安装的设备，应考虑气象条件对设备、工艺参数、操作人员健康的影响，并应有合理的夜间照明。阻火装置的作用是防止火焰蹿入设备、容器与管道内，或阻止火焰在设备和管道内扩展。

可燃液体罐区应设置防火堤和隔堤。防火堤是指可燃液态物料储罐发生泄漏事故时，防止液体外流和火灾蔓延的构筑物。隔堤是用于减少防火堤内储罐发生少量泄漏事故时的影响范围，而将一个储罐组分隔成多个分区的构筑物。防火堤、隔堤均应采用不燃烧材料。防火堤的耐火极限不得小于 3 h。防火堤内的有效容积不应小于罐组内 1 个最大储罐的容积。防火堤及隔堤应能承受所容纳液体的静压，且不应渗漏；管道穿堤处应采用不燃烧材料严密封闭；在防火堤内雨水沟穿堤处应采取防止可燃液体流出堤外的措施。

为了避免事故发生后造成操作人员伤亡，对热辐射高的设备及个别危险性大的设备，可采用隔离操作和防护屏的方法使操作人员与生产设备隔离。对于危险性较大的生产过程都应进行远距离操纵。远距离操纵主要由机械传动、气压传动、液压传动和电动操纵。此外,为了及早发现火灾,组织疏散和灭火,应在易燃易爆炸场所合理设置火灾探测器。

四、防火安全装置

防火安全装置包括阻火装置和火灾探测器。在可燃气体进出口两侧设置阻火装置,当任一侧着火时,火焰的传播受阻而停止延烧。常见的阻火装置有安全液封、阻火器、单向阀、阻火闸门和火星熄灭器等。在火灾的酝酿期和发展期,物质燃烧过程中的发热、发光、发声以及散发出烟尘、可燃气体、特殊气味等为早期火灾探测报警提供了依据。根据监测对象不同,火灾探测器的种类有感温报警器、感烟报警器和感光报警器。

(一)阻火装置及阻火原理

1.安全液封

如图 3-18 所示,安全液封一般安装在气体管道与生产设备或气柜间,一般用水作阻火介质,如水封井就是安全液封的一种。安全液封将液体封在进出口之间,一旦液封的一侧着火,火焰都将在液封处被熄灭,从而阻止火焰蔓延。常用安全液封有敞开式和封闭式两种。水封井是安全液封的一种,使用在散发可燃气体和易燃液体蒸气等油污的污水管网上,可防止燃烧、爆炸沿污水管网蔓延扩展,水封井的水封液柱高度不宜小于 250 mm。

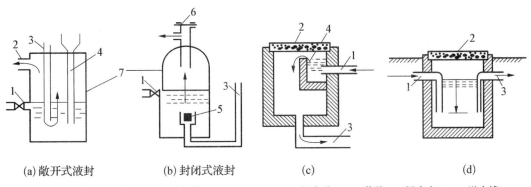

(a) 敞开式液封   (b) 封闭式液封   (c)   (d)

1—验水栓;2—气体出口;3—进气管;   1—污水进口;2—井盖;3—污水出口;4—溢水槽
4—安全管;5—单向阀;6—爆破片;7—外壳

图 3-18 安全液封的阻火原理图

2.阻火器

如图 3-19 所示,阻火器的工作原理是燃烧游离基通过阻火器的微孔时,因碰撞而使大量游离基销毁造成链的中断速度大于链的增长速度而使燃烧停止,从而保护管道另一侧的安全。阻火器的介质有细孔铜网、粉末冶金片、陶瓷、砾石等。阻火层的厚度越厚,孔隙直径和通道越小,阻火效果越好。某些可燃气体和蒸气的阻火器孔隙的临界直径如下:甲烷 0.4~0.5 mm,氢及乙炔 0.1~0.2 mm。

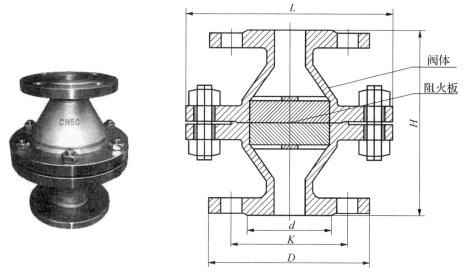

图 3 - 19　GZW-1 阻爆燃型管道阻火器的构造图

3. 单向阀

单向阀也称止逆阀、止回阀,其作用是只允许流体向一个方向流动,遇有倒流时即自行关闭,以避免流体倒流或高压窜入低压造成容器管道爆裂,或发生回火时火焰倒袭和蔓延等事故。

4. 阻火闸门

阻火闸门是为防止火焰沿通风管道蔓延而设置的阻火装置。正常情况下,阻火闸门受易熔合金元件控制处于开启状态,一旦着火,高温会使易熔金属熔化,此时闸门失去控制,受重力作用自动关闭。

5. 火星熄灭器

火星熄灭器也称为防火帽,一般安装在产生火花(星)设备的排空系统上,以防飞出的火星引燃周围的易燃物料。

(二)火灾探测报警装置

火灾探测报警系统本身并不能影响火灾的自然发展进程,其主要作用是及时将火灾迹象通知有关人员,以便准备疏散或组织灭火,延长建筑物可供疏散的时间并通过联动系统启动其他消防设施。在火灾的早期阶段,准确探测到火情并迅速报警,对于及时组织有序快速疏散、积极有效地控制火灾的蔓延、快速灭火和减少火灾损失具有重要的意义。

1. 火灾探测器的分类

(1)感烟、感温和感光探测器

火灾的起火过程一般情况下伴有烟、热、光三种燃烧产物。根据这些特征进行探测的火灾报警装置包括感烟报警器、感温报警器和感光报警器。

(2)接触式和非接触式火灾探测报警器

按照探测元件是否需要接触烟气,火灾探测器又可分为接触式和非接触式两种。接触式探测器是利用某种装置直接接触烟气来实现火灾探测的,只有当烟气到达该装置所安装的位置时感受元件方可发生响应。烟气的浓度、温度、特殊产物的含量等都是探测火灾的常用参数,因此感烟探测器和感温探测器均为接触式探测器。非接触式火灾探测器主要是根据火焰或烟气的光学效果进行探测,由于探测元件不必触及烟气,可以在离起火点较远的位置进行探测,这类探测器主要有光束对射式探测器、感光(火焰)式探测器和图像式探测器。

(3) 特种火灾探测器

根据 GB 15631—2008《特种火灾探测器》,特种火灾探测器按探测原理可分为点型红外火焰探测器、吸气式感烟火灾探测器、图像型火灾探测器、点型一氧化碳火灾探测器。其中点型一氧化碳火灾探测器按使用方式可分为独立式和系统式。吸气式感烟火灾探测器按其响应阈值范围可分为普通型、灵敏型和高灵敏型;按功能可分为探测型和探测报警型;按其采样方式可分为管路采样式和点型采样式。

2. 感烟报警器

在火灾初期,由于温度较低,物质多处于阴燃阶段,所以会产生大量烟气。烟气中包含经高温分解和易燃材料的氧化反应等化学过程产生的微粒、溶胶和各类气体,这些燃烧产物受流域内的浮力和预加热以及通风和空调系统(暖通空调系统)的作用,从火源位置流动到建筑物的其他部位。烟气是早期火灾的重要特征之一,能够对可见的或不可见的烟雾粒子响应的火灾探测器就是感烟式火灾探测器。感烟报警器包括离子感烟报警器、吸气式感烟报警器、光电感烟报警器和光束感烟报警器等。感烟式火灾探测器适宜安装在发生火灾后产生烟雾较大或容易产生阴燃的场所,不宜安装在平时烟雾较大或通风速度较快的场所。

(1) 离子感烟报警器

离子感烟探测器的电离室内安装的放射源释放的射线使电离室内的空气被电离为导体,允许一定强度的电流在两个电极之间的空气中传导。烟粒子进入电离室后,与空气中的电离子相结合,使电离子移动减弱,从而降低了空气的导电性。当导电性低于预定值,或由火灾报警控制器判断导电性低于一个由环境条件确定的极限值时,离子感烟探测器就发出报警信号。

离子感烟探测器的敏感性很大程度上取决于烟粒子的粒径分布,因此烟粒子数量浓度对响应时间的影响通常比质量浓度要大。这样的响应特性使得离子感烟探测器对纤维材料燃烧(如木材、纸张)等产生的高浓度、小颗粒烟粒子具有更高的敏感性,而对阴燃产生的低浓度、大颗粒烟粒子的敏感性则较低。

(2) 吸气式感烟探测器

吸气式感烟探测器由分布在受保护区域内的探测管网和与探测管网相连的探测单元构成。抽气泵通过管道将空气从受保护区域采样并输送到探测单元中,由探测单元对空气中包含的烟气进行分析。探测单元中的高灵敏度感烟器件,在探测单元内烟气浓度超过由用户设定的标准时产生响应。

（3）光电感烟火灾探测器

光电感烟火灾探测器是利用起火时产生的烟雾能够改变光的传播特性研制的。光电感烟探测器的探测腔内包含一个光源和一个光敏元件，光源发出的光线不能直接照射到光敏元件上。但当烟粒子进入探测腔时，光源发出的光线受烟粒子的散射作用，可以照射到光敏元件上。当光敏元件接收到的散射光强度超过预定值时，探测器发出报警信号。

单个粒子产生地射向光敏元件方向的散射光强度受到光源强度、波长、散射角度和烟粒子大小的直接影响。受烟粒子大小的影响，光电感烟探测器对阴燃产生的大粒子具有更高的敏感性，而对纤维材料燃烧生成的小粒子敏感性较低。

（4）光束感烟探测器

光束感烟探测器由光发射器和光接收器组成，光接收器和光发射器之间的对射光束贯穿整个被保护区域。当火灾烟气到达对射光束时，烟气微粒的吸收和散射效应减弱了光接收器接收到的传输光强度。当光接收器接收到的传输光强度低于预定值，或由报警控制器判断传输光产生的电信号低于根据周围环境参数设定的某阈值时，光束感烟探测器发出报警信号。

3. 感温火灾探测报警器

感温火灾探测报警器一般由感温元件、电路与报警器三大部分组成。独立式感温火灾探测报警器按工作方式可分为单点式报警器和互联式报警器；按典型应用温度可分为常温型报警器（A 型）和高温型报警器（B 型）；按温度响应性能可分为定温型报警器（S 型）和差定温型报警器（R 型）。具有定温响应特性的常温或高温型报警器以 AS 型或 BS 型表示，具有差定温响应特性的常温或高温型报警器分别以 AR 型或 BR 型表示。GB 30122—2013《独立式感温火灾探测报警器》对独立式感温火灾探测报警器的温度响应性能做了规定（表 3-5）。

表 3-5 报警器的温度响应性能

报警器类别	典型应用温度	最高应用温度	动作温度下限值	动作温度上限制
A	25	50	54	65
B	40	65	69	85

感温探测器的核心是感温元件。定温式探测器是在规定时间内，火灾引起的温度上升超过某个定值时启动报警的火灾探测器，它有线型和点型两种结构。线型定温式探测器是当局部环境温度上升到规定值时，可熔绝缘物熔化使两导线短路，从而产生火灾报警信号。点型定温式探测器是利用双金属片、易熔金属、热电偶热敏半导体电阻等元件，在规定的温度值上产生火灾报警信号。例如，空气膜盒定温探测器是利用气体热胀冷缩的特性；双金属片定温探测器是借助感温元件在高温下的变形性；易熔金属定温探测器是利用感温元件的熔化性，使触点连通报警。差温式探测器是在规定时间内，火灾引起的温度上升速率超过某个规定值时启动报警的火灾探测器。例如，在 1 分钟内温度升高超过 10 ℃时，可通过热敏半导体电阻元件报警。差定温式探测器结合了定温和差温两种作用原理并将两种探测器结构组合在一起，目的是为了提高自动报警的准确性。感温报警器

适用于那些经常存在大量烟雾、粉尘或水蒸气的场所。

4. 感光式火灾探测器

感光式火灾探测器又称火焰探测器,它是用于响应火灾的光特性,即扩散火焰燃烧的光照强度和火焰的闪烁频率的一种火灾探测器。根据探测的波长范围不同,感光火灾探测器分为紫外、可见光和红外探测器。例如,红外光探测器用光过滤装置和透镜系统筛除不需要的波长,并将收集的光能聚集在对红外光敏感的光电管或光敏电阻上。感光式火灾探测器宜安装在有瞬间产生爆炸可能的场所,如石油、炸药等化工产品的生产存放场所等。

火焰探测器的选型原则是在提高探测灵敏度和降低误报率之间寻找平衡点。火焰探测器如果安装位置合理,其探测视角应能毫无障碍地覆盖可能产生火焰的区域或其反射光。为了降低误报率,可以选择工作波段在紫外/可见光范围内的火焰传感器来降低对环境热源产生的红外辐射的敏感性。而如果将探测灵敏度作为首要考虑因素,则需要使用集成了紫外、可见光和红外传感器的复合传感器。先进的火焰探测器可根据火灾辐射的频谱特征,采用数字逻辑方法分析火灾辐射光谱的多个波段。当辐射光信号大于某预定值,或者由报警控制器判断,辐射光信号高于根据周围环境参数设定的某个阈值时,火焰探测器就会发出报警信号。

(三)火灾报警器的设置

1. 选择原则

GB/T 31540.4—2015《消防安全工程指南 第 4 部分:探测、启动和灭火》对火灾报警器的选择做了以下规定。

(1)以生命安全为目标的火灾报警器选择

以保护人员生命安全为目标的火灾报警器应确保建筑物内任意位置的人员都能清晰地接收到声音或语音警报,并应确保人员能够区分火灾警报和建筑物内可能使用的其他声音警报。在噪音环境中,或者人员存在听力障碍时,应采用视觉信号作为声音报警信号的补充,从而缩短人员的反应时间。在指定警报器位置和输出音量时,应注意避免在相对较小的空间内出现高分贝警报声(如在走廊中达到 110 dB),因为这会降低人员在疏散时的判断力。

(2)以财产保护为目标的火灾报警器选择

以保护财产安全为目标的火灾报警器是为及时获得专业消防力量的灭火救援服务而设置的。所选定的传感器应与系统相容。建筑物内报警器的数量、特性和位置应能使受过专业训练的消防队伍及时赶到现场进行处置。工作人员应接受过对报警信号的识别训练,尽可能缩短报警时间。同时,在火灾显示盘上以文本或图表方式显示火灾位置或区域信息可以显著缩短人员主动灭火行为的延迟时间,有效提高专业消防力量的利用率和灭火效率。

2. 适应要求

GB 50116—2013《火灾自动报警系统设计规范》对火灾探测器的选择和设置做了详细

规定。

一般来说,对火灾初期有阴燃阶段、产生大量的烟和少量的热、很少或没有火焰辐射的场所,应选择感烟火灾探测器。对火灾发展迅速,可产生大量热、烟和火焰辐射的场所,可选择感温火灾探测器、感烟火灾探测器、火焰探测器或其组合。对火灾发展迅速,有强烈的火焰辐射和少量烟、热的场所,应选择火焰探测器。对火灾初期有阴燃阶段,且需要早期探测的场所,宜增设一氧化碳火灾探测器。对使用、生产可燃气体或可燃蒸气的场所,应选择可燃气体探测器。应根据保护场所可能发生火灾的部位和燃烧材料的分析,以及火灾探测器的类型、灵敏度和响应时间等选择相应的火灾探测器;对火灾形成特征不可预料的场所,可根据模拟试验的结果选择火灾探测器。同一探测区域内设置多个火灾探测器时,可选择具有复合判断火灾功能的火灾探测器和火灾报警控制器。

线型光束感烟火灾探测器适用于无遮挡的大空间或有特殊要求的房间,但下列场所不宜选择线型光束感烟火灾探测器:

（1）有大量粉尘、水雾滞留。

（2）可能产生蒸气和油雾。

（3）在正常情况下有烟滞留。

（4）固定探测器的建筑结构由于振动等会产生较大位移的场所。

吸气式感烟火灾探测器适用于以下场所:

（1）具有高速气流的场所。

（2）点型感烟、感温火灾探测器不适宜的大空间、舞台上方、建筑高度超过 12 m 或有特殊要求的场所。

（3）低温场所。

（4）需要进行隐蔽探测的场所。

（5）需要进行火灾早期探测的重要场所。

（6）人员不宜进入的场所。

灰尘比较大的场所不应选择没有过滤网和管路自清洗功能的管路采样式吸气感烟火灾探测器。

 思考和实践

（1）简述防火基本原理和原则。

（2）2021 年 2 月 17 日,山东招远市夏甸镇曹家洼金矿因井下设备检修发生火灾,事故共造成 6 人遇难。请结合该事故原因简述动火作业防火要求。

（3）简述防静电的三种方法和人体防静电的技术措施。

（4）简述如何用可燃界区图优化容器退役的惰化方式。

（5）简述阻火器的阻火原理。

（6）简述火灾报警器的种类、选择和设置原则。

灭火方法
与设备

第三节　灭火方法和技术

一、灭火原理和方法

灭火就是采取有效措施,破坏燃烧条件使燃烧反应终止的过程。按其基本原理,可以分为物理灭火和化学灭火方法。其中物理灭火又包括冷却、窒息和隔离灭火法,而化学灭火主要是抑制灭火法。

1. 冷却灭火法

通过降低燃烧物的温度,使温度低于其燃点或闪点而使火熄灭的方法是冷却灭火法。传统的"以水灭火"的灭火机理主要是冷却作用。储罐着火时,会通过热辐射和热对流方式将热量传送到周边其他可燃物储罐,为了防止储罐火灾升级为爆炸事故,或者火灾蔓延至其他储罐,应使用消防水车或消防水炮对储罐进行冷却处理。冷却灭火法具有高效安全、一次性扑灭不复燃的特点。

2. 隔离灭火法

隔离灭火法是将燃烧物及其附近的可燃物质隔离或移开,不使火势蔓延而终止其燃烧的方法。把可燃物与引火源或氧气隔离开来,燃烧反应就会自动中止。例如,2010年7月16日,大连市金州区大连新港附近一条中石油输油管道起火爆炸,造成部分输油管道、附近储罐阀门、输油泵房和电力系统损坏,大量原油泄漏,火灾不断扩大。辽宁消防采用"先控制、后消灭"战术,利用水泥和水、土围堵外溢原油,关闭所有油管阀门,有效控制火势后对起火管线和地面流淌火进行压制消灭,创造了世界火灾扑救奇迹。由此可见,当可燃气或可燃液体输送管道泄漏起火时,应及时关闭阀门;或者设置隔离带或溢液沟阻拦正在流散的可燃液体进入火场,拆除与火源毗邻的易燃建筑物等。当固体可燃物起火时,可将可燃物从着火区移走,或用水在火场及邻近的可燃物之间形成一道"水墙",加以隔离;或者在可燃物与火场之间制作一道"无物可燃"的隔离带。

3. 窒息灭火法

燃烧必须在满足可燃物的最低所需空气量的条件下才能进行,否则燃烧不能持续进行。因此,阻止空气流入燃烧区域或用不燃烧的物质如惰性气体冲淡空气,使燃烧物得不到足够的氧气,就会使火灾熄灭,这种方法称为窒息灭火法。例如,2022年8月,重庆涪陵北山坪突发山火,云南消防采用"以火灭火"的火攻法成功灭火。消防员通过人工点燃隔离带的火线与相向烧来的林火对接,使结合部骤然缺氧失去燃烧条件和可燃物,这在灭火原理中属于隔离加窒息灭火的结合,灭火效率较高。建筑物室内着火时,如果门窗紧闭,空气不流通,室内供氧不足,则火势发展缓慢。一旦门窗打开,大量的新鲜空气涌入,火势就会迅速发展,不利于扑救。用湿棉被覆盖在可燃物上也属于窒息灭火法。通常使用的二氧化碳、氮气、水蒸气等惰性气体灭火剂的灭火原理主要是窒息作用。

4. 抑制灭火法

化学抑制灭火法根据燃烧的链式反应理论,利用灭火剂与链式反应的自由基反应,使燃烧过程中产生的游离基失活或消失,从而使燃烧的链式反应中断,使燃烧不能持续进行。常用的干粉灭火剂的主要灭火机理就是化学抑制作用。此外,干粉高温燃烧结成玻璃状覆盖物,还能起到隔离灭火的作用。有的干粉分解会吸收大量的热量,并放出大量水蒸气和二氧化碳,冷却和稀释可燃气体,使燃烧过程变得缓慢、火焰的温度降低。例如,油锅起火时,使用密封性好的锅盖盖紧锅或向锅中加入大量蔬菜覆盖油面,均属于窒息灭火法;而向锅中撒入大量食盐灭火,则属于抑制灭火法。食盐的主要成分是氯化钠,能捕获燃烧中产生的自由基致使燃烧反应链中断,最终使火焰熄灭。值得注意的是,干粉灭火剂虽然有较好的化学抑制作用,但其冷却灭火的效果有限,在扑救电瓶车火灾时可能会发生复燃。例如,2022 年 7 月,浙江省丽水市莲都区一店门口电瓶车充电起火,群众使用干粉灭火器扑灭 2 米多高的火焰,但火焰扑灭后又复燃。消防员接警到场后,立即铺设水枪,通过不断出水冷却,浓烟逐渐减少;消防员将未燃尽的锂电池放进装满水的垃圾桶内隔绝空气,冷却降温,8 分钟后火势被彻底扑灭。

二、灭火剂

灭火剂是能够有效地破坏燃烧条件,终止燃烧的物质。灭火剂的原材料、生产工艺应满足法律法规和强制性国家标准对人身健康、安全和环境保护的要求。因此,能够充当灭火剂的物质必须满足以下基本要求:首先是灭火性能好,即灭火剂能快速发挥作用,及时扑灭火灾或者阻止火势进一步蔓延。其次是绿色环保,灭火剂在制备、使用中、使用后不能对人员产生直接或间接的健康危害,符合环保要求,对环境无污染,对生物无明显毒性;近年来为了解决过期闲置的灭火剂造成的浪费问题,又对灭火剂提出了"可回收利用"的新要求。第三是价格便宜,方便取用。灭火剂是消防常备用品,也是消耗品,应当选择价格亲民、取用和制作方便的物质。本节将着重介绍灭火剂的种类、灭火性能和环保性能。

(一)灭火剂的种类

根据灭火剂的存在状态不同,可分为气态灭火剂、液态灭火剂和固态灭火剂。根据 GB/T 5907.5—2015《消防词汇　第 5 部分:消防产品》,目前常用的灭火剂主要有气体灭火剂、泡沫灭火剂、干粉灭火剂、水系灭火剂和其他灭火剂 5 类。现行的关于灭火剂的强制性国家标准共有 11 个(表 3 - 6)。

表 3 - 6　灭火剂相关的国家标准

序号	国家标准名称	灭火剂
1	GB 35373—2017　氢氟烃类灭火剂	氢氟烃
2	GB 4066—2017　干粉灭火剂	干粉
3	GB 18614—2012　七氟丙烷(HFC227ea)灭火剂	七氟丙烷
4	GB 27897—2011　A 类泡沫灭火剂	泡沫
5	GB 25971—2010　六氟丙烷(HFC236fa)灭火剂	六氟丙烷
6	GB 17835—2008　水系灭火剂	水

序号	国家标准名称	灭火剂
7	GB 15308—2006　泡沫灭火剂	泡沫
8	GB 20128—2006　惰性气体灭火剂	氮气、氩气、二氧化碳
9	GB 4396—2005　二氧化碳灭火剂	二氧化碳
10	GB 6051—1985　三氟一溴甲烷灭火剂(1301 灭火剂)	三氟一溴甲烷
11	GB 4065—1983　二氟一氯一溴甲烷灭火剂(1211 灭火剂)	二氟一氯一溴

1. 气体灭火剂

以气体状态进行灭火的灭火剂称为气体灭火剂。常见的气体灭火剂有卤代烷灭火剂(包括氢氟烃类灭火剂)、二氧化碳灭火剂和惰性气体灭火剂。

(1) 卤代烷灭火剂

具有灭火作用的卤代碳氢化合物统称为卤代烷灭火剂,因卤代烷英文为 Halon,故又称哈龙灭火剂。常见的卤代烷灭火剂包括 1211 灭火剂和 1301 灭火剂,其中 1211 灭火剂是指二氟一氯一溴甲烷,按含碳、氟、氯和溴原子个数,简称 1211;同理,1301 灭火剂专指三氟一溴甲烷灭火剂。GB 6051—1985《三氟一溴甲烷灭火剂》和 GB 4065—1983《二氟一氯一溴甲烷灭火剂》对其质量指标做了详细要求。

卤代烷灭火剂的灭火原理主要是化学抑制灭火。此类灭火剂在接触高温表面或火焰时,分解产生活性自由基,大量捕捉、消耗燃烧链式反应中产生的氢、羟基自由基等,破坏和抑制燃烧的链式反应,从而起到迅速将火焰扑灭的作用。以 1301 灭火剂为例,其反应过程如下:

$$CF_3Br \longrightarrow CF_3 \cdot + Br \cdot$$
$$Br \cdot + H \cdot \longrightarrow HBr$$
$$HBr + HO \cdot \longrightarrow H_2O + Br \cdot$$

燃烧链式反应中的活性自由基($H \cdot$ 和 $HO \cdot$)被消除,燃烧反应就会终止。在这一过程中,$Br \cdot$ 几乎没有什么损失。由于自由基反应速度极快,因此卤代烷灭火剂的灭火效率很高。

只含有氢原子和氟原子的烃类灭火剂,统称为氢氟烃类灭火剂。依照国际通用卤代烷命名法,以 HFC 代表氢氟烃;以数字指代碳原子、氢原子和氟原子个数,以小写英文字母代替中间碳原子和两端碳原子的取代基形式,如七氟丙烷灭火剂又称为 HFC-227ea 灭火剂,六氟丙烷灭火剂又称为 HFC-236fa 灭火剂。HFC-236fa 中的数字 2 代表碳原子个数减 1(即 3 个碳原子),3 代表氢原子数加 1(即 2 个氢原子),6 代表氟原子个数(即 6 个氟原子),f 表示中间碳原子的取代基形式为—CH_2—,a 表示两端碳原子的取代原子量之和的差为最小即最对称。而 HFC-227ea 灭火剂中的字母 e 表示中间碳原子的取代基形式为—CHF—。GB 25971—2010《六氟丙烷(HFC236fa)灭火剂》和 GB 18614—2012《七氟丙烷(HFC227ea)灭火剂》对两种灭火剂的理化性能做了详细规定,包括纯度、酸度、水分和蒸发残留物的含量等。

HFC-227ea 灭火剂的灭火机理与卤代烷系列灭火剂的灭火原理相似,以化学抑制灭火为主。在火灾中通过热解产生含氟自由基,与燃烧反应过程中产生的氢、羟基自由基等发生作用,导致链传递的中止。另外,HFC-227ea 在汽化的过程中要吸收大量热量,具有冷却灭火的作用,会导致空气中的水分迅速凝聚结露。但 HFC-227ea 灭火剂密度小于空气,在扑灭表面火灾后,很快向上漂浮,对深位火灾的灭火效果不好。

(2) 二氧化碳灭火剂

二氧化碳灭火剂主要组分是液态二氧化碳,通过吸热降温、降低氧气浓度来达到灭火的目的。GB 4396—2005《二氧化碳灭火剂》对其质量指标的要求是:二氧化碳的纯度(体积分数)不低于 99.5%,水含量(质量分数)不高于 0.015%,含油、醇类含量(以乙醇计)不高于 30 mg/L,总硫化物含量不高于 5.0 mg/kg。

二氧化碳在自然界中存在广泛,价格低、获取容易。在常压下,液态的二氧化碳会立即汽化,一般 1 kg 的液态二氧化碳可产生约 0.5 m³ 的气体。因而,灭火时,二氧化碳气体可以排除空气而包围在燃烧物体的表面或分布于较密闭的空间中,从而降低可燃物周围或防护空间内的氧浓度,产生窒息作用而灭火。二氧化碳灭火剂的灭火体积浓度为 34%～75%。当空气中的二氧化碳浓度为 30%～35% 时,燃烧就会停止。另外,二氧化碳从储存容器中喷出时,会由液体迅速汽化成气体,而从周围吸收部分热量,起到冷却的作用。因此,二氧化碳灭火剂灭火主要依靠窒息作用和部分冷却作用。二氧化碳具有流动性好、喷射率高、不腐蚀容器和不易变质等优良性能,可用来扑灭图书、档案、贵重设备、精密仪器、600 伏以下电气设备及油类的初期火灾。同时,还适用于扑救 B 类火灾(如煤油、柴油、原油、甲醇、乙醇、沥青、石蜡等火灾)、C 类火灾(如煤气、天然气、甲烷、乙烷、丙烷、氢气等火灾)和 E 类火灾(物体带电燃烧的火灾)。其主要缺点是灭火需要浓度高,会使人员受到窒息毒害;冷却效果不好,火焰熄灭后,温度可能仍在燃点以上,有发生复燃的可能性。二氧化碳灭火剂不适合空旷地带的灭火,也不能扑救碱金属和碱土金属火灾,因为二氧化碳和这些金属在高温下发生反应,置换生成碳粒子,有发生爆炸的可能性。

(3) 惰性气体灭火剂

惰性气体灭火剂是由氮气、氩气以及二氧化碳气体按一定质量比混合而成的气体灭火剂,常见的惰性灭火剂有 IG-01、IG-100、IG-55 和 IG-541。其中 IG-541 灭火剂的组成约为:氮气体积百分比为 52%,氩气体积百分比为 40%,二氧化碳体积百分比为 8%。GB 20128—2006《惰性气体灭火剂》中给出了上述灭火剂的技术性能要求(表 3-7)。

表 3-7　常见惰性气体灭火剂的技术指标

灭火剂	组分气体			其他组分(质量分数)/%	
	名称	纯度/%	含量/%	水分含量	氧含量
IG-01	氩气	/	≥99.9	≤50×10⁻⁴	/
IG-100	氮气	/	≥99.6	≤50×10⁻⁴	≤0.1

灭火剂	组分气体			其他组分(质量分数)/%	
	名称	纯度/%	含量/%	水分含量	氧含量
IG-55	氩气	≥99.9	45~55	≤15×10⁻⁴	/
	氮气	≥99.9	45~55	≤10×10⁻⁴	/
IG-541	二氧化碳	≥99.5	7.6~8.4	≤10×10⁻⁴	≤10×10⁻⁴
	氩气	≥99.97	37.2~42.8	≤4×10⁻⁴	≤3×10⁻⁴
	氮气	≥99.99	48.8~55.2	≤5×10⁻⁴	≤3×10⁻⁴

惰性气体灭火剂的灭火机理为稀释氧气,使可燃物窒息灭火。当惰性气体喷射到着火区域时,惰性气体灭火剂能极速降低保护区内的氧气浓度,当空气含氧量降到支持燃烧的 12.5% 以下时,燃烧终止。惰性气体灭火剂往往以压缩气体方式储存,喷射时环境温度变化不超过 10 ℃,可防止空气中的水分冷凝到设备表面上,同时能降低保护空间的湿度,增强室内气体的绝缘性,降低火灾损失。

2. 水系灭火剂

由水、渗透剂、阻燃剂以及其他添加剂组成,一般以液滴或以液滴和泡沫混合的形式进行灭火的液体灭火剂称为水系灭火剂。水系灭火剂按性能可分为两大类,抗醇性水系灭火剂(符号为 S)和非抗醇性水系灭火剂(符号为 S/AR)。两类水系灭火剂均可用于扑灭 A 类和 B 类火灾,不同的是非抗醇性水系灭火剂只适用于扑灭非水溶性液体火灾,而抗醇性水系灭火剂既可用于扑灭非水溶性液体火灾,也可用于扑灭水溶性液体火灾。水系灭火剂的标记通常由三部分组成,中间由"-"连接,如 S/AR - 10 - AB 表示混合比为 10%,能够扑灭 A 类和 B 类火灾的抗醇性水系灭火剂。

水系灭火剂的理化性能必须符合 GB 17835—2008《水系灭火剂》中的质量要求。该标准对灭火剂的凝固点、抗冻结、融化性、pH、表面张力、腐蚀率和毒性等理化性质做了详细标定,如混合液的凝固点需要在规定的特征值之内,无可见分层和非均相,pH 在 6.0~9.5,表面张力与特征值的偏差不大于±10%,对 Q235 钢片和 LF21 铝片的腐蚀率均小于 15.0 mg/(d·dm²),混合液在规定试验条件下对鱼的致死率不大于 50%。

水是应用最广泛的灭火剂。水具有较高的比热容和蒸发潜热。水的比热容是 $4.2×10^3$ J/(kg·℃),即 1 kg 水温度每升高 1 ℃吸收的热量是 $4.2×10^3$ J。受分子间氢键的影响,水的蒸发潜热极高,在 25 ℃时是 44 kJ/mol。因此,水的冷却作用十分明显,同时,水吸热形成的蒸汽幕能够防止氧气进入燃烧区,稀释火场中的氧气浓度,削弱燃烧强度。当水蒸气在燃烧区浓度达到 30% 时,即可将火熄灭。水溶性液体起火时,水可以稀释液体及燃烧区内可燃蒸气浓度而使燃烧速率减慢。如果采用高压或气流使流过喷嘴的水形成 20 ~120 μm 的小水滴,可以制成比表面积很大的细水雾灭火剂。细水雾灭火剂的灭火机理也是汽化吸热降温作用和隔绝氧气窒息作用。

水系灭火剂的灭火性能必须符合 GB 17835—2008《水系灭火剂》中的要求。灭 A 类火如木垛起火,灭火剂的灭火级别不应低于 1A;灭 B 类火如橡胶工业用溶剂油起火,灭火级别应当不低于 55 B(1.73 m²)，当可燃物为 99％的丙酮时，灭火级别应不低于 34 B(1.07 m²)。

水系灭火剂的主要缺点是产生水渍，造成污染。水不能扑救的火灾有：① 碱金属火灾。因为水与碱金属(如金属钾、钠)作用后能使水分解而生成氢气和放出大量热，容易引起爆炸。② 碳化碱金属、氢化碱金属火灾。如碳化钾、碳化钠、碳化铝、碳化钙以及氢化钾、氢化镁等遇水能发生化学反应，放出大量热，可能引起着火和爆炸。③ 轻于水的和不溶于水的易燃液体火灾。④ 熔化的铁水、钢水火灾。因铁水、钢水温度约在 1 600 ℃，水蒸气在 1 000 ℃以上时能分解出氢和氧，有爆炸的危险。⑤ 三酸(硫酸、硝酸、盐酸)不能用强大水流扑救，必要时，可用喷雾水流扑救。⑥ 高压电气装置火灾。在没有良好接地设备或没有切断电流的情况下，一般不能用水扑救。

3. 泡沫灭火剂

泡沫灭火剂属于水系灭火剂，即将泡沫液与水混溶，并通过机械方法或化学反应产生灭火泡沫。灭火泡沫是充满空气的气泡集合，可以覆盖在可燃物上，起到隔离、冷却和窒息灭火的作用。产生泡沫的泡沫溶液是由"泡沫液"与水按规定浓度配制成的溶液，又称为泡沫混合液。其中"泡沫液"是指可按适宜的浓度与水混合形成泡沫溶液的泡沫浓缩液体。泡沫体积与构成该泡沫的泡沫溶液体积的比值称为发泡倍数。根据泡沫液发泡倍数大小，可将其分为低倍数泡沫液、中倍数泡沫液和高倍数泡沫液。适宜于产生发泡倍数为 1～20 倍泡沫的泡沫液称为低倍数泡沫液；适宜于产生 21～200 倍泡沫的泡沫液为中倍数泡沫液；适宜于产生 201 倍及以上泡沫的泡沫液称为高倍数泡沫液。

合成泡沫液(S)是指以表面活性剂的混合物和稳定剂为基料制成的泡沫液。按照泡沫液的基料构成可分为蛋白泡沫液(P)、氟蛋白泡沫液(FP)、成膜氟蛋白泡沫液(FFFP)、水成膜泡沫液(AFFF)等。其中蛋白泡沫液是由含蛋白的原料经部分水解形成的；氟蛋白泡沫液是添加氟碳表面活性剂的蛋白泡沫液；能够在某些烃类表面形成一层水膜的氟蛋白泡沫液称为成膜氟蛋白泡沫液；以碳氢表面活性剂和氟碳表面活性剂为基料，可在某些烃类表面上形成一层水膜的泡沫液称为水成膜泡沫液。此外，根据泡沫液的灭火性能还可以分为抗醇泡沫液(AR)和 A 类泡沫液等。主要用于扑救 A 类火灾的泡沫液称为 A 类泡沫液；所产生的泡沫施放到醇类或其他极性溶液表面时，可抵抗其对泡沫破坏性的泡沫液称为抗醇泡沫液，简称 AR，也称为抗溶泡沫液。

GB 15308—2006《泡沫灭火剂》详细规定了泡沫灭火剂的技术要求、理化性能、泡沫性能等。泡沫灭火剂应密封盛在塑料桶中或内壁经防腐处理的铁桶中，最小包装为 25 kg。泡沫灭火剂的标志中应当注明名称、型号、使用浓度、是否适用于海水、灭火性能级别和抗烧水平、是否受冻结融化影响、是否成膜、是否可引起有害生理作用、储存温度、最低使用温度和有效期、是否对温度敏感、灭火剂的净重、生产批号、日期及依据标准、生产厂名称和厂址等内容。一般来说，泡沫液的储存期为 AFFF 8 年；S、中高倍泡沫液 3 年；P、P/AR、FP、FP/AR、S/AR、FFFP、FFFP/AR 灭火器用灭火剂 2 年。

泡沫灭火剂的灭火机理包括冷却、隔离和窒息作用。泡沫灭火剂体轻、流动性好，持久性和抗烧性强，黏着力大，并能迅速流散和漂浮在着火的液面上形成严密的覆盖层，使燃烧表面与空气隔绝，隔断火焰的热辐射，阻止燃烧体和附近可燃物质的蒸发，阻挡易燃或可燃液体的蒸气进入火焰区。同时,泡沫中的水蒸发可以降低燃烧表面氧气浓度,冷却燃烧表面或破坏物质燃烧的其他条件,使火熄灭。

在高温下,空气泡沫灭火剂产生的气泡由于受热膨胀会迅速遭到破坏,所以不宜在高温下使用。构成泡沫的水溶液能溶解于酒精、丙酮和其他有机溶剂中,使泡沫遭到破坏,故空气泡沫不适用于扑救醇、酮、醚类等有机溶剂的火灾,对于忌水的化学物质也不适用。抗溶性泡沫不仅可以扑救一般液体烃类的火灾,还可以有效地扑灭水溶性有机溶剂的火灾。氟蛋白泡沫灭火剂适用于较高温度下的油类灭火,并适用于液下喷射灭火。

4. 干粉灭火剂

用于灭火的干燥、易于流动的细微粉末称为干粉灭火剂。90％的粒径小于或等于 $20\ \mu m$ 的干粉灭火剂称为超细干粉灭火剂。构成干粉灭火剂的组分有主要组分(灭火基料)和用于改善灭火剂储存、防潮、流动性等性能的添加剂。常见的灭火基料包括碳酸氢钠、碳酸铵、磷酸的铵盐等,润滑剂如硬脂酸镁、云母粉、滑石粉等,防潮剂如硅胶,这些物质混合后共同研磨制成细小颗粒。根据干粉灭火剂的用途不同,可以分为 ABC 干粉灭火剂、BC 干粉灭火剂、D 类干粉灭火剂等。其中 ABC 干粉灭火剂为黄色,主要组分为磷酸铵盐;BC 干粉灭火剂为白色,主要组分为碳酸氢钠。以氯化钠、氯化钡、碳酸钠等为基料的干粉,可用于扑救金属火灾,属于 D 类干粉灭火剂。干粉灭火剂的型号由三部分组成,第一部分为灭火剂适用扑救的火灾类型,用大写英文字母及顺序表示;第二部分为主要组分的分子式及其含量百分数,如果有多种组分,则组分间以"＋"连接;第三部分为企业自定义的灭火类型;三部分由"-"连接。例如,"ABC - $NH_4H_2PO_4$(75％)＋$(NH_4)_2SO_4$(15％)- B"表示该灭火剂是适用于扑灭 A 类、B 类和 C 类火灾的 ABC 干粉灭火剂,主要组分为磷酸二氢铵和硫酸铵,其含量分别为 75％ 和 15％,企业自定义用于扑灭 B 类火灾。

GB 4066—2017《干粉灭火剂》对干粉灭火剂的理化性能和灭火性能做了详细规定。其主要理化性能指标包括主要组分含量、松密度、含水率、吸湿率、流动性、斥水性、针入度、粒度分布、耐低温性、电绝缘性、颜色。

干粉灭火剂主要通过在加压气体的作用下喷出的粉雾与火焰接触、混合时发生的物理、化学作用灭火。一是靠干粉中的无机盐的挥发性分解物与燃烧过程中燃烧物质所产生的自由基或活性基发生化学抑制和负化学催化作用,使燃烧的链式反应中断而灭火;二是靠干粉的粉末落到可燃物表面上,发生化学反应,并在高温作用下形成一层覆盖层,从而隔绝氧窒息灭火。此外,干粉中碳酸氢钠高温易分解,反应吸热并放出大量的二氧化碳和水,水受热变成水蒸气并吸收大量的热量,起到冷却、稀释可燃气体的作用;干粉进入火焰后,由于干粉的吸收和散射作用,减少了火焰对燃料的热辐射,降低了液体的蒸发速率。干粉灭火剂的主要缺点是对于精密仪器易造成污染。

5. 其他灭火剂

通过燃烧产生具有灭火效能气溶胶的灭火剂称为热气溶胶灭火剂。通过燃烧或其他方式产生具有灭火效能气溶胶的灭火剂称为气溶胶灭火剂。气溶胶灭火剂的灭火原理是化学抑制作用,当气溶胶达到一定的灭火浓度时,其固体颗粒裂解产物以蒸气或离子形式存在,瞬间与燃烧过程中产生的活性基团吸附并发生化学反应,从而消耗活性自由基,抑制链式反应。

根据灭火剂的性质可以发现,不相容的灭火剂有三类:干粉之间、干粉与泡沫之间以及不同泡沫灭火剂之间。在同一灭火器配置场所,当选用两种或两种以上类型的灭火器时,应避免采用灭火剂不相容的灭火器。

(二)灭火剂的安全性

1. 灭火剂的环保性能

目前,国际上衡量环保性的主要指标是臭氧耗损潜值(ODP)、温室效应值(GWP)、对大气破坏的永久性程度和大气寿命(ALT)。大部分卤代烷灭火剂在大气中受到太阳光辐射后,能分解出氯、溴自由基,这些自由基与臭氧结合夺去臭氧分子中的一个氧原子,引发破坏性链式反应,使臭氧层遭到破坏,从而降低臭氧浓度,产生臭氧空洞。有些卤代烷在大气中的存活寿命长达数十年,在平流层中对臭氧层的破坏作用持续几十年甚至更长时间,因此其对臭氧层的破坏作用是巨大的。例如,HFC-227ea 的 GWP 值为 0.6,大气存活寿命为 31~42 年。

2. 灭火剂的设备安全性能

灭火剂在灭火过程中产生的分解物质、反应物质或残留物质,可能导致被保护设备的污染。水系灭火剂(包括泡沫灭火剂)会产生水渍,干粉灭火剂会留下渣滓、卤代烷易热裂解产生有害物质,均对设备产生不同程度的污染。例如,HFC-227ea 热裂解会产生 HF,对设备产生影响。

3. 灭火剂对人员的安全性

灭火剂在灭火浓度下是否对人员产生窒息或毒害作用,是否影响人员逃生,灭火剂在使用时造成的微环境变化如局部降温和可视度下降等是需要考虑的人员安全性问题。例如,当二氧化碳灭火剂在空气中的体积浓度达到 4%~6% 时,可使人感到剧烈头痛;超过 20% 时,人会死亡。HFC-227ea 高温会产生 HF 和少量 CO,有刺激性味道,有一定危害。此外,当液态二氧化碳和七氟丙烷迅速汽化时,会造成空气冷凝成雾,可能影响可视度。

三、灭火器

灭火器的种类很多,现行的关于灭火器的强制性国家标准共有 6 个(表 3-8)。

表 3-8　灭火器有关的国家标准

序号	国家标准名称
1	GB 4351.1—2005　手提式灭火器　第 1 部分:性能和结构要求
2	GB 4351.2—2005　手提式灭火器　第 2 部分:手提式二氧化碳灭火器钢质无缝瓶体的要求
3	GB/T 4351.3—2005　手提式灭火器　第 3 部分:检验细则
4	GB 8109—2005　推车式灭火器

序号	国家标准名称
5	GB 50140—2005　建筑灭火器配置设计规范
6	GB 50444—2008　建筑灭火器配置验收及检查规范

（一）灭火器的分类

根据 GB 4351.1—2005《手提式灭火器　第 1 部分:性能和结构要求》,可以按所充装的灭火剂种类、驱动灭火器的压力型式分类。根据 GB 50140—2005《建筑灭火器配置设计规范》,可以按灭火器最适宜扑灭的火灾种类进行分类。根据 GB 8109—2005《推车式灭火器》,可以按灭火器的移动方式进行分类。

1. 按所充装的灭火剂分类

（1）水基灭火器,其中水型包括清洁水（Q）或带添加剂的水（T）,如湿润剂、增稠剂、阻燃剂或发泡剂（P）等。

（2）二氧化碳灭火器（T）。

（3）干粉灭火器（干粉有"BC""ABC"型和为 D 类火特别配制的）。

（4）洁净气体灭火器。洁净气体是指非导电的气体或汽化液体的灭火剂,这种灭火剂能蒸发,不留残余物。

2. 按灭火器最适宜扑灭的火灾分类

（1）A 类灭火器,如清水灭火器。

（2）BC 类灭火器,如化学泡沫灭火器、碳酸氢钠干粉灭火器。

（3）D 类灭火器如轻金属灭火器。

（4）通用型灭火器,如磷酸铵盐干粉灭火器适合用于扑灭 ABCE 类火灾。

根据《建筑灭火器配置设计规范》,A 类火灾场所应选择水型灭火器、磷酸铵盐干粉灭火器、泡沫灭火器或卤代烷灭火器。B 类火灾场所应选择泡沫灭火器、碳酸氢钠干粉灭火器、磷酸铵盐干粉灭火器、二氧化碳灭火器、灭 B 类火灾的水型灭火器或卤代烷灭火器。极性溶剂的 B 类火灾场所应选择灭 B 类火灾的抗溶性灭火器。C 类火灾场所应选择磷酸铵盐干粉灭火器、碳酸氢钠干粉灭火器、二氧化碳灭火器或卤代烷灭火器。D 类火灾场所应选择扑灭金属火灾的专用灭火器。E 类火灾场所应选择磷酸铵盐干粉灭火器、碳酸氢钠干粉灭火器、卤代烷灭火器或二氧化碳灭火器,但不得选用装有金属喇叭喷筒的二氧化碳灭火器。非必要场所不应配置卤代烷灭火器。

3. 按驱动灭火器的压力型式分类

（1）贮压式灭火器是指灭火剂由贮于灭火器同一容器内的压缩气体或灭火剂蒸气压力驱动的灭火器,如干粉灭火器、二氧化碳灭火器等。

（2）贮气瓶式灭火器是指灭火剂由灭火器的贮气瓶释放的压缩气体或液化气体压力驱动的灭火器,如清水灭火器、干粉灭火器。

（3）化学反应式灭火器是指灭火剂是由化学反应产生的气体压力驱动的灭火器,如化学泡沫灭火器。

注意：目前贮气瓶式和化学反应式灭火器已被淘汰。贮压式干粉灭火器省去贮气钢瓶，驱动气体为氮气，不受低温影响，使用范围更广。贮压式灭火器的代表符号为 Z。

4. 按灭火器移动方式分类

灭火器可分为手提式和推车式。手提式和推车式灭火器的规格不同。灭火器的规格按其充装的灭火剂量来划分。水基灭火器的充装量以升为计量单位，二氧化碳、干粉、洁净气体灭火器的充装量以千克为计量单位。手提式灭火器的规格一般在 9 升或 10 千克以下，推车式灭火器的规格在 20～125 升或 20～125 千克。

（二）灭火器的型号

灭火器的型号代码由六部分组成。第一部分是初始符号 M，代表灭火器。第二部分是灭火剂代号，清水、泡沫、二氧化碳、干粉和卤代烷的代号分别为 S，P，T，F，Y。第三部分是灭火器的驱动方式符号，拖车型为 T，手提式不标。第四部分是灭火剂的驱动方式，储压式为 Z，储气瓶式不标，其后为"/"。第五部分是特定的灭火剂代号，如清水灭火剂标 Q，有添加剂的清水灭火剂标 T；对于干粉灭火剂，碳酸氢钠不标，磷酸氢铵干粉，也就是 ABC 类要标注 ABC；对于泡沫灭火器，如抗溶性泡沫标 AR。第六部分是数字，标明灭火器的填充量，对于清水灭火器和泡沫灭火器来说，以升为单位，对于二氧化碳和干粉以千克为单位。

如图 3-20 所示，左图为 MFZ/ABC2 型手提式干粉灭火器，其意义是 2 kg 容量的贮压式磷酸氢铵干粉灭火器。右图为 MFTZ/ABC35 型推车式干粉灭火器，其含义是 35 kg 容量的贮压式推车式磷酸氢铵干粉灭火器。

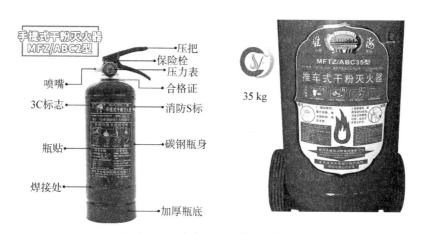

图 3-20　市售灭火器的型号标识

（三）灭火器的选择

根据《建筑灭火器配置设计规范》，灭火器的选择应考虑六个因素：灭火器配置场所的火灾种类，灭火器配置场所的危险等级，灭火器的灭火效能和通用性，灭火剂对保护物品的污损程度，灭火器设置点的环境温度和使用灭火器人员的体能。

1. 灭火器配置场所的火灾种类

灭火器配置场所的火灾种类应根据该场所内的物质及其燃烧特性进行分类,可划分为以下五类:A类火灾——固体物质火灾,B类火灾——液体火灾或可熔化固体物质火灾,C类火灾——气体火灾,D类火灾——金属火灾,E类火灾(带电火灾)——物体带电燃烧的火灾。

2. 灭火器配置场所的危险等级

灭火器配置场所的危险等级可以根据其生产、使用、储存物品的火灾危险性、可燃物数量、火灾蔓延速度、扑救难易程度等因素,划分为严重危险级、中危险级和轻危险级三级。严重危险级别的灭火器配置场所是指火灾危险性大,可燃物多,起火后蔓延迅速,扑救困难,容易造成重大财产损失的场所。中危险级别的灭火器配置场所是指火灾危险性较大,可燃物较多,起火后蔓延较迅速,扑救较难的场所。轻危险级别的灭火器配置场所是指火灾危险性较小,可燃物较少,起火后蔓延较缓慢,扑救较易的场所。具体可以参照《建筑灭火器配置设计规范》的附表。

3. 灭火器的灭火性能

(1) 灭火器的规格

灭火器按其灭火性能分级表示,其级别代号由数字和字母构成。灭火器20℃时灭A类火的性能不应小于表3-9的规定。

表3-9 A类灭火器的灭火性能和灭火规格的对应表

级别代号	干粉/kg	水基型/L	洁净气体/kg
1A	≤2	≤6	≥6
2A	3~4	6~9(不含6)	
3A	5~6	>9	
4A	6~9(不含6)		
6A	>9		

灭火器20℃时灭B类火的性能,不应小于表3-10的规定。灭火器在最低使用温度时灭B类火,可比20℃时灭火性能降低两个级别。

表3-10 B类灭火器的灭火性能和灭火规格的对应表

级别代号	干粉/kg	洁净气体/kg	二氧化碳/kg	水基型/L
21B	1~2	1~2	2~3	
34B	3	4	5	
55B	4	6	7	≤6
89B	5~6	>6		6~9(不含6)
144B	>6			>9

灭 C 类火的灭火器,可用字母 C 表示。灭 C 类火的灭火器没有级别大小之分,只有干粉灭火器、洁净气体灭火器和二氧化碳灭火器才可以标有字母 C。灭 E 类火的灭火器,可用字母 E 表示,灭 E 类火的灭火器也没有级别大小之分,干粉灭火器、洁净气体灭火器和二氧化碳灭火器,可标有字母 E。对于水基型的喷雾灭火器,如标有 E 的,应按标准方法试验。当灭火器喷射到带电的金属板时,整个过程灭火器提压把或喷嘴与大地之间,以及大地与灭火器之间的电流不应大于 0.5 mA。

(2) 灭火器的最小有效喷射时间和最小喷射距离

不同规格的灭火器或不同灭火级别的灭火器,其最小有效喷射时间和最小喷射距离的要求不同。有效喷射时间是灭火器在喷射控制阀完全开启状态下,自灭火剂从喷嘴开始喷出至喷射流的气态点出现的时间。其中,气态点是指灭火器的喷射流由主要喷射灭火剂转换到主要喷射驱动气体时的转换点。喷射距离是指灭火器喷射了 50% 的灭火剂量时,喷射流的最远点至灭火器喷嘴之间的距离。例如,水基型灭火器 20 ℃时的最小有效喷射时间应符合以下规定:灭火剂量处于 2～3 升、3～6 升和 6 升以上三个范围的,其最小有效喷射时间分别为 15 秒、30 秒和 40 秒。

灭 A 类火的灭火器(水基型灭火器除外)在 20 ℃时的最小有效喷射时间应符合以下规定:灭火级别为 1A 的,最小有效喷射时间为 8 秒;灭火级别为 2A 及以上的最小有效喷射时间为 13 秒。灭 B 类火的灭火器(水基型灭火器除外)在 20 ℃时的最小有效喷射时间应符合以下规定:灭火级别处于 21B～34B、55B～89B、113B 和 114B 以上四个范围的,其最小有效喷射时间分别为 8 秒、9 秒、12 秒和 15 秒。

灭 A 类火的灭火器在 20 ℃时的最小有效喷射距离应符合以下规定:灭火级别处于 1A～2A 的,其最小喷射距离为 3 米,灭火级别分别为 3A、4A 和 6A 的灭火器,其最小有效喷射距离分别为 3.5 米、4.5 米和 5.0 米。灭 B 类火的灭火器在 20 ℃时的最小有效喷射距离应符合相关规定,其中 1 kg 干粉、2.0 L 水基型灭火器的最小有效喷射距离均为 3 米;2～7 kg 二氧化碳灭火器的最小有效喷射距离处于 2.0～2.5 米。

4. 灭火器的通用性

当同一灭火器配置场所存在不同火灾种类时,应选用通用型灭火器。灭火器的通用性是指灭火器能够适用于不同火灾种类,如磷酸氢铵干粉灭火器为 ABCE 通用型灭火器。此外,在同一灭火器配置场所,宜选用相同类型和操作方法的灭火器;当选用两种或两种以上类型灭火器时,应采用灭火剂相容的灭火器。

5. 灭火器的使用温度范围

灭火器的使用温度范围如下。水型和泡沫型灭火器适宜的温度范围为 5～55 ℃;CO_2 和贮气瓶式灭火器的适宜温度范围为 −10～55 ℃;贮气式干粉以及卤代烷灭火器的适宜温度范围为 −20～55 ℃。灭火器在使用温度范围内应能可靠使用,操作安全,喷射滞后时间不应大于 5 s,喷射剩余率不应大于 15%。

6. 灭火人员的体能

考虑到灭火人员的体能,除了选择不同规格的灭火器外,还可以选用自动灭火球。干粉灭火球取用方便,不管是老人还是小孩,只要将灭火球抛掷到火场区域,即可自动破裂,喷射出干粉灭火。

(四) 灭火器的配置

灭火器配置设计的计算可按以下六步程序进行:确定各灭火器配置场所的火灾种类和危险等级;划分计算单元,计算各计算单元的保护面积 S;计算各计算单元的最小需配灭火级别 Q;确定各计算单元中的灭火器设置点的位置和数量 N;计算每个灭火器设置点的最小需配灭火级别;确定每个设置点灭火器的类型、规格与数量 Qe。

1. 确定各灭火器配置场所的火灾种类和危险等级

灭火器配置场所的火灾种类主要有 A,B,C,D,E 五类,危险等级主要有严重危险级别、中危险级别和轻危险级别。例如,民用建筑场所中,普通住宅属于轻危险级别;学校教室,商场超市,客房数 50 间以下的旅馆,二类高层建筑(10~18 层)的写字楼、公寓楼,体育场(馆)、电影院、剧院、会堂、礼堂的观众厅属于中危险级别;学生住宿床位在 100 张及以上的学校集体宿舍、客房数在 50 间以上的旅馆、饭店的公共活动用房、多功能厅、厨房,建筑面积在 2 000 m² 及以上的图书馆、展览馆的珍藏室、阅览室、书库、展览厅,设备贵重或可燃物多的实验室、专用电子计算机房、民用机场的候机厅、安检厅,城市地下铁道、地下观光隧道,建筑面积在 500 m² 及以上的车站和码头的候车(船)室、行李房,汽车加油站、加气站,超高层建筑和一类高层建筑(19 层及以上)的写字楼、公寓楼等属于严重危险级别。一般来说,人群聚集场所均属于严重危险级别。

2. 根据场所的火灾种类和危险等级判定所需灭火器的最低配置基准

灭火器的最低配置基准包括单具灭火器最小灭火级别和单位灭火级别最大保护面积。A类、B类或C类火灾场所灭火器的最低配置基准应符合《建筑灭火器配置设计规范》(GB 50140—2005)的相关规定。D类火灾场所的灭火器最低配置基准应根据金属的种类、物态及其特性等研究确定。E类火灾场所的灭火器最低配置基准不应低于该场所内A类(或B类)灭火器的配置基准。根据《建筑灭火器配置设计规范》规定,A类严重危险级别场所,单具灭火器最小灭火级别为3A,单位灭火级别最大保护面积为 50 平方米/A;A类中危险级别场所,单具灭火器最小灭火级别为2A,单位灭火级别最大保护面积为 75 平方米/A;A类轻危险级别场所,单具灭火器最小灭火级别为1A,单位灭火级别最大保护面积为 100 平方米/A。

3. 根据设计对象的实际情况划分计算单元

灭火器配置设计的计算单元应按下列规定划分:当一个楼层或一个水平防火分区内各场所的危险等级和火灾种类相同时,可将其作为一个计算单元。当一个楼层或一个水平防火分区内各场所的危险等级和火灾种类不相同时,应将其分别作为不同的计算单元。同一计算单元不得跨越防火分区和楼层。计算单元保护面积的确定应符合下列规定,建筑物应按其建筑面积确定;可燃物露天堆场,甲、乙、丙类液体储罐区,可燃气体储罐区应按堆垛、储罐的占地面积确定。

例如,某 18 层独幢建筑(二类高层建筑)设计为一层两户。此建筑可以划为A类火灾中危险性场所,单具灭火器最小灭火级别为2A,单具灭火器的最大保护面积为75A。

由于两户的火灾种类相同,因此可以划分为1个计算单元,该计算单元内的保护面积为283.15平方米。

4. 根据计算单元内的消防安全设施情况确定修正系数

根据计算单元内是否已设置消防安全设施,通过查表3-11得到修正系数值。例如,在上述民用建筑某一层上,如果已设置室内消火栓系统,则K取值为0.9。

表3-11 计算单元内的修正系数表

计算单元	修正系数 K
未设室内消火栓系统和灭火系统	1.0
设有室内消火栓系统	0.9
设有灭火系统	0.7
设有室内消火栓系统和灭火系统	0.5
可燃物露天堆场,甲、乙、丙类液体储罐区,可燃气体储罐区	0.3

5. 计算单元的最小需配灭火级别

最小需配灭火级别Q应按下式计算:

$$Q = KS/U \qquad (式3-60)$$

歌舞、娱乐、放映、游艺场所,以及商场、寺庙、地下场所等的计算单元的最小需配灭火级别应按下式计算:

$$Q = 1.3KS/U \qquad (式3-61)$$

式中,U为A类或B类火灾场所单位灭火级别最大保护面积(m^2/A或m^2/B);S为计算单元的保护面积(m^2);K为修正系数;Q为计算单元的最小需配灭火级别(A或B)。

【例题3-12】 某民用建筑一单元一层面积为283.15平方米,K值取0.9。若该建筑为超高层建筑,求该建筑的每层最小需配灭火级别为多少?

解:超高层建筑灭火器应按A类严重危险级别进行配置,灭火器最低需配基准为3A,U值为50 m^2/A,则根据式3-60计算可得$Q=5.10$ A。灭火器最小需配灭火级别和最少需配数量的计算值应进位取整,则该单元的最小需配灭火级别Q应为6A。

6. 根据灭火器的最大保护距离确定灭火器设置点的位置和数量

计算时,应保证最不利点至少在单具灭火器的保护范围内。单具灭火器的最大保护距离与配置场所的火灾种类、危险等级以及灭火器的移动方式相关。

表3-12 灭火器的最大保护距离

A类火灾场所	严重危险级	中危险级	轻危险级
手提式灭火器最大保护距离	15 m	20 m	25 m
推车式灭火器最大保护距离	30 m	40 m	50 m

续　表

B/C类火灾场所	严重危险级	中危险级	轻危险级
手提式灭火器最大保护距离	9 m	12 m	15 m
推车式灭火器最大保护距离	18 m	24 m	30 m

设置在A类、B类、C类火灾场所的灭火器,其最大保护距离应符合表3－12中的规定。例如,高危险级别的A类火灾危险性场所,手提式灭火器的最大保护距离为15米。若某场所(A类火灾高危险级别)计算单元的平面设计为30 m×15 m,则最少需配灭火器设置点1处。D类火灾场所的灭火器,其最大保护距离应根据具体情况研究确定。E类火灾场所的灭火器,其最大保护距离不应低于该场所内A类或B类火灾的规定。

7. 每个灭火器设置点的最小需配灭火级别计算

单元中每个灭火器设置点的最小需配灭火级别应按下式计算:

$$Qe = Q/N \qquad\qquad (式3-62)$$

式中,Q为计算单元的最小需配灭火级别(A或B);N为计算单元中的灭火器设置点数(个);Qe为计算单元中每个灭火器设置点的最小需配灭火级别(A或B)。每个灭火器设置点实配灭火器的灭火级别和数量不得小于最小需配灭火级别和数量的计算值。当$Q＝6\,A,N＝1$时,该灭火器设置点的最小需配灭火级别为6 A,若按该场所最低要求,单具灭火器的灭火级别至少为3 A来算,该设置点至少应配备3 A灭火级别的灭火器2具。如果分散到每户人家,就是每家至少配备1具至少为3 A的灭火器。

此外,根据《建筑灭火器配置设计规范》,一般要求一个计算单元内配置的灭火器数量不得少于2具,每个设置点的灭火器数量不宜多于5具。当住宅楼每层的公共部位建筑面积超过100 m²时,应配置1具1A的手提式灭火器;每增加100 m²时,增配1具1A的手提式灭火器。

（五）灭火器的设置

灭火器配置完之后,应确定每具灭火器的设置方式和要求,并在工程设计图上用灭火器图例和文字标明灭火器的型号、数量与设置位置。

灭火器应设置在位置明显和便于取用的地点,且不得影响安全疏散。对有视线障碍的灭火器设置点,应设置指示其位置的发光标志。灭火器的摆放应稳固,其铭牌应朝外。手提式灭火器宜设置在灭火器箱内或挂钩、托架上,其顶部离地面高度不应大于1.50 m;底部离地面高度不宜小于0.08 m。灭火器箱不得上锁。灭火器不宜设置在潮湿或强腐蚀性的地点,当必须设置时,应有相应的保护措施。灭火器设置在室外时,应有相应的保护措施。灭火器不得设置在超出其使用温度范围的地点,灭火器的适宜温度一般在5～55℃。

四、常见灭火器材的使用

（一）手动式灭火器材

常见手动式灭火器材包括各类灭火器、室内或室外消火栓、灭火毯和灭火球等。

1. 手提式灭火器的使用

鸭嘴式手提式灭火器使用的一般方法是"提拔握压"四步操作法。首先,拿着灭火器上面的把手提起灭火器,然后拔去灭火器把手处的保险销,站在起火点上风口并与起火点保持5米左右的距离开始灭火。灭火动作是一手握住灭火器喷头对准火焰根部,另一手握住提把用力下压,左右扫射着向前推进,一直到火熄灭。注意事项:所有类型的灭火器均不能颠倒或卧倒放置。使用干粉灭火器前要上下颠倒几下,以使干粉松动。使用二氧化碳灭火器时,要防止窒息;不能把手放在金属筒上,以防止冻伤。使用化学泡沫灭火器时,可以颠倒筒身略加晃动,以使碳酸氢钠和硫酸铝充分混合,产生的泡沫从喷嘴喷出。如果是推车式灭火器,需要两人合作,将灭火器推至距火焰10米处的上风处,一人握紧喷头对准可燃物,另一人拔出保险销,向上扳起扳手或者逆时针旋转手轮开至最大。

2. 消火栓的使用

根据消火栓设置的位置可分为室外消火栓系统和室内消火栓系统。室内消火栓是室内管网向火场供水的带有阀门的接口,为工厂、仓库、高层建筑、公共建筑及船舶等室内固定消防设施,通常安装在消火栓箱内,与消防水带和水枪等器材配套使用。室外消火栓是设置在建筑物外面消防给水管网上的供水设施,主要供消防车从市政给水管网或室外消防给水管网取水实施灭火,也可以直接连接水带、水枪出水灭火。室内消防栓应该放置于走廊或厅堂等公共的共享空间中,一般会在墙体内,不能对其做何种装饰,要求有醒目的标注(写明"消火栓"),并不得在其前方设置障碍物,避免影响消火栓门的开启。室内消火栓的操作步骤是:先打开消火栓门,按下内部启泵报警按钮(按钮是启动消防泵和报警的);然后一人接好枪头和水带奔向起火点,另一人将水带的另一端接在栓头铝口上;逆时针打开阀门水喷出即可。注意:在枪头一端至少应有两人握住枪头,以免高压水流带动枪头伤人。如果是电起火现场,在扑救前要确定切断电源。

3. 灭火毯的使用

灭火毯又称消防被、防火毯、消防毯、阻燃毯或逃生毯,是由玻璃纤维等材料经过特殊处理编织而成的织物,通过覆盖火源、阻隔空气灭火,可用于扑灭油锅火或者披覆在身上逃生。灭火毯是一种简便的初始灭火工具,特别适用于家庭和饭店的厨房、宾馆、娱乐场所、加油站等一些容易着火的场所,防止火势蔓延以及防护逃生用。

4. 灭火球的使用

灭火球装置由泡沫外壳、内装干粉驱动装置、ABC干粉灭火剂组成。灭火球装置外部用呈十字形引线缠绕,当外部引线被点燃时,驱动介质被激活,壳体内迅速膨胀破裂,干粉灭火剂向保护区快速喷射并迅速向四周弥漫,形成全淹没灭火状态,火焰在干粉灭火剂的物理和化学双重作用下被扑灭。灭火球有两种操作方式,一是在某些可能发生火灾的区域,可以将干粉灭火球装置固定架放到指定位置,当发生火灾时,火焰引燃引线,干粉灭火球装置会在3s内自动启动,扑灭火灾。二是当某一区域发生火灾时,可由应急处理人员将灭火球抛掷到火场区域灭火。

(二) 自动灭火系统

自动灭火系统主要分为自动水灭火、自动干粉灭火和自动气体灭火。其主要元件有感温探测玻璃喷头、悬挂式超细干粉自动灭火装置和其他自动灭火系统等。自动灭火系统的相同点是都包括火灾探测元件和灭火剂。悬挂式超细干粉自动灭火装置一般安装于被保护物上方,感温元件敏锐,启动迅速,其喷射后的灭火剂通过向上的后坐力,在保护物或空气中弥散均匀、快速。同时,悬挂式超细干粉自动灭火器不占空间,可以合理规划于狭小的空间内,广泛适用于办公场所,家庭住房的厨房、餐厅,门市部等位置。感温探测玻璃球喷头是自动喷水灭火系统的重要组成元件,可用来探测火灾,受热时感温元件——玻璃球破裂,喷头喷水,从而控制、扑灭火灾。其他自动灭火系统按灭火主要材料分为两大类:七氟丙烷自动灭火系统和混合气体自动灭火系统。

(三)消防车

消防车,又称为救火车,是指根据需要设计制造成适宜消防队员乘用、装备各类消防器材或灭火剂,供消防部队用于灭火、辅助灭火或消防救援的车辆。消防车可以运送消防员抵达灾害现场,并为其执行救灾任务提供多种工具。现代消防车通常会配备钢梯、水枪、便携式灭火器、自持式呼吸器、防护服、破拆工具、急救工具等装备,部分还会搭载水箱、水泵、泡沫灭火装置等大型灭火设备。消防车顶部通常设有警钟警笛、警灯和爆闪灯。根据消防车的用途可以分为三大类:灭火消防车、举高消防车和专勤消防车。

1. 专勤消防车

专勤消防车是担负除灭火之外的某专项消防技术作业的消防车,包括通讯指挥消防车、照明消防车、勘察消防车、抢险救援消防车、排烟消防车、供水和供液消防车、消防坦克等。

(1)通讯指挥消防车上设有电台、电话、扩音等通信设备,可供火场指挥员指挥灭火、救援和通讯联络,通常会在应对需要指挥调度的任务时出动。照明消防车上主要装备发电、发电机、固定升降照明塔、移动灯具以及通信器材。为夜间灭火、救援工作提供照明,同时兼作火场临时电源,为通讯、广播宣传和破拆器具提供电力。

(2)勘察消防车上装备有勘察柜、勘察箱、破拆工具柜,装有气体、液体、声响等探测器与分析仪器,也可根据用户要求装备电台、对讲机、录像机、录音机和开闭路电视,是一种适用于公安、司法和消防系统特殊用途的勘察消防车。它可用于火灾现场、刑事犯罪现场及其他现场的勘察,还适用于大专院校、厂矿企业、科研部门和地质勘察等单位。

(3)抢险救援消防车上装备各种消防救援器材、消防员特种防护设备、消防破拆工具及火源探测器,是担负抢险救援任务的专勤消防车。

(4)排烟消防车上装备风机、导风管,用于火场排烟或强制通风,以便使消防队员进入着火建筑物内进行灭火和营救工作。特别适用于扑救地下建筑和仓库等场所火灾。

(5)供水消防车装有大容量的贮水罐,还配有消防水泵系统,是火场供水的后援车辆,特别适用于干旱缺水地区。同时,它也具有一般水罐消防车的功能。供液消防车上的是专给火场输送补给泡沫液的后援车辆,主要装备是泡沫液罐及泡沫液泵装置。

(6)消防坦克由军用坦克改装,是专用于城乡消防的特殊坦克,具有防火、防爆、防毒、清障等突出的功能特点。消防坦克多用于危险化学品泄漏、大规模严重火灾等重大火情,凭借其装甲厚重、动力强劲、越野破障的优势突入火场,但由于其公路机动性差,成本高昂且耗油量大,因此较为罕见。

2. 灭火消防车

灭火消防车可喷射灭火剂,独立扑救火灾。按灭火剂种类不同可分为水型消防车、泡沫消防车、二氧化碳消防车和干粉消防车。

(1)水型消防车可分为泵浦消防车和水罐消防车。泵浦消防车又称"泵车",指搭载水泵的消防车,其上装备消防水泵和其他消防器材及乘员座位。泵浦消防车抵达现场后可利用现场消防栓或水源直接吸水灭火,也可向火场其他灭火喷射设备供水。水罐消防车又称"水箱车",车上除了消防水泵及器材以外,还设有较大容量的贮水罐及水枪、水炮等,可在不借助外部水源的情况下独立灭火,也可以从水源吸水直接进行扑救,或向其他消防车和灭火喷射装置供水。在缺水地区也可作供水、输水用车,适合扑救一般性火灾,是公安消防队和职业消防队常备的消防车辆。

(2)泡沫消防车分为普通泡沫消防车和高倍泡沫消防车。其中普通泡沫消防车主要装备消防水泵、水罐、泡沫液罐、泡沫混合系统、泡沫枪、泡沫炮及其他消防器材,可以独立扑救火灾,特别适用于扑救石油及其产品等油类火灾,也可以向火场供水和泡沫混合液,是石油化工企业、输油码头、机场以及城市专业消防队必备的消防车辆。高倍泡沫消防车装备高倍数泡沫发生装置和消防水泵系统,可以迅速喷射发泡 $400 \sim 1\,000$ 倍的大量高倍数空气泡沫,使燃烧物表面与空气隔绝,起到窒息和冷却作用,并能排除部分浓烟,适用于扑救地下室、仓库、船舶等封闭或半封闭建筑场所火灾,效果显著。

(3)二氧化碳消防车上装备有二氧化碳灭火剂的高压贮气钢瓶及其成套喷射装置,有的还设有消防水泵。主要用于扑救贵重设备、精密仪器、重要文物和图书档案等火灾,也可扑救一般物质火灾。

(4)干粉消防车主要装备干粉灭火剂罐和干粉喷射装置、消防水泵和消防器材等,主要用于扑救可燃和易燃液体火灾、可燃气体火灾、带电设备火灾,也可以扑救一般物质的火灾。对于大型化工管道火灾,扑救效果尤为显著,是石油化工企业常备的消防车。泡沫-干粉联用消防车上的装备和灭火剂是泡沫消防车和干粉消防车的组合,它既可以同时喷射不同的灭火剂,也可以单独使用,适用于扑救可燃气体、易燃液体、有机溶剂和电气设备以及一般物质火灾。

3. 举高消防车

举高消防车是装备举高和灭火装置的可进行登高灭火或消防救援的消防车,包括云梯消防车、登高平台消防车和举高喷射消防车,主要用于高层建筑火灾的扑救。其中云梯消防车上设有伸缩式云梯,可带有升降斗转台及灭火装置,供消防人员登高进行灭火和营救被困人员,适用于高层建筑火灾的扑救。登高平台消防车上设有大型液压升降平台,供消防人员进行高层建筑、高大设施、油罐等火灾的登高扑救和营救被困人员。举高喷射消防车装备有折叠、伸缩或组合式臂架,转台和灭火喷射装置。消防人员可在地面遥控操作臂架顶端的灭火喷射装置,在空中向施救目标进行喷射扑救。例如,芬兰进口消防车——博浪涛举高消防车,其车身庞大,高度4米,在工作展开状态宽度为8米,长22米,其最大救援高度为101米,按高层2.8米层高计算,可以达到约36层的高度,现场展开需要20

分钟。

2013 年 7 月,中国航天科工集团公司进行了国内首次高层楼宇导弹灭火系统的试验,取得圆满成功,填补了我国高层、超高层建筑消防外部救援装备领域的技术和装备空白。高层楼宇导弹灭火系统由中国航天科工二院 206 所研制,该系统是利用航天发射技术、控制技术和信息处理技术研制的特种消防装备。消防导弹车长 8 米,宽 2 米,高 3.3 米。每辆导弹消防车装载有两个灭火模块,含 24 发灭火弹,每枚导弹装有 3.6 公斤的干粉灭火剂。在灭火弹使用完之后,可以批量装卸,就像"换弹夹"一样。

该导弹车成功通过了精度试验和效能试验。在精度试验中,该系统发射的导弹准确击中 145 米(相当于四五十层写字楼高)的靶标;在效能试验中,该系统发射的导弹成功穿透 19 毫米厚的玻璃幕墙,并将 60 立方米室内烟火成功扑灭,即一枚灭火弹可以覆盖 60 立方米空间。

灭火导弹的出现,极大地降低了高层灭火的难度。导弹消防车不仅能够提升灭火效率保障财产安全,还保障了消防员的安全。在导弹消防车发明之前,我国的高层火灾救援采用的主要是进口消防车,如芬兰的博浪涛举高消防车,但其车身庞大,压根进不去繁华的商业街和小区,而且其现场展开需要 20 分钟时间,大大推后了救火的时间。消防导弹车是靠发射灭火弹来进行灭火,可以扑灭发射高度在 100 至 300 米的火源,抛射距离为一公里,弹筒可进行多角度的旋转,最大仰角可以达到 70 度。因此只要在距离现场几百米的位置,调整好发射角度即可。

为了实现精确定位火源位置,这辆灭火车还采用了光电复合探测技术,在弹夹的下方安装有消防车的"三只眼睛",分别是可见光、红外光和激光。在灭火之前,消防员通过可见光和红外光,能全天候准确定位浓烟后或墙体后的火源位置,避免由于遮挡而无法定位的问题,然后利用激光测距、角度传感器计算弹道,再通过控制手柄控制发射转塔调整到合适的发射位置,发射灭火弹,破窗而入。整个过程只需要几十秒的时间。

此外,灭火导弹灭火时不需要担心它会影响周边,因为这辆灭火车采用了"绿色发射技术"。在发射灭火弹时无火、无烟、低噪声,在城市环境下使用没有污染,更不会造成二次伤害。它发射时的噪音仅为 70 分贝左右,比放鞭炮的声音还小。另外灭火导弹的弹体上设有特殊设置,使其在进入楼内后不会爆炸,也不会产生碎片和冲击波,而是瞬间喷射灭火剂使其覆盖整个房间。

据报道,导弹消防车造价 700 万元,每枚导弹造价 3 万,相对于国外引进的 2 400 万的 101 米云梯消防车,导弹消防车的灭火性价比更高。

4. 消防车道建筑设计要求

根据 GB 50016—2014《建筑设计防火规范(2018 年版)》中的规定,结合举高消防车和导弹消防车的车身数据,能够更好地理解建筑消防车道的建筑设计要求。

(1)关于消防车道的规定

街区内的道路应考虑消防车的通行,道路中心线间的距离不宜大于 160 m。这是因为我国市政消火栓的保护半径在 150 m 左右,按规定一般设在城市道路两旁,故将消防车道的间距定为 160 m。

当建筑物沿街道部分大于 150 m 或总长度大于 220 m 时,应设置穿过建筑物的消防车道。确有困难时,应设置环形消防车道,环形消防车道至少应有两处与其他车道连通。高层民用建筑,超过 3 000 个座位的体育馆,超过 2 000 个座位的会堂,占地面积大于 3 000 m² 的商店建筑、展览建筑等单、多层公共建筑应设置环形消防车道,确有困难时,可沿建筑的两个长边设置消防车道;对于高层住宅建筑和山坡地或河道边临空建造的高层民用建筑,可沿建筑的一个长边设置消防车道,该长边所在建筑立面应为消防车登高操作面。这是因为沿建筑物设置环形消防车道或沿建筑物的两个长边设置消防车道,有利于在不同风向条件下快速调整灭火救援场地和实施灭火。同时对于大型建筑,更有利于众多消防车辆到场后展开救援行动和调度。根据灭火救援实际,建筑物的进深最好控制在 50 m 以内。

消防车道还应符合下列要求:车道的净宽度和净空高度均不应小于 4.0 m;转弯半径应满足消防车转弯的要求;消防车道与建筑之间不应设置妨碍消防车操作的树木、架空管线等障碍物;消防车道靠建筑外墙一侧的边缘距离建筑外墙不宜小于 5 m;消防车道的坡度不宜大于 8%。

根据目前国内在役各种消防车辆的外形尺寸,按照单车道并考虑消防车快速通行的需要,可以确定消防车道的最小净宽度、净空高度。消防车的转弯半径一般均较大,通常为 9～12 m。根据实际灭火情况,除高层建筑需要设置灭火救援操作场地外,一般建筑均可直接利用消防车道展开灭火救援行动,因此,消防车道与建筑间要保持足够的距离和净空,避免高大树木、架空高压电力线、架空管廊等影响灭火救援作业。

(2)有关回车场的规定

尽头式消防车道应设置回车道或回车场,回车场的面积不应小于 12 m×12 m。对于高层建筑,回车场面积不宜小于 15 m×15 m;供重型消防车使用时,回车场面积不宜小于 18 m×18 m。这是因为我国普通消防车的转弯半径为 9 m,登高车的转弯半径为 12 m,一些特种车辆的转弯半径为 16～20 m。回车场地面积是根据一般消防车的最小转弯半径而确定的。

(3)消防车登高操作场地的基本要求

高层建筑应至少沿一个长边或周边长度的 1/4 且不小于一个长边长度的底边连续布置消防车登高操作场地,该范围内的裙房进深不应大于 4 m。对于建筑高度不大于 50 m 的建筑,连续布置消防车登高操作场地确有困难时,可间隔布置,但间隔距离不宜大于 30 m。这是扑救建筑火灾和救助高层建筑中遇困人员需要的基本要求。对于高层建筑,特别是布置有裙房的高层建筑,要确保登高消防车能够靠近高层主体建筑,便于登高消防车开展灭火救援,应利用建筑物的长边方向设置尽可能多的救援场地。消防车登高操作场地应符合下列规定:① 场地与厂房、仓库、民用建筑之间不应设置妨碍消防车操作的树木、架空管线等障碍物和车库出入口。② 场地的长度和宽度分别不应小于 15 m 和 10 m。对于建筑高度大于 50 m 的建筑,场地的长度和宽度分别不应小于 20 m 和 10 m。③ 场地及其下面的建筑结构、管道和暗沟等,应能承受重型消防车的压力。④ 场地应与消防车道连通,场地靠建筑外墙一侧的边缘距离建筑外墙不宜小于 5 m,且不应大于 10 m,场地的坡度不宜大于 3%。

对于建筑高度超过 100 m 的建筑,需考虑大型消防车辆灭火救援作业的需求。如对于举升高度 112 m、车长 19 m、展开支腿跨度 8 m、车重 75 t 的消防车,一般情况下,灭火救援场地的平面尺寸不小于 20 m×10 m,场地的承载力不小于 10 kg/cm²,转弯半径不小于 18 m。一般举高消防车停留、展开操作的场地坡度不宜大于 3%。

思考和实践

(1) 简述灭火的基本方法。

(2) 简述灭火剂的种类及适宜扑灭的火灾类型。

(3) 宿舍楼是严重危险级的 A 类配置场所,以每一楼层为一个防火分区,室内有消火栓系统($K=0.9$),请根据所在宿舍楼的情况计算每一层应配灭火级别和每个灭火器设置点应配灭火器个数。实地考察灭火器的设置点和灭火器配置情况,判断灭火器配置是否合理。

(4) 简述干粉灭火器的使用方法和注意事项。

(5) 完成省级虚拟仿真实验项目"化工企业火灾风险防控及应急处置演练虚拟仿真实验"中的防火设计。

化工企业火灾
风险防控及
应急处置演练
虚拟仿真实验

高层建筑防火
设计与消防疏散
虚拟仿真实验

(6) 完成国家虚拟仿真实验平台实验项目"高层建筑防火设计与消防疏散虚拟仿真实验"中的环形消防车道设计。

知识拓展与实践

一、危险化学品火灾事故案例(资料来源:中华人民共和国应急管理部,https://www.mem.gov.cn/)

根据国家应急管理部发布的危险化学品相关火灾事故统计,可以整理出国内外历史上每个月发生的危化品事故特点。

1. 一月份发生的危险化学品火灾、爆燃或燃爆事故

日本和歌山县东燃通用石油公司炼油厂火灾事故

2017 年 1 月 18 日,日本和歌山县东燃通用石油公司旗下炼油厂的一个油料储罐在清理作业期间起火,连续燃烧近 9 小时后熄灭,1 月 22 日再次起火。火灾发生在润滑油生产装置群 2 号丙烷脱蜡装置与 2 号润滑油萃取加氢脱硫精制装置附近,一度导致周边地区近 3 000 人紧急避难,过火面积约为 850 平方米。事故直接原因是储罐内残存淤浆中的硫化铁发生自燃,起火初期可能无

人在现场监护,导致事故扩大。1月22日再次起火的原因是第二润滑油萃取加氢精制装置高压吹扫气体管道系统存在多处裂口和一个不符合规定的法兰盘,可能导致了含氢的易燃气体泄漏并起火。

2.二月份发生的危险化学品火灾、爆燃或燃爆事故

(1)湖北省枝江市富升化工有限公司"2·19"燃爆事故

2015年2月19日,湖北省枝江市富升化工有限公司硝基复合肥建设项目在试生产过程中发生硝酸铵燃爆事故,造成5人死亡,2人受伤,直接经济损失469.28万元。事故直接原因是北塔1#混合槽物料温度长时间高于工艺规程控制上限,导致硝酸铵受热分解,最高温度达630℃,致使1#和2#混合槽相继冒槽,料浆流至100.5米层和96米层平台,发生燃爆。

(2)山东临沂市金山化工有限公司"2·3"较大爆燃事故

2018年2月3日,位于山东省临沂市临沭县经济开发区化工园区的临沂市金山化工有限公司苯甲醛生产车间发生较大爆燃事故,造成5人死亡,5人受伤,直接经济损失1770余万元。事故的直接原因是氯甲基三甲基硅烷(C-43)生产装置的四甲基硅烷(TMS)与氯气发生放热反应过程中,未及时冷却降温,导致反应失控,造成釜内大量液相四甲基硅烷迅速汽化,压力急剧升高,四甲基硅烷等物料喷出,与空气混合形成爆炸性混合气体,遇点火源发生爆燃,并引发连环爆炸。

(3)美国马丁内斯市雅芳炼油厂火灾事故

1999年2月23日,美国加利福尼亚马丁内斯市托斯科公司的雅芳炼油厂常减压装置发生火灾事故,造成4人死亡,1人重伤。事故直接原因是工人们试图更换连接在一座45.7米高、正在运行的分馏塔上的管道,在管道移除过程中石脑油泄漏到热分馏塔并起火。

3.三月份发生的危险化学品火灾、爆燃或燃爆事故

(1)河北唐山华熠实业公司"3·1"较大火灾事故

2018年3月1日,河北省唐山市华熠实业股份有限公司组织承包商迁安市天良建筑机电安装工程有限公司在苯加氢车间酸性污水暂存罐改造作业过程中发生爆燃引发火灾事故,造成4人死亡,1人受伤。事故直接原因是:事故发生时酸性污水暂存罐自投产已经使用三年多,罐内残存有机烃物质逐渐增多,罐内有机烃及硫化氢等物质和空气混合后形成爆炸性气体,作业人员拆除酸性污水暂存罐罐顶备用口盲板后,未采取封闭措施,因工具碰撞产生火花,引起从备用口逸出的罐内爆炸性气体爆燃着火。

(2)美国莱克查尔斯炼油厂"3·3"催化裂化装置火灾爆炸事故

1991年3月3日,美国路易斯安那州莱克查尔斯炼油厂的催化裂化装置发生爆炸并引起大火,造成5人死亡。事故直接原因是:按照公司规定,在检维修结束后油送入装置前,用蒸汽吹扫装置中的空气。操作时,由于装置温度较低,蒸汽冷凝成水,并积聚在装置底部的分馏器内。分馏器内的积水用泵打入接收罐,通过罐底阀门将积水排入污水池内。但由于接收罐阀门未打开,因此,罐内积水无法排出。当装置投料生产后,装置内的高温热解油遇水立即汽化,产生大量蒸汽聚积在接收罐内。虽然接收罐的安全阀工作正常,但产生的蒸汽量太大,导致接收罐爆裂,高温热油从爆裂的罐内喷出,遇明火发生爆炸,并引发火灾。

4.四月份发生的危险化学品火灾、爆燃或燃爆事故

(1)福建漳州腾龙芳烃(漳州)有限公司"4·6"爆炸着火事故

2015年4月6日,位于福建省漳州市古雷港经济开发区的腾龙芳烃(漳州)有限公司二甲苯装置发生重大爆炸着火事故,造成6人受伤,另有13名周边群众留院观察,直接经济损失9457万元。

事故的直接原因是在二甲苯装置开工引料过程中出现压力和流量波动，引发液击，致使存在焊接质量问题的管道焊口断裂，物料外泄。泄漏的物料被鼓风机吸入，进入加热炉发生爆炸，导致临近的重石脑油储罐和轻重整液储罐爆裂燃烧，大火57个小时后被彻底扑灭。

(2) 承德兴隆县天利海香精香料有限公司"4·9"火灾事故

2016年4月9日，河北省兴隆县天利海香精香料有限公司发生火灾事故，造成4人死亡、3人烧伤。事故的直接原因是：化二车间水解釜因加热过快，釜内物料突沸后压力增大，导致水解釜物理爆炸，含有甲醇的物料从水解釜泄出引发火灾。

(3) 内蒙古伊东集团东兴化工有限责任公司"4·24"爆燃事故

2019年4月24日，位于内蒙古乌兰察布市卓资县旗下营工业园区的内蒙古伊东集团东兴化工有限责任公司氯乙烯气柜泄漏扩散至电石冷却车间，遇火源发生燃爆，造成4人死亡、3人重伤、33人轻伤，直接经济损失人民币4154万元。事故的直接原因是：根据气象分析报告，事故发生当晚，当地风力达到7级，由于事故现场无气象监测资料，受地形影响，狭管效应可能导致事故现场产生8级以上大风，由于强大的风力以及未按照《气柜维护检修规程》规定进行全面检修，事发前氯乙烯气柜卡顿、倾斜，开始泄漏，压缩机入口压力降低，操作人员没有及时发现气柜卡顿，仍然按照常规操作方式调大压缩机回流，进入气柜的气量加大，加之调大过快，氯乙烯冲破环形水封泄漏，向低洼处扩散，遇火源发生燃爆。

(4) 湖南省炎陵县华丰化工有限公司"4·22"燃爆事故

2011年4月22日，湖南省株洲市炎陵县华丰化工有限责任公司发生燃爆事故，造成6人死亡、4人受伤，直接经济损失336万元。事故的直接原因是该公司干燥包装车间电气开关柜箱体内集聚了高氯酸铵粉尘，内部不防爆的电气设备产生电火花，引爆粉尘，冲开电气开关箱体，引发周边的高氯酸铵粉尘二次爆炸，引燃车间及临近仓库内的高氯酸铵成品。

(5) 江西樟江化工有限公司"4·25"爆燃事故

2016年4月25日，江西樟江化工有限公司过氧化氢装置在试生产过程中发生爆燃事故，造成3人死亡、1人轻伤，直接经济损失1500万元左右。事故发生的直接原因是：在试生产准备阶段，应为酸性的氧化工作液呈碱性。在进行紧急停车后，生产负责人企图回收利用不合格工作液，违规将氧化工作液泄放至酸性储槽中，并添加磷酸，企图重新将氧化工作液调成酸性。但酸性储槽中的过氧化氢在碱性条件下迅速分解并放热，产生高温和助燃气体氧气，引起储槽压力骤升而爆炸，同时引燃氧化工作液。

(6) 济南齐鲁天和惠世制药有限公司"4·15"重大着火中毒事故

2019年4月15日，齐鲁天和惠世制药有限公司在冻干车间地下室管道改造过程中发生事故，造成10人死亡、12人受伤，死亡人员包括天和惠世公司3名职工和信邦建设集团有限公司（承包商）的7名施工人员，共造成直接经济损失1867万元。事故的直接原因是天和公司四车间地下室管道改造作业过程中，违规进行动火作业，电焊或切割产生的焊渣或火花引燃现场堆放的冷媒增效剂（主要成分为氧化剂亚硝酸钠，有机物苯并三氮唑、苯甲酸钠），瞬间产生爆燃，放出大量氮氧化物等有毒气体，造成现场施工和监护人员中毒窒息死亡。

(7) 安徽省安庆市万华油品有限公司"4·2"爆燃事故

2017年4月2日，安徽省安庆市大观经济开发区万华油品有限公司内，盛铭公司组织8名工人在烘干粉碎分装车间的东第二间粉碎分装一黑色物料。17时许，在重新启动粉碎机时，粉碎机下部突发爆燃，瞬间引燃操作面物料，火势迅速蔓延，引燃化工原料库物料，造成5人死亡、3人受伤。事故原因为万华油品公司非法出租厂房给不具备安全生产条件的盛铭公司；盛铭公司非法组织生产,其产品粉碎、收集、分装作业现场不具备安全生产条件,无除尘设施,导致可燃性粉尘积聚,遇非防爆电器产生的电火花发生爆燃。同时,由于车间布置和生产组织安排不合理,作业人员无应急处置能力,导致事故扩大。

(8) 江苏德桥仓储有限公司"4·22"较大火灾事故

2016年4月22日,江苏德桥仓储有限公司储罐区2号交换站发生火灾,事故导致1名消防战士在灭火中牺牲,直接经济损失2 532.14万元。事故直接原因是德桥公司组织承包商在2号交换站管道进行动火作业前,未清理作业现场地沟内油品、未进行可燃气体分析、未对动火点下方的地沟采取覆盖、铺沙等措施进行隔离,违章动火作业,切割时产生火花引燃地沟内的可燃物。

(9) 沙特朱拜勒化工厂火灾事故

2016年4月16日,沙特东部朱拜勒工业城一化工厂发生火灾,造成12人死亡,11人受伤。该化工厂位于朱拜勒工业城,隶属于朱拜勒联合石化公司。事故时该化工厂正在进行日常维修,现场的维修承包商和技术人员在更换催化剂时设备起火。虽然大火在10分钟内被扑灭,但由于现场浓烟弥漫,在场的部分人员发生窒息。

5. 五月份发生的危险化学品火灾、爆燃或燃爆事故

(1) 兰州石油化工公司"5·29"火灾事故

2006年5月29日,甘肃兰州市中国石油天然气集团公司兰州石油化工公司有机厂发生火灾事故,造成4人死亡,11人受伤。事故的直接原因是:中石油兰州石油化工公司对有机厂苯胺装置进行检修,在对装置内物料进行置换后,开始进行装置的清扫和检修作业。检修作业人员在苯胺装置废酸回收单元内进行粉刷作业过程中,废酸回收单元的苯泄漏,遇现场明火引发火灾。

(2) 广东省黄埔化工厂"5·17"爆炸火灾事故

1991年5月17日,广东省黄埔化工厂发生着火事故,造成3人死亡,1人轻伤。事故的直接原因是:该厂合成龙脑酯化车间反应岗位工人依次向反应釜内投入松节油、草酸、醋酐等物料,由于工人操作失误,2号反应釜内温度与压力瞬间急剧上升,因未能及时加水破坏反应造成冲料,物料大部分随即汽化形成雾状,与空气混合达到爆炸极限,遇点火源发生爆炸并着火。

(3) 江苏省武进横林化工助剂厂"5·18"火灾爆炸事故

1993年5月18日,江苏省常州市武进横林化工助剂厂发生火灾爆炸事故,造成4人死亡,2人轻伤。事故的直接原因是:该厂四名工人通过手孔用铁棒清除减压蒸馏釜中的沾釜残渣(未反应的2,4-二硝基氯苯及氟化反应的副产物),并接一盏220 V普通白炽灯作临时照明。在清釜过程中,釜内发生爆燃,引发全车间起火燃烧,车间内一装有约200 kg 2,4-二硝基氯苯的氟化釜受高温发生爆炸,导致事故扩大。

(4) 江苏省江阴市松桥化工厂"5·18"火灾事故

1995年5月18日,江苏省江阴市松桥化工厂在生产对硝基苯甲酸过程中发生爆燃火灾事故,造成4人死亡,3人重伤,直接经济损失10.6万元。事故发生前,发现氧化釜搅拌器转动轴密封填料处有泄漏,生产副厂长指挥工人用扳手对螺栓进行紧固,但并未成功,导致泄漏更加严重,釜内物料(其成分主要是醋酸)从泄漏处大量喷出,与空气形成爆炸性混合气体,遇到金属撞击火花发生爆燃,形成大火。

(5) 美国得克萨斯州布拉佐利亚第三海岸工业炼油厂火灾事故

2002年5月1日,美国得克萨斯州布拉佐利亚县第三海岸工业炼油厂的混合包装装置发生火灾事故,由于防火设施设计缺陷,大火持续燃烧一天多,烧毁了120万加仑可燃液体,周边设备设施严重损毁,附近100多名居民被迫撤离,并对周围环境造成严重影响。事故原因是该炼油厂缺乏识别分析严重火灾风险的管理系统;没有适当的措施来控制可能发生的火灾事故。

（6）美国路易斯安那州硝基烷烃厂"5·1"火灾爆炸事故

1991年5月1日，美国路易斯安那州斯特林通IMC公司经营的Angus化学公司所属的硝基烷烃厂发生火灾爆炸事故，造成8人死亡，120人受伤。事故发生在硝酸和丙烷高温反应生成硝基烷烃的工艺过程中，因丙烷泄漏而发生爆炸，引起火灾。

6. 六月份发生的危险化学品火灾、爆燃或燃爆事故

（1）中国石油大连石化分公司三苯罐区"6·2"较大爆炸火灾事故

2013年6月2日，中国石油天然气股份有限公司大连石化分公司第一联合车间三苯罐区在动火作业过程中发生爆炸着火，造成4人死亡，直接经济损失697万元。事故的直接原因是：承包商作业人员在第一联合车间三苯罐区小罐区杂料罐罐顶违规违章进行气割动火作业，切割火焰引燃泄漏的甲苯等易燃易爆气体，回火至罐内引起储罐爆炸，并引起附近其他三个储罐相继爆炸着火。

（2）山东临沂金誉石化有限公司"6·5"爆炸着火事故

2017年6月5日，山东省临沂市金誉石化有限公司装卸区的一辆运输石油液化气罐车，在卸车作业过程中发生液化气泄漏爆炸着火事故，造成10人死亡，9人受伤。事故的直接原因是：运载液化气罐车在卸车栈台卸料时，快速接头卡口未连接牢固，接头处发生脱开造成液化气大量泄漏，与空气形成爆炸性混合气体，遇点火源发生爆炸。

（3）河北石家庄炼化"6·15"火灾事故

2016年6月15日，河北省石家庄市中石化石家庄炼化分公司220万吨/年催化裂化装置烟气脱硫脱硝设施吸收塔发生火灾事故，造成4人死亡。事故直接原因是：作业人员在烟囱顶部防腐补焊作业过程中，由于隔离措施不到位，电焊焊渣从缝隙落到除雾器层，引发聚丙烯材质的除雾器着火，高温烟气沿烟囱排出，造成作业人员高温和中毒窒息死亡。

（4）北京东方化工厂"6·27"罐区特大火灾爆炸事故

1997年6月27日，北京东方化工厂发生爆炸火灾事故，造成9人死亡、39人受伤，直接经济损失1.17亿元。事故的直接原因是：从铁路罐车经油泵往储罐卸轻柴油时，由于操作工开错阀门，使轻柴油进入满载的石脑油罐，导致石脑油从罐顶气窗大量溢出，溢出的石脑油及其油气在扩散过程中遇到明火，产生第一次爆炸和燃烧，继而引起罐区内乙烯球罐和其他储罐爆炸和燃烧。

（5）中石油辽阳石化分公司"6·29"原油罐爆燃事故

2010年6月29日，中石油辽阳石化分公司炼油厂原油输转站原油罐在清罐作业过程中，发生爆燃事故，致使罐内作业人员5人死亡、5人受伤，直接经济损失150万元。事发时，作业人员正在对原油输转站1个3万立方米的原油罐进行现场清罐作业。作业过程中产生的油气与空气混合，形成了爆炸性气体环境，遇到非防爆照明灯具发生闪灭打火，或作业时铁质清罐工具撞击罐底产生的火花，导致爆燃事故。

（6）浙江绍兴林江化工股份有限公司"6·9"爆燃事故

2017年6月9日，浙江林江化工股份有限公司在中试生产一种农药新产品过程中发生爆燃事故，造成3人死亡、1人受伤。事故的直接原因是：林江化工试验的新产品涉及一种不稳定的中间体，其反应特性是40℃以下缓慢分解，随温度升高分解速度加快，至130℃时剧烈分解。林江化工在不掌握新产品及中间体理化性质和反应风险的情况下，利用已停产的工业化设备进行新产品中试，在反应釜中进行水汽蒸馏操作时，夹套蒸汽加热造成局部高温，中间体大量分解导致反应釜内温度、压力急剧升高，最终发生爆燃事故。

（7）河南开封旭梅生物科技有限公司"6·26"较大燃爆事故

2019年6月26日，开封旭梅公司天然香料提取车间发生一起燃爆事故，造成7人死亡，4人受伤,直接经济损失约 2 000 余万元。事故直接原因是:工人错误操作,使应该常压运行的设备带压运行。制造厂商在《2 000 升茶叶提取设备使用说明》中规定"本设备的整个提取过程是在密闭的循环系统内常压状态完成提取",事故发生时,工人在没有开启 1 号提取罐上部破真空阀门,同时也没有开启冷凝接收罐下部阀门的情况下,加热罐内物料(乙醇和红枣)进行枣子酊提取操作,致使罐内超压,放料盖爆开,高温乙醇液体从罐内大量泄出被静电引燃,挥发的乙醇气体遇明火发生爆炸,车间装置附近存放的乙醇及含乙醇提取液造成火势进一步扩大和蔓延。开封旭梅公司擅自变更设备工艺和用途,1 号提取罐是开封旭梅公司定制设备,经专家论证,该提取罐不适用于乙醇提取工艺,2019 年 4 月份,开封旭梅公司开始使用 1 号茶叶提取罐制作红茶提取液(试生产),2019 年 6 月 24 日,又将该茶叶提取设备作为枣子酊提取设备,擅自把水提工艺(溶媒为水)更改为醇提工艺(溶媒为乙醇)。

(8)美国路易斯安那州盖斯马市威廉姆烯烃厂火灾事故

2013 年 6 月 13 日,美国路易斯安那州盖斯马市威廉姆盖斯马烯烃厂发生再沸器破裂、丙烷泄漏火灾事故,造成 2 人死亡,167 人受伤。事故原因是:丙烯分馏装置的再沸器因进行非常规操作,即将其与减压装置隔离后引入外部热源,导致再沸器内部的液态丙烷混合物料温度急剧增加,导致再沸器破裂,液态丙烷泄漏并形成蒸气云,最终发生火灾事故。

7. 七月份发生的危险化学品火灾、爆燃或燃爆事故

(1)中国石油庆阳石化分公司"7·26"常压装置泄漏着火事故

2015 年 7 月 26 日,中石油庆阳石化公司常压装置渣油/原油换热器发生泄漏着火,造成 3 人死亡,4 人受伤。事故的直接原因是常压装置渣油/原油换热器外头盖排液口管塞在检修过程中装配错误,导致在高温高压下管塞脱落,约 342~346 ℃的高温渣油(其自燃点为 240 ℃)瞬间喷出,遇空气自燃,引发火灾。

(2)云南曲靖众一合成化工"7·7"氯苯回收塔爆燃事故

2014 年 7 月 7 日,云南省曲靖众一合成化工有限公司合成一厂一车间氯苯回收系统发生爆燃事故,造成 3 人死亡,4 人受伤,直接经济损失 560 万元。事故的直接原因:一是氯苯回收塔塔底 AO-导热油换热器内漏,管程高温导热油泄漏进入壳程中与氯苯残液混合,进入氯苯回收塔致塔内温度升高,残液汽化压力急剧上升导致氯苯回收塔爆炸和燃烧;二是未按设计要求安装温控调节阀,只安装了现场操作的"截止阀",当回收塔塔底温度、压力出现异常情况并超过工艺参数正常值范围时,"截止阀"不能自动调节和及时调控。

(3)黑龙江化工厂"7·12"储罐着火事故

1994 年 7 月 12 日,黑龙江化工厂焦油车间储罐罐顶撕裂,储存物料喷出起火,导致 3 人死亡。事故原因是没有严格控制注入的焦油、蒽油混合液的温度,注入储罐的焦油、蒽油混合液因温度高导致汽化量增大,罐顶撕裂,致使热油喷出起火。

(4)大连中石油国际储运有限公司"7·16"输油管道爆炸火灾事故

2010 年 7 月 16 日,大连中石油国际储运有限公司原油罐区输油管道发生爆炸,造成原油大量泄漏并引起火灾,原油流入附近海域,造成环境污染。事故造成 1 名作业人员失踪,灭火过程中 1 名消防战士牺牲。事故发生的直接原因是:在油轮卸油作业完毕停止卸油的情况下,服务商上海祥诚公司继续向卸油管线中加入大量脱硫化氢剂(主要成分为过氧化氢),造成脱硫化氢剂在加剂口附近输油管段内局部富集并发生放热反应,引起输油管道发生爆炸,原油泄漏,引发火灾。

(5)江苏南京"7·28"丙烯管道泄漏爆燃事故

2010 年 7 月 28 日,江苏省南京市栖霞区发生一起丙烯爆燃事故,造成 22 人死亡、120 人受伤。

事故的直接原因是在原塑料厂旧址上平整拆迁土地过程中,挖掘机挖穿了地下丙烯管道,造成管道内存有的液态丙烯泄漏,泄漏的丙烯蒸发扩散后,遇到明火发生爆燃。

(6) 挪威海德罗公司合成氨厂"7·6"爆炸火灾事故

1985年7月6日,挪威国营石油、化肥和化学品生产商挪威海德罗公司在波什格伦的合成氨厂发生爆炸事故,使年产14万吨的合成氨装置遭到大火的破坏,损失了大约25%的氨生产能力。事故造成1人死亡,2人受重伤。事故的直接原因是过热的氢气泵爆炸,引燃了气体,破坏了附近的氨贮罐。

(7) 美国得克萨斯州科珀斯克里斯蒂 CITGO 炼油厂火灾事故

2009年7月19日,美国得克萨斯州科珀斯克里斯蒂 CITGO 炼油厂氢氟酸烷基化装置发生火灾事故,致使约21吨氢氟酸泄漏,造成2人受伤。事故原因是控制阀突然失效,管内流体几乎完全堵塞,从而导致工艺循环管路发生剧烈振动,两个螺纹连接断裂,释放出高度易燃烃类物料,形成可燃蒸气云蔓延至邻近装置并被点燃,火灾导致多处氢氟酸泄漏。

(8) 美国堪萨斯州 Valley Center 市储油罐火灾爆炸事故

2007年7月17日,美国堪萨斯州 Valley Center 市 Barton Solvents Wichita 工厂内发生石脑油储罐爆炸火灾事故,事故发生时油库主管正从罐车向储罐输送石脑油,事故造成11名居民和1名消防员受伤,周边约6 000名居民撤离。事故原因可能是:① 储罐顶部含有易燃的可燃气体-空气混合物;② 当停止向储罐输送后,输送管道、沉积物内的空气摩擦可快速在储罐内累积大量静电;③ 在注入石脑油期间,储罐内部液位测量系统的浮子可能因为松散的结构产生电火花。

8. 八月份发生的危险化学品火灾、爆燃或燃爆事故

(1) 河北省沧州市中捷石化有限公司"8·10"火灾事故

2017年8月10日,位于河北沧州的中捷石化有限公司发生一起火灾事故,造成2人死亡,12人受伤。事故发生的直接原因是:120万吨/年催化裂化装置气压机出口冷却器内漏,该公司在组织维保单位更换冷却器出口阀门过程中,未对系统进行有效隔离,造成凝缩油自吸收塔窜入冷却器出口并泄漏扩散,遇金属撞击火花闪燃,造成现场作业人员伤亡。

(2) 辽宁大连石化"8·17"火灾事故

2017年8月17日,中国石油大连石化公司140万吨/年重油催化裂化装置原料泵发生泄漏着火,事故造成原料泵上部管廊及空冷器等部分设备损坏。事故直接原因是:生产过程中原料油泵驱动端轴承异常损坏,导致原料油泵剧烈振动,造成密封波纹管断裂,泵出口预热线断裂,引起油料泄漏着火。

(3) 天津港"8·12"瑞海公司危险品仓库特别重大火灾爆炸事故

2015年8月12日,位于天津市滨海新区的瑞海公司危险品仓库运抵区起火,随后发生两次剧烈的爆炸,共造成165人死亡、8人失踪、798人受伤,直接经济损失68.66亿元。事故的直接原因是:瑞海公司运抵区南侧集装箱内的硝化棉由于湿润剂散失出现局部干燥,在高温(天气)等因素的作用下加速分解放热,积热自燃,引起相邻集装箱内的硝化棉和其他危险化学品长时间大面积燃烧,导致堆放于运抵区的硝酸铵等危险化学品发生爆炸。

(4) 深圳市清水河危险化学品仓库"8·5"特大爆炸火灾事故

1993年8月5日,深圳市安贸危险物品储运公司清水河危险化学品仓库发生特大爆炸事故,造成15人死亡、200人受伤,其中重伤25人,直接经济损失2.5亿元。事故的直接原因是:清水河的干杂仓库被违章改作危险化学品仓库,且大量氧化剂高锰酸钾、过硫酸铵、硝酸铵、硝酸钾等与强还原剂硫化碱、可燃物樟脑精等混存在仓库内,氧化剂与还原剂接触反应放热引起燃烧,导致

3 000多箱火柴和总量约210多吨的硝酸铵等着火,之后引发爆炸,1小时后着火区又发生第二次强烈爆炸,造成更大范围的破坏和火灾。

(5) 山东黄岛油库"8·12"重大火灾事故

1989年8月12日,黄岛油库发生重大火灾爆炸事故,造成19人死亡、100多人受伤,直接经济损失3 540万元。事故的直接原因是:黄岛油库储存有2.3万立方米原油的5号混凝土油罐由于本身存在缺陷,又遭受雷击,引起油气爆燃着火,导致附近储罐爆燃。随后火焰席卷了整个库区并波及了附近的其他单位。外溢的原油流入胶州湾,造成了海洋污染。

(6) 美国加利福尼亚州里士满雪佛龙炼油厂管道破裂火灾事故

2012年8月6日,美国加利福尼亚州里士满雪佛龙炼油厂原油装置侧线管道发生破裂,泄漏出易燃、高温的轻质汽油,汽油挥发生成大量的可燃蒸气云,两分钟后遇点火源起火,造成6名工人受伤。大火产生浓厚的黑烟,并弥漫在事故地点周围的居民区,事发一周后,周边社区近15 000名居民出现呼吸短促、胸痛、喉咙痛以及头痛等症状。事故原因是侧线管道发生硫蚀,导致管道壁过薄,出现漏点。

9. 九月份发生的危险化学品火灾、爆燃或燃爆事故

(1) 辽宁抚顺顺特化工有限公司"9·14"爆炸火灾事故

2013年9月14日,抚顺顺特化工有限公司发生一起爆炸火灾事故,事故造成5人死亡,两台储罐报废,50 m^3甲酸(三)甲酯产品燃尽,直接经济损失120万元。事故的直接原因是顺特公司作业人员在罐顶违章进行电焊作业产生的火花引爆了作业罐顶采样孔外溢的甲酸(三)甲酯蒸气,并回火至罐内,造成罐内爆炸性混合气体爆炸。

(2) 德国贝巴乙烯裂解装置火灾事故

1992年9月28日,德国盖尔森基兴市贝巴的新年产44万吨的乙烯裂解装置发生火灾,造成1名技术员死亡,7人受伤,其中4人重伤,工厂停产3周。事故原因是一条从4号裂解装置到贮罐的输送热解苯的管路故障,导致苯泄漏,附近工人呼叫现场消防队,消防队准备往苯上覆盖泡沫时苯被引燃。

10. 十月份发生的危险化学品火灾、爆燃或燃爆事故

(1) 上海高桥石化炼油厂"10·22"液化气爆燃事故

1988年10月22日,上海高桥石化总公司炼油厂小梁山球罐区发生一起液化气爆燃事故,造成26人死亡、15人烧伤。事发时,该厂油品车间球罐区的作业人员正在对一液化气球罐进行开阀脱水操作,操作人员未按规程操作,边进料边脱水,致使水和液化气一同排出,通过污水池大量外逸。逸出的液化气随风蔓延扩散,遇球罐区围墙外临时工棚内取暖炉中的明火,引发大火。

(2) 山东省垦利区新发药业有限公司"10·21"火灾事故

2013年10月21日,山东省垦利区新发药业有限公司发生火灾事故,造成4人死亡、1人受伤。事故的直接原因是:紧靠新发药业维生素B2车间(已停产1个月)西墙外侧的导热油管线破裂,泄漏的高温导热油引燃包装材料和成品,并产生大量烟气,致使正在四层平台实施保温施工的5名人员受困,造成4人死亡、1人受伤。

(3) 韩国丽川ABS树脂厂火灾爆炸事故

1989年10月4日,韩国幸福公司在丽川的ABS树脂工厂发生火灾和爆炸事故,造成14人死亡、20多人受伤,直接经济损失约30亿韩元。事故发生前数小时,从一挤出机上部覆盖的帆布处漏出大量粉末树脂,粉末树脂进入该挤出机机罩和电加热器之间。粉末树脂与电加热器接触,经电加热器表面加热分解,产生可燃气体。产生的可燃性气体向一楼和二楼扩散,发生连续爆炸。

（4）德国路德维希港巴斯夫化工厂火灾爆炸事故

2016年10月17日,德国路德维希港巴斯夫总部的化工厂发生火灾爆炸事故,事故当时造成2人死亡、6人重伤、2人失踪,此后一年,死亡人员升至5人。爆炸最先发生在路德维希港的一条连接港口和油库的供应线上,随后大火蔓延至其他设备,并导致邻近的蒸气裂化装置关闭。事故直接原因是:使用角磨机对管道进行切割作业,切割产生的火花引燃管道内残留的丁烯混合物,继而引起爆炸火灾。

（5）美国路易斯安那州天然气处理厂爆燃事故

2015年10月8日,美国路易斯安那州霍马镇附近Williams合作者公司旗下跨大陆天然气管道运输公司所属的Gibson井口天然气处理厂发生燃爆事故,造成检修承包商员工4人死亡、1人严重烧伤。事故原因是一台正在检修的黏液捕集器(用于分离天然气流中夹带液体和杂质的储罐)发生配管破裂泄漏,继而爆炸起火,大火持续燃烧了近3小时。

11. 十一月份发生的危险化学品火灾、爆燃或燃爆事故

（1）吉林省松原石油化工股份有限公司"11·6"爆炸火灾事故

2011年11月6日,吉林省松原石油化工股份有限公司发生爆炸火灾事故,造成4人死亡、7人受伤。事故直接原因是:气体分馏装置脱乙烷塔顶回流罐由于硫化氢应力腐蚀造成筒体封头产生微裂纹,微裂纹不断扩展,罐体封头在焊缝附近热影响区发生微小破裂后进而整体断裂,发生物理爆炸,罐内介质(乙烷与丙烷的液态混合物)大量泄漏,与空气中的氧气混合达到爆炸极限后,遇明火发生闪爆,并引发火灾。

（2）广东省罗定新邦林产化工有限公司"11·25"火灾事故

2008年11月25日,广东云浮罗定市菁滨镇新邦林产化工有限公司发生火灾,事故造成3人死亡、3人受伤,周边1公里内所有人员紧急疏散。事故直接原因是:公司萜烯树脂车间一聚合反应釜冷却盘管出水管法兰在生产过程中突然发生泄漏,泄漏的冷却水与反应釜内的催化剂三氯化铝发生化学反应,生成大量的氯化氢气体引发冲料,导致松节油、甲苯、三氯化铝等混合物大量外泄,遇到一楼包装车间、锅炉车间等非防爆区域火源,被引燃并迅速回燃,引起树脂生产及包装车间内可燃气体爆燃,造成整个萜烯树脂生产车间发生大火。

（3）江苏联化科技有限公司"11·27"爆燃事故

2007年11月27日,江苏联化科技有限公司发生爆燃事故,造成8人死亡、5人受伤,直接经济损失约400万元。事故直接原因是:染料中间体当班操作工操作不当,本应对重氮化反应进行保温,但没有将加热蒸汽阀门关到位,致使反应釜被继续加热,导致重氮化釜内重氮盐剧烈分解,发生化学爆炸。

（4）浙江菱化实业股份有限公司"11·28"爆燃事故

2007年11月28日,浙江省湖州市浙江菱化实业股份有限公司的二级脱酸甩盘釜发生燃爆事故,造成3人死亡。事故直接原因是:公司亚磷酸二甲酯车间当班操作工没有及时发现DCS控制系统显示甲醇进料系统故障和发出的警告信号,没有采取有效措施,致使甲醇自动进料系统发生故障后中断甲醇进料2小时40分钟,造成另一反应物三氯化磷进料过多,过量三氯化磷经反应釜进入粗酯受器并与粗酯中残留的甲醇发生反应,产生大量气体(氯化氢、氯甲烷)和反应热,导致粗酯受器盖子被炸飞,冲出的大量气体遇到爆炸产生的火星以及大量的三氯化磷遇水,继而引发后续的爆炸和燃烧。爆炸和燃烧产生大量的刺激性气体,造成现场操作工在逃生过程中窒息。

（5）河北张家口中国化工集团盛华化工公司"11·28"重大爆燃事故

2018年11月28日,位于河北张家口市方望山循环经济示范园区的中国化工集团河北盛华化工有限公司氯乙烯泄漏扩散至厂外区域,遇火源发生爆燃,造成 24 人死亡、21 人受伤。事故直接原因是:盛华化工公司聚氯乙烯车间的 1# 氯乙烯气柜长期未按规定检修,事发前氯乙烯气柜卡顿、倾斜,开始泄漏,压缩机入口压力降低,操作人员没有及时发现气柜卡顿,仍然按照常规操作方式调大压缩机回流,使进入气柜的气量加大,加之调大过快,氯乙烯冲破环形水封泄漏,向厂区外扩散,遇火源发生爆燃。

(6) 山东新泰联合化工有限公司"11•19"爆燃事故

2011 年 11 月 19 日,山东新泰联合化工有限公司发生爆燃事故,造成 15 人死亡、4 人受伤,直接经济损失 1 890 万元。事故直接原因是:在道生油冷凝器维修过程中,因未采取可靠的防止试压水进入热气冷却器道生油内的安全措施,造成四楼平台道生油冷凝器壳程内的水灌入三楼平台热气冷却器壳程内,水与高温道生油混合并迅速汽化,水蒸气夹带道生油从道生油冷凝器的进气口和出液口法兰处喷出,与空气形成爆炸性混合物,遇点火源发生爆燃。

(7) 广西北海液化天然气公司"11•2"火灾事故

2020 年 11 月 2 日,位于广西壮族自治区北海市铁山港区的国家管网公司北海 LNG 有限责任公司 2 号 LNG 储罐罐前平台发生一起着火事故,造成 7 人死亡、2 人受伤。初步分析事故原因为:北海 LNG 公司违反作业规程,在 2 号 LNG 储罐低压泵出口总管切断阀(301-XV-2001)前端管线施工过程中,补充对切断阀(301-XV-2001)强制关阀操作,仪表工在操作时可能误开启阀门,发生 LNG 泄漏后着火。事故调查工作正在进行中。

(8) 印度 Jamnagar 炼油厂火灾事故

2016 年 11 月 24 日,印度西部古吉拉特邦 Reliance 工业公司 Jamnagar 炼油厂发生火灾,造成 2 人死亡、6 人受伤。起火的具体位置是该厂生产汽油的沸腾床催化裂化装置(FCCU),当时该装置正处于停产检修期。事故直接原因是:在维修停工期间,工人们打磨一根管道,打磨产生的火花点燃了残留在管道内的油气混合气体。

(9) 美国路易斯安那州埃克森美孚炼油厂泄漏火灾事故

2016 年 11 月 22 日,位于美国路易斯安那州巴吞鲁日(Baton Rouge)的埃克森美孚石油公司炼油厂硫酸烷基化装置发生异丁烷泄漏火灾事故,造成 4 人重伤、2 人轻伤。事故直接原因是:操作人员从一个旋塞阀上拆除出现故障的齿轮箱时卸掉了阀门承压部件(称作"顶盖")上的关键螺栓,当他试图使用管钳拧开旋塞阀时,阀门突然脱离,导致异丁烷泄漏,形成可燃气云。异丁烷泄漏后不到 30 秒,可燃气云遇到点火源引发火灾,导致没能及时撤离的 4 名工作人员严重烧伤。

(10) 瑞士巴塞尔桑多兹化学公司仓库火灾爆炸事故

1986 年 11 月 1 日,瑞士巴塞尔附近 Schweizerhalle 工业现场的桑多兹仓库着火,装有约 1 250 吨剧毒农药的钢罐爆炸,硫、磷、汞等有毒物质随着大量的灭火用水流入下水道,排入莱茵河。大火很可能是在包装无机颜料普鲁士蓝时发生的。根据当时的包装技术,需用塑料片覆盖颜料并使用喷灯将其收缩包装。仓库工人没有意识到明火已经点燃了包装的材料,几个小时后,发光过程演变成致命的火焰。在事件发生后进行的燃烧测试中,普鲁士蓝被发现"易燃",并带有"无焰,无烟,缓慢发展的发光"燃烧。

12. 十二月份发生的危险化学品火灾、爆燃或燃爆事故

(1) 山东日科化学股份有限公司"12•19"较大火灾事故

2017 年 12 月 19 日,山东日科化学股份有限公司干燥一车间低温等离子环保除味设备发生一起火灾事故,造成 7 人死亡、4 人受伤。事故的直接原因是干燥一车间对未通过验收的燃气热风炉进行手动点火(联锁未投用),导致天然气通过燃气热风炉串入干燥系统内,与系统内空气形成爆炸性混合气体,遇到电火花发生爆燃,并引燃其他可燃物料,发生火灾事故。

(2)北京广众源气体公司"12·14"爆燃事故

2009年12月14日,北京广众源气体有限责任公司炭黑水储罐区发生爆燃事故,造成3人死亡。事故的直接原因是:在该公司炭黑水空冷器改造工程施工过程中,工人使用气割输送炭黑水管道时,引燃炭黑水罐体内易燃易爆气体,致使炭黑水罐体爆炸。事发前,事故罐中尚有部分炭黑水,并溶解了少量的合成气并在罐内上部长期聚集,与空气形成爆炸性混合气体。

(3)英国邦斯菲尔德油库火灾事故

2005年12月11日英国邦斯菲尔德油库发生火灾事故,为欧洲迄今为止最大的火灾爆炸事故,共烧毁大型储油罐20余座。事故导致43人受伤,无人员死亡,直接经济损失2.5亿英镑。事故直接原因是912号储罐的自动测量系统失灵,储罐装满时,液位计停止在储罐的2/3液位处,报警系统未能启动,高液位联锁也未能自动开启切断进油阀门,致使油料从罐顶溢出,溢出的油料挥发形成蒸气云,遇明火发生爆炸、起火。

二、火灾及其防控虚拟仿真实践资源

1.岩石隧道防火体系虚拟仿真实验教学系统

同济大学李晓军教授主持的国家级一流课程"岩石隧道防火体系虚拟仿真实验教学系统"基于隧道防火设计基本原理及火灾虚拟仿真计算,使学生选择不同的火源参数、隧道参数和防火等级,通过后台的仿真模拟,掌握隧道火灾响应和应急预案。其核心要素为隧道防火体系设计、火灾监控预警和火灾应急逃生。

2.海上钻井平台火灾扑救与应急逃生虚拟仿真实验

海上钻井平台结构复杂,造价昂贵,可燃物和油气设备集中,油气开采过程中可能会有大量的易燃易爆物质逸散,易引发火灾爆炸事故。中国地质大学(武汉)周克清教授主持的"海上钻井平台火灾扑救与应急逃生虚拟仿真实验"普及了海上钻井平台火灾的性质与分类、火灾事故等级划分、消防装备的正确使用方法、灭火器的分类及灭火原理、灭火器的配置、灭火器的选型与使用和火灾扑救方法等知识,模拟了火灾的蔓延及发展规律、消防设施的演练操作、火灾自救与应急逃生以及火灾应急预案演练等操作。

3.森林燃烧蔓延模拟及灭火机具仿真实验

森林火灾危险性大、影响范围广。了解森林火灾特点与性质、环境因素对森林火灾蔓延的影响、灭火机具的操作、森林火灾扑救与指挥决策过程,对于提升森林火灾扑救能力具有重要意义。东北林业大学杨光教授主持的"森林燃烧蔓延模拟及灭火机具仿真实验"为学习者提供了森林火灾态势推演、林火行为预测、扑火机具的操作、扑火指挥与决策(如根据需要选择携带不同扑火工具的扑火队伍、设置行动路线进行林火扑救、派遣直升机辅助灭火等)的仿真实训,有效提升学习者森林火灾灭火技能。

第三章课程资源

第四章

爆炸理论及防爆技术措施

第一节　爆炸基本知识

爆炸基本
知识

一、爆炸的特征

根据 GB/T 21535—2008《危险化学品爆炸品名词术语》中的定义,爆炸是在极短时间内释放出大量能量,产生高温,并放出大量气体,在周围造成高压的化学反应或状态变化的现象。简单来说,就是物质在瞬间以机械功的形式释放出大量气体和能量的现象。爆炸的内部特征是爆炸体系内存有高压气体或在爆炸瞬间(1 秒以内)生成的高温高压气体或蒸气的骤然膨胀。爆炸的外部特征是爆炸体系和它周围的介质之间发生急剧的压力突变。

二、爆炸的分类

按照爆炸能量来源不同,爆炸现象可分为核爆炸、物理爆炸和化学爆炸。根据发生爆炸的物质形态,爆炸可分为可燃气体/蒸气混合物爆炸、沸腾液体扩展蒸气云爆炸、粉尘(云)爆炸和爆炸化合物(混合物)的爆炸。根据事故涉及的物料和设备不同,GB 6441—86《企业职工伤亡事故分类》又将爆炸事故细分为火药爆炸、瓦斯爆炸、锅炉爆炸、容器爆炸和其他爆炸五类。

(一)核爆炸

核爆炸是指某些物质的原子核发生裂变反应或聚变反应时,释放出巨大能量而发生爆炸,如原子弹爆炸和氢弹爆炸等。原子弹爆炸的能源是核裂变(如^{235}U 的裂变)反应释放出的核能,氢弹爆炸的能源是核聚变(如氘、氚、锂核的聚变)反应释放出的核能。即原子弹爆炸过程是^{235}U 裂变形成^{140}Ba 和^{93}Kr,同时释放 3 个中子的反应;氢弹的爆炸是氘和氚聚合形成氦,并释放一个中子的反应。

二者相比,核聚变反应比核裂变反应更有优势。优势一是原材料资源更为丰富,优势二是无核辐射物质产生,更干净安全。因此,核聚变有望成为人类未来生活中的主要清洁能源。人类探月活动发现,月球上有丰富的氦-3 资源,氦-3 与氘进行热核反应只会产生没有放射性的质子,所以使用氦-3 作为能源时不会产生辐射,也不会为环境带来危害。但是因为地球上的氦-3 储量稀少,无法大量用作能源。月球上的氦-3 含量为 100 万吨以上,100 吨氦-3 就能提供全世界使用一年的能源总量。因此,随着世界石油价格的持续飞涨,各国科学家正围绕月球上氦-3 的储量、采掘、提纯、运输及月球环境保护等问题悄然开展相关研究。这种在地球上很难得到的特别清洁、安全和高效的核聚变发电燃料,被科学家们称为"完美能源"。也许在未来的某一天,月球将会成为人类驻外工作的常规地点之一。

(二) 物理性爆炸

物质因物理因素如状态或压力突变而发生的爆炸称为物理爆炸。物理爆炸的能量主要来自压缩能、相变能、动能、热能和电能等。气体的非化学过程的过压爆炸,液相的气化爆炸,液化气体和过热液体的爆炸,溶解热、稀释热、吸附热、外来热引起的爆炸,过流爆炸以及放电区引起的空气爆炸等都属于物理爆炸。其特点是物质的性质和化学成分在物理爆炸后均不发生变化。

1. 气体瞬间膨胀造成的物理爆炸

按照爆炸发生前的物质相态不同,物理爆炸又可分为气相爆炸、液相爆炸和固相爆炸等。锅炉爆炸、大部分压力容器爆炸属于典型的物理爆炸。例如,2007 年 12 月 5 日,山西运城河东一中的一座蒸汽锅炉突然爆炸,导致四名学生受伤。此次事故是锅炉压力表限值被人为调高造成的蒸汽爆炸。2010 年 8 月 8 日,武汉汉口某小区内一辆轿车后备厢被炸开。经调查,车主将几个液化气瓶放在了轿车后备厢内,准备次日外出工作时使用。因轿车后备厢内气温较高,导致液化气瓶发生爆炸。2014 年,晋济高速公路山西晋城段岩后隧道"3·1"特别重大道路交通危化品燃爆事故,因甲醇泄漏引发连锁火灾,最终导致一辆装载二甲醚的罐车罐体受热超压爆炸解体。2012 年 2 月 26 日,辽宁鞍钢重型机械有限责任公司铸钢厂铸造车间,在浇铸一大型铸钢件接近结束时,砂型型腔发生喷爆事故,事故原因是型腔内存有水分。

通过对比可以发现,在锅炉爆炸、液化气瓶爆炸、罐车超压爆炸和高温铁水爆炸过程中均涉及沸腾液体瞬间转化为蒸气而发生的爆炸,这种特殊的爆炸类型称为沸腾液体扩展蒸气云爆炸(Boiling Liquid Expanding Vapor Explosion,BLEVE)。其爆炸能量来自沸腾液体和蒸气的瞬间膨胀。按照沸腾液体的种类可以分为水蒸气爆炸、液化有毒气体爆炸和液化可燃气爆炸。这三种蒸气爆炸对人体的危害各不相同。水蒸气爆炸如锅炉爆炸或高温铁水爆炸,会因爆炸产生的机械碎片和高温导致人员伤亡;液化有毒气体爆炸如液氨和液氯爆炸还会造成人员中毒伤亡;液化可燃气爆炸会引起以火球为特征的火灾危害,或者是可燃蒸气云导致的化学性爆炸。根据沸腾液体形成过程来分,蒸气爆炸可以分为传热型和平衡破坏型蒸气爆炸。前者是高温物体向低温液体快速传热导致的,后者是指在密闭压力容器中,由于容器破坏而引起高压蒸气泄漏、液体吸热处于过热状态而导致蒸气爆炸。

电线短路会使高压电流通过细金属丝,温度高达两万摄氏度,金属迅速化为气态而引起物理爆炸。例如,2014 年 5 月 23 日,位于美国得克萨斯州的一家名为 The Planet H1 的数据中心因电力短路引发爆炸,造成机房所有通信暂时中断,致使 7 500 个客户的 9 000 台服务器停摆。

2. 能量瞬间释放主导的物理爆炸

地震、火山喷发、陨石撞击地球以及雷爆等自然现象也属于物理爆炸。地震是由地壳运动而快速释放能量的物理爆炸过程。例如,2008 年"5·12"汶川大地震的面波震级达里氏震级 8.0 级,相当于 1 500 万吨 TNT 当量。此次地震的地震波波及大半个中国及亚洲多个国家和地区,严重破坏地区超过 10 万平方千米,共造成 69 227 人死亡,374 643 人受伤,17 923 人失踪。

火山爆发是火山内部高温高压气体快速冲破岩石层的物理爆炸过程。1815 年,印度尼西亚坦博拉火山爆发,喷射出 1 400 亿吨岩浆,导致 71 000 人遇难。坦博拉火山爆发释放出来的能量,相当于第二次世界大战末期美国投在日本广岛的原子弹爆炸威力的 8 000 万倍。

陨石在穿越大气层时,因其动能引起空气温度和压力急剧上升,产生空气爆炸,形成巨大的冲击波,很多陨石在穿越大气层时就已经被燃烧殆尽。如果陨石足够大,则会继续撞击地面。由于陨石速度很高,本身的机械冲击力就足以使地球表面的物质以极高的速度向四周飞散,陨石本身的巨大热能也使得撞击点周围的气体、液体、固体等迅速被加热从而产生热爆炸现象。科学家们怀疑 6 500 万年前小行星撞击地球时,产生了 65 万亿吨 TNT 当量的能量,这一冲击造成地球上 75% 的生物惨遭灭绝,其中包括恐龙。现存的不完全证据显示,1908 年 6 月 30 日发生在现今俄罗斯西伯利亚埃文基自治区上空的爆炸事件,很有可能是一颗半个足球场大的陨石撞击地球引起的,其爆炸威力相当于 1 500 万吨的 TNT 炸药,超过 2 150 平方公里内的 8 000 万棵树焚毁倒下。幸运的是,地球有木星的庇护,木星承受了大部分地球外运动物体的冲击。

闪电雷击会引起强火花放电,电能在 $10^{-6} \sim 10^{-7}$ 秒内释放出来,使放电区达到巨大的能量密度和数万度的高温,放电区的空气压力急剧升高,并在周围形成很强的冲击波和响声。

(三) 化学爆炸

化学爆炸是指由化学变化引起的爆炸,其能量主要来自化学反应能。此类爆炸通常是由化学物质发生快速放热反应而产生的高温高压气体引起。爆炸前后,物质的组分和性质发生了根本的变化。常见的事故性化学爆炸有可燃气体(蒸气)爆炸、粉尘爆炸、爆炸物质(或混合物)爆炸、烟火物质(或混合物)爆炸等。所有可燃气体、蒸气、粉尘与空气混合所形成的混合物的爆炸属于爆炸混合物爆炸。爆炸混合物的爆炸必须具备五个条件。

（1）提供能量的可燃性物质，即爆炸性物质，如能与氧气（空气）反应的物质，包括氢气、乙炔、甲烷等气体，酒精、汽油等液体，粉尘、纤维粉尘等固体。

（2）辅助燃烧的助燃剂（氧化剂）如氧气、空气。

（3）可燃物质与助燃剂均匀混合。

（4）混合物放在相对封闭的空间（包围体）。

（5）有足够能量的点火源，包括明火、电气火花、机械火花、静电火花、高温、化学反应、光能等。

爆炸混合物的形成条件在许多生产过程中广泛存在，形成过程较长但更容易被人们忽视，因此这类物质爆炸造成的生产事故很多，造成的危害性也较大，如瓦斯爆炸、液化天然气爆炸和粉尘爆炸等。

1. 可燃气体混合物的爆炸

可燃气体与空气混合形成的燃爆混合物是化工和危险化学品企业常见的爆炸性物质。可燃气体的泄漏是许多爆炸事故的起因。例如，天然气或其他可燃液体的压力容器、高压输运管道和罐体的破损，会造成可燃气体大量泄漏，与空气混合形成燃爆混合物。发生泄漏后，比空气轻的气体与厂房上方的空气混合，比空气重的气体漂浮于地表、沟渠、隧道、厂房死角等处，与空气积聚形成爆炸混合物。当可燃气体在混合物中的浓度达到其爆炸浓度范围后，遇到点火源就可能发生爆炸。

煤矿开采过程中如果不按安全操作规程操作，可能会造成瓦斯突出和积聚，遇点火源会引发瓦斯爆炸，这也是煤矿最常见的事故类型。由于煤矿爆炸是在地下狭小空间发生，危害后果极其严重。根据国家应急管理部发布的重特大事故调查报告，对 2005 年至 2020 年间 14 起煤矿火灾和瓦斯爆炸事故进行统计分析（表 4-1）可以发现，通风不良和违章爆破是造成瓦斯爆炸的主要原因。

表 4-1　14 起煤矿瓦斯爆炸特大事故原因统计

序号	事故	事故原因
1	重庆市永川区金山沟煤业有限责任公司"10·31"特别重大瓦斯爆炸事故	金山沟煤矿在超层越界违法开采区域采用国家明令禁止的"巷道式采煤"工艺，不能形成全风压通风系统，使用一台局部通风机违规同时向多个作业地点供风，风量不足，造成瓦斯积聚；违章"裸眼"爆破产生的火焰引爆瓦斯，煤尘参与了爆炸
2	内蒙古自治区赤峰宝马矿业有限责任公司"12·3"特别重大瓦斯爆炸事故	宝马煤矿借回撤越界区域内设备名义违法组织生产，6040 巷采工作面因停电停风，造成瓦斯积聚；1 小时后恢复供电通风，积聚的高浓度瓦斯排入与之串联通风的 6040 综放工作面，遇到正在违规焊接支架的电焊火花引起瓦斯燃烧，产生的火焰传导至 6040 工作面进风顺槽，引起瓦斯爆炸
3	吉林省吉煤集团通化矿业集团公司八宝煤业公司"3·29"特别重大瓦斯爆炸事故	八宝煤矿忽视防灭火管理工作，措施严重不落实，－4164 东水采工作面上区段采空区漏风，煤炭自燃发火，引起采空区瓦斯爆炸，爆炸产生的冲击波和大量有毒有害气体造成人员伤亡

序号	事故	事故原因
4	四川省攀枝花市西区正金工贸有限责任公司肖家湾煤矿"8·29"特别重大瓦斯爆炸事故	肖家湾煤矿非法违法开采区域的10号煤层提升下山采掘作业点和+1220米平巷下部8号、9号煤层部分采掘作业点无风微风作业,瓦斯积聚达到爆炸浓度;10号煤层提升下山采掘作业点提升绞车信号装置失爆,操作时产生电火花,引爆瓦斯;在爆炸冲击波高温作用下,+1220米平巷下部8号和9号煤层部分采掘作业点积聚的瓦斯发生二次爆炸,造成事故扩大
5	黑龙江省龙煤矿业集团股份有限公司鹤岗分公司新兴煤矿"11·21"特别重大煤(岩)与瓦斯突出和瓦斯爆炸事故	该矿为高瓦斯矿井,在地质构造复杂的三水平南二石门15号煤层探煤巷,爆破作业诱发煤(岩)与瓦斯突出;突出的瓦斯逆流进入二段钢带机巷,在二水平南大巷与新鲜风流汇合,然后进入二水平卸载巷附近区域,达到瓦斯爆炸界限,卸载巷电机车架线并线夹接头产生电火花引起瓦斯爆炸
6	山西省晋中市灵石县王禹乡南山煤矿"11·12"特别重大火灾事故	井下爆炸品材料库违规存放5.2吨化学性质不稳定、易自燃的含有氯酸盐的铵油炸药,由于库内积水潮湿、通风不良,加剧了炸药中氯酸盐与硝酸铵分解放热反应,热量不断积聚导致炸药自燃,并引起库内煤炭和木支护材料燃烧
7	河北唐山恒源实业有限公司"12·7"特别重大瓦斯煤尘爆炸事故	刘官屯煤矿1193(下)工作面切眼遇到断层,煤层垮落,引起瓦斯涌出量突然增加;9煤层总回风巷三、四联络巷间风门打开,风流短路,造成切眼瓦斯积聚;在切眼下部用绞车回柱作业时,产生摩擦火花引爆瓦斯,煤尘参与爆炸
8	陕西延安子长县瓦窑堡镇煤矿"4·29"特别重大瓦斯爆炸事故	由于矿井通风系统混乱,设施不完善,副井系统风量严重不足,采掘工作面长期处于微风或无风状态,导致三号工作面瓦斯积聚,达到爆炸界限;违章放炮产生火花引起瓦斯爆炸,局部煤尘参与了爆炸
9	山西同煤集团轩岗煤电公司焦家寨煤矿"11·5"特别重大瓦斯爆炸事故	51108进风掘进巷,局部通风机无计划停电停风造成瓦斯积聚,并达到爆炸界限;由于瓦斯-电不闭锁,在未采取排放瓦斯措施的情况下,违章送电、送风;距巷口630 m处的动力电缆两通接线盒失爆产生火花,引爆瓦斯
10	云南曲靖富源县后所镇昌源煤矿"11·25"特别重大瓦斯爆炸事故	矿井通风系统不合理,通风设施不合格,矿井漏风严重,放炮后涌出的瓦斯和掘进作业点溢出的瓦斯致使瓦斯积聚,达到爆炸浓度界限;因煤电钻综合保护装置供电电缆绝缘损坏,造成芯线短路,产生火花,引起瓦斯爆炸
11	辽宁阜新五龙煤矿"6.28"特别重大瓦斯爆炸事故	332采区集中皮带机尾处的盲巷密闭失修,未及时修复,闭内瓦斯渗出,其浓度达到爆炸界限,该处下部煤炭氧化自燃,产生高温火点,导致发生瓦斯爆炸事故
12	四川都汶高速公路董家山隧道工程"12·22"特别重大瓦斯爆炸事故	由于掌子面处塌方,瓦斯异常涌出,致使模板台车附近瓦斯浓度达到爆炸界限,模板台车配电箱附近悬挂的三芯插头短路产生火花引起瓦斯爆炸
13	黑龙江七台河东风煤矿"11·27"特别重大煤尘爆炸事故	违规放炮处理主煤仓堵塞,导致煤仓给煤机垮落、煤仓内的煤炭突然倾出,带出大量煤尘并造成巷道内的积尘飞扬达到爆炸界限,放炮火焰引起煤尘爆炸

序号	事故	事故原因
14	河南鹤壁"10·3"特别重大瓦斯爆炸事故	工人违反作业规程,违章放炮,引起附近采空区内积聚的瓦斯爆燃、爆炸

如表 4-1 所示,对 14 起事故的瓦斯聚集原因和点火源进行进一步分析可以发现,瓦斯聚集的原因包括违章采掘导致的瓦斯突出、通风设备的设置和数量不符合规范、采用淘汰工艺或停电导致的通风不良;引火源包括违规放炮产生的火焰、电器短路产生的电火花或高温、煤炭自燃或违规存放的炸药缓慢氧化产生的反应热、违规电焊产生的高温焊渣。

2. 可燃蒸气混合物爆炸

可燃液体输运管道、罐车或生产设备破损泄漏后,可燃液体的蒸气易与周围空气形成气云,遇到摩擦撞击、电气短路产生的火花或高温会发生化学性爆炸。例如 1992 年 4 月22 日,墨西哥瓜达拉哈拉市发生了一起严重的地下管道爆炸事故,导致爆炸的主要原因是一条成品油输送管道发生了泄漏,泄漏油品进入下水道后,在 U 形管型的下水道上方形成可燃蒸气混合物并达到爆炸极限,当局的调查怀疑爆炸引火源是环卫工人用铁棍撬开人孔时产生的火花。该地下管道连环爆炸持续时间 4 小时 14 分钟,共造成 15 000 多人无家可归,1 470 人受伤,206 人死亡,多人失踪,8 000 米长的街道以及通信和输电线路被毁坏。2013 年 11 月 22 日,山东省青岛市"11·22"中石化东黄输油管道泄漏爆炸特别重大事故造成 62 人死亡、136 人受伤,直接经济损失 75 172 万元。根据国家应急管理部的事故调查报告,事故的直接原因是输油管道与排水暗渠交汇处管道腐蚀减薄、管道破裂、原油泄漏,流入排水暗渠并反冲到路面。泄漏原油挥发的油蒸气与排水暗渠空间内的空气形成易燃易爆的混合气体,并在相对密闭的排水暗渠内蔓延、扩散,积聚达 8 个多小时。现场处置人员采用液压破碎锤在暗渠盖板上打孔破碎,产生撞击火花,引发暗渠内油气爆炸。经计算、认定,原油泄漏量约 2 000 吨。2005 年 11 月 13 日,中国石油天然气股份有限公司吉林石化分公司双苯厂硝基苯精馏塔发生爆炸,根据应急管理部发布的事故调查报告,事故直接原因是硝基苯精制岗位外操人员违反操作规程,在停止粗硝基苯进料后,未关闭预热器蒸气阀门,导致预热器内物料气化;恢复硝基苯精制单元生产时,再次违反操作规程,先打开了预热器蒸气阀门加热,后启动粗硝基苯进料泵进料,引起进入预热器的物料突沸并发生剧烈振动,使预热器及管线的法兰松动、密封失效,空气吸入系统由于摩擦、静电等,导致硝基苯精馏塔发生爆炸,并引其他装置、设施连续爆炸。2012 年 8月 26 日,包茂高速陕西延安"8·26"特别重大道路交通事故现场,卧铺大客车正面追尾碰撞甲醇罐车。碰撞造成罐车罐体后部竖向球阀外壳破碎,大量甲醇泄漏,同时造成客车的电气线路绝缘破损发生短路,产生的火花使甲醇蒸气和空气形成的爆炸性混合气体发生爆燃起火。

3. 蒸气云爆炸(VCE)

化学过程工业中,大多数危险和破坏性的爆炸是蒸气云爆炸。当装有液化气体、过热液体和受压液体的容器破裂时,大量的可燃蒸气会在瞬间释放出来并迅速扩散,与空气混合形成蒸气云,遇点燃源后爆炸,如发生在英国 Flixborough 的爆炸事故。1974 年 6 月 1 日,英国 Nypro 公司环己烷氧化装置发生泄漏,约 30 t 环己烷蒸发并形成直径约 100～200 m 的蒸气云团,在泄漏发生后 45 s 被未知的点火源点燃。事故导致整个工厂被夷为平地,28 人死亡,36 人受伤。

影响蒸气云爆炸的参数包括释放物质的量、物质蒸发百分比、气云点燃的可能性、点燃前气云迁移的距离、气云点燃前的延迟时间、发生爆炸而不是火灾的可能性、临界物质量、爆炸效率和点火源相对于释放处的位置。研究表明:① 随着蒸气云覆盖范围的扩大,被点燃的可能性增加;② 蒸气云发生火灾比发生爆炸更常见;③ 爆炸效率通常很小(约 2％的燃烧能转变成爆炸波);④ 蒸气与空气的湍流混合,以及气云在远离释放处被点燃都增强了爆炸的作用。

从安全的角度来说,不论安装了何种安全系统来防止点燃的发生,巨大的可燃物质气云都是很危险的,并且几乎是不可控制的。因此,防止蒸气云爆炸的最好方法就是阻止物质的释放。如保持较少的易挥发可燃物质储存量;采用使闪蒸最小化的工艺条件;使用分析仪器来检测低浓度的泄漏;安装自动隔断阀,以便在泄漏发生并处于发展的初始阶段及时关闭系统。

沸腾液体扩展蒸气云爆炸(BLEVE)是能导致大量物质释放的特殊事故类型。当储存有温度高于大气压下沸点的液体(过热液体)的储罐破裂时,就会发生 BLEVE,导致储罐内的大部分液体发生爆炸性蒸发。如果物质是可燃的,可能发生 VCE;如果物质有毒,则大面积区域将遭受毒物的影响。对于任何一种情况,BLEVE 过程所释放的能量都能导致巨大的破坏。

任何原因引起的过热液体储罐突然破裂都可能引发 BLEVE,而由火灾引起的最常见。主要过程如下:① 火灾发展到邻近的装有液体的储罐。② 火焰加热储罐壁。③ 液面以下储罐壁的热量被液体吸收,液体温度和储罐内的压力增加。④ 如果火焰抵达仅有蒸气而没有液体的储罐壁面或顶部;储罐金属的温度上升,直至储罐失去其结构强度。⑤ 储罐破裂,内部液体爆炸性蒸发。

如果液体是可燃的,那么当储罐破裂时,可燃液体也可能被火点燃,使得沸腾和燃烧的液体如同火箭的燃料一样将容器的碎片推到很远的地方。如果 BLEVE 不是火灾引起的,则可能形成蒸气云,导致 VCE。另外,蒸气也能够通过皮肤灼伤或毒性效应对人员造成危害。

4. 粉尘爆炸

根据国家标准 GB/T 15604—2008,粉尘是指呈细微颗粒状的固体物质,根据粉尘物质性质可以分为无机粉尘、有机粉尘和混合粉尘(表 4-2)。可燃性粉尘是指可与助燃气体发生剧烈氧化反应而爆炸的粉尘。可燃粉尘包括无机粉尘中的金属粉如镁粉、铝粉等,矿物性粉尘如煤粉等,人工无机粉尘如石墨粉等;有机粉尘中的植物性粉尘如木粉、面粉和玉米粉等,动物性粉尘如鱼粉和骨粉等,人工合成有机粉尘如塑料、染料等。悬浮在助燃气体中的高浓度可燃粉尘与助燃气体的混合物称为粉尘云。沉(堆)积在地面或物体表面上的可燃粉尘称为粉尘层。在一定条件下,层状粉尘和云状粉尘会发生相互转化。当粉尘云中的粉尘浓度过大或者没有扰动的情况下,云状粉尘会凝聚并通过重力作用沉降到物体表面形成层状粉尘;如果在机械振动、人为清扫、冲击波等作用下受到扰动,则原来沉积的层状粉尘会"卷扬"起来形成云状粉尘。

表 4-2　粉尘的分类及依据

分类依据	分类	物质名称
根据粉尘物质性质分类	无机粉尘	矿物性粉尘如石英、石棉、滑石、煤、石灰石、黏土尘等;金属性粉尘如铁、铅、锌、锰、铜、锡粉等;人工无机粉尘如金刚砂、水泥、石墨、玻璃粉尘等
	有机粉尘	动物性粉尘如兽毛、鸟毛、骨质毛发粉尘等;植物性粉尘如谷物、棉、麻、烟草、茶叶粉尘等;人工有机粉尘如 TNT 炸药、合成纤维、有机染料粉尘等
	混合性粉尘	上述两种或多种粉尘的混合物。如铸造厂用混砂机混碾物料时产生的粉尘,既有石英砂和黏土粉尘,又有煤尘;又如用砂轮机磨削金属时产生的粉尘,既有金刚砂粉尘,又有金属粉尘

研究表明,发生粉尘爆炸必须同时具备以下 5 个条件:可燃粉尘、助氧剂、粉尘呈悬浮状态、能够引燃粉尘的点火源和相对密闭的空间。当粉尘云中的粉尘达到一定浓度时,在一定点燃能量作用下,即可发生粉尘爆炸。火焰在粉尘云中传播,引起压力和温度明显跃升的现象称为粉尘爆炸。火焰速度超过原始粉尘云中音速的粉尘爆炸现象称为粉尘云爆轰。例如,2014 年 8 月 2 日,江苏省苏州市昆山中荣金属制品有限公司抛光二车间发生的特别重大铝粉尘爆炸事故,造成 97 人死亡、163 人受伤。事故原因是除尘器集尘桶锈蚀破损,桶内铝粉受潮,发生氧化放热反应,达到粉尘云的引燃温度而导致粉尘云爆炸。2015 年 6 月 27 日,台湾新北市某水上乐园举办彩虹派对,现场因主办单位大量喷射玉米粉,造成空间内粉尘浓度过高,遇火花发生粉尘爆炸事故,516 人受伤送医。值得指出的是,工业生产过程中的粉尘有时候是混合物,其中既有可燃粉尘,也有不可燃粉尘,如粮食运转过程中产生的伴生粉尘,既有有机粉尘,也有无机的灰分,这种粉尘能否发生爆炸通常需要通过实验测试确认。

表 4-3　可燃混合气体爆炸过程与粉尘爆炸过程比较

过程比较	可燃混合气体爆炸	粉尘爆炸
不同之处	可燃物为气态;气相反应,分子反应	可燃物为固态;表面反应
相似处	(1) 存在燃烧/爆炸极限; (2) 存在层流、湍流燃烧速度和淬火距离; (3) 存在爆轰现象; (4) 大小相当的绝热定容爆炸最大压力值; (5) 存在最小点火能和最低着火温度。	

如表 4-3 所示,粉尘爆炸与气体爆炸一样,都是由快速的氧化反应引起的化学性爆

炸。但是气体爆炸引爆过程是气态的分子反应,粉尘爆炸则是固态的表面反应,因为粉尘粒子比分子大几个数量级。粉尘爆炸需经历以下过程:

(1) 基于粒子表面热能,表面温度上升。

(2) 粉尘粒子表面分子热分解并放出气体。

(3) 放出的气体与空气混合,形成爆炸性混合气体,遇到火源发生爆炸。

(4) 燃烧火焰产生的热量促进粉尘的分解,不断放出可燃性气体使火焰得以继续传播。

由此可见,粉尘爆炸虽然是粉尘粒子表面与氧发生的反应,但归根结底属气相爆炸,可看作粉尘本身储藏着可燃性气体。爆炸过程中粒子表面温度上升是前提条件,热传递在爆炸过程中起着重要作用。这也是粉尘爆炸比气体爆炸需要更大点火能量的原因。

表 4-4　粉尘爆炸性环境与可燃气体爆炸性环境比较

对比项目	可燃混合气体爆炸性环境	粉尘爆炸性环境
形成过程	容易,分子扩散,气相混合,混合后难以分离或分层	较难形成,气固两相混合,沉降破坏粉尘悬浮状态,需要连续扰动因素
颗粒度影响	分子反应,与颗粒度无关	表面反应,与颗粒度密切相关。但粉尘粒度、形状及表面积动态变化,大颗粒较难发生爆炸
爆炸浓度	有爆炸极限,相对固定,可燃气体含量易测定	悬浮粉尘量动态变化,沉降和扬起会影响粉尘浓度变化趋势,爆炸范围极宽
爆炸危害	爆炸瞬间完成,可能导致火灾、坍塌等二次事故	易形成连锁粉尘爆炸;粉尘不完全燃烧易引起中毒;粒子飞出,易伤人或引爆其他可燃物

如表 4-4 所示,由于粉尘爆炸是一种表面反应,因此是否能够形成粉尘爆炸性环境受到粉尘与空气混合物的均匀性、粉尘颗粒度、粉尘浓度、引爆能量等因素的影响。与可燃气体爆炸性环境形成过程相比,由于凝聚和沉降作用会使空气中的悬浮粉尘颗粒度变大或从悬浮粉尘变为层状粉尘,粉尘爆炸性环境形成的过程相对较长,粉尘浓度降低和粉尘颗粒度变大会导致引燃能量变大。因为悬浮的粉尘量是动态变化的,沉降使之下降,扬起又会使之增加,所以对于特定的粉尘储存空间来说,难以事先确定粉尘是否处于可爆浓度范围内。粉尘爆炸范围极宽是与气体爆炸的重要区别之一。

粉尘云在给定能量点火源作用下,能发生自动持续燃烧的最低浓度或最高浓度,称为粉尘爆炸的下限浓度或上限浓度。一般工业粉尘爆炸下限介于 $15\sim60$ g/m^3,爆炸上限介于 $2\,000\sim6\,000$ g/m^3,通常认为粉尘爆炸上限为其下限的 100 倍。由于层状粉尘在扰动作用下,会变成悬浮粉尘,形成新的爆炸性环境,因此对于有大量堆积粉尘的环境而言,一旦发生粉尘云爆炸,爆炸波的传播使堆积的粉尘层飞扬形成新的粉尘云,会导致连续爆炸,造成更大的危害。

粉尘爆炸是多相流的爆燃过程,远比气体爆炸复杂得多,很多因素会影响粉尘爆炸发生的可能性和引燃后的后果严重度,主要包括粉尘粒度、粉尘性质及浓度、氧化剂浓度、点火能量、粉尘湍流度、混合的惰性粉尘浓度、存在可燃气体等。表 4-5 给出这些影响因素对粉尘爆炸的一般影响作用。

表 4-5 粉尘爆炸的影响因素及其作用

影响因素	影响作用
粉尘粒度	粒度越细,表面积越大,分散度越高,爆炸下限越低
粉尘性质	粉尘活性越强,越容易发生爆炸,且爆炸威力越大
粉尘浓度	与气体类似,粉尘爆炸强度也随粉尘浓度而变化
氧化剂浓度	当氧气/氮气之比很低时,粉尘云不会发生爆炸;当氧气/氮气之比达到基本要求(极限氧浓度)之后,它对爆炸下限的影响不显著;但随着氧气/氮气之比的增大,爆炸上限迅速增大。空气中的氧浓度对自身供氧的火炸药粉尘爆炸的极限影响不大
点火能量	存在最小引爆能量。点火能量越高,加热表面积越大,作用时间越长,则爆炸下限越低
含杂混合物	粉尘/空气混合物中含有可燃气体或可燃蒸气使混合物的爆炸下限值比它们各自的爆炸下限值均低,爆炸性混合物的爆炸极限区间扩大。含杂混合物的最小点火能量远远低于粉尘的最小点火能量
爆炸空间形状尺寸	密闭容器爆炸压力上升速率正比于容器的表面积与体积的比(S/V)。S/V 越大,达到最大压力的时间越短
初始压力	粉尘的初始压力增大,将使最大爆炸压力和压力上升速率大致与之成正比增长
湍流的影响	湍流度增大,粉尘中已燃和未燃部分的接触面积增大,反应速度和最大压力上升速率增大

值得注意的是,对于某些分散性差的粉尘,当粒径低于某一值时,随粒度的降低,爆炸下限值基本不变,有时反而增加。这是由于以下两个因素:一是当粉尘粒度很小时,颗粒之间的范德华力和静电引力变大,相互之间"凝并"现象非常显著,从实验过程中可以明显看到这种凝聚现象的存在;二是细粉易发生粘壁现象,即粉尘在管内弥散时黏附在管壁上,使弥散在管内的粉尘实际浓度降低,从而在现象上表现为爆炸下限升高。

可燃性杂混物是指可燃粉尘、可燃气体或可燃液体蒸气同助燃气混合而成的多相流体,其爆炸危险性具有叠加效应,即两种以上爆炸性物质混合后,能形成危险性更高的混合物。例如煤尘甲烷爆炸过程,甲烷的存在使得煤粉爆炸下限明显降低,同时,煤粉的存在也使甲烷的爆炸下限值降低。叠加效应会直接导致爆炸性混合物的爆炸极限区间扩大,从而增加了物质的危险性。因此,对于存在叠加效应的场所必须考虑可能的最低爆炸下限值。

5. 爆炸物质(或混合物)爆炸

根据 GB 30000.2—2013,能通过化学反应在内部产生一定速度、一定温度与压力的气体,且对周围环境具有破坏作用的固体或液体物质(或其混合物)称为爆炸物质或爆炸混合物。能发生非爆轰且自供氧放热化学反应并产生热、光、声、气、烟或几种效果的组合的物质或混合物称为烟火物质(或混合物)。爆炸物质按用途可分为民用爆破类和军用类。根据 GB/T 14659—2015,民用爆破类爆炸物质主要包括用于非军事目的的各类火药、炸药及其制品、雷管、导火索等点火和起爆器材。其中涉及的工业炸药按其组成特征和物理特征进一步分为含水炸药、铵油类炸药、硝化甘油类炸药和其他共四大类,工业炸药具有一定的化学安定性,在严格遵循操作规程的前提下可以进行安全的存储和运输,主要用于岩石爆破、煤矿爆破、露天爆破、硫化矿爆破、地震勘探、爆炸加工(如复合、压接、切割、成型等)六个方面(GB/T 17582—2011)。

按照爆炸时发生的化学变化进行分类,爆炸物质(或混合物)的爆炸可分为化合物的简单分解爆炸、复杂分解爆炸和爆炸混合物爆炸。

(1)简单分解爆炸

简单分解爆炸化合物敏感性高,受轻微震动即可引起爆炸,是三类爆炸物质中最容易发生爆炸的物质,常用作起爆药。发生简单分解的爆炸物所需的引爆能量由爆炸物本身的分解热提供,在爆炸时并不一定发生燃烧反应。属于这一类的固体爆炸性化合物有雷酸汞[$Hg(ONC)_2$]、叠氮化铅[$Pb(N_3)_2$]、叠氮化钠(NaN_3)、乙炔银(Ag_2C_2)、乙炔铜(Cu_2C_2)、碘化氮(NI_3)、氯化氮(NCl_3)等。

雷酸汞[$Hg(ONC)_2$]是最早使用的起爆药之一,是雷管装药和火帽击发药的重要组分,对火焰、针刺和撞击有较高的敏感性。雷酸汞安定性能相对较差,易产生剧毒气体,含雷酸汞的击发药易腐蚀炮膛和药筒,现已为其他起爆药所代替。

叠氮化铅[$Pb(N_3)_2$]的撞击感度和摩擦感度均比雷汞高,起爆力也比雷汞强,是目前应用较为广泛的一款起爆药。主要用于装填电雷管和混合装填针刺雷管、延期雷管和火焰雷管。20世纪90年代开始,叠氮化钠(NaN_3)用作汽车司机安全防护袋的气源,紧急刹车时立即自动充气,其产生气体的原理是:

$$2NaN_3 + CuO \longrightarrow Na_2O + 3N_2 \uparrow + Cu$$

$$16NaN_3 + 3MoS_2 + 2S \longrightarrow 8Na_2S + 3Mo + 24N_2 \uparrow$$

$$10NaN_3 + 2KNO_3 + 6SiO_2 \longrightarrow 5Na_2O \cdot K_2O \cdot 6SiO_2 + 16N_2 \uparrow$$

金属乙炔化合物是对热和冲击敏感的高爆炸药,可以发生爆炸,但爆炸时不产生气体。乙炔铜比乙炔银更为敏感,其分解反应如下所示:

$$Cu_2C_2 \longrightarrow 2Cu + 2C; Ag_2C_2 \longrightarrow 2Ag + 2C$$

在爆炸反应温度下,固态产物发生气化,使附近的空气迅速灼热,形成高温高压气体源,从而导致爆炸。乙炔铜可以在铜管或含铜量高的合金管道内部与乙炔反应形成,这是乙炔厂发生爆炸的原因之一,导致乙炔工厂放弃铜作为结构中的材料。

卤化氮类爆炸物极不稳定,稍加震动或光照就会发生爆炸性分解。例如,三碘化氮(NI_3)是深红色固体,稳定性差,是一种敏感性极强的爆炸物,在干燥状态下,用羽毛轻轻地触碰、空气流动触发、光照突然增强都会使碘化氮发生爆炸性的分解反应,声音响亮,并伴有紫色碘蒸气。因其奇特的声光效果,该反应常被用于魔术表演。其分解反应为:

$$2NI_3(s) \longrightarrow N_2(g) + 3I_2(g) + 290 \text{ kJ/mol}$$

某些气体分解会产生很大热量,在一定条件下也能产生分解爆炸,在受压情况下更容易发生爆炸。如高温或高压存放下的乙烯、乙炔、氮氧化物、环氧乙烷等,其分解反应如下:

$$C_2H_2 \longrightarrow 2C + H_2 + 226.042 \text{ J/mol}$$

$$C_2H_4 \longrightarrow C + CH_4 + 127.8\,J/mol(高压下)$$
$$N_2O \longrightarrow N_2 + 0.5O_2 + 81.9\,J/mol$$
$$NO \longrightarrow 0.5N_2 + 0.5O_2 + 90.7\,J/mol$$

此外,环氧乙烷能够自动分解并产生巨大能量,可以作为火箭和喷气推进器的动力。其分解反应式为 $C_2H_4O \longrightarrow CH_4 + CO$,因此具有剧毒。

简单分解爆炸物要储存在专业仓库内,要求阴凉通风,远离火种、热源,防止阳光直射,避免光照;应与氧化剂,易燃、可燃物,硫、磷、起爆器材等分开存放,切忌混储混运;禁止使用易产生火花的机械设备和工具,轻装轻卸;禁止震动、撞击和摩擦。

（2）复杂分解爆炸

复杂分解爆炸物和简单分解爆炸物相比,对外界刺激敏感性较低,危险性略低,只有在外界强度较大的激发能(如爆轰波)作用下,才会发生高速的放热反应,并形成强烈压缩状态的气体,作为引起爆炸的高温高压气体源。爆炸时伴有燃烧现象,燃烧所需要的氧气由自身分解产生;爆炸的速度高达每秒数千米到一万米,所形成的温度约 $3\,000 \sim 5\,000\,℃$,压力高达十万个大气压,能急骤地膨胀并对周围介质做功;爆炸后往往引燃附近的可燃物,造成大面积火灾,产生巨大的破坏作用。工业炸药大多属于此类。

硝化甘油是一种黄色的油状透明液体类爆炸化合物。要使硝化甘油爆炸,必须加热到爆炸点($170 \sim 180\,℃$)或以重力冲击。要想实现工业用途,必须寻找一种安全的引爆装置。1864 年发明家阿尔佛雷德·诺贝尔在瑞典获得了硝化甘油的引爆装置——雷管的专利权。1868 年 2 月,瑞典科学会授予诺贝尔父子金质奖章,奖励老诺贝尔用硝化甘油制造炸药的长期努力,奖励阿尔佛雷德·诺贝尔首次使硝化甘油成为可以用于工业的炸药。有趣的是,硝化甘油还可用作心绞痛的缓解药物,诺贝尔晚年因心脏病不得不服用硝化甘油来"炸"通血栓。硝化甘油的分解爆炸反应式:

$$4C_3H_5(ONO_2)_3 \longrightarrow 12CO_2\uparrow + 10H_2O\uparrow + O_2\uparrow + 6N_2\uparrow + Q$$

2,4,6-三硝基苯酚即苦味酸,缩写 TNP 或 PA,纯净物室温下为略带黄色的结晶。最初用于黄色燃料。后因 1871 年法国一家染料商店的伙计无法开启苦味酸桶,用铁锤砸桶造成爆炸而引起军方注意。经测试,苦味酸的爆炸速度、爆破能量均远远高于黑火药。民用 TNT 炸药的猛度是 $8 \sim 13$,苦味酸在 116 左右。法国人于 1885 年将苦味酸作为炮弹填充物,1888 年,英国也制造出苦味酸炸药并用于军事。日本人敏锐地意识到苦味酸炸药对未来战场的影响,在 1887 年就开始和法国人商量,欲引进苦味酸生产线和生产工艺,遭到拒绝。日本间谍富冈定恭跟随日本代表团在法国参观苦味酸生产线时,通过指甲携带出苦味酸粉末样品,将其交到海军兵器制造所技术专家下濑雅允手中。下濑雅允不负众望,在 1891 年配比成功,这种火药被日本人命名为"下濑火药"。中国人最为痛心疾首的甲午海战,就是下濑火药的第一次登场。可以说,日本能够成为军事强国,很大程度上是因为较早掌握了军用炸药的生产、使用和储存技术。苦味酸爆炸分解反应式:

$$2C_6H_3N_3O_7 \longrightarrow 3H_2O\uparrow + 3N_2\uparrow + 11CO\uparrow + C$$

三硝基甲苯（TNT）是德国化学家 1863 年在一次失败的实验中意外发明得到的。

TNT 呈黄色粉末状,爆炸时会生成一氧化碳等对身体有害的气体。其安全性和稳定性比较好,对摩擦、震动不敏感,即使被子弹击中也不会爆炸。20 世纪初 TNT 开始广泛用于装填各种弹药和进行爆炸,逐渐取代了苦味酸,是二战结束之前世界上性能最好的炸药,普遍用于各种子弹、炮弹中,至今在军事领域还拥有不可替代的作用,被称为"炸药之王"。习惯上,用释放相同能量的 TNT 炸药的质量表示爆炸释放能量,如某核弹爆炸释放的能量相当于 200 吨 TNT 当量。TNT 爆炸分解反应式:

$$2C_7H_5N_3O_6 \longrightarrow 12CO\uparrow + 5H_2\uparrow + 3N_2\uparrow + 2C + Q$$

硝酸铵(NH_4NO_3)是一种无色无臭的透明晶体或呈白色的晶体,极易溶于水,易吸湿结块,溶解时吸收大量热,受猛烈撞击或受热发生爆炸性分解,遇碱分解,可做氧化剂,用于化肥和化工原料。硝酸铵是最难起爆的硝酸炸药,其撞击感度测试结果为 50 kg 锤、50 cm 落高,不会爆炸。而硝化甘油的撞击感度是 200 g 锤、20 cm 落高,100％爆炸。硝酸铵一旦溶于水,起爆感度更是大大下降,根本是人力不可能撞击引爆的。

其他复杂分解的炸药还有特屈尔、黑索金、太安、奥克托金和 CL-20 炸药等。其中特屈尔是芳香族硝基化合物中的一种高级猛炸药,学名为 2,4,6-三硝基甲苯硝胺。环三次甲基三硝胺,也称黑索金,缩写为 RDX,军用高能炸药,威力是 TNT 的 1.5 倍,为无色结晶体,含有毒性,可制作老鼠药,军事上一般用它填充各种炮弹,现代炮弹中使用的混合炸药主要成分就是黑索金,其威力和感度都比 TNT、苦味酸和特屈儿大,被子弹、碎片击中时会起爆。

太安的学名为季戊四醇四硝酸酯,简称 PETN。PETN 也是一种极具破坏力的炸药,其分子间的硝基类似于 TNT,也类似于硝酸甘油,但 PETN 中的硝基更多,爆炸威力更强。然而,尽管其爆炸威力巨大,使其单独爆炸也很困难,因此 PETN 常与 TNT 或 RDX 搭配使用。PETN 安定性不如 RDX,感度亦高,现在在军事上已经基本淘汰,目前常用于核武器中的电桥式电雷管。

环四亚甲基四硝胺,也称奥克托金(HMX)是现今军事上使用的综合性能最好的炸药,诞生于 1941 年,具有八元环的硝胺结构,学名为 1,3,5,7-四硝基-1,3,5,7-四氮杂环辛烷。HMX 威力、稳定性都比 TNT 高,但造价比较昂贵,一吨价格大概是 TNT 的 15 到 20 倍,通常用于高威力的导弹战斗部,也用作核武器的起爆装药和固体火箭推进剂的组分。

CL-20 炸药学名六硝基六氮杂异伍兹烷,简称 HNIW,是一种新研制的高爆军用猛炸药。CL-20 炸药的爆炸能量和机械感度高于 HMX,耐热性与 RDX 相近,是目前已知能够实际应用的能量最高、威力最强大的非核单质炸药之一。

对于敏感度较高的爆炸物质,如果受到剧烈的摩擦撞击,或者局部受热都会引发爆炸。例如,山东保利民爆济南科技有限公司"5·20"特别重大爆炸事故中涉及单质炸药"太安";京珠高速河南信阳"7·22"特别重大卧铺客车燃烧事故中涉及的危险化学品偶氮二异丁腈,简称 AIBN,室温下缓慢分解,100 ℃急剧分解,能引起爆炸着火,易燃,有毒,需要在低于室温的条件下妥善存放。

（3）爆炸混合物爆炸

主要包括硝酸铵类混合炸药和硝铵含水炸药。硝铵炸药是粉状的爆炸性机械混合物，是应用最广泛的工业炸药品种之一，具有中等威力和一定的敏感性。它具有吸湿性与结块性，受潮后敏感性和威力显著降低，同时产生毒气，如硝酸铵-TNT混合物称为铵梯炸药。含水炸药是20世纪50年代新兴的工业炸药，这类炸药含有氧化剂、可燃剂、敏化剂及其他添加剂，其中的固体组分均匀地分散于可溶性组分水溶液中。含水炸药突破了硝酸铵炸药不能含水的传统观念，为工业炸药的发展开辟了广阔的前景。例如，以硝酸铵的饱和水溶液为主要成分，加入敏化剂，即乳化炸药。

硝酸铵类混合炸药主要有铵梯炸药、工业硝化甘油炸药、铵油炸药和铵松蜡炸药等。其中铵梯炸药由硝酸铵（65%～95%，氧化剂）、TNT（8%～15%，还原剂和敏化剂）、木粉（疏松作用，防硝酸铵结块，可燃剂）和食盐（消焰剂）构成。工业硝化甘油炸药简称NG，由硝化甘油（主要成分）、硝化棉（吸收剂）、硝酸钾、硝酸钠或硝酸铵（氧化剂）、木粉构成。铵油炸药简称ANFO，主要成分包括硝酸铵、燃料油、木粉。铵松蜡炸药主要成分包括硝酸铵、松香（还原剂）、石蜡（防水剂）、木粉、柴油。1947年4月16日，美国得克萨斯州一艘装载化肥的船只起火爆炸，造成576人死亡，超过3500人受伤。爆炸物即是硝酸铵化肥及其包装构成的硝酸铵混合物。

含水炸药包括浆状炸药、水乳炸药、乳化炸药等。其中浆状炸药是以氧化剂水溶液、敏化剂和胶凝剂为基本成分的抗水硝铵类炸药，可用于露天有水深孔爆破。水乳炸药由氧化剂、敏化剂（硝酸甲铵、铝粉等）、胶凝剂构成。乳化炸药由氧化剂、可燃剂（燃料油）、乳化剂（失水山梨醇）、敏化发泡剂（敏化气泡和珍珠岩）、高热剂等构成，呈现油包水结构或油膜结晶粉末。

工业炸药在存放不当情况下会发生缓慢氧化放热，热量积聚达到燃点即会发生燃烧甚至爆炸。例如，2010年6月21日1时40分左右，河南省平顶山市卫东区兴东二矿井下火药库因过量存储且库内通风不良发生爆炸，事故至少造成47人死亡。表4-6是近年来发生的由爆炸物质引发的特别重大火灾和爆炸事故调查结果，统计显示造成事故的主要原因是违规操作和不良环境诱发的爆炸物质自燃。例如，江苏响水天嘉宜化工有限公司"3·21"特别重大爆炸事故涉及缓慢氧化自燃的硝化废料，其主要成分包括三硝基二酚（48.4%）、间二硝基苯（26.2%）、三硝基一酚（3.6%）等。天津港"8·12"瑞海公司危险品仓库特别重大火灾爆炸事故的起火原因是局部干燥和炎热天气导致的硝化棉积热自燃。江西省上饶"3·17"道路交通黑火药爆炸特别重大事故中涉及的黑火药属于爆炸混合物，敏感性强，火星即可点燃，爆燃瞬间温度可达1000摄氏度以上，破坏力极强。

表4-6 由爆炸物质引发的特别重大爆炸事故统计

序号	事故	事故直接原因
1	江苏响水天嘉宜化工有限公司"3·21"特别重大爆炸事故	公司旧固废库内长期违法贮存的硝化废料持续积热升温导致自燃，燃烧引发硝化废料爆炸

续　表

序号	事故	事故直接原因
2	天津港"8·12"瑞海公司危险品仓库特别重大火灾爆炸事故	危险品仓库运抵区南侧集装箱内的硝化棉由于湿润剂散失出现局部干燥,在高温(天气)等因素的作用下加速分解放热,积热自燃,引起相邻集装箱内的硝化棉和其他危险化学品长时间大面积燃烧,导致堆放于运抵区的硝酸铵等危险化学品发生爆炸
3	山东保利民爆济南科技有限公司"5·20"特别重大爆炸事故	震源药柱废药在回收复用过程中混入了起爆件中的太安,提高了危险感度。太安在装药机内受到强力摩擦、挤压、撞击,瞬间发生爆炸,引爆了装药机内乳化炸药,工房内其他部位炸药殉爆
4	京珠高速河南信阳"7·22"特别重大卧铺客车燃烧事故	客车违规运输15箱共300公斤危险化学品偶氮二异庚腈并堆放在客车舱后部,偶氮二异庚腈在挤压、摩擦、发动机放热等综合因素作用下受热分解并发生爆燃
5	黑龙江省伊春市华利实业有限公司"8·16"特别重大烟花爆竹爆炸事故	华利公司礼花弹合球工在生产礼花弹,进行合球挤压、敲实礼花弹球体时,操作不慎引发爆炸,随后引起装药间和两个中转间的开包药、效果件和半成品爆炸
6	山西晋中市灵石县王禹乡南山煤矿"11·12"特别重大火灾事故	井下爆炸品材料库违规存放5.2吨化学性质不稳定、易自燃的含有氯酸盐的铵油炸药,由于库内积水潮湿、通风不良,加剧了炸药中氯酸盐与硝酸铵分解放热反应,热量不断积聚导致炸药自燃,并引起库内煤炭和木支护材料燃烧
7	江西省上饶"3·17"道路交通黑火药爆炸特别重大事故	车辆追尾碰撞载有6吨黑火药的货车,引发爆炸

三、化学爆炸的条件和机理

(一) 化学爆炸三要素

事故统计数据显示,大多数恶性爆炸事故属化学性爆炸。不论是爆炸性混合物还是分解性爆炸物质,都是一种相对不稳定体系,在外界一定强度和数量的能量作用下,能够发生高速的放热反应,并对外做功,这些就是化学性爆炸的热力学本质。因此,能够发生化学爆炸的反应,必须满足三个条件:反应放热性、反应高速性和生成大量气体。

1. 反应过程放热性

要发生化学爆炸,首先要满足的基本条件就是反应过程放热,反应放出的热量同时也是爆炸过程的能量来源。例如,硝酸铵用作化肥在农田里发生的缓慢分解反应,过程吸热,根本不爆炸。当硝酸铵被雷管引爆,就发生放热分解反应,可用作矿山炸药。爆炸反应过程所放出的热量称爆炸热(或爆热)。它是反应的定容热效应,是爆炸破坏能力的标志,是炸药类物质的重要危险特性。一般常用炸药的爆热在3 700～7 500 kJ/kg;对于混合爆炸物来说,它们的爆热就是燃烧热,有机可燃物的燃烧热在48 000 kJ/kg左右。

2. 反应的高速性

反应热必须瞬间释放,也就是说反应的高速度是导致爆炸物质爆炸具有强烈破坏作用的原因。许多炸药的氧化剂和还原剂共存于一个分子内,所以能够发生快速的逐层传递的化学反应,使爆炸过程能以极快的速度进行,这是爆炸反应与一般化学反应最突出的不同点。如 1 kg 木材的燃烧热为 16 700 kJ,完全燃烧需要 10 min;1 kg TNT 炸药爆炸热只有 4 200 kJ,反应只需几十微秒。根据功率与做功时间成反比的关系,可知爆炸过程的高速度和相应的释放反应热的高速度是导致爆炸物质爆炸具有巨大的功率和强烈破坏作用的原因。

3. 生成大量气体

爆炸必须生成气体才能瞬间膨胀对外做功,造成巨大的破坏作用。气体具有可压缩性,比固体和液体有大得多的体积膨胀系数。爆炸物质在爆炸瞬间生成大量高温高压状态的气体产物,这些气体在瞬间膨胀就可以做功,由于功率巨大,就能对周围物体、设备、房屋造成巨大的破坏作用。如 1 L 炸药在爆炸瞬间可产生 1 000 L 左右的气体产物,它们被强烈地压缩在原有体积内,再加 3 000~5 000 ℃ 的高温,形成数十万个大气压的高温高压气体源,其破坏性极大。

从化学性爆炸的形成条件可以发现,同燃烧一样,二者都需要具备可燃物、氧化剂和点火源这三种基本因素,且都是可燃物质的氧化反应。化学性爆炸和燃烧的不同点在于可燃物的燃烧速度不同。燃烧过程中可燃物的燃烧速度慢,火灾有初起阶段、发展阶段和衰弱熄灭阶段,造成的损失随时间的延续而加重,及时扑救可减少损失;爆炸过程中可燃物的燃烧速度快,爆炸是瞬间发生,损失无可减免。两者可随条件而发生相互转化。例如,煤块发生缓慢燃烧,煤粉则可以发生粉尘爆炸;局部空间或压力容器内发生的火灾,如果泄压不畅,有可能发展成为爆炸;可燃气体混合物的爆炸往往伴随火灾,某些物理爆炸造成的碎片也可以冲击可燃物输运管道或容器,造成可燃物的燃烧和殉爆。

(二) 化学爆炸的机理

可燃气体、蒸气或粉尘与空气混合并达到爆炸极限范围,会形成爆炸性混合物。爆炸性混合物与火源接触,就会产生链式反应的活性分子,并伴随热量向下传递。因此,爆炸性混合物发生爆炸有热反应和链式反应两种不同的机理。热效应理论认为由于热量在体系内传播,导致化学反应加速,直至发生爆炸。链式反应理论认为化学反应是通过链锁反应自行加速,迅速增加活化中心来促使反应不断加速,直至发生爆炸。至于在什么情况下是热效应主导,什么情况下是链式反应主导,或者二者共同发生,视具体情况而定。

以氢气和氧气按 2∶1 比例混合发生的爆炸反应为例,当温度一定、压力较小时,支链反应以吸热反应为主。此时,气体扩散程度高,生成的自由基很容易扩散到器壁上销毁,链的销毁速度大于生成速度,混合物不爆炸。当压力继续增大,游离基与气体分子的碰撞概率增大,支链生成速度大于销毁速度,反应加速,混合物发生爆炸。压力持续增大,单位体积内分子浓度增大,游离基间的碰撞机会增大,会使链的销毁速度大于链的生成速度,混合物不会发生爆炸。当压力继续超过临界值时,链锁反应的支链反应变为放热反应,放热超过器壁散热,反应加快,混合物会发生爆炸。

四、爆炸的速度

根据爆炸瞬时燃烧速率不同,可以将爆炸分为轻爆、爆炸和爆轰。物质轻爆的速度是每秒数米,爆炸破坏力和爆炸声音较小,如无烟火药在空气中的快速燃烧,可燃气体混合物在接近爆炸浓度上限或下限时的爆炸也属于此类。物质爆炸的速度是每秒数十米至数百米,伴随震耳的声响,如可燃气体混合物在多数情况下的爆炸、粉尘爆炸等。物质爆轰时的燃烧速度为每秒 1 000~9 000 m,产生超音速的冲击波,可引起殉爆,如炸药的爆轰和粉尘爆轰。

根据 GB/T 15604—2008,火焰以高于原始粉尘云中的声音传播速度在粉尘云中稳定传播的现象称为粉尘爆轰;火焰以远低于原始粉尘云中的音速在粉尘云中稳定传播的现象称为粉尘燃烧;介于燃烧与爆轰之间的一种非稳定形式火焰以变化极大的速度在粉尘云中传播的现象称为粉尘爆燃。由此可见爆燃与爆轰的区别主要在于速度不同,爆燃的速度是亚音速,爆轰的速度是超音速。此外,爆炸和爆轰对容器造成的破坏程度也不同,由爆燃造成的容器爆炸,产生的碎片比较少,而且在裂缝附近的容器壁面厚度会变薄,这种破坏称为应力破裂或延性破坏;由爆轰引起的容器爆炸,形成大量碎片,从裂缝附近抛出的碎片没有变薄,这种破坏称为脆性破坏。

国际上习惯以炸药爆炸时爆轰波的传播速度将炸药分为四代。第一代炸药是为诺贝尔带来财富与声誉的硝化甘油,爆轰速度为 7 450 m/s,硝化甘油的出现改变了世界战争史。第二代炸药 TNT(三硝基甲苯)在二战中发挥了极大作用。TNT 是通过人工有机合成的烈性炸药,其爆轰速度为 8 625 m/s,可用于机关火炮的密集火力射击,使得战争残酷性大为提高,直到现在仍大量使用。二战之后产生了第三代炸药,包括黑索金(代号为 RDX),爆轰速度达到 8 500 到 8 600 m/s,用于多管火箭重炮的规模压制打击,能大规模提高武器的威力和射程;奥克托金(HMX),爆轰速度达到 9 000 m/s,在海湾战争中用于远程火箭导弹的非接触不对称作战。二十世纪六七十年代,HMX 作为世界高能炸药"王牌"的领先地位始终无法撼动。第四代炸药为 CL-20,我国是世界上第三个具备 CL-20 炸药合成能力的国家。我国火炸药"国家队"的北京理工大学 2001 年凭借对 CL-20 的重大原始理论创新荣获国防科工委科学技术一等奖,又在 2015 年度荣获国防科技进步特等奖。CL-20 炸药是目前已知能够实际应用的能量最高、威力最强大的非核单质炸药,爆轰速度高达 9 500 m/s。2017 年,南京理工大学王泽山院士因为首次合成世界上威力最大的高能炸药——全氮阴离子盐 N_5-高能材料 $[(N_5)_6(H_3O)_3(NH_4)_4Cl]$,获得了国家最高科学技术奖。全氮阴离子盐 N_5-高能材料的爆炸能量达到 TNT 炸药的 3~10 倍,爆速则达到 14 000 m 以上,测试中,爆炸流可直接将钢柱击穿。

五、爆炸的破坏作用

爆炸的破坏作用包括机械爆破作用、冲击波的破坏作用和次生灾害三种。爆炸的机械破坏效应会使容器、设备装置以及建筑材料等碎片,在相当大的范围内飞散而造成危害。碎片四处飞散的距离一般可达 100~500 米。爆炸物质爆炸时,产生的高温高压气体产物以极高的速度膨胀,像活塞一样挤压其周围空气,把爆炸反应释放出的部分能量传给被压缩的空气层,空气受冲击而发生扰动,使其压力、密度等产生突跃变化,这种扰动在空气中传播就成为冲击波。冲击波的传播速度极快,可在周围环境中的固体、液体、气体介质(如金属、岩石、建筑材料、水、空气等)中传播,并对周围环境中的机械设备和建筑物产生破坏作用,造成人员伤亡。冲击波还可在其作用区域内产生震荡作用,使物体因震荡而松散,甚至破坏。

例如,2015 年天津港"8·12"事故中,爆炸冲击波波及区分为严重受损区、中度受损区。严重受损区是指建筑结构、外墙、吊顶受损的区域,受损建筑部分主体承重构件(柱、梁、楼板)的钢筋外露,失去承重能力,不再满足安全使用条件。中度受损区是指建筑幕墙及门、窗受损的区域,受损建筑局部幕墙及部分门、窗变形、破裂。严重受损区在不同方向距爆炸中心最远距离为东 3 公里、西 3.6 公里、南 2.5 公里、北 2.8 公里。中度受损区在不同方向距爆炸中心最远距离为东 3.42 公里、西 5.4 公里、南 5 公里、北 5.4 公里。受地形地貌、建筑位置和结构等因素影响,同等距离范围内的建筑受损程度并不一致。爆炸冲击波波及区以外的部分建筑,虽没有受到爆炸冲击波直接作用,但由于爆炸产生地面震动,造成建筑物接近地面部位的门、窗玻璃受损,东侧最远达 8.5 公里,西侧最远达 8.3 公里,南侧最远达 8 公里,北侧最远达 13.3 公里。

2019 年江苏响水大爆炸事故中,根据现场破坏情况,将事故现场划分为事故中心区和爆炸波及区。事故中心区面积约为 0.5 平方千米。爆炸形成以天嘉宜公司旧固废库硝化废料堆垛区为中心基准点,直径 75 米、深 1.7 米爆坑。爆炸中心 300 米范围内的绝大多数化工生产装置、建构筑物被摧毁,造成重大人员伤亡。事故引发周边 8 处起火,15 家企业受损严重。爆炸冲击波造成周边建筑、门窗及玻璃不同程度受损,其中严重受损(建筑结构受损)区域面积约为 14 平方千米,中度受损(建筑外墙及门窗受损)区域面积约为 48 平方千米。由于爆炸冲击波作用,造成建筑物门窗玻璃受损,向东最远达 14.7 千米、向西最远达 11.4 千米、向南最远达 10.5 千米、向北最远达 8.8 千米。响水县、灌南县 133 家生产企业、2 700 多家商户受到波及,约 4.4 万户居民房屋门窗、玻璃等不同程度受损。中国地震台网测得此次爆炸引发 2.2 级地震。经测算此次事故爆炸总能量约为 260 吨 TNT 当量。

(一) TNT 当量

TNT 当量法是将已知能量的燃料等同于当量质量 TNT 的一种简单方法。该方法假设燃料爆炸的威力等同于具有相等能量的 TNT 爆炸。TNT 的当量质量可使用式 4-1 进行估算:

$$M_{TNT} = \frac{\varepsilon m \Delta H_c}{E_{TNT}} \qquad (式 4-1)$$

式中,M_{TNT} 为 TNT 当量质量;ε 为经验爆炸效率,无量纲;m 为碳氢化合物的质量;ΔH_c 为可燃气体的爆炸能;E_{TNT} 为 TNT 的爆炸能。TNT 爆炸能的典型值为 1 120 cal/g(4 686 kJ/kg)。

爆炸效率是该当量方法中的主要问题之一,可用于调整众多因素的影响,包括可燃物质与空气的不完全混合、热量向机械能的不完全转化等。爆炸效率是经验值,对于大多数可燃气云,其爆炸效率在 1%~10% 变化。

化学爆炸导致的爆炸波是由爆炸处气体的快速膨胀造成的。该膨胀由以下两种机理引起：(1) 反应产物的热量加热；(2) 反应造成的总物质的量的变化。

对于大多数碳氢化合物在空气中的燃烧爆炸物质的量的变化通常很小。例如，丙烷在空气中的燃烧化学反应方程式为

$$C_3H_8 + 5O_2 + 18.8N_2 \longrightarrow 3CO_2 + 4H_2O + 18.8N_2$$

其中，方程左侧的初始物质的量为 24.8，右侧的物质的量为 25.8。该例中，由物质的量变化导致的压力增加很少，几乎所有的爆炸能都来自反应释放的热能。

在爆炸过程中，释放的能量使用标准热力学关系式计算。通常情况下，使用燃烧热代替爆炸能，反应热可以通过标准生成热计算得到。生成的水以气态形式而非液态形式存在，因为爆炸发生在几毫秒内，爆炸能在水蒸气凝结成液体之前就被释放出来。表 4-7 列出了部分化合物的燃烧数据。

表 4-7　常见化合物的燃烧数据

化合物		分子式	燃烧热/(kJ·mol⁻¹)		燃烧极限/%		闪点/℃	自燃点/℃
			下限	上限	LFL	UFL		
链烷烃	甲烷	CH_4	−802.3	−890.3	5.0	15.0	−188	600
	乙烷	C_2H_6	−1 428.6	−1 559.8	3.0	12.5	−135	515
	丙烷	C_3H_8	−2 043.1	−2 219.9	2.1	9.5	−104	450
	丁烷	C_4H_{10}	−2 657.5	−2 877.5	1.8	8.5	−60	405
	异丁烷	C_4H_{10}	−2 649.0	−2 869.0	1.8	8.4	−83	460
	戊烷	C_5H_{12}	−3 245.0	−3 536.6	1.4	7.8	−40	260
	异戊烷	C_5H_{12}	−3 240.3	−3 527.6	1.4	7.6	−57	420
	新戊烷	C_5H_{12}	−3 250.4	−3 514.1	1.4	7.5	−65	450
	己烷	C_6H_{14}	−3 855.2	−4 194.5	1.2	7.5	−23	234
	庚烷	C_7H_{16}	−4 464.9	−4 780.6	1.0	7.0	−4	223
	辛烷	C_8H_{18}	−5 074.1	−5 511.6	0.8	6.5	13	220
	壬烷	C_9H_{20}	−5 685.1	—	0.7	5.6	31	206
	癸烷	$C_{10}H_{22}$	−6 294.2	−6 737.0	0.8	5.4	46	208
烯烃	乙烯	C_2H_4	−1 322.6	−1 411.2	2.7	36.0	−136	450
	丙烯	C_3H_6	−1 925.7	−2 057.3	2.0	11.0	−108	455
	1-丁烯	C_4H_8	−2 541.2	−2 716.8	1.6	9.3	−79	384
	2-丁烯	C_4H_8	−2 534.4	−2 708.2	1.8	9.7	−74	324
	1-戊烯	C_5H_{10}	−3 129.7	−3 316.4	1.5	8.7	−18	273
	苯乙烯	C_8H_8	−4 219.3	−4 438.8	1.1	6.1	32	490
炔烃	乙炔	C_2H_2	−1 255.6	−1 299.6	2.5	80.0	−18	305

化合物		分子式	燃烧热/(kJ·mol⁻¹)		燃烧极限/%		闪点/℃	自燃点/℃
			下限	上限	LFL	UFL		
芳烃	苯	C_6H_6	−3 135.6	−3 301.4	1.4	7.1	−11	562
	甲苯	C_7H_8	−3 733.9	−3 947.9	1.2	7.1	4	536
	邻二甲苯	C_8H_{10}	−4 332.8	−4 567.6	1.0	6.0	17	464
	苯酚	C_6H_6O	−2 921.4	—	1.8	8.6	79	715
环烷烃	环丙烷	C_3H_6	−1 959.3	−2 091.3	2.4	10.4	−94	498
	环己烷	C_6H_{12}	−3 655.8	−3 953.0	1.3	8.0	−20	260
	甲基环己烷	C_7H_{14}	−4 257.1	−4 600.7	1.2	7.2	−4	285
萜烯	松节油	$C_{10}H_{16}$	—	—	0.8	6.8	51	252
醇	甲醇	CH_4O	−638.1	−764.0	7.5	36.0	11	463
	乙醇	C_2H_6O	−1 235.5	−1 409.2	4.3	19.0	13	422
	丙烯醇	C_3H_6O	−1 731.9	−1 912.2	2.5	18.0	21	378
	正丙醇	C_3H_8O	−1 843.8	−2 068.9	2.0	12.0	15	371
	异丙醇	C_3H_8O	−1 830.0	−2 051.0	2.0	12.0	12	399
	正丁醇	$C_4H_{10}O$	−2 456.0	−2 728.3	1.4	11.2	29	343
	异戊醇	$C_5H_{12}O$	3 062.3	—	1.2	9.0	43	350
醛	甲醛	CH_2O	−519.4	−570.8	7.0	73	−53	430
	乙醛	C_2H_4O	−1 104.6	−764.0	1.6	10.4	−38	185
	丙烯醛	C_3H_4O	−1 553.5	—	2.8	31.0	−26	234
	异丁烯醛	C_4H_6O	−2 150.0	−2 268.1	2.1	14.6	2	234
	糠醛	$C_5H_4O_2$	−2 249.7	−2 340.9	2.1	19.3	60	316
	三聚乙醛	$C_6H_{12}O_3$	−3 125.2	—	1.3	16.2	36	238
醚	乙醚	$C_4H_{10}O$	−2 503.5	−2 751.1	1.9	48.0	−45	180
	二乙烯醚	C_4H_6O	−2 260.0	−2 416.2	1.7	27.0	−47	360
	二异丙醚	$C_6H_{14}O$	−3 702.3	−4 043.0	1.4	21.0	−28	443
酮	丙酮	C_3H_6O	−1 659.2	−1 821.4	2.6	12.8	−18	538
	甲基乙基酮	C_4H_8O	−2 261.6	−2 478.7	1.8	10.0	−6	516
	戊酮	$C_5H_{10}O$	−2 880.0	−3 137.6	1.5	8.2	7	457
	己酮	$C_6H_{12}O$	−3 490.0	−3 796.3	1.2	8.0	25	424
酸	乙酸	$C_2H_4O_2$	−786.4	−926.1	5.4	16.0	43	427
	氢氰酸	HCN	—	—	6.0	41.0	−18	538

续　表

化合物		分子式	燃烧热/(kJ·mol⁻¹)		燃烧极限/%		闪点/℃	自燃点/℃
			下限	上限	LFL	UFL		
酯	甲酸甲酯	$C_2H_4O_2$	−920.9	−1 003.0	5.9	20.0	−19	456
	甲酸乙酯	$C_3H_6O_2$	−1 507.0	−1 638.8	2.7	13.5	−4	455
	乙酸甲酯	$C_3H_6O_2$	−1 461.0	−1 628.1	3.1	16.0	−10	502
	乙酸乙酯	$C_4H_8O_2$	−2 061.0	−2 273.6	2.2	11.4	−4	427
	乙酸丙酯	$C_5H_{10}O_2$	−2 672.0	—	2.0	8.0	15	450
	乙酸异丙酯	$C_5H_{10}O_2$	−2 658.1	−2 907.0	1.8	7.2	2	479
	乙酸丁酯	$C_6H_{12}O_2$	−3 283.0	−3 587.8	1.7	7.6	22	421
	乙酸异戊酯	$C_7H_{14}O_2$	−3 889.9	−4 361.7	1.0	7.5	25	360
无机物	氢气	H_2	−241.8	−285.8	4.0	75.0	—	400
	氨气	NH_3	—	−382.6	16.0	25.0		651
氧化物	一氧化碳	CO	−283.0	—	12.5	74.0		609
	环氧乙烷	C_2H_4O	−1 218.0	−1 264.0	3.0	—	55	429
	环氧丙烷	C_3H_6O	−1 785.3	—	2.1	21.5	−37	465
	二恶烷	$C_4H_8O_2$	−2 178.8	—	2.0	22.0	12	180
含硫化合物	二硫化碳	CS_2	−1 104.2	−1 104.2	1.3	50.0	−30	90
	硫化氢	H_2S	—	−562.6	4.3	45.0		260
	硫氧化碳	COS	−548.3	−546.0	12.0	29.0		—
含氯化合物	氯甲烷	CH_3Cl	−675.4	−687.0	10.7	17.4	−66	632
	氯乙烷	C_2H_5Cl	−1 284.9	−1 325.0	3.8	15.4	−50	519
	丙基氯	C_3H_7Cl	−1 864.6	−2 001.3	2.8	10.7	−32	593
	丁基氯	C_4H_9Cl	−2 474.2	—	1.8	10.1	−28	460
	仲丁基氯	C_4H_9Cl	−2 465.2	—	1.9	9.1	−5	—
	戊基氯	$C_5H_{11}Cl$	−3 085.2	—	1.6	8.6	13	260
	氯乙烯	C_2H_3Cl	−1 158.0	—	3.6	33.0	−78	472
	氯苯	C_6H_5Cl	−2 976.1	—	1.3	7.1	32	638
	二氯乙烷	$C_2H_2Cl_2$	−994.5	−1 133.8	5.6	12.8	4	460
	二氯丙烯	$C_3H_6Cl_2$	−1 704.6	—	3.4	14.5	16	557
溴化物	溴甲烷	CH_3Br	−705.4	−768.9	10.0	16.0	−44	537
	溴乙烷	C_2H_5Br	−1 284.4	−1 424.6	6.7	11.3	−33	511
胺	甲胺	CH_3NH_2	−975.1	−1 085.1	4.9	20.7	58	430
	乙胺	C_2H_7N	−1 587.4	−1 739.9	3.5	14.0	−46	384

化合物		分子式	燃烧热/(kJ·mol⁻¹)		燃烧极限/%		闪点 /℃	自燃点 /℃
			下限	上限	LFL	UFL		
	二甲胺	C_2H_7N	−1 614.6	−1 768.9	2.8	14.4	−50	400
	丙胺	C_3H_9N	−2 164.8	−2 396.6	2.0	10.4	−12	318
	二乙胺	$C_4H_{11}N$	−2 800.3	−3 074.3	1.8	10.1	−26	312
	三甲胺	C_3H_9N	−2 244.9	−2 443.0	2.0	11.6	−7	190
	三乙胺	$C_6H_{15}N$	−4 044.5	−4 134.5	1.2	8.0	−12	—
	苯胺	C_6H_7N	−3 238.5		1.3	11	70	617

（二）爆炸超压

粉尘爆炸或气体爆炸(爆燃或爆轰)可导致反应前沿从点火源处向外移动,其前方是冲击波或压力波前沿。可燃物质消耗完后,反应前沿终止,但是压力波继续向外移动。爆炸波由压力波和随后的气浪组成,是引起大部分破坏的元凶。

图 4-1 为距离爆炸中心一定距离处的典型爆炸波的压力-时间变化图。爆炸在 t_0 时刻发生。冲击波前沿从爆炸中心到受影响位置所需的时间很短,约为 t_1,称为到达时间。在 t_1 时刻,冲击波前沿到达并出现最大超压,后面紧跟着强烈而短暂的气浪。在 t_2 时刻,压力迅速降低至周围环境压力,但是气浪仍会在同一方向持续一小段时间。$t_1 \sim t_2$ 的时间间隔称为冲击持续时间。冲击持续时间是对独立的建筑物破坏作用最大的一段时间,该值对于估算破坏程度很重要。

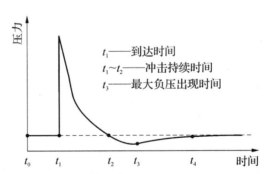

图 4-1　固定位置处的爆炸波压力随时间的变化曲线

爆炸压力降至常压后仍会持续下降,在时刻 t_3 降至最大负压。在 $t_2 \sim t_4$ 负压时段的大多数时间里,爆炸气浪逆转方向朝爆炸源点吹去。对于典型的爆炸,最大负压所造成的损害比超压阶段造成的损害小得多。然而,有一些破坏是与该负压持续时间有关的,对大爆炸和核爆炸来说,负压很大,能导致非常显著的损害。压力在 t_3 时刻降至最大负压后,将在 t_4 时刻达到周围环境压力,该时刻爆炸气浪和直接的破坏会终止。

当爆炸波经过时如何测量其压力是一个非常重要的问题。如果压力传感器与爆炸波相垂直,则所测得的超压称为侧向超压。在固定位置处,侧向超压会突然增加到最大值

（侧向超压峰值），当爆炸波通过后压力降低。如果压力传感器正对爆炸波的来波方向，那么测得的压力是反射超压。反射超压包括侧向超压和驻点压力，驻点压力起因于移动气体与压力传感器撞击时的减速。当侧向超压比较小时，反射超压约是侧向超压的 2 倍；对于强冲击，反射超压能达到侧向超压的 8 倍或更多。有很多文献报道过超压值，但并没有明确说明是如何测量超压的。一般情况下，超压意味着侧向超压，且往往是侧向超压峰值。

爆炸实验证明，超压可由 TNT 当量质量及离地面上爆炸源的距离来估算。由经验得到的比例关系为

$$Z_e = \frac{r}{M_{TNT}^{\frac{1}{3}}} \qquad (式 4-2)$$

式中，r 为测压点到地面上爆炸源的距离，单位为 m；M_{TNT} 为爆炸源的 TNT 当量，单位为 kg；Z_e 的单位为 m·kg$^{-1/3}$。

$$\frac{p_0}{p_a} = \frac{1\,616\left[1+\left(\frac{Z_e}{4.5}\right)^2\right]}{\sqrt{1+\left(\frac{Z_e}{0.048}\right)^2}\sqrt{1+\left(\frac{Z_e}{0.32}\right)^2}\sqrt{1+\left(\frac{Z_e}{1.35}\right)^2}} \qquad (式 4-3)$$

式中，p_0 为侧向超压峰值，单位为 Pa；p_a 为环境大气压值，一般为 101 325 Pa。

【例题 4-1】 估算 1 000 kg 的丁烷（摩尔质量为 58 g/mol）爆炸后导致距离爆炸点 50 m 处的爆炸超压，假设爆炸效率为 5%。

解：查表 4-7 得知丁烷的燃烧热为 2 750 kJ/mol，1 000 kg 的丁烷的 TNT 当量为

$$M_{TNT} = \frac{\varepsilon m \Delta H_c}{E_{TNT}} = \frac{5\% \times 1\,000\ kg \times 2\,750\ kJ/mol}{4\,686\ kJ/kg \times 58 \times 10^{-3}\ kg/mol} = 506\ kg$$

比例距离

$$Z_e = r/(m_{TNT})^{1/3} = 50\ m/(506\ kg)^{1/3} = 6.27\ m/kg^{1/3}$$

$$\frac{p_0}{p_a} = \frac{1\,616\left[\left(\frac{Z_e}{4.5}\right)^2\right]}{\sqrt{1+\left(\frac{Z_e}{0.048}\right)^2}\sqrt{1+\left(\frac{Z_e}{0.32}\right)^2}\sqrt{1+\left(\frac{Z_e}{1.35}\right)^2}} = 0.39$$

超压为 $p_0 = 0.39 \times 101.325\ kPa = 39\,517\ Pa$

（三）爆炸超压对人体的伤害

爆炸后，冲击波能造成人的耳膜破裂、肺出血等严重伤害。研究发现，伤害程度与爆炸超压密切相关。

超压导致人耳膜破裂的概率变量可以采用式 4-4 进行估算：

$$Y = -15.6 + 1.93\ln p_0 \qquad (式 4-4)$$

超压导致人肺出血死亡的概率变量可以采用式 4-5 进行估算：

$$Y=-77.1+6.91\ln p_0 \qquad\qquad (式4-5)$$

上式中，p_0为爆炸超压峰值，单位为 Pa。

根据概率百分比与概率变量的对应关系（表4-8），可以估算爆炸超压对人体造成伤害的程度。

表4-8　概率变量与百分比的对应关系

%	0	1	2	3	4	5	6	7	8	9
0	—	2.67	2.95	3.12	3.25	3.36	3.45	3.52	3.59	3.66
10	3.72	3.77	3.82	3.87	3.92	3.96	4.01	4.05	4.08	4.12
20	4.16	4.19	4.23	4.26	4.29	4.33	4.36	4.39	4.42	4.45
30	4.48	4.50	4.53	4.56	4.59	4.61	4.64	4.67	4.69	4.72
40	4.75	4.77	4.80	4.82	4.85	4.87	4.90	4.92	4.95	4.97
50	5.00	5.03	5.05	5.08	5.10	5.13	5.15	5.18	5.20	5.23
60	5.25	5.28	5.31	5.33	5.36	5.39	5.41	5.44	5.47	5.50
70	5.52	5.55	5.58	5.61	5.64	5.67	5.71	5.74	5.77	5.81
80	5.84	5.88	5.92	5.95	5.99	6.04	6.08	6.13	6.18	6.23
90	6.28	6.34	6.41	6.48	6.55	6.64	6.75	6.88	7.05	7.33
%	0.0	0.1	0.2	0.3	0.4	0.5	0.6	0.7	0.8	0.9
99	7.33	7.37	7.41	7.46	7.51	7.58	7.65	7.75	7.88	8.09

【例题4-2】　1 000 kg 的丁烷爆炸后，在距离爆炸点 50 m 处的超压约为 40 kPa，试估算人耳膜破裂的概率有多大。

解：人耳膜破裂的概率变量 $Y=-15.6+1.93\ln 40\,000=4.85$，查表4-8，概率约为44%。

（四）爆炸超压对建筑物结构的破坏

爆炸波伤害基于压力波作用在建筑物上导致的侧向超压峰值来确定。一般情况下，破坏也是压力、上升速率与爆炸波持续时间的函数。使用侧向超压峰值往往可以很好地估算爆炸波的破坏作用，基于超压的破坏估算见表4-9。由表4-9可知，即使是较小的超压，也能导致较大的破坏。

表4-9　基于超压的普通建筑物破坏评估

压力/kPa	破　坏
0.1	令人讨厌的噪声(137 dB，或低频 10~15 Hz)
0.2	已经处于疲劳状态下的大玻璃窗突然破碎
0.3	非常吵的噪声(143 dB)，音爆，玻璃破碎
1.0	玻璃破裂的典型压力

续 表

压力/kPa	破 坏
2.1	抛射物的极限,屋顶出现某些破坏,10%的窗户玻璃打碎
3.4	大窗户和小窗户通常破碎,窗户框架偶尔遭到破坏
4.8	房屋建筑物受到较小的破坏
6.9	房屋部分破坏,不能居住
6.9~13.8	石棉板粉碎,钢板或铝板起皱,紧固失效,扣件失效,木板固定失效
9.0	钢骨结构的建筑物轻微变形
13.8	房屋的墙和屋顶局部坍塌
13.8~20.7	没有加固的混凝土砖墙粉碎
15.8	低强度的砖墙房屋产生严重结构破坏
17.2	50%的砌砖房屋被破坏
20.7	建筑物内重型机械(1.5吨)遭到轻微破坏,钢骨结构建筑变形并从基础脱离
20.7~27.6	无框架、自身构架钢骨建筑物破坏,原油储罐破裂
27.6	轻型工业建筑物的覆层破裂
34.5	木制的柱子折断,建筑物内高大的水力压力机(2.0吨)轻微破坏
34.5~48.2	房屋几乎完全破坏
48.2	满装的火车翻倒
48.2~55.1	未加固的砖板被剪切或者弯曲失效
62.0	满装的火车车厢被完全破坏
68.9	建筑物可能全部遭到破坏,重型机械工具(3.0吨)被移走并遭到严重破坏
2068	有限的爆坑痕迹

【例题 4-3】 1.0 kg 的 TNT 发生爆炸,估算 30 m 处的建筑物受损情况。

解: $Z_e = r/(M_{TNT})^{1/3} = 30 \text{ m}/(1.0 \text{ kg})^{1/3} = 30 \text{ m/kg}^{1/3}$

$$\frac{p_0}{p_a} = \frac{1616\left[1+\left(\frac{Z_e}{4.5}\right)^2\right]}{\sqrt{1+\left(\frac{Z_e}{0.048}\right)^2}\sqrt{1+\left(\frac{Z_e}{0.32}\right)^2}\sqrt{1+\left(\frac{Z_e}{1.35}\right)^2}} = 0.056$$

超压为 $p_0 = 0.056 \times 101.325 \text{ kPa} = 5.7 \text{ kPa}$

查表 4-9 可知,这次爆炸能引起房屋结构较小的破坏。

(五)殉爆距离估算

冲击波可引发该地区内的其他爆炸性物质爆炸,称为"殉爆"。防止殉爆的安全距离的计算:

$$S = K\sqrt{W_b} \qquad\qquad \text{(式 4-6)}$$

式中，S 指不引起殉爆的安全间距(m)；W_b 指爆炸物的质量(kg)；K 为系数，决定于建筑物的安全等级及周围有无防爆土围墙，有围墙取 1，无围墙取 5。

冲击波对人体的伤害作用主要是破坏人体血管、肺细胞及支气管，亦能伤害胃肠及隔膜。冲击波超压在 20 kPa 以下时对人体几乎没有危害；在 20～30 kPa 范围内，人体能受轻伤；在 30～50 kPa 的超压区内，人体受中等损伤；在 50～100 kPa 区域内，人体受严重伤害，甚至死亡；当超压大于 100 kPa 时，绝大多数情况下会致人死亡。

普通炸药在空气中爆炸，使人致死距离 S 也可按式 4-6 进行估算。当爆炸物的质量小于 300 kg 时，K 值为 1.1；当爆炸物的质量大于等于 300 kg 时，K 值为 2.7。例如，在响水大爆炸中，测算爆炸总能量相当于 260 吨 TNT 当量，代入式 4-6 可以得到安全距离至少为 1 377 米。事故现场的调查发现，在响水大爆炸中遇难 78 人，均处于 500 米范围内。除此之外，事故还造成 76 人重伤，640 人住院治疗。可见爆炸波及范围之广，冲击波对人体的伤害之大。

爆炸发生后爆炸气体产物在瞬间扩散，对一般可燃物来说不足以造成起火燃烧，而且冲击波后面的爆炸风还能起灭火作用。但是，建筑物内遗留大量的热或残余火苗，会把从破坏的设备内部不断流出的可燃气体或易燃可燃液体的蒸气点燃，也可能把其他易燃物点燃，引起火灾。盛装易燃物的容器、管道发生爆炸时，抛出的易燃物可能引起大面积火灾，这种情况在油罐、液化气瓶爆破后最易发生。正在运行的燃烧设备或高温的化工设备被炸坏，其灼热的碎片可以飞出，点燃附近储存的燃料或其他可燃物，也能引起火灾。

 思考和实践

(1) 按爆炸能量来源分类，爆炸分为哪些种类，有哪些特征?

(2) 简述沸腾液体扩展蒸气云爆炸形成的原因和避免措施。

(3) 简述化学性爆炸的形成条件。

(4) 简述发生粉尘爆炸的条件。

(5) 假设 2 000 kg 泄漏的正己烷在泄漏瞬间被引爆，爆炸效率约为 10%，正己烷的燃烧热为 3 855 kJ/mol，估算距离泄漏点 150 m 处居民区的建筑物的破坏程度。

(6) 某工厂中储罐爆炸所导致的峰值超压可以用以下方程预测：

$$\lg(14.8p) = 4.2 - 1.8\lg(3r)$$

式中，p 为超压，单位 atm；r 为离爆炸点的距离，单位 m。工厂所雇的 500 名工人工作在距离潜在爆炸点 3～150 m 的范围内。如果发生爆炸，试估算由肺出血导致死亡的人数和爆炸导致耳鼓膜破裂的人数。假设人员平均分布。

第二节　爆炸特征参数

爆炸参数
计算

一、爆炸反应当量浓度

爆炸性混合物中可燃物和助燃物的浓度比例恰好是两物质完全反应时的化学计量比时，爆炸放热最多，产生的压力也最大。因此可燃物完全反应的浓度就是该可燃物理论上完全燃烧时在爆炸性混合物中的浓度，称为爆炸反应当量浓度。若 1 摩尔可燃气体或蒸

气 $C_\alpha H_\beta O_\gamma$ 完全反应需消耗 n 摩尔 O_2,若氧气在空气中的浓度为 21%,则该可燃气体或蒸气 $C_\alpha H_\beta O_\gamma$ 在空气中完全燃烧的反应当量浓度 $X(\%)$ 按式 4-7 计算:

$$X = \frac{1}{1+\dfrac{n}{0.21}} = \frac{21}{0.21+n}\% \qquad (式4-7)$$

式中,n 表示 1 摩尔可燃物完全燃烧需要消耗的氧分子数。

【例题 4-4】　求丙烷(C_3H_8)在空气中完全燃烧的反应当量浓度。

解:由 $C_3H_8 + 5O_2 \longrightarrow 3CO_2 + 4H_2O$ 可知,$n=5$

代入式 4-7 得,$X = \dfrac{1}{1+\dfrac{5}{0.21}} = \dfrac{21}{0.21+5}\% = 4.0\%$

二、爆炸极限

可燃物质(可燃气体、蒸气和粉尘)与空气(或氧气)必须在一定的浓度范围内均匀混合,形成预混气,遇火源才会发生爆炸,这个浓度范围称为爆炸极限(或爆炸浓度极限)。对于可燃气体而言,爆炸下限和爆炸上限分别对应爆炸混合物中可燃气体能够发生爆炸的最低浓度和最高浓度,以体积分数表达。对于可燃液体,其爆炸极限有两种表示方法:一是由可燃液体生成的可燃蒸气的爆炸浓度极限,以体积分数表示;二是可燃液体的爆炸温度极限,单位为℃。对于可燃粉尘,因为粉尘沉降等,实际情况很难达到爆炸上限,因此粉尘的爆炸上限没有实际意义,通常用粉尘爆炸下限来表示粉尘爆炸的危险性。粉尘爆炸下限是指在空气中遇火源能发生爆炸的粉尘最低浓度,一般用单位体积内所含粉尘质量表示,其单位为 g/m^3。爆炸下限越低,粉尘爆炸危险性越大。粉尘爆炸极限可通过仪器测定。

可燃混合物的爆炸极限范围越大,该爆炸混合物的危险越大。根据这个定义,要想使可燃混合物处于安全状态,应当使可燃气体、蒸气或粉尘浓度高于爆炸浓度上限或者低于爆炸浓度下限。对于可燃液体,应使其环境温度低于其爆炸温度下限,可燃液体的爆炸温度下限通常对应于其闪点。

(一) 可燃气体(蒸气)爆炸极限计算方法

可燃气体(蒸气)爆炸极限可以根据其完全燃烧所需的氧原子数 N、完全反应当量浓度 X 等进行估算,当可燃气体(蒸气)与空气混合后,可以根据各可燃组分在空气中的含量及爆炸极限来进行混合气体爆炸极限的计算。计算值虽然与实验值有出入,但不失其参考价值。

1. 根据完全燃烧反应所需氧原子数估算可燃气体(蒸气)的爆炸极限

$$L_X = \frac{1}{4.76(N-1)+1} \times 100\% = \frac{100}{4.76(N-1)+1}\% \qquad (式4-8)$$

$$L_S = \frac{4}{4.76N+4} \times 100\% = \frac{4 \times 100}{4.76N+4}\% \qquad (式4-9)$$

式中,N 为 1 摩尔有机物完全燃烧所需要的氧原子数;L_X 和 L_S 分别为爆炸下限和爆炸上限。

【例题 4-5】 已知实验测定的丙烷的爆炸极限为 $2.1\% \sim 9.5\%$，请根据完全燃烧所需要的氧原子数估算丙烷的爆炸极限并将计算值同实验测定值进行比较。

解: 由 $C_3H_8 + 5O_2 \longrightarrow 3CO_2 + 4H_2O$ 可知 $N=10$，代入式 4-8 和式 4-9 得

$$L_X = \frac{100}{4.76(N-1)+1}\% = \frac{100}{4.76(10-1)+1}\% = 2.3\%$$

$$L_S = \frac{4 \times 100}{4.76N+4}\% = \frac{4 \times 100}{4.76 \times 10 + 4}\% = 7.8\%$$

与实验测定值相比，爆炸上限计算值的相对误差较大，爆炸下限基本吻合。

2. 根据链烷烃的反应当量浓度 X 确定其爆炸极限

$$L_X = 0.55X_0 \qquad\qquad (式 4-10)$$

$$L_S = 4.8\sqrt{X_0} \qquad\qquad (式 4-11)$$

式中，X_0 为 1 摩尔链烷烃在空气中完全反应当量浓度 X 中％前的数值部分，如丙烷的反应当量浓度 X 为 4.0%，则 X_0 为 4.0。

【例题 4-6】 已知实验测定的丙烷的爆炸极限为 $2.1\% \sim 9.5\%$，请根据反应当量浓度，估算丙烷的爆炸极限并将计算值同实验测定值进行比较。

解: 根据例题 4-4 的结果，可知 $X=4.0\%$。代入式 4-10 和式 4-11 得

$$L_X = 0.55X_0 = 0.55 \times 4.0 = 2.2\%$$

$$L_S = 4.8\sqrt{X_0} = 4.8\sqrt{4.0} = 9.6\%$$

与实验测定值相比，该方法计算的爆炸下限的相对误差约为 5%，爆炸上限的相对误差约为 1%。注意，该计算公式仅适用于链烷烃，误差不超过 10%。但用以估算氢气、乙炔及惰性气体氮气和二氧化碳混合气时，计算误差较大。

3. 多种可燃气体组成的爆炸性混合气体爆炸极限计算

对于多种可燃气体组成爆炸性混合气体的爆炸极限，可根据各组分的体积分数和爆炸极限进行计算。其经验公式如下所示：

$$L_X = \frac{\sum V_i}{\sum \dfrac{V_i}{L_{iX}}} \times 100\% = \frac{100}{\sum \dfrac{V_i}{L_{iX}}}\% \qquad\qquad (式 4-12)$$

$$L_S = \frac{\sum V_i}{\sum \dfrac{V_i}{L_{iS}}} \times 100\% = \frac{100}{\sum \dfrac{V_i}{L_{iS}}}\% \qquad\qquad (式 4-13)$$

其中，V_i 指各可燃组分在可燃混合气体中的体积百分含量($\%$)；$\sum V_i$ 指各可燃组分的体积百分含量之和，数值上为 1；L_{iX} 和 L_{iS} 分别指第 i 种组分的爆炸下限和爆炸上限($\%$)。

【例题 4-7】 某天然气的组成如下：甲烷 75%，乙烷 20%，丙烷 4%，丁烷 1%。各组分的爆炸下限分别为 5%，3.22%，2.37% 和 1.86%，则该天然气的爆炸下限是多少？

解: 将上述数据代入式 4-12，得到

$$L_X = \frac{100}{\sum \dfrac{V_i}{L_{iX}}}\% = \frac{100}{\dfrac{75}{5}+\dfrac{20}{3.22}+\dfrac{4}{2.37}+\dfrac{1}{1.86}}\% = 4.3\%$$

则该天然气的爆炸下限是 4.3%。

当可燃气体与空气混合时,应当先计算出可燃组分的体积分数之和,然后计算得到各可燃组分的体积分数与可燃组分总体积分数之比,方可代入式 4-12 和式 4-13 中求出该可燃气体组合的爆炸极限,再据此判断该可燃气体空气混合物是否具有爆炸危险性。

【例题 4-8】 表 4-10 为某可燃气体空气混合物中含有甲烷 2.0%、乙烷 0.8%、乙烯 0.5%(体积分数),已知甲烷、乙烷和乙烯的反应下限分别为 5.0%、3.0% 和 2.7%,爆炸上限分别为 15%、12.5% 和 36%,请判断该可燃气体混合物是否有爆炸危险。

表 4-10　可燃气体混合物的相关数据

	甲烷	乙烷	乙烯
体积分数/%	2.0	0.8	0.5
LFL/%	5.0	3.0	2.7
UFL/%	15	12.5	36

解: 所有可燃气体的体积分数为 2.0%+0.8%+0.5%=3.3%

则甲烷、乙烷和乙烯占可燃气体的体积分数分别为

$$\frac{2.0}{2.0+0.8+0.5}=61\%,\frac{0.8}{2.0+0.8+0.5}=24\%,\frac{0.5}{2.0+0.8+0.5}=15\%$$

代入式 4-12 和式 4-13 可求得该可燃气体混合物的爆炸上限和爆炸下限为

$$L_X = \frac{100}{\sum \dfrac{V_i}{L_{iX}}}\% = \frac{100}{\dfrac{61}{5}+\dfrac{24}{3}+\dfrac{15}{2.7}}\% = 3.9\%$$

$$L_S = \frac{100}{\sum \dfrac{V_i}{L_{iS}}}\% = \frac{100}{\dfrac{61}{15}+\dfrac{24}{12.5}+\dfrac{15}{36}}\% = 15.6\%$$

则该混合气体的爆炸极限为 3.9%~15.6%。由于可燃组分的总占比仅有 3.3%,所以未达到该混合气体的爆炸下限,没有爆炸危险性。

4. 含有惰性气体和可燃气体混合物的爆炸极限计算

如果爆炸性混合物中含有惰性气体,可采用两种方法求解其爆炸极限。

方法一: 将可燃气体和惰性气体 1+1 分组,计算该二合一气体混合物的总体积分数 V 和惰性气体/可燃气体的含量比,然后根据实验测得的不同惰性气体/可燃气体混合比下的混合气体的爆炸极限,代入式 4-12 和式 4-13,求出混合物爆炸极限。

【例题 4-9】 某回收煤气的组成为 CO 58%,CO_2 19.4%,N_2 20.7%,O_2 0.4%,H_2 1.5%。根据表 4-11 提供的不同惰性气体/可燃气体组合在一定比值下的爆炸极限数据,求该回收煤气的爆炸极限。

表 4-11　不同惰性气体/可燃气体组合的爆炸极限

惰性气体/可燃气体	CO_2/CO	CO_2/H_2	N_2/CO	N_2/H_2
比值/%	0.33	12.9	0.36	13.8
LFL/%	70	不爆炸	20	76
UFL/%	17	不爆炸	72	64

解：首先将该回收煤气的惰性气体和可燃气体进行 1+1 分组，可以有两种组合方式，即 CO_2/CO 和 N_2/H_2 两两分组，或者是 CO_2/H_2 和 N_2/CO 两两分组。

计算分组后各组的惰性气体/可燃气体百分比和总体积分数，得到第一种分组情况下：

$CO_2/CO=19.4\%\div58\%=0.33$ 和 $N_2/H_2=20.7\%\div1.5\%=13.8$

CO_2/CO 组的总体积分数为 $19.4\%+58\%=77.4\%$

N_2/H_2 的总体积分数为 $20.7\%+1.5\%=22.2\%$

根据表中提供的 LFL 和 UFL，分别代入 4-12 和式 4-13 可得

$$L_X=\frac{100}{\sum\frac{V_i}{L_{iX}}}\%=\frac{100}{\frac{77.4}{17}+\frac{22.2}{64}}\%=20.4\%$$

$$L_S=\frac{100}{\sum\frac{V_i}{L_{iS}}}\%=\frac{100}{\frac{77.4}{70}+\frac{22.2}{76}}\%=71.5\%$$

则该回收煤气的爆炸极限为 $20.4\%\sim71.5\%$。

方法二：首先计算出惰性气体在混合物中的含量，根据式 4-12 和式 4-13 求出混合物可燃气体部分的爆炸极限，然后代入下列公式进行求解，其中 B 是惰性气体在混合物中的百分含量，L_m 和 L_f 分别指混合物的爆炸极限和混合物中可燃气体部分的爆炸极限。

$$L_m=L_f\frac{\left(1+\frac{B}{1-B}\right)}{100+L_f\frac{B}{1-B}}\times100\% \qquad (式4-14)$$

式中，L_f 在数值上应代入混合物中可燃气体部分的爆炸极限%前的数值。例如，某混合气体中可燃气体部分的爆炸下限为 4.9%，则求混合物的爆炸下限 L_{mX} 时，L_{fX} 值应代入4.9。

【例题 4-10】 已知某可燃气体混合物中各组分的体积百分含量和各可燃组分的爆炸极限，求该可燃气体混合物的爆炸极限。

表 4-12　可燃气体混合物各组分数据

混合物各组分	C_nH_m	CH_4	CO	H_2	CO_2	N_2
混合物中的含量/%	1	3	3	10	18	65
LFL/%	3.1	5	12.5	4.1	—	—
UFL/%	28.6	15	74.2	74.2	—	—

解: 首先计算得到混合物中可燃部分的百分含量为 17%,惰性气体含量为 83%,则 $B=0.83$。各可燃气体占可燃部分含量的百分数可以分别计算求得,如 CO 占比 3%/17%,约为 17.6%。依照此法求出全部四种可燃物在可燃气体组分中的百分含量。如表 4-13 所示。

表 4-13

可燃组分	C_nH_m	CH_4	CO	H_2
可燃气体组分中的含量/%	5.9	17.6	17.6	58.8
LFL/%	3.1	5	12.5	4.1
UFL/%	28.6	15	74.2	74.2

将上述数据代入式 4-12 和式 4-13,可得该可燃气体的爆炸下限和爆炸上限:

$$L_{fx}=\frac{100}{\sum \dfrac{V_i}{L_{iX}}}\%=\frac{100}{\dfrac{5.9}{3.1}+\dfrac{17.6}{5}+\dfrac{17.6}{12.5}+\dfrac{58.8}{4.1}}\%=4.7\%$$

$$L_{fs}=\frac{100}{\sum \dfrac{V_i}{L_{iX}}}\%=\frac{100}{\dfrac{5.9}{28.6}+\dfrac{17.6}{15}+\dfrac{17.6}{74.2}+\dfrac{58.8}{74.2}}\%=41.5\%$$

将 B 和 L_f 代入式 4-14:

$$L_{mS}=L_{fS}\frac{1+\dfrac{B}{1-B}}{100+L_{fS}\dfrac{B}{1-B}}\times100\%=41.5\times\frac{1+\dfrac{0.83}{1-0.83}}{100+41.5\times\dfrac{0.83}{1-0.83}}\times100\%=80.6\%$$

$$L_{mX}=L_{fx}\frac{1+\dfrac{B}{1-B}}{100+L_{fx}\dfrac{B}{1-B}}\times100\%=4.7\times\frac{1+\dfrac{0.83}{1-0.83}}{100+4.7\times\dfrac{0.83}{1-0.83}}\times100\%=22.5\%$$

则该混合气体的爆炸极限为 22.5%～80.5%。

与三角坐标燃烧界区图类似,通过实验测定也可以在三角坐标图中描绘出可燃气体、氧气和惰性气体组成的爆炸混合物的爆炸极限范围,如图 4-2 所示,B 点代表的混合体系(氨的体积分数为 30%,氮体积分数为 70%)在爆炸极限范围外,不发生爆炸;A 点代表的混合体系(氨的体积分数为 50%,氧的体积分数为 40%,氮体积分数为 10%)位于爆炸极限范围内,有爆炸危险。对于某些可燃气体与空气混合的装置,为了防止爆炸,往往向体系中通入惰性介质,使体系处于爆炸极限范围之外。此时可用三角坐标图指导惰性介质的添加量。

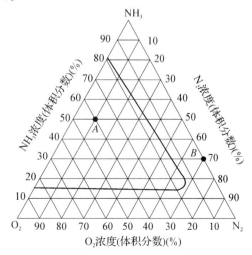

图 4-2　氨-氧-氮混合气的爆炸极限(常温常压)

(二)可燃液体爆炸极限计算方法

一定温度下,在相同时间内,逸出液面的分子数和回到液体的分子数相等时,液面上方的蒸气密度不再增大,此时的蒸气即为饱和蒸气。饱和蒸气所具有的压力称为饱和蒸气压力,以 p_Z 表示。根据气体分压定律,若某可燃液体形成的蒸气在空气混合物中的浓度为 c,混合物的总压力为 p_H,则三者之间的关系符合 $p_Z=p_H c$。据此可以求解液体饱和蒸气压力,反之,也可根据饱和蒸气压力求蒸气在空气中的饱和浓度。

$$c=p_Z/p_H \qquad\qquad (式4-15)$$

可燃液体的饱和蒸气压力随着液体温度升高而变大,即液体的饱和蒸气压力与体系的温度成正比。当饱和蒸气压力超过液体盛装容器的承受范围时,即可导致容器爆裂,并引发火灾。因此,可燃性液体的爆炸极限有两种表示方法。一是可燃蒸气的爆炸浓度极限,以体积分数表示;二是可燃液体的爆炸温度极限,单位是℃。与可燃蒸气的爆炸浓度上限和爆炸浓度下限相对应的温度即为可燃性液体的爆炸温度上限和温度下限值。

1.已知可燃液体温度,利用饱和蒸气压力计算爆炸浓度极限 $c=p_Z/p_H$

【例题4-11】 已知桶装甲苯的温度为 20 ℃,其饱和蒸气压力为 2 973 Pa,若大气压力为 101 325 Pa,求甲苯的饱和蒸气浓度是多少? 若其爆炸极限为 1.27%～7.75%,判断该甲苯有无爆炸危险性?

解:甲苯的饱和蒸气浓度 $c=p_Z/p_H=$ 2 973 Pa/101 325 Pa＝2.93%。因为甲苯的爆炸极限为 1.27%～7.75%,该甲苯有爆炸危险性。

2.已知爆炸浓度极限,求爆炸温度极限

可以根据已知爆炸极限浓度,求出相应的饱和蒸气压力值,然后查表找出其温度范围,用内插法求出爆炸温度极限。

【例题4-12】 已知苯的爆炸极限为 1.5%～9.5%,苯的饱和蒸气压力与温度的关系如表4-14所示,若大气压力为 101 325 Pa,求苯的爆炸温度极限,并判断若储存苯的储罐温度为 10 ℃,是否有爆炸可能性? 如果有爆炸危险性,应如何安全储存(苯的凝固点是5 ℃)?

表4-14 苯的饱和蒸气压力与温度的关系

温度/℃	−20	−10	0	10	20	30	40	50	60
苯的饱和蒸气压/Pa	991	1 951	3 546	5 966	9 972	15 785	24 198	35 824	52 329

解:根据甲苯的饱和蒸气爆炸下限,可得在爆炸下限时的饱和蒸气压力为 $p_{ZX}=c_X p_H=$ 101 325×1.5%＝1 520 Pa。该数值界于 991 Pa 和 1 951 Pa 间,对应的温度分别为−20 ℃和−10 ℃。用内插法可求得爆炸温度下限约为−14 ℃。计算如下:

$$\frac{195\,1-991}{-10-(-20)}=\frac{1\,520-991}{t_X-(-20)}$$

同理,可以求得在爆炸上限时的饱和蒸气压力为 $p_{ZS}=c_S p_H=$ 101 325×9.5%＝9 626 Pa。该数值界于 5 966 Pa 和 9 972 Pa 间,对应的温度分别为 10 ℃和 20 ℃。用内插法可求得爆

炸温度上限 t_S 约为 19 ℃。

$$\frac{9\,972-5\,966}{20-10}=\frac{9\,626-5\,966}{t_S-10}$$

若储存苯的储罐温度为 10 ℃，有爆炸可能性。消除形成爆炸浓度的温度有两个方法，一是温度低于爆炸下限，二是温度高于爆炸上限。因为苯的凝固点是 5 ℃，故应使苯的储存温度高于 20 ℃。

(三) 爆炸温度

1. 根据反应热计算可燃物质的理论爆炸温度

爆炸瞬间可以视为恒容过程，则假设爆炸过程中爆炸体系与环境间没有热量交换，全部用于加热燃烧产物，则可以根据式 4-16 进行理论爆炸温度的计算：

$$Q=\sum n_i C_i(t-t_0) \tag{式 4-16}$$

由于爆炸温度高达几千摄氏度，初始温度的差值可以忽略不计，故可将 4-16 进一步简化为

$$\sum Q=\sum n_i C_i t \tag{式 4-17}$$

式中，Q 为各燃烧物质通过爆炸释放的总热量，单位 J；n_i 为各燃烧产物的物质的量；C_i 为各燃烧产物的摩尔恒容热容；t 为理论爆炸温度。

具体计算步骤为：(1) 计算燃烧产物的物质的量（可燃气体、氧气、氮气，其中氮氧比例按 79∶21 计算）；(2) 根据燃烧产物的平均摩尔恒容热容计算燃烧产物的总热容 $\sum n_i C_i$；(3) 通过 $\sum Q=\sum n_i C_i t$ 解一元二次方程，求解爆炸最高温度 t。

【例题 4-13】 甲烷 CH_4 的燃烧热是 35 900 J/m³，气体平均摩尔定容热容如表 4-15所示，请根据反应热求出甲烷与空气混合物的爆炸温度。其中氮的摩尔数按空气中氮气与氧气的比为 79∶21 确定。

表 4-15　气体平均摩尔定容热容

气体	平均摩尔定容热容/[4 186.8 J/(kmol·℃)]
单原子气体(Ar，He，金属蒸气等)	4.93
双原子气体(N_2，O_2，H_2，CO，NO 等)	$4.80+0.000\,45t$
CO_2，SO_2	$9.0+0.000\,58t$
H_2O，H_2S	$4.0+0.002\,15t$

解：$CH_4+2O_2+7.5N_2 \longrightarrow CO_2+2H_2O+7.5N_2$

假设 CH_4 为 1 kmol，根据上述反应方程式可知，CO_2 的物质的量为 1 kmol，H_2O 的物质的量为 2 kmol，N_2 物质的量为 7.5 kmol，查表知 N_2 平均摩尔定容热容为($4.8+0.000\,45t$)×4 186.8 J/(kmol·℃)

H_2O 平均摩尔定容热容为($4.0+0.002\,15t$)×4 186.8 J/(kmol·℃)

CO_2 平均摩尔定容热容为 $(9.0+0.000\ 58t)\times4\ 186.8\ J/(kmol \cdot ℃)$

则燃烧产物的总热容 $\sum n_i C_i$ 为

$[(4.8+0.000\ 45t)\times4\ 186.8]\times7.5+[(4.0+0.002\ 15t)\times4\ 186.8]\times2+[(9.0+0.000\ 58t)\times4\ 186.8]=221\ 900.4+34.6t\ J/(kmol \cdot ℃)$

$\sum Q=\sum n_i C_i t=(221\ 900.4+34.6t)t=882\ 577\ 000$

解得 $t=2\ 776\ ℃$

2. 根据燃烧反应方程式与气体的内能计算爆炸温度

爆炸后各产物的内能之和与爆炸前各物质的内能及物质的燃烧热的总和相等。

$$\sum U_2=\sum U_1+\sum Q \qquad (式4-18)$$

式中，$\sum U_1$，$\sum U_2$ 和 $\sum Q$ 分别为爆炸前物质的内能之和、爆炸后物质的内能之和以及燃烧物质的燃烧热之和。

【例题 4-14】 已知氢气在空气中的浓度为 20%，氢气的燃烧热为 242 039 J/mol，求氢气与空气混合物的爆炸温度(初始温度为 300 K，不同温度下几种气体和蒸气的摩尔内能 J/mol 如表 4-16 所示)。

表 4-16　不同温度下几种气体和蒸气的摩尔内能　　　　　　单位:J/mol

T/K	H_2	O_2	N_2	CO	CO_2	H_2O
300	6 028.99	6 238.33	6 238.33	6 238.33	6 950.09	7 494.37
2 000	44 798.76	51 288.30	48 273.80	48 859.96	84 573.36	65 732.76
2 200	48 985.56	57 359.16	54 009.72	54 470.27	95 040.36	74 106.36
2 400	55 265.76	63 220.68	59 452.56	60 143.38	105 507.36	82 898.64
2 600	60 708.60	69 500.88	65 314.08	65 816.50	116 893.04	91 690.92

解:假定混合气体共计 1 mol，$H_2+0.5O_2 \longrightarrow H_2O$，则反应前 $n(H_2)=0.2$ mol；

$n(O_2)=0.80\times21\%=0.168$ mol；$n(N_2)=0.80\times79\%=0.632$ mol；

反应后 $n(H_2O)=0.2$ mol；$n(O_2)=0.168$ mol-0.2 mol$/2=0.068$ mol；$n(N_2)=0.632$ mol；

则 $U_1=0.2$ mol$\times6\ 028.99$ J/mol$+0.80$ mol$\times6\ 238.33$ J/mol$=6\ 196.5$ J

$Q=0.2$ mol$\times242\ 039$ J/mol$=48\ 407.8$ J

$U_2=U_1+Q=6\ 196.5$ J$+48\ 407.8$ J$=54\ 604.3$ J

假设爆炸温度为 2 200 K，

则 $U_2'=0.2$ mol$\times74\ 106.36$ J/mol$+0.068$ mol$\times57\ 359.16$ J/mol$+0.632$ mol$\times54\ 009.72$ J/mol$=52\ 855.84$ J

假设爆炸温度为 2 400 K，

则 $U_2''=0.2$ mol$\times82\ 898.64$ J/mol$+0.068$ mol$\times63\ 220.68$ J/mol$+0.632$ mol$\times59\ 452.56$ J/mol$=58\ 452.75$ J

则理论爆炸温度 $T = 2\,200\,\text{K} + (2\,400\,\text{K} - 2\,200\,\text{K}) \times (54\,604.3\,\text{J} - 52\,855.84\,\text{J})/$ $(58\,452.75\,\text{J} - 52\,855.84\,\text{J}) = 2\,261\,\text{K}$

(四) 可燃气体混合物的最大爆炸压力

可燃气体混合物爆炸产生的压力 p 与初始压力 p_0、初始温度 T_0、爆炸温度 T，组分的物质的量以及容器形状大小等因素有关。爆炸瞬间可视为体积 V 不变，则根据理想气体状态方程，可以得到 $V = nRT/p = mRT_0/p_0$。由此得到关系式 4-19，式中 n 和 m 分别表示爆炸后和爆炸前气体的摩尔数。

$$\frac{p}{p_0} = \frac{T}{T_0} \times \frac{n}{m} \qquad \text{(式 4-19)}$$

可燃物质的浓度等于其完全反应的浓度时，爆炸产生的压力最大。因此，可根据可燃物质的完全反应方程式计算爆炸最大压力。

【例题 4-15】 已知初始温度为 313 K，初始压力为 0.2 MPa，爆炸温度为 2 630 K，试计算乙烷（C_2H_6）在空气中的理论最大爆炸压力为多少 MPa（空气中氮氧比例按 79:21 确定，结果保留小数点后一位数字）？

解： 乙烷与空气以完全反应计量比混合，在爆炸前后的构成如下：

$$C_2H_6 + 3.5O_2 + 13.2N_2 \longrightarrow 2CO_2 + 3H_2O + 13.2N_2$$

由此可得，反应后的气体摩尔数 $n = 18.2$；反应前的气体摩尔数 $m = 17.7$

代入式 4-19，可得

$$p = \frac{nTp_0}{mT_0} = \frac{18.2 \times 2\,630\,\text{K} \times 0.2\,\text{MPa}}{17.7 \times 313\,\text{K}} = 1.7\,\text{MPa}$$

(五) 机械爆炸能

机械爆炸不发生化学反应，其能量来自受约束物质的内能。如果能量迅速释放，就会导致爆炸。例如，疲劳的装满压缩空气的轮胎突然失效，以及压缩气体储罐突然破裂。

用于估算压缩气体爆炸能的方法有四种，分别为 Brode 方程法、等熵膨胀法、等温膨胀法和热力学有效能法。

1. Brode 方程法

在气体体积不变的情况下，计算将气体压力由大气压升高至最终容器内的压力所需的能量，其表达式为

$$E = \frac{(p_2 - p_1)V}{\gamma - 1} \qquad \text{(式 4-20)}$$

式中，E 为爆炸能，J；p_1 为环境压力，N/m^2；p_2 为容器的爆炸压力，N/m^2；V 为容器内膨胀气体的体积，m^3；γ 为气体的比热容比，无量纲。因为 $p_2 > p_1$，所以由式 4-20 计算得到的能量是正值，这说明在容器破裂期间能量向环境中释放。

2. 等熵膨胀法

假设气体由初始状态转向终止状态的过程是等熵的，可用式 4-21 表示：

$$E = \frac{p_2 V}{\gamma - 1}\left[1 - \left(\frac{p_1}{p_2}\right)^{\frac{\gamma-1}{\gamma}}\right] \tag{式 4-21}$$

3. 等温膨胀法

假设气体等温膨胀,可用式 4-22 表示:

$$E = R_g t_1 \ln\frac{p_2}{p_1} = p_2 V \ln\frac{p_2}{p_1} \tag{式 4-22}$$

式中,R_g 为理想气体常数;t_1 为环境温度,℃。

4. 热力学有效能方法

热力学有效能表示当物质与周边环境达到平衡时可从物质中获取的最大机械能。爆炸引起的超压是机械能的一种形式。因此,热力学有效能可以预测产生超压的机械能的最大值,可用式 4-23 表示。

$$E = p_2 V\left[\ln\frac{p_2}{p_1} - \left(1 - \frac{p_1}{p_2}\right)\right] \tag{式 4-23}$$

式 4-23 与等温膨胀式 4-22 几乎相同,仅增加了一个修正项,该修正项是由于热力学第二定律导致的能量损失。

所有四种方法都可用来估算压缩气体的爆炸能,但它们都有一定的适用条件,使用时还需要做一定的修正。一般认为,Brode 方程法能够较准确地预测爆炸源附近或近场处的潜在爆炸能,而等熵膨胀法能较好地预测远距离或远场处的潜在爆炸能。但是,转变发生在什么位置还不清楚,同时容器爆炸的潜在爆炸能还有一部分转变为容器碎片的动能及其他无效的能量(如在容器碎片中以热的形式存在的应变能)。如果是为了估算,则通常可将全部潜在爆炸能减少 50% 再计算由容器爆炸引起的爆炸压力效应。

三、粉尘爆炸特征参数

描述粉尘爆炸特性的参数主要有两类(如表 4-17 所示)。一类是敏感度参数,反映粉尘云发生着火爆炸的难易程度;另一类是猛度参数,反映粉尘云着火后的爆燃猛烈程度。前者对于评估粉尘发生爆炸的可能性具有重要意义,也是粉尘爆炸事故预防措施的依据;后者是评估爆炸后果严重程度的重要参数,是制定爆炸防治措施,比如泄爆和隔爆需要考虑的因素。为了获得可靠的数据,一般需要通过专门的仪器来测定粉尘的爆炸特征参数。

表 4-17　粉尘爆炸特性参数

分类	名称	定义	测定标准
敏感度参数	粉尘云最低点燃温度(MITC)	测试炉内粉尘云发生点燃时炉子内壁的最低温度	GB/T 3836.12—2019 可燃性粉尘环境用电器设备　第 8 部分:试验方法确定粉尘最低点燃温度的方法
	粉尘层最低点燃温度(MITL)	指规定厚度的粉尘层在热表面上发生点燃的热表面的最低温度	

续　表

分类	名称	定义	测定标准
敏感度参数	粉尘云爆炸极限（LEC）粉尘爆炸下限（MEC）	包括粉尘云爆炸下限和粉尘云爆炸上限。由于粉尘的沉积随粉尘云浓度的增加而增大,粉尘云爆炸下限指在特定测试条件下,爆燃火焰能够在其中持续传播的粉尘云的最低浓度	GB/T 16425—2018 粉尘云爆炸下限浓度测定方法
	粉尘云最小引燃能量（MIE）	指电容储存的能够点燃最敏感浓度粉尘云的电极间释放的最低火花能量	GB/T 16428—1996 粉尘云最小着火能量测定方法
猛度参数	粉尘最大爆炸压力（$P_{\max}$）	封闭容器内,最佳浓度粉尘云爆燃时的最大超压值	GB/T 16426—1996 粉尘云最大爆炸压力和最大压力上升速率测定方法

 思考和实践

(1) 求乙烷的爆炸极限范围。氧气在空气中的含量按 21% 进行计算,结果保留小数点后两位数字。

(2) 已知初始温度为 313 K,初始压力为 0.2 MPa,爆炸温度为 2 630 K,试计算乙烷（C_2H_6）在空气中的理论最大爆炸压力为多少 MPa?（空气中氮氧比例按 79∶21 确定,结果保留小数点后一位数字）

(3) 乙醇的爆炸极限为 3.3%~18%,判断大气压力为 101 325 Pa 条件下,乙醇桶温为 30 ℃ 时,有无爆炸危险? 已知乙醇在 30 ℃ 时,其饱和蒸气压力为 10 412 Pa。

(4) 根据表 4-18 数据和计算公式,求惰性气体含量 B、可燃气体的爆炸极限 L_f,以及混合气体在空气中的爆炸极限 L_m。结果均保留小数点后一位数字。

表 4-18

	CO	H₂	CO₂	N₂
含量/%	20	20	10	50
LFL/%	12.5	4.1		
UFL/%	74.5	74.5		

(5) 已知一氧化碳在空气中的浓度为 20%,一氧化碳的燃烧热为 285 624 J/mol,求 CO 与空气混合物的爆炸温度（温度单位 K,爆炸混合物的初始温度为 300 K,空气中氧含量按 21% 计算,不同温度下几种气体和蒸气的摩尔内能如表 4-19 所示,结果要求不保留小数）。

表 4-19　不同温度下几种气体和蒸气的摩尔内能　　　　　单位:J/mol

T/K	H₂	O₂	N₂	CO	CO₂	H₂O
300	6 028.99	6 238.33	6 238.33	6 238.33	6 950.09	7 494.37

续　表

T/K	H_2	O_2	N_2	CO	CO_2	H_2O
1 800	39 690.86	45 217.44	42 705.36	43 249.64	74 106.36	57 359.16
2 000	44 798.76	51 288.30	48 273.80	48 859.96	84 573.36	65 732.76
2 200	48 985.56	57 359.16	54 009.72	54 470.27	95 040.36	74 106.36
2 400	55 265.76	63 220.68	59 452.56	60 143.38	105 507.36	82 898.64
2 600	60 708.60	69 500.88	65 314.08	65 816.50	116 893.04	91 690.92
2 800	66 570.12	75 362.40	70 756.92	71 594.28	127 278.72	100 901.88

（6）已知初始温度为 300 K，初始压力为 0.1 MPa，爆炸温度为 2 360 K，试计算乙烷在空气中的理论最大爆炸压力为多少 MPa（空气中氮氧比例按 79∶21 确定，结果保留小数点后一位数字）？

第三节　防爆技术措施

防爆理论
和原则

一、防爆原则

爆炸的前提是爆炸性环境和点燃源同时存在。根据 GB/T 29304—2012，为了预防爆炸和提供爆炸防护，企业应按优先顺序和下列基本原则，采取与业务活动相适应的防爆技术和组织措施。

（1）预防形成爆炸性环境，或者业务活动性质不允许形成的爆炸性环境。

（2）避免点燃爆炸性环境。

（3）减少（潜在）爆炸对工作人员健康和安全的影响。

如果需要，这些措施应加入和/或补充其他防止爆炸传播的措施，并且应定期及在发生显著变化时对这些措施进行核查和评定。

防爆措施分为爆炸预防措施和爆炸防护措施两类。爆炸预防措施的目的是避免出现爆炸性环境和任何潜在的有效点火源；爆炸防护措施的目的是在爆炸发生的情况下，通过结构性防护措施把爆炸效应限制到容许的程度。企业或单位可以仅采用爆炸预防措施或爆炸防护措施中的一种，也可以综合使用这些方法，而避免出现爆炸性环境始终应当是第一选择。

根据 GB/T 3836.15—2017，降低可燃性物质爆炸危险的预防措施以替代、控制和缓解三原则为基础，且按照先后优先顺序进行。

（1）替代措施主要是用不燃或难燃性物质代替可燃性物质。

（2）控制措施主要包括减少可燃性物质的量，避免或减少释放，控制释放，防止形成爆炸性环境，收集并密封释放物和避免点燃源。

（3）缓解措施包括减少暴露于爆炸性环境的人员数量，提供避免爆炸传播的措施，配备爆炸压力释放装置，配备爆炸压力抑制装置和配备合适的个人防护设备。

二、爆炸预防措施

防爆措施

根据上述原则,爆炸预防措施主要从预防爆炸性环境和避免爆炸环境中出现点燃源两个方面开展,主要措施包括以下几点。

(1)置换法:可燃或易燃物质,除非对其特性进行研究表明其与空气的混合物不能独立传播爆炸,否则认为是可能形成爆炸性环境的物质。在物料选择上,尽可能用惰性物质置换可燃物。例如,用非可燃性物质或不能形成爆炸性环境的物质替换可燃性物质;用较小的粒状材料替换细小的粉末状材料。

(2)限制可燃物法:包括将易燃材料的量降至合理的最低量,降低可燃物的用量或者限制可燃物浓度。在工艺选择上,应采用连续生产工艺方式,而不采用批量生产工艺方式。应采用空间隔离或加装设备间防护装置将大批量可燃物质分为小批量。应采用监控措施控制可燃性物质的浓度,对于气体可燃物,可采用气体探测器或流量探测器与报警装置、其他保护系统或自动应急功能联动的方式进行控制;对于液体可燃物,可采用温度控制措施。

(3)防泄漏法:在可燃物容装物设备设计上,应努力做到将可燃物质始终封闭在密闭的系统中,并尽可能使用难燃材料制造容装可燃物的设备、防护系统和元件,以确保设备、防护系统和元件的气密性,防止可燃物的跑、冒、滴、漏。

(4)惰化法:通过向被保护系统充入惰性气体(如氮气、二氧化碳、水蒸气)或向可燃粉尘中添加惰性粉尘(如碳酸钙等),使系统内混合物不能形成爆炸性环境,或增加混合物点燃难度。

(5)通风稀释法:利用通风装置对气体和蒸气危险场所进行控制,降低可燃性气体和蒸气危险场所的可燃物浓度。该方法主要适用于需要处理能够形成爆炸性环境的物质的情况,可采用厂房通风、惰性介质吹扫等。此外,户外装置比室内装置更可取。

(6)防粉尘堆积法:除通过上述措施避免粉尘的产生和聚集外,还可通过减小设备、防护系统及元件的表面,选择适当的清料装置等措施避免粉尘堆积。

(7)消除点火源法:在爆炸性环境或危险性场所管理上,应采用危险场所分区管理,并根据危险分区选择和采用防爆电器型式,配备设备保护级别(EPL)相当的设备、防护系统和元件,避免各种形式的点火源的存在或出现。

(一)爆炸性环境用电气装置的选型

当安装电气设备的场所内出现的可燃性气体、蒸气、薄雾或粉尘可能达到危险浓度和数量时,要采取保护措施,减少在正常运行或规定的故障条件下由于电弧、火花或热表面将其引燃而产生爆炸的可能性。根据 GB/T 3836.15—2017《爆炸性环境　第 15 部分:电气装置的设计、选型和安装》,可以根据爆炸危险区域的分区、可燃性物质和可燃性粉尘的分级、可燃性物质的引燃温度和可燃性粉尘云、可燃性粉尘层的最低引燃温度及设备的保护级别和防爆类型来选择和安装防爆电气设备。

1. 根据爆炸防护级别(EPL)进行选择

依据 GB/T 25285.2—2021 将有瓦斯和/或可燃性煤粉尘的危险环境划分为 1 级危险

条件(爆炸性环境)和2级危险条件(潜在爆炸性环境),依据GB 3836.14—2014,按爆炸性气体环境出现的频次和持续时间把危险场所划分为0区、1区和2区,依据GB/T 3836.35—2021,将含有可燃性粉尘的危险场所划分为20区、21区和22区。如表4-20所示,为不同爆炸危险性环境中选择配置的电气设备的保护级别EPL(Equipment Protection Levels)。其中有瓦斯和/或可燃性煤粉尘的危险环境的保护级别为Ma、Mb;气体/蒸气环境中设备的保护级别为Ga、Gb、Gc;粉尘环境中设备的保护级别要达到Da、Db、Dc。

表4-20 区域标示与适用的设备保护级别(EPL)

区域标示	危险环境	设备保护级别
1	有瓦斯和/或可燃性粉尘危险的矿山的地下部分,以及与之相关联的地面装置	Ma
2	可能有瓦斯和/或可燃性粉尘危险的矿山的地下部分,以及与之相关联的地面装置	Ma 或 Mb
0	可燃性物质以气体、蒸气或薄雾的形式与空气形成的爆炸性环境,连续出现或长期存在或频繁出现的场所	Ga
1	可燃性物质以气体、蒸气或薄雾的形式与空气形成的爆炸性环境,在正常运行条件下偶尔出现的场所	Ga 或 Gb
2	可燃性物质以气体、蒸气或薄雾的形式与空气形成的爆炸性环境,在正常运行条件下不可能出现,如果出现也仅是短时间存在的场所	Ga、Gb 或 Gc
20	爆炸性粉尘以粉尘云的形式在空气中或长时间存在或频繁出现的场所	Da
21	正常运行时,爆炸性粉尘以粉尘云的形式在空气中可能出现的场所	Da 或 Db
22	正常运行时,爆炸性粉尘以粉尘云的形式在空气中不可能出现,如果出现也仅是短时间存在的场所	Da、Db 或 Dc

煤矿瓦斯爆炸性环境用设备分为"Ma"级和"Mb"级。其中"Ma"级设备具有"很高"的保护级别,该级别具有足够的安全性,使设备在正常运行、出现预期故障或罕见故障,甚至在气体突然出现设备仍带电的情况下均不可能成为点燃源。"Mb"级设备具有"高"的保护级别,该级别具有足够的安全性,使设备在正常运行中或在气体突然出现和设备断电之间的时间内出现的预期故障条件下不可能成为点燃源。

爆炸性气体环境用设备分为"Ga"级、"Gb"级和"Gc"级。其中"Ga"级设备具有"很高"的保护等级,在正常运行过程中、在预期的故障条件下或者在罕见的故障条件下不会成为点火源。"Gb"级设备具有"高"的保护等级,在正常运行过程中、在预期的故障条件下不会成为点火源。"Gc"级设备具有"加强"的保护等级,在正常运行过程中不会成为点火源,也可采取附加保护,保证在点火源预期经常出现的情况下(如灯具的故障)不会点燃。

爆炸性粉尘环境用设备分为"Da"级、"Db"级和"Dc"级。其中,"Da"级设备具有"很高"的保护等级,在正常运行过程中、在预期的故障条件下或者在罕见的故障条件下不会成为点火源。"Db"级设备具有"高"的保护等级,在正常运行过程中、在预期的故障条件下不会成为点火源。"Dc"级设备具有"加强"的保护等级,在正常运行过程中不会成为点火源,也可采取附加保护,保证在点火源预期出现的情况下(如灯具的故障)不会点燃。

2.根据防爆结构和性能进行选择

如表4-21所示,根据防爆结构和防爆性能不同,防爆电气设备可分为隔爆型(d)、增安型(e)、本质安全型(i)、正压型(p)、液浸型(o)、充砂型(q)、无火花型(n)、浇封型(m)、特殊型(s)和防粉尘点燃外壳保护型(t)。表4-22列举了不同EPL的防爆型式。其中,适用于粉尘爆炸性环境的防爆电气设备型式:本质安全型、防粉尘点燃外壳保护型、浇封保护型和正压保护型。如图4-3所示,分别为防爆开关和防爆配电箱。从右图的型式可以判断上方为隔爆型,下方为增安型。

表4-21　防爆电气设备类型(GB/T 3836.15—2017,GB/T 3836.31—2021)

防爆型式	标志	防爆性能
隔爆型	d	电气设备外壳能够承受通过外壳任何接合面或结构间隙进入外壳内部的爆炸性混合物在内部爆炸而不损坏,并且不会引起外部由一种、多种气体或蒸气形成的爆炸性气体环境的点燃。
增安型	e	对电气设备采取一些附加措施,防止在正常运行或规定的异常条件下有产生危险温度、电弧和火花的可能性。
本质安全型	i	将设备内部和暴露于潜在爆炸性环境的连接导线可能产生的电火花或热效应能量限制在不能产生点燃的水平。
正压型	p	保持外壳内部保护气体的压力高于外部压力,以阻止外部爆炸性气体进入外壳的方法。
液浸型	o	将电气设备或电气设备部件整个浸在保护液内,使设备不能够点燃液面上或外壳外部的爆炸性气体环境。
充砂型	q	将能点燃爆炸性气体的部件固定在适当位置上,且完全埋入填充材料中,以防止点燃外部爆炸性气体环境。
无火花型	n	电气设备在正常运行时和规定的一些异常条件下,不能点燃周围的爆炸性气体环境。
浇封型	m	将可能产生点燃爆炸性混合物的火花或发热的设备部件封入复合物中,使其在运行或安装条件下不能点燃爆炸性环境。
特殊型	s	由于功能或使用限制,设备不能全部按照现有的防爆型式或防爆型式组合进行评定时,通过采用特殊的设计,经评定和试验,达到要求保护级别的防爆型式。
防粉尘点燃外壳保护型	t	用外壳保护防止粉尘进入并限制表面温度,用于爆炸性粉尘环境的电气设备的防爆型式

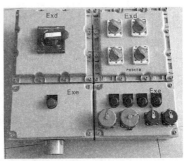

图 4‑3　防爆开关与防爆配电箱

表 4‑22　与 EPL 对应的防爆型式（GB/T 3836.15—2017）

EPL	防爆型式
Ga	本质安全型、浇封型等
Gb	隔爆型、增安型、本质安全型、浇封型、油浸型、正压外壳型、充砂型
Gc	本质安全型、增安型、浇封型、无火花型、限制呼吸型,限能型、火花设备型、正压外壳型
Da	本质安全型、外壳保护型、浇封保护型
Db	本质安全型、外壳保护型、浇封保护型和正压保护型
Dc	本质安全型、外壳保护型、浇封保护型和正压保护型

3. 根据设备类别分类

根据适应的爆炸性环境,电气设备分为Ⅰ类、Ⅱ类和Ⅲ类（GB/T 3836.1—2021）。其中,Ⅰ类设备用于煤矿瓦斯气体环境,Ⅱ类设备用于除煤矿瓦斯气体环境之外的其他爆炸性气体环境,Ⅲ类设备用于除煤矿之外的其他爆炸性粉尘环境。当电设备应用环境中除甲烷外还可能含有其他爆炸性气体时,应按照Ⅰ类和Ⅱ类相应可燃性气体的要求进行制造和试验,如 ExdⅠ/Ⅱ(NH₃)。第Ⅱ类设备可以根据气体和蒸气的最大试验安全间隙（MESG）或最小点燃电流比（MICR）再分类为ⅡA类、ⅡB类和ⅡC类（见 GB/T 3836.11—2017）。当气体和蒸气的 MESG＞0.9 mm 或者 MICR＞0.9 时,宜采用ⅡA类设备;当 0.55 mm≤MESG≤0.9 mm 或者 0.5≤MICR≤0.8 时,选用ⅡB类设备;当 MESG＜0.55 mm 或者 MICR＜0.5 时,可选用ⅡC类电器设备。例如,乙烷、乙烯和乙炔的 MESG 分别为0.91 mm,0.65 mm 和 0.37 mm,MICR 分别为 0.82,0.53 和 0.28,则其所在环境适用的设备分别为ⅡA,ⅡB 和ⅡC类。气体混合物的分类,一般通过计算混合物的 MESG$_{mix}$ 来评估（GB/T 3836.11—2017）。Ⅲ类设备按照其拟使用的爆炸性粉尘环境的特性可进一步分为三类。ⅢA类设备多用于可燃性飞絮环境;ⅢB类设备多用于非导电性粉尘环境;ⅢC类设备多用于导电性粉尘环境（GB/T 3836.12—2019）。表 4‑23 列出了气体或蒸气或粉尘分类与设备类别之间的关系（GB/T 3836.15—2017）。

表 4 - 23　与 EPL 对应的防爆型式

场所气体/蒸气或粉尘分类	允许的设备类别
ⅡA	Ⅱ,ⅡA,ⅡB 或 ⅡC
ⅡB	Ⅱ,ⅡB 或 ⅡC
ⅡC	Ⅱ 或 ⅡC
ⅢA	ⅢA,ⅢB 或 ⅢC
ⅢB	ⅢB 或 ⅢC
ⅢC	ⅢC

4. 根据气体/蒸气或粉尘的引燃温度以及环境温度选型

选择电气设备时,其表面最高温度不应超过可能出现的任何气体、蒸气或粉尘的引燃温度。如果电气设备的标志中没有标示环境温度范围,则设备设计的使用温度范围为 −20～40 ℃。如果电气设备的标志中标示了环境温度范围,则设备应设计在该温度范围内使用。如表 4 - 24 所示,为 Ⅰ 类和 Ⅱ 类电气设备的最高表面温度与设备类别间的关系(GB/T 3836.1—2021)。

表 4 - 24　Ⅰ 类和 Ⅱ 类设备最高表面温度与温度组别的关系

设备类型	温度组别	最高表面温度
Ⅰ 类(电气设备表面可能堆积煤尘时)	/	≤150 ℃
Ⅰ 类(电气设备表面不会堆积煤尘时)	/	≤450 ℃
Ⅱ 类电气设备	T1	≤450 ℃
	T2	≤300 ℃
	T3	≤200 ℃
	T4	≤135 ℃
	T5	≤100 ℃
	T6	≤85 ℃

为了避免粉尘点燃危险,能沉积粉尘或与粉尘云接触的表面,温度应低于点燃温度限值。任何产生电火花的部件或温度高于点燃温度限值的部件应当安装在能防止粉尘进入的外壳内,或限制电路的能量以避免产生能够点燃可燃性粉尘的电弧、火花或温度。根据 GB/T 3836.31—2021,将用外壳保护防止粉尘进入并限制表面温度,用于爆炸性粉尘环境的电气设备称为防粉尘点燃外壳(t)型。根据防爆设备在爆炸性粉尘环境中成为点燃源的危险程度,将防爆型式“t”分为“ta”保护等级、“tb”保护等级或“tc”保护等级。

粉尘层厚度增加时显示两个特性:最低点燃温度降低和隔热性增强。由相关粉尘的最低点燃温度减去安全裕度可确定出设备最高允许的表面温度(GB/T 3836.15—2017)。当存在粉尘云时,可根据公式 4 - 24 进行计算,要求设备的最高表面温度 t_{max}(单位为℃)不应超过相关粉尘/空气混合物的最低点燃温度 t_{cL} 的 2/3。

$$t_{\max} = -2/3 \, t_{cL} \qquad\qquad (式\,4-24)$$

存在粉尘层的情况下,设备的最高温度可通过式 4-25 和式 4-26 进行估算。若粉尘层厚度不大于 5 mm,设备的最高表面温度 $t_{\max}$ 不应超过厚度 5 mm 粉尘层的最低点燃温度 $t_{5\,mm}$ 减 75 ℃。随着粉尘层厚度的增加,设备最高允许温度应当降低。对于厚度为 12.5 mm 的粉尘层,设备最高表面温度 $t_{\max}$ 不应超过粉尘层最低点燃温度 $t_{12.5\,mm}$ 减 25 ℃。

$$t_{\max} = t_{5\,mm} - 75\,℃ \qquad\qquad (式\,4-25)$$

$$t_{\max} = t_{12.5\,mm} - 25\,℃ \qquad\qquad (式\,4-26)$$

对于 Ⅱ 类电气设备,其防爆型式可以标温度组别,也可以标最高表面温度,或两者都标出。例如,最高表面温度为 125 ℃ 的工厂用增安型电气设备型式可记为 Ex e Ⅱ T5 Gb、Ex e Ⅱ (125 ℃)Gb 或 Ex e Ⅱ (125 ℃)T5 Gb。对只使用于特定爆炸性气体(蒸气)环境的电气设备,其型式可用该气体(蒸气)化学式或名称表示,不必注明级别与温度组别。例如,用于氨气环境的 Ⅱ 类隔爆型设备的标志为 Ex d Ⅱ (NH$_3$)Gb 或 Ex d Ⅱ (NH$_3$)。应用于爆炸性粉尘环境的电气设备,将直接标出设备的最高表面温度,不再划分温度组别。例如,保护级别为 Da 的、最高表面温度低于 120 ℃ 的、用于具有导电性粉尘爆炸环境的本质安全型电气设备,表示方法为 Ex ia ⅢC T120 ℃Da。

(二) 设备和防护系统的防爆设计

1. 设备和防护系统的防爆设计原则

根据 GB/T 25285.2—2021,设备、防护系统和元件的防爆安全,可通过消除危险和/或限定危险来实现,即采取下列方式:

(1) 通过适当的设计(无安全防护装置)降低危险。

(2) 采用安全防护装置。

(3) 利用使用信息。

(4) 采取附加预防措施。

设备和防护系统的整体防爆安全设计的原则是:爆炸危险性场所中使用的设备和防护系统,应从整体防爆安全的观点考虑并设计。首先,通过设计防止设备和防护系统自身产生或释放可燃性物质,形成爆炸性环境;其次考虑每一电气和非电气点燃源的性质,防止点燃爆炸性环境;最后,如果仍然发生爆炸,能直接或间接地危害人员、财产安全时,立即阻止爆炸或将爆炸火焰和爆炸压力限制在足够安全的水平之内。

2. 设备和防护系统的防爆设计要求

(1) 设备和防护系统的制造材料不能引起爆炸。在运行条件范围内,所使用的材料和潜在爆炸环境的组成成分间一定不能发生反应,损害防爆功能。考虑材料的耐腐蚀性、耐磨性、导电率、冲击强度、抗老化和温度变化对其产生的影响不会降低所提供的保护级别。

(2) 对于可能释放可燃性气体或粉尘的设备,要尽可能使用密封结构。如果设备上有开口或非密封接合面,其设计应尽可能出现的气体或粉尘不会在设备外部形成爆炸性环境。对于物料进入或引出点的设计和结构,在加注或排空时要尽可能限制可燃物质的逸出。

（3）对于拟用在粉尘场所的设备和防护系统，其设计应使沉积在其表面的粉尘不被引燃。可能产生粉尘沉积的地方应限制粉尘沉积。设备和防护系统应易于清扫。设备部件的表面温度应保持显著低于沉积粉尘的引燃温度。应考虑沉积粉尘的厚度，必要时，应采取措施限制温度以防热量积聚。

（4）如果设备和防护系统位于外壳或密闭的容器内，而外壳和容器又是防爆措施的一部分，应当使用专用工具或适当的保护措施才能开启外壳或容器，同时采取措施确保外壳能够承受内部爆炸性混合物爆炸产生的压力并阻止爆炸传播到外壳周围的爆炸性环境中。

（5）设计阶段应采取综合的测量调节和控制装置等措施，如过流切断开关、降温装置、差压开关、流量计、延时继电器、超速监视保护器和类似的监控装置，防止设备出现有危险的过载。

（6）设备和防护系统不应产生诸如火花、火焰、电弧、表面高温、光辐射、电磁波等潜在点燃源。应采取防静电措施，防止能够引起危险放电的静电电荷。应防止导电性部件上产生杂散电流和漏电电流，防止由此而产生危险性腐蚀、表面过热或火花。应尽可能在设计中避免出现旋转过程中各部件间因相互接触、摩擦或冲击产生的过热现象；设计或配备一定的测量、控制和调节装置，使设备和防护系统产生的压力补偿不会引起可能导致引燃的冲击波或加压作用。采取防雷电措施。

（三）惰化防爆措施

1. 惰化一般要求

惰化系统应由惰性气体供给装置、氧浓度探测器（在线氧浓度探测器或便携式氧浓度探测仪）、监测控制组件（主控制器、紧急报警控制器）和供气管道等组成。氧浓度探测器应能有效地探测惰化防护区的氧浓度，控制组件在惰化防护区氧浓度达到动作氧浓度时，应能自动或手动启动供气装置，并应有相应的报警。

根据 GB/T 37241—2018，惰化措施应满足以下要求：

（1）用于惰化的惰性气体应与可燃物质和氧气均不发生反应。

（2）应采用但不限于下列惰性气体如氮气、二氧化碳、蒸气压大于 0.3 MPa 的蒸气、烟气或稀有气体。

（3）采用烟气惰化时，应符合以下要求：燃烧产生的烟气用于惰化，其氧气浓度应可控制在给定的范围内；应采取措施使氧浓度波动最小化，如设置烟气缓冲罐等；烟气的使用不应对设备性能、产品质量或环境产生危害。

（4）爆炸性环境应确定极限氧浓度。

2. 惰化方法

（1）惰化方法的选择

选择惰化方法时应考虑以下因素：系统设备工艺运行方式（连续式或间歇式）；系统设备设计压力（可允许承受的正压和负压范围）；健康和环境限制。惰性气体与被保护系统内气体容易混合，且被保护系统能够承受一定正压，宜采用加压惰化方法。仅可承受负压的被保护系统(不能承受正压),宜优先选择真空惰化。无法承受正压和负压的被保护系统,宜选择吹扫惰化。惰性气体与被保护系统内气体分子量相近时,宜采用吹扫惰化。多分支复杂管道设备不宜采用吹扫惰化。惰性气体与被保护系统内气体分子量相差较大时,宜采用置换惰化。

(2)加压惰化

加压惰化设定的最大惰化压力不应超过设备的最高工作压力。其中,最高工作压力是指压力容器在正常使用过程中,压力容器顶部可能出现的最高压力(无特别注明时,系指表压力)。加压惰化应采用以下步骤:

① 切断系统与其他设备和大气之间的通道,确保系统密闭。

② 充入惰性气体直至系统内压力达到设定的最大惰化压力,停止充入惰性气体。

③ 通过预先设计的放空阀放空系统内气体至常压。

④ 重复步骤①～③直至系统内氧浓度达到设计的氧浓度。

加压惰化的次数可以根据 GB/T 37241—2018 规定的方法进行计算,计算换气次数时,应考虑惰性气体中氧气含量。加压惰化前宜进行正压泄漏测试,确保被保护系统的气密性,并采取防止人员窒息的预防措施。

(3)真空惰化

真空惰化前宜进行真空泄漏测试以确保被保护系统的气密性。设备的泄压装置应能承受可预期的负压,计算方法参见 GB/T 37241—2018。

真空惰化的步骤如下所示:

① 切断系统与其他设备和大气的通道,确保系统密闭。

② 抽真空至设定的真空度。

③ 向系统充入惰性气体直至系统内压力达到常压。

④ 重复步骤①～③直至系统内氧浓度达到设计的氧浓度。

(4)吹扫惰化/通流惰化

窄长的设备或管道应从一端通入惰性气体,同时从远离端排出混合气体,并在周围采取预防人员窒息的措施。吹扫惰化所需时间计算方法参见 GB/T 37241—2018,吹扫安全系数(F)按下列方式取值:当管道的一端为惰性气体入口,另一端为出口的无分支时,F取值为1;当惰性气体入口和出口位于无分支设备两端,且相距较远时,F取值为2;当惰性气体入口和出口相距比较近时,F取值3～5。被保护系统正常运行时,宜通过评估循环风量和漏风率来调控惰化气体流量,确保所需的惰化气氛;短时间停产时,宜采用较小的惰化气体流量维持被保护系统的惰化气氛。

(5)置换惰化

置换过程中应缓慢充入,避免惰性气体与被保护系统内气体混合。惰性气体比被保护系统内气体轻时,惰性气体入口应位于被保护系统上部,反之位于下部,且惰性气体入口应远离放散口。

(四)粉尘防爆措施

1. 建筑物结构与布局要求

存在粉尘爆炸危险的工艺设备或存在粉尘爆炸危险场所的建(构)筑物,不应设置在公共场所和居民区内,其防火间距应符合 GB 50016—2014 的相关规定。建筑物宜为框架结构的单层建筑,其屋顶宜用轻型结构。如为多层建筑应采用框架结构;并应设置符合 GB 50016—2014 等要求的泄爆面积。梁、支架、墙及设备等应具有便于清洁的表面结构。

对涉及粉尘爆炸危险的工程及工艺设计应符合标准规定:存在粉尘爆炸危险的工艺设备宜设置在露天场所,如厂房内有粉尘爆炸危险的工艺设备,宜设置在建筑物内较高的位置,并靠近外墙。

粉尘爆炸危险场所(区域)应设有符合 GB 50016—2014 相关规定的安全出口,其中至少有一个直通室外的安全出口;应设有安全疏散通道,疏散通道的位置和宽度应符合 GB 50016—2014 的相关规定;安全疏散通道应保持畅通,疏散路线应设置应急照明和明显的疏散指示标志。粉尘爆炸危险场所应严格控制区域内作业人员数量,不得设有休息室、会议室等人员密集场所,与其他厂房、员工宿舍等应不小于 GB 50016—2014 规定的防火安全距离。

2. 防止粉尘着火措施

(1) 防自燃措施

具有自燃性的热粉料贮存前应冷却到正常贮存温度。在通常贮存条件下,大量贮存具有自燃性的散装粉料时,应对粉料温度进行连续监测;当发现温度升高或气体析出时,应采取使粉料冷却的措施。对遇湿自燃的金属粉尘,其收集、堆放与贮存时应采取防水防潮措施。

(2) 防止明火与热表面引燃

粉尘爆炸危险场所不应存在明火,当需要动火作业时,应遵守相关规定。如动火作业前应清除动火作业场所 10 m 范围内的可燃粉尘,并配备充足的灭火器材;动火作业区段内涉粉作业设备应停止运行;动火作业的区段应与其他区段有效分开或隔断;动火作业后应全面检查设备内外部,确保无热熔焊渣遗留,防止粉尘阴燃;动火作业期间和作业完成后的冷却期间,不应有粉尘进入明火作业场所。

与粉尘直接接触的设备或装置(如电机外壳、传动轴、加热源等),其表面最高允许温度应低于相应粉尘的最低着火温度。粉尘爆炸危险场所用工艺设备的轴承应密封防尘并定期维护;轴承有过热可能时,应设置轴承温度连续监测装置;使用皮带传动时应设置打滑监测装置;当发生皮带打滑时,应自动停机或发出声光报警信号。金属粉末干磨设备应设置温度监测装置,当金属粉末温度超过规定值时应自动停机。

(3) 防止电弧和电火花

粉尘爆炸危险场所建筑物应按规定采取相应防雷措施。当存在静电引燃危险时,除应符合 GB 12158—2006 相关要求外,所有金属设备、装置外壳、金属管道、支架、构件、部件等,应采用防静电直接接地措施;不准许直接接地的,可通过导静电材料或制品间接接地;直接用于盛装起电粉料的器具、输送粉料的管道(带)等,应采用金属或防静电材料制成;金属管道连接处(如法兰),应进行防静电跨接;操作人员应采取防静电措施,且不应穿化纤类易产生静电的工作服。

在电气设备中,潜在点燃源包括电弧、电火花、热表面和摩擦火花。设备能够点燃可燃性粉尘的方式有下列几种:电气设备表面温度高于相应粉尘的最低点燃温度引起点燃;电气部件(如开关、触头、换向器、电刷及类似部件)产生的电弧或火花引起点燃;集聚的静电电荷放电引起点燃;辐射能量(如电磁辐射)引起点燃;与设备有关的机械火花、摩擦火花引起点燃。因此,在出现可燃性物质的场所使用电气设备时,必须采取适当的预防措施,确保所有设备有足够的保护,以减少点燃外部爆炸性环境的可能性。粉尘爆炸危险场所用电气设备应符合 GB 12476.1—2013 和 GB/T 3836.15—2017 的相关规定;应防止由电气设备或线路产生的过热及火花,防止可燃性粉尘进入产生电火花或高温部件的外壳内。

(4)防止摩擦和碰撞火花

粉尘爆炸危险场所设备和装置应采取防止发生摩擦、碰撞的措施。在工艺流程的进料处,应设置能除去混入料中杂物的磁铁、气动分离器或筛子等防止杂物进入的设备或设施。应采取有效措施防止铝、镁、钛、锆等金属粉末或含有这些金属的粉末与锈钢摩擦产生火花。使用旋转磨轮和旋转切盘进行研磨和切割,应采用与动火作业相同的安全措施。粉尘输送管道中存在火花等点火源时,如与木质板材加工用砂光机连接的除尘风管、纺织梳棉(麻)设备除尘风管等,应设置火花探测与消除火花的装置。

(5)惰化

在生产或处理易燃粉末的工艺设备中,采取防止点燃措施后仍不能保证安全时,宜采用惰化技术。对采用惰化防爆的工艺设备应进行氧浓度监测。

3. 粉尘爆炸的控制措施

(1)灭火措施

为了防止粉尘起火发展成为粉尘爆炸,在着火初期应按消防相关规定要求及时灭掉小火;应根据粉尘的物理化学性质正确选用灭火剂;不应采用引起粉尘飞扬的灭火措施和方法。对于金属粉尘和与水接触可能产生爆炸性气体的粉尘,不应采用水基灭火器和水灭火。

(2)控爆措施

粉尘爆炸危险场所工艺设备应方便分离和移动,并采用泄爆、抑爆和隔爆、抗爆中的一种或多种控爆方式,但不能单独采取隔爆。在紧急情况下应能及时切断所有动力系统的电源。

生产和处理能导致爆炸的粉料时,若无抑爆装置,也无泄压措施,则所有的工艺设备应采用抗爆设计,且能够承受内部爆炸产生的超压而不破裂。各工艺设备之间的连接部分(如管道、法兰等),应与设备本身有相同的强度;高强度设备与低强度设备之间的连接部分,应安装隔爆装置。耐爆炸压力和耐爆炸压力冲击设备应符合 GB/T 24626—2009 的相关要求。

工艺设备的强度不足以承受其实际工况下内部粉尘爆炸产生的超压时,应设置泄爆口,泄爆口应朝向安全的方向,泄爆口的尺寸应符合 GB/T 15605—2008 的要求。对安装在室内的粉尘爆炸危险工艺设备应通过泄压导管向室外安全方向泄爆,泄压导管应尽量短而直,泄压导管的截面积应不小于泄压口面积,其强度应不低于被保护设备容器的强度。不能通过泄压导管向室外泄爆的室内容器设备,应安装无焰泄爆装置。具有内联管道的工艺设备,设计指标应能承受至少 0.1 MPa 的内部超压。

存在粉尘爆炸危险的工艺设备,宜采用抑爆装置进行保护。如采用监控式抑爆装置,应符合 GB/T 18154—2000 的要求。抑爆系统设计和盛用应符合 GB/T 25445—2010 的要求。

通过管道相互连通的存在粉尘爆炸危险的设备设施,管道上宜设置隔爆装置。存在粉尘爆炸危险的多层建(构)筑物楼梯之间,应设置隔爆门,隔爆门关闭方向应与爆炸传播方向一致。

4. 除尘防爆措施

(1) 除尘系统要求

不同类别的可燃性粉尘不应合用同一除尘系统;除尘系统不应与带有可燃气体、高温气体或其他工业气体的风管及设备连通;应按工艺分片(分区域)设置相对独立的除尘系统。不同防火分区的除尘系统不应连通。除尘系统的导电部件应进行等电位连接,并可靠接地,接地电阻应小于 100 Ω;管道连接法兰应采用跨接线。除尘系统的启动应先于生产加工系统的启动,生产加工系统停机时除尘系统应至少延时停机 10 min。应在停机后将箱体和灰斗内的粉尘全部清除和卸出。

铝镁等金属粉尘禁止采用正压吹送的除尘系统;其他可燃性粉尘除尘系统采用正压吹送时,应采取可靠的防范点燃源的措施。铝镁等金属制品加工过程产生可燃性金属粉尘场所宜采用湿法除尘。

(2) 粉尘控制与清理

企业对粉尘爆炸危险场所应制定包括清扫范围、清扫方式、清扫周期等内容的粉尘清理制度。生产、加工、储运可燃性粉尘的工艺设备应有防止粉尘泄漏的措施,工艺设备的接头、检查口、挡板、泄爆口盖等均应封闭严密。不能完全防止粉尘泄漏的特殊地点(如粉料进、出工艺设备处)应采取有效的除尘措施。遇湿自燃的金属粉尘,不应采用洒水增湿方式清扫,清扫收集的粉尘应按规定处理。

5. 检修要求

粉尘爆炸危险场所应制定设备设施检修安全作业制度和应急处置措施,并按规程作业,检修作业应进行审批。应定期对粉尘爆炸危险场所中的设备传动装置润滑系统、除尘系统、电气设备以及抑爆、泄爆、隔爆及火花探测器等安全装置进行检查和维护。检修前,应停止所有设备运转,清洁检修现场地面和设备表面沉积的粉尘。检修部位与非检修部位应保持隔离,检修区域内所有的泄爆口处应无任何障碍物。检修作业应采用防止产生火花的防爆工具,禁止使用铁质检修作业工具。检修过程如涉及动火作业,应符合规定并设专人监护,配置足够的消防器材,禁止交叉作业。不应任意变更或拆除防爆设施。

(五) 爆炸性环境用气体探测器的选择

预防爆炸的最重要的措施就是加强检测预警,GB/T 20936.2—2017《爆炸性环境用气体探测器 第 2 部分:可燃气体和氧气探测器的选型、安装、使用和维护》对于不同测量原理的气体探测器的性能、选择、安装、使用和维护做了详细说明。如表 4-25 所示,为不同气体探测器的测量原理和性能。

表 4-25 不同测量原理的气体探测器的性能

测量原理	是否需要氧气	气体测量范围	氧气的典型测量范围	不能探测的气体	相对响应时间	非可燃气体的干扰	中毒	是否需要外部气体
催化式传感器	是	≤LFL	/	大分子	取决于物质	否	Si,H_2S,Pb	否
传导式传感器	否	0~100%	/		中等	CO_2、氟利昂	否	否
红外传感器	否	0~100%	0~100%	H_2	低	是	否	否
半导体传感器	否	≤LEL	/		取决于物质	SO_2,NO_2,H_2O	Si,SO_2	否
电化学传感器	否	≤LEL	0~25%	烷烃	中等	SO_2,NO_2	否	否
火焰离子探测器	否	≤LEL	/	CO,H_2	低	卤代烷	Si	是
火焰温度分析仪	是	<LEL	/		低	卤代烷	否	是
光离子探测器	否	<LEL	/	CO,H_2,CH_4等	低		否	否
顺磁氧探测器	/	/	0~100%	可燃性气体	低	NO,NO_2	否	是/否

(1) 催化式传感器

催化式传感器的原理主要是在电加热催化剂的表面发生可燃性气体的氧化反应,电加热催化剂的工作温度通常在 450 ℃到 550 ℃之间。催化剂通常是长丝状的催化材料,或者是灌满催化材料的多孔陶瓷珠,围绕在加热丝周围。氧化导致传感元件的温度上升,可测量到的温度上升与被探测的可燃性气体浓度成正比。

催化式传感器适用于探测所有可燃性气体,但灵敏度不同;探测浓度低于爆炸下限的气体和空气的混合物,响应时间和灵敏度取决于目标气体。分子质量和分子体积越大,响应时间越长,通常灵敏度越低。

催化式传感器取决于催化氧化反应,而且只有当氧气含量充足时才能工作。当可燃性气体浓度远高于爆炸下限时,氧气浓度可能不足。因此,此类传感器只能用于探测气体/空气混合物在爆炸下限以下的浓度。

催化传感器很容易受到永久抑制或暂时抑制,某些催化剂污染物可能会导致传感器最终产生低响应或零响应。永久性抑制通常被称为"催化剂中毒",可能由于暴露在某些物质中,如有机硅、四乙基铅硫化合物及有机磷化合物等,由于燃烧的固体产物附着在催化剂表面,或者由于改变了表面产生抑制。在某些情况下抑制是暂时的,如卤代烃的抑制。

（2）热导式传感器

热导式传感器的工作元件是导热气敏材料，该元件表面有恒速的采样气流通过，或者放置于气室内。工作原理是根据不同可燃性气体与空气导热系数的差异来测量气体浓度。导热系数的差异通过电路转化为电阻的变化。这种传感器工作时不需要氧气，适合于探测相对空气热导率较高或较低的气体（空气是参考环境），可以在任何合适的浓度环境中使用，可测量浓度高达 100% 体积比的气体。通常情况下，高热传导性气体如氢气、氦气和氖气在空气中有良好的灵敏度，对甲烷的灵敏度通常也可以接受。

但是此类传感器没有选择性，它们会对所有可燃性气体和非可燃性气体响应。可燃性气体的热导率差别很大。比重小的气体（如甲烷和氢气）的导热性比空气好，而比重大的气体的导热性则比空气弱（如非甲烷的碳氢化合物）。因此，对气体混合物的响应是不确定的，除非气体混合物中所有成分的比例是已知的。最坏的情况是强导热和弱导热混合物可以相互抵消，导致探测器没有任何反应。

（3）红外传感器

光学传感器的工作原理是探测气体分子所吸收的紫外线、可见光或红外线频率部分的光束能量。现有的大多数设备采用红外线（IR）光谱。

红外传感器校准可用于探测某一特定的气体，或者在某些情况下探测多种气体。如果气体的红外吸收带宽不在校准气体带宽范围内，则这些气体不会被探测到。因此，采用这种传感器的探测器仅用于探测已校准过的气体混合物。红外探测器不会对氢气响应，但可用于探测大多数其他易燃气体，探测浓度范围从几百 ppm（$\times 10^{-6}$）到 100%（体积比），且光路越长，灵敏度越高。

（4）半导体传感器

半导体传感器的工作原理是：当空气之外的其他气体通过传感器中加热的电阻丝表面时，产生的化学吸附使电阻丝的电导发生变化，通过测量电阻变化测量气体浓度。半导体材料通常是金属氧化物，常用锡基氧化物，通过电加热可达到几百摄氏度。电极采用植入或其他方式安装在表面上。

半导体传感器可用于探测大范围的气体浓度，包括非常低的浓度，但是这种传感器是非线性响应。半导体传感器适用于泄漏探测，浓度很低时也可使用，可用于报警式探测器。但它容易受到湿度变化和干扰气体的影响，可能会出现零点漂移和量程变化。对于有些气体如二氧化氮会产生负向信号。影响催化式传感器的毒性物质浓度越高，对半导体传感器灵敏度影响越大（多数情况导致灵敏度下降，但在某些情况会使灵敏度增大），这些中毒物有碱性或酸性化合物、硅酮、四乙基铅、硫化物、氰化物、卤化物。

（5）电化学传感器

电化学传感器通过与被测气体发生反应并产生与气体浓度成正比的电信号来工作。典型的电化学传感器由传感电极（或工作电极）和反电极组成，并由一个薄电解层隔开。其工作原理是当特定气体出现时，电极表面目标气体的化学还原反应/氧化（氧化还原）反应会引起电气参数变化。电化学传感器结构紧凑，耗电量低，对某些气体灵敏度高，通常用于测量浓度低至百万分之一级别的有毒气体。例如，在泄漏探测和个人安全监测中，可监测很多特定的有毒气体（相对于蒸气），如硫化氢、一氧化碳、氰化氢、氨、磷化氢、二氧化硫、一氧化氮、二氧化氮和环氧乙烷。虽然它们可能被指定用于某一特定气体,但也能探测其他干扰气体,还适合探测浓度低于爆炸下限的氢气或一氧化碳,以及 25%(体积比)以下的氧气。

电化学传感器不能探测大多数碳氢化合物(如烷烃等)。电化学传感器对其他气体的响应,可能产生正向或负向的信号变化。电解质或电极可能会受到其他气体影响造成灵敏度降低。除氧气传感器之外,在某些情况下对干扰的灵敏度可能高于对被探测气体的灵敏度。

(6)火焰离子探测器

火焰离子探测器的工作原理是通过内部氢气燃烧火焰使有机化合物发生电离(电荷),产生的离子云以高达几百伏的电势梯度在燃烧室内的电极间移动,产生非常低的电流,电流与气流中的气体/蒸气浓度成正比,然后电流被放大。

此类传感器灵敏度高,测量范围宽,测量不确定度小,不会中毒,响应时间迅速,从百万分之一级别到爆炸下限或高于爆炸下限的浓度范围都可以测量。大部分有机化合物是可燃的,会产生信号,只有甲醛和甲酸例外,不会产生响应。此类传感器适合在高温下测量气体。

火焰离子探测器不具有选择性,因为其对于一般有机化合物都会产生信号。如果要在预定场所探测不同的气体,应使用最不敏感的气体校准传感器。火焰离子探测器在限定范围内相对响应比其他技术易于预测,除了甲醛和甲酸外。这类探测器不适用于无机可燃性气体,如氢气、一氧化碳、氨、二硫化碳、硫化氢和氰化氢。一般情况下,火焰离子探测器不会有中毒现象,但是如果燃烧的固体产物含有硅或其他物质,则可能会导致电极绝缘产生覆层,降低灵敏度,并最终使传感器失效。

(7)火焰温度分析仪

火焰温度分析仪可通过燃烧空气样品中的可燃物并探测小型气室内的火焰温度来确定气体浓度。火焰温度分析仪的响应时间主要取决于把样品气体输送到火焰上的时间,响应时间在 5 s 以内。此类传感器在需要响应时间很短的情况下,可用于测量浓度低于爆炸下限的可燃性气体或蒸气的总量。这种传感器适合在高温下探测气体,其响应只取决于样品气体的热特性,且在较高浓度时的响应不是线性的。卤代烃(如高浓度卤化物)可能会降低火焰温度,导致信号衰减。

(8)光离子化检测器

光离子化检测器使用具有特定电离能的真空紫外灯产生紫外光,在电离室内对气体分子进行轰击,把气体中含有的有机物分子电离击碎成带正电的离子和带负电的电子,在极化极板的电场作用下,离子和电子向极板撞击,从而形成可被检测到的微弱离子电流。在外界条件(电离室结构,紫外灯强度)固定的条件下,电流的大小与气体的浓度呈线性关系。

此类传感器灵敏度高,不易中毒并且响应时间短,适用于测量气体浓度从低于 1×10^{-7} 到 2×10^{-3}。因此,它适用于毒性探测以及低于燃烧下限浓度气体的探测,通常用于在短时间内测量低于百万分之一级别的气体浓度,如泄漏探测。

光离子探测器对可燃性气体无选择性。它能探测电离电势比紫外灯能量低的所有物质;不能探测电离电势高于探测器紫外灯能量的化合物,也不能探测空气中的一氧化碳、氢气或甲烷。大多数传感器紫外灯的能量为 10.6 eV。因此,该类传感器不适合探测低烷烃和其他一些物质。较高能量的紫外灯会减少传感器的寿命。此类传感器不建议用于测量浓度高于 $2×10^{-3}$ 的气体,因为响应不是线性的。

(9) 顺磁氧探测器

氧气具有强烈的顺磁特性(磁场吸引),一氧化氮是半顺磁的,二氧化氮的顺磁性是氧气的 4%,其他气体有较少的顺磁性或较弱的反磁性(被有磁性的物质排斥)。含氧的气体会被卷入强磁场区,卷入的力量与氧气含量成比例。一氧化氮与二氧化氮会有较小程度的吸入,对其他气体的影响很小。因此,在一氧化氮含量极低的情况下,用这种技术测量氧气非常有效。

顺磁氧探测器主要用于测量氧气,适用于有选择性、长期稳定、不易中毒的要求。此传感器适用于测量浓度在 0~1%(体积比)和 0~25%(体积比)范围的氧气,也可以测量高达 100%(体积比)的氧气。测量范围的上限和下限的差应超过 0.5%(体积比)的氧气。根据采用的探测方法不同,典型的响应时间在 6 s 至 40 s 之间。除一氧化氮和二氧化氮会分别产生约 50%和 4%的等效浓度的氧信号,其他气体没有显著的干扰。

三、爆炸防护措施

爆炸防护措施主要包括耐爆炸设计、泄爆、抑爆、隔爆措施。

(一) 耐爆炸设计

耐爆炸设计的目的是使设备、防护系统和元件的结构能够承受内部的爆炸而不破裂。通常分为耐爆炸压力设计和耐爆炸压力冲击设计。耐爆炸压力的设备、防护系统和元件应能承受预期的爆炸压力而不发生永久变形。耐爆炸压力冲击的设备、防护系统和元件的结构应能够承受预期的爆炸压力,但可以产生永久变形。耐爆炸压力和耐爆炸压力冲击设备要求参见 GB/T 24626—2009《耐爆炸设备》。发生爆炸之后,应检查系统中受到影响的部件,确定设备、防护系统和元件是否仍能安全运行。这些要求应列入使用信息中。

(二) 泄爆

爆炸泄压是一种限制爆炸压力的防护方法。通过打开预先设计的泄压口,释放未燃混合物与燃烧产物,防止压力上升超过设计强度以保护容器,简称泄爆或泄压。泄爆措施是指在爆炸初始阶段或爆炸扩展时,采取使本来密闭的装置暂时或持久地往无危险方向敞开的一切措施,也就是通过泄爆口将足够量的内部高压已燃和未燃混合油气迅速释放到外部空间,使内部压力迅速降低到最高许可压力范围以内,以防爆炸。

应充分考虑承压设备各种工况及其组合时可能出现的最高压力,凡可能存在其最高压力超过设计压力或最高允许工作压力时,承压设备应设置安全泄放装置。安全泄放装置是紧急或异常状况下,能自动开启以防止因内部流体介质超压导致承压设备失效的装置。安全泄放装置包括直接连接在承压设备上的安全阀、爆破片、易熔合金塞、针销式泄放装置以及组合泄放装置。安全泄放装置的选用与安装,应考虑承压设备类型、使用工况和承载介质的类别、毒性、危险特性等因素,还应考虑承压设备失效模式以及安全泄放装置的失效模式。

1. 安全阀

安全阀适用于清洁、无颗粒和低黏度的流体介质。为确保承压设备安全运行或需要在保持设备连续运行状态下维护或更换安全阀的，应设置两个安全阀及安全阀快速切换装置，且单个安全阀能满足承压设备所需的安全泄放量要求。单个安全阀不能满足承压设备的实际泄放工况要求时，应设置两个或多个安全阀；在特殊工况条件下，安全阀产品本身存在失效风险的，应至少设置两个安全阀。流体介质排放时不准许泄漏至大气的，应选用封闭式安全阀。

承压设备内存在气、液两相流体介质时安全阀应安装在承压设备的气相空间或与气相空间相连的管路上。安全阀入口管路的压力损失应不大于安全阀整定压力的 3%，安全阀出口的泄放管路应引至安全地点。

2. 爆破片

爆破片，又称爆破膜，是一种不能重新关闭泄压口且不能再次使用的泄压装置，它在一定的开启压力下破裂打开泄压口。爆破片装置应设置在承压设备的本体或附属管路上且靠近承压设备压力源的位置，便于安装、检查及更换。承压设备和爆破片装置之间的所有管子、管件和阀门的截面积应不小于爆破片装置的泄放面积。爆破片装置的泄放管路在安装时，管路的中心线应与爆破片装置的中心线对齐，以避免出现爆破片受力不均造成爆破片抽边或改变爆破压力。爆破片及爆破片装置安装时，应注意其泄放方向，避免装反。

爆破片优先用于以下状态的承压设备的泄压：

（1）设计上不准许承压设备内流体介质泄漏的。

（2）承压设备内压力迅速上升，安全阀开启速度不能满足要求的。

（3）低温环境导致安全阀无法正常工作的。

（4）流体介质黏稠、含有颗粒、易沉淀、结晶或聚合生成高分子黏稠物等导致安全阀失效的。

（5）泄压面积过大或泄放压力过高（低）等工况，安全阀不适用的。

当承压设备在经常超压、温度波动较大的场合以及流体介质毒性为极度、高度危害的，不应单独选用爆破片装置。爆破片装置的选用需考虑爆破片类型、爆破片材料、设计爆破压力、设计爆破温度和爆破片排放能力等参数。爆破片的结构型式选择，应与被保护承压设备的压力、温度、流体介质等工况相适应。爆破片装置要定期更换。

3. 易熔合金塞

易熔合金塞泄放装置是当温度达到规定温度时通过塞孔内易熔合金流动或熔化而开启的一种非重闭式安全泄放装置。承载压缩气体的承压设备因受外界热源影响而失效的，可选用易熔合金塞泄放装置。易熔合金塞泄放装置应安装在承压设备可能受到外界热源影响的位置，或靠近承压设备内介质因化学反应等因素产生热源的位置，其他情况则应安装在承压设备的顶部。易熔合金塞体材料应具有足够的强度、韧性和耐腐蚀性，并应考虑其与介质的相容性。

4. 针销式泄放装置

针销承载截面弯折、折断或剪切后开启的非重闭式安全泄放装置称为针销式泄放装置,适用于对开启压力稳定性及密封性要求较高的承压设备。根据针销的失效方式,针销式泄放装置可分为屈曲型和断裂型,如无特殊要求,宜选用屈曲型针销式泄放装置。针销式泄放装置可作为承压设备单独的泄放装置使用,也可与安全阀组合使用。

针销式泄放装置应设置在易于安装、拆除的位置,且装置周围应有足够的工作空间以便维护。针销式泄放装置的安装环境应避免周围热源对针销材料的失稳力产生影响,且应设置防止意外触碰针销的防护措施。应按照装置上的流向指示及制造商的安装指导正确安装针销式泄放装置。

5. 组合泄放装置

当流体介质为强腐蚀性、剧毒,不准许泄漏、高度黏稠等工况条件下,将爆破片装置串联在安全阀入口侧,不仅可以保护安全阀,还可以避免因爆破片破裂而损失大量的工艺物料或盛装介质。为防止在异常工况下压力迅速升高,或当遇到火灾或接近不能预料的外来热源时,安全阀排放能力不能满足承压设备安全泄放要求时,常常将爆破片装置与安全阀并联使用。

爆破片装置设置在安全阀入口侧时,安全阀与爆破片之间的腔体应设置排气阀、压力表或其他报警指示,用以检查爆破片是否渗漏或破裂,并及时排放腔体内蓄积的压力,避免因背压而影响爆破片的爆破压力。组合装置在排放时应保证安全,根据介质的性质可采取就地排放或引至安全场所排放,泄放管路中不应有任何限制或影响介质排放的障碍。

(三) 抑爆

爆炸抑制是在爆炸性环境中出现燃烧的初始阶段,探测并阻止燃烧,同时抑制压力产生的技术。抑爆措施是在爆炸的引发过程和初始阶段,在爆炸气氛中加入抑爆剂,一方面可使爆炸气氛中氧组分被稀释,减少可燃物质分子与氧分子发生相互作用的机会,同时也能在可燃物组分与氧分子之间形成一层不燃的屏障,可燃物的活化分子无法与氧分子结合,活化分子的活化能被部分或全部耗散而失去反应活性;另一方面,若燃烧反应已经发生,加入抑爆剂后可使产生的游离基与抑爆剂发生作用,使其失去活性导致燃烧连锁反应中断,同时,抑爆剂还大量吸收燃烧反应放出的热量,使热量不能聚集,燃烧反应不能蔓延到其他可燃组分分子上,从而阻止燃烧反应实现抑爆的目的。

1. 抑爆系统

抑爆系统是自动探测爆炸开始征兆,并撒开抑制物以限制爆炸破坏效果的组合排列装置,一般由探测初始爆炸的检测传感系统和由检测系统触发的压力式抑爆器组成(GB/T 25445—2010)。检测传感系统要在爆炸的瞬间感知到压力信号(要求在毫秒级),并触发抑爆器将抑爆剂注入设备和防护系统中,防止爆炸达到最大爆炸压力。被注入的抑爆介质应尽可能均匀散布在被保护的设备和防护系统内,以熄灭爆炸火焰、降低爆炸压力。

2. 抑爆剂

抑爆剂也称为爆炸抑制物,通常放在高速释放(HRD)抑制器中,受内部压力作用排出,扩散到被保护的容积内,能阻止和预防该容积内爆炸的发展。常用的三种抑制物为粉状抑制物、水抑制物和化学抑制物。

能够作为抑爆剂的物质除了氩气、氮气和二氧化碳等常见惰性气体之外,还包括水蒸气、卤代烃气体、化学干粉及矿岩粉等。从抑制作用机理上看,氩气、氮气、二氧化碳、水蒸气、矿岩粉等属于降温缓燃型的物理抑爆剂,它们不参与爆炸气氛中可燃物质组分的燃烧反应,而是通过吸收部分反应热和激波能量使燃烧反应速度减慢,燃烧反应温度急剧降低,当温度降低到维持燃烧反应所需的极限温度之下时,燃烧反应停止,爆炸过程被中断,从而达到控制爆炸的效果。卤代烃、化学干粉属于化学抑爆剂,其主要作用机制是直接干预化学反应过程,使燃烧过程中的连锁反应中断,从而使燃烧过程停止爆炸传播,达到控制爆炸的效果。某些卤代烃类抑制剂因不符合环保要求,逐步被取代。

(1)最理想的抑爆介质可能是水。细水雾对爆炸火焰的抑制作用是由于水雾作用于火焰阵面反应区内,延长火焰阵面预热区,减缓火焰阵面传热与传质的进行,使气体燃烧反应速度减弱,降低火焰传播速度,从而抑制火焰传播。在冲击波作用下,细水雾产生运动、压缩和蒸发,由此水还能吸收大量的爆炸能量,从而有效地减弱冲击波。爆炸火焰提供了冲击波传播所需的能量,细水雾的作用使火焰速度变小,冲击波强度减弱;冲击波又对火焰起诱导作用,冲击波强度减弱,爆炸混合气体经冲击波压缩程度减弱,延长了火焰面发生点火,进一步减慢了火焰传播速度。两种作用相互影响,迅速削弱了爆炸的破坏作用。细水雾把爆炸火焰传播抑制后,继续喷洒的水雾有吸热降温和稀释氧气的功能,可以防止爆炸火焰引起的继续燃烧,并隔绝有毒有害气体的传播。有些物质如硫酸铵、尿素、氯化钾等可以使爆炸迅速有效地降温,在水中加入一定量的这些盐类物质可以加强抑爆效果,如 KCl 活化水雾对瓦斯爆炸具有显著的抑制作用。

(2)惰性气体在抑爆材料中占据着比较重要的地位。在可燃气体混合物中加入惰性气体如二氧化碳、氮气时,不仅可以减小混合气体中的氧浓度,同时还可以起到惰化作用,使爆炸下限上升、爆炸上限下降,从而有效地缩小可燃性混合气体的爆炸极限范围。

(3)气液两相抑爆是以惰性介质为协同抑爆材料,发挥惰性气体良好的惰化窒息和超细水雾吸热降温能力,延长细水雾在火焰区的生存时间,提高抑爆效果。如二氧化碳-超声波细水雾共同作用下,瓦斯/煤尘爆炸的火焰传播速度和爆炸超压有明显降低,火焰传播时间显著延迟,瓦斯/煤尘复合体系爆炸超压曲线的"震荡平台"随着 CO_2 和超细水雾质量浓度的增加,变得倾斜且冗长,火焰呈现"整体孔隙化"现象。

(4)气溶胶由氧化剂、还原剂和黏合剂组成,均匀地分布在被保护空间,由物理、化学的双重协同作用来熄灭爆炸火焰。冷气溶胶是将灭火剂的主要成分制成超细颗粒,用惰性压缩气体作为动力源及气体源,灭火粒子通常为碳酸氢钠、磷酸二氢铵等,其灭火机理主要是在密闭空间内利用灭火组分微粒的化学抑制作用来灭火,较小的微粒保证了其在空间的停留时间,从而有效地与火焰中活性物质反应。冷气溶胶具有无腐蚀、对人体皮肤和呼吸道无刺激、无毒、无害的特点,价格低廉,应用范围广。当煤矿发生瓦斯浓度超标或瓦斯泄漏时,气溶胶与泄漏出的瓦斯气体混合,由于它具有粒径小,容积效率大,以及良好的分散性和弥漫性,因此可以在很短时间内在空间中扩散开来,惰化可燃气体,迅速扑灭火焰,抑制爆燃、爆轰的发生,并将着火空间保护起来,有效地防止火灾复燃,其抑爆浓度值明显低于卤代烷灭火剂的抑爆浓度值。复合型气溶胶灭火剂是在冷气溶胶灭火剂使用时,加入其他的灭火剂、阻燃剂或某种惰性气体来提高气溶胶灭火剂的灭火效果,同时降低其副作用。

(四) 隔爆

阻隔防爆措施是将阻隔防爆材料加入储存易燃、易爆液体或气体的容器中,利用其具有良好的火焰受阻效应、热传导效应、自由基"器壁吸附"效应以及降温效应,达到有效防止爆炸事故的目的。

1. 本质安全阻隔防爆

根据爆炸反应的特性将盛装危险物品的容器内部空间采用阻隔防爆的合金材料制成或后期改造成网格状蜂窝结构,该网格状蜂窝结构的阻隔防爆材料能够阻隔火焰在容器内部的传播,从而达到防爆目的。使用的防爆材料按性质可分为金属类材料(如钛合金、铜合金、铝合金等)、非金属类材料(如聚酯、聚醚等)和复合材料(如应用纳米技术、涂覆技术的材料),这些材料能够俘获有焰燃烧链式反应过程中的游离基从而中断燃烧的传播。此外,这些阻隔防爆材料还能抑制容器内可燃液体蒸发速度、消除可燃液体在运输过程中的"浪涌"、抑制运输过程中静电的产生等,最终起到防爆作用。目前该技术在地埋油罐、运油车、集装罐、便携储罐等方面取得了很好的应用效果。需引起注意的是:该技术无法俘获发生在容器外有焰燃烧链式反应过程中的游离基,不能阻隔发生在容器外的燃烧反应的传播,如果其盛装的可燃液体(或蒸气)、可燃气体发生了泄漏,可燃液体的蒸气、可燃气体仍能在容器外发生爆炸或燃烧,给该阻隔防爆技术的应用带来了一定的局限。

2. 阻火器

阻火器基本工作原理为淬熄,即当火焰、热气体快速穿过阻火器时,通过阻火元件的孔壁向外释放热量,使火焰、热气体在完全穿过阻火器之前充分冷却,阻止非正常条件下的爆燃或爆轰火焰传播,从而实现阻火防爆。阻火器由外壳、阻火芯及附属配件组成。阻火器按阻火芯件的不同可分为金属网型、波纹型、平行板型、多孔板型、焊接金属蜂窝型、泡沫金属型、充填型和水封型等结构。阻隔芯的材质和结构对其阻燃阻爆性能具有非常大的影响。GB/T 35684—2017《燃油容器爆炸性环境阻隔抑爆材料技术要求》对材料的材质、材料的物理性能、几何结构尺寸、防腐、抑制爆炸压力以及性能检测方法等都做了具体要求。

3. 阻隔爆性能测试

目前有 3 类方法测试材料的阻隔爆性能。

(1) 以气体燃爆增压测试为主要特征的实验室激波管试验法:激波管试验装置主要由水平激波管、点火系统、气体循环系统及信号采集和处理系统等组成。其工作原理是:在密封的预先抽真空的水平激波管内充入一定浓度的爆炸性混合气体,经点火系统点燃后,以压力传感器采集激波管内不同位置处的压力数据,通过比较填充阻隔防爆材料前后激波管内的压力变化,评价阻隔防爆材料对爆炸压力波的抑制作用。激波管试验法的灵敏度、可靠性、重复性等均较好,是实验室开展新型阻隔防爆材料研究和性能评价的基本方法。

（2）以炸药静爆、杀爆燃弹炮击试验等为代表的外场爆炸试验法：将填充有阻隔防爆材料的试验容器内充入试验液体或气体介质后，于野外专用的试验场地开展枪击、碰撞、炸药静爆、杀爆燃弹炮击、烤燃等试验，引爆容器内的爆炸性混合气体，通过采集试验容器内压力曲线，比较填充阻隔防爆材料前后压力的变化，评价材料的阻隔爆性能。外场爆炸试验能真实反映实际环境中填充阻隔防爆材料的容器遭受碰撞、烤燃和爆破等破坏时的防爆能力。

（3）计算机仿真分析法：以计算流体力学（CFD）为基础，运用多种数学算法分析实际流场中流体的传热和流场耦合，通过仿真分析，获得填充阻隔防爆材料后火焰的传播情况和压力的变化规律，预测材料的阻爆性能。

四、其他措施

1. 紧急措施

应在设备、防护系统、元件的设计和制造过程中将一些紧急措施纳入爆炸安全方案，如全部设备或部分设备紧急停产、部分设备紧急停料、中断设备部件间物料流动、用合适的惰性物质冲浸部分设备等。

2. 测量和控制系统

应确定相关安全参数，进行实时监控。采用的测量和控制系统应能够启动警报器或使设备自动停机。

五、采用爆炸防护装备

在从事爆炸安检工作或生产、运输、处置爆炸物的工作时，应采用适当的爆炸防护装备来减小爆炸物意外爆炸对人员、设备和建筑的冲击和破坏作用。此类爆炸防护装备主要包括人体防护装备、环境防护装备和其他防护装备三类。

1. 人体防护装备

人体防护装备的作用是阻隔或减弱爆炸所产生的冲击波和碎片对人体造成的杀伤效应。人体防护装备主要包括防爆服和防爆盾牌。例如，用于搜索爆炸物时使用的搜爆服、近距离处理爆炸时使用的排爆服和能够起到安全屏障作用的防爆盾牌。

2. 环境防护装备

环境防护装备的作用是阻隔或减弱爆炸所产生的冲击波和碎片对周围环境造成的杀伤和破坏效应。主要包括防爆毯和防爆容器。防爆毯是由软质材料加工而成的临时防护装置，一般由盖毯和围栏组成。防爆容器是用于临时存放、运输爆炸物的专用装具。根据容器的结构形状及其抑爆能力的强弱，分为防爆球、防爆罐和防爆桶，三种容器分别适用于较小炸药量、一般炸药量和较大炸药量的临时存放和运输。

3. 其他爆炸防护装备

其他爆炸防护装备主要是指频率干扰仪，这是搜爆排爆过程中的一种特殊防护措施，能够在一定距离范围内,针对无线遥控器、无线通信工具等实施防御性干扰。

 思考和实践

(1) 简述防爆基本原则及其优先顺序。

(2) 简述爆炸预防措施的基本方法。

(3) 简述有瓦斯和煤粉尘出现的爆炸性环境、其他可燃气体爆炸性环境及粉尘爆炸性环境的危险分区划分及适应的设备 EPL 级别。

(4) 简述防爆电器型式及其代表符号。

(5) 简述设备和防护系统的防爆设计原则。

(6) 简述防止粉尘着火的措施有哪些。

(7) 列举常用的惰化方法,简述惰化方式选择的原则。

(8) 列举常用气体探测器种类并简述其探测原理。

(9) 简述爆炸防护措施的基本方法。

(10) 简述安全泄放装置的分类和适用场所。

(11) 简述抑爆系统的组成。

(12) 列举常见抑爆剂及其作用原理。

(13) 简述阻火器的工作原理。

(14) 列举个人爆炸防护和环境防护防爆装备。

知识拓展与实践

一、烟花制作和燃放技术

1. 北京奥运烟花燃放的绿色科技

烟花虽然能为节日和庆典增添喜庆色彩,但燃放过后的残渣碎片和大气环境污染等也广受诟病。然而 2008 年北京开幕式的烟花燃放,以无纸屑、无残渣、无刺鼻味道、烟雾小的特点,在环保方面创下了世界纪录。产自湖南省浏阳市的奥运焰火产品首次使用了体现当时最新科技成果的芯片礼花弹,即把电脑芯片安装在礼花弹内,通过电脑控制,在规定的高度、方位、朝向爆炸;采用新型环保材料代替纸壳进行烟花封口,实现烟花起爆瞬间封口材料充分燃尽,不产生纸屑残渣;以压缩空气取代火药,通过电磁阀控制压缩空气产生的爆发力来弹射礼花,解决了火药爆炸产生的刺鼻异味和烟雾问题。

2022 年北京冬奥会焰火表演再次令世界惊叹。导演创意团队在焰火设计中专门进行了"绿色烟火"的构思规划。首先,焰火设计从燃放时长上进行压缩,大大减少了制作材料的投入以及焰火燃放时造成的污染。其次,为解决中低空焰火发射产生的烟雾,产品均采用微烟发射药,烟量降低近 80%。最后,在编排上通过环节时段、高低空产品配合等手段,留出足够时间让烟雾消散,不会让残留烟雾影响下一个焰火效果的呈现。此外,环境监测部门首次参与,现场监测不同气象条件下焰火燃放对空气质量的影响,也为燃放环节设计提供了重要参考。

2. 传统烟花制作技术

浏阳烟花制作技术是湖南省浏阳市地方传统手工技艺,有12道流程、72道工序,是首批国家级非物质文化遗产之一。由长沙理工大学刘卫东教授主持建设的"浏阳烟花燃放设计虚拟仿真实验",将传统烟花制作工艺原理和工艺大师的实践经验融入虚拟仿真实验过程,全面展现了浏阳烟花中礼花弹的制作过程。其中涉及的防火防爆知识包括散热设置、造粒原理、防静电操作、水的安全作用、厂房的燃放位置选址、安全设施和安全穿戴等。

二、炸药制作技术和性能测试方法

1. 高能炸药的超细化技术

高能炸药广泛应用于发射药装药、战斗部装药、推进剂和核武器起爆等领域。高能炸药的粒度直接影响其作用性能,对工业化生产的大颗粒炸药进行超细化,使其达到微纳米级,进一步显著提高武器弹药的能量、燃烧性能和毁伤能力。高能炸药的超细化技术是集安全、材料、机械、化工、控制于一体的复杂工程技术。南京理工大学谈玲华教授基于国家特种超细粉体工程技术研究中心的国家科技进步奖和国家技术发明奖,立足于王泽山院士所从事的火炸药研究,建设了国家级一流课程"高能炸药的超细化虚拟仿真实验",系统展现了高能炸药超细化工艺流程、设备和操作规程。

2. 炸药威力性能测试方法

杀爆榴弹威力性能测试是用于评定弹丸杀伤与爆破威力的实验。杀爆榴弹爆炸时,壳体形成许多具有一定速度和质量的破片,这些破片飞行一定距离后以一定速度对目标实现毁伤。破片速度测试采用定距测时方法来获得破片速度。扇形靶试验是弹丸杀伤作用试验。杀爆榴弹爆炸产生的破片飞行一段距离后击中目标,对目标靶材造成杀伤破坏,统计穿透靶材的破片数量,可按照相应计算式求得破片密集杀伤半径、有效杀伤半径和密集杀伤面积等威力参数。除了产生大量破片外,爆炸还会在空气中产生冲击波,冲击波扰动与未扰动介质的分界面是冲击波波阵面,波阵面与周围未扰动介质间的压力差,构成冲击波超压。采用压力传感器可以进行直接测量。中北大学王志军教授主持建设的国家级一流课程"杀爆榴弹威力性能测试虚拟仿真实验",全面介绍了破片速度测定、扇形靶实验和冲击波超压测试的原理和方法,直观展现了弹丸爆炸、冲击波传播、破片飞散等过程。

导爆索测定炸药爆速、电爆网路的连接方式、导爆管加工及网路连接、炸药的殉爆距离、弹药包爆破漏斗体积及爆破作用指数是工程爆破的基础知识,对于正确进行工程爆破设计与施工有着重要意义。石家庄铁道大学刘勇教授主持建设的"炸药性能及爆破网路虚拟仿真实验",全面介绍了炸药性能测定原理及方法、电雷管构造特征、导爆管雷管的加工及电爆网路的连接。

3. 火炸药稳定性测试方法

火炸药燃烧爆炸事故频发,是火炸药生产、运输等过程中最为突出的安全问题。火炸药在机械作用下发生爆炸的难易程度称为火炸药机械感度。火炸药机械感度测试包括撞击感度测试和摩擦硬度测试。中北大学的袁俊明教授主持建设的"火炸药机械感度测试虚拟仿真实验",融合了安全科学、火炸药学、燃烧爆炸学等学科知识,直观展现撞击与摩擦感度仪的工作原理、感度测试过程及落锤与摆锤冲击力测试全流程。

三、煤尘爆炸防治与个人防护措施

煤尘爆炸的特征是高温高压;连续爆炸、煤尘有感应期、形成粘焦和产生大量的一氧化碳。典型的粉尘防治技术工艺有通风除尘、注水减尘、喷雾降尘和化学抑尘。山东科技大学的程卫东教授主持的"矿山粉尘职业危害防控虚拟仿真实验"全面展现了粉尘爆炸的危害、个体防护、粉尘防治技术工艺、粉尘检测与监控等。

第四章课程资源

第五章

火灾爆炸危险辨识

第一节　危险源概述

一、危险源的定义

危险源是指可能导致人员伤害或健康损害、物质财产损失、工作环境破坏和环境污染等危害后果的潜在根源、状态或行为，或这些情况的组合。危险源具有潜在的能量和物质释放危险，在一定的触发因素作用下可转化为事故。危险源包括危险因素和有害因素。其中危险因素指能对人造成伤亡或对物造成突发性损坏的因素；有害因素指能影响人的身体健康，导致疾病，或对物造成慢性损坏的因素。根据 GB/T 45001—2020《职业健康安全管理体系要求及使用指南》，危险源的定义为可能导致伤害或健康损害的来源。

二、危险源分类

（一）事故致因分类

根据事故致因能量意外释放理论，事故是能量或危险物质的意外释放。作用于人体的过量能量或干扰人体与外界能量交换的危险物质是造成人员伤害的直接原因。系统中存在的、可能发生意外释放的能量或危险物质被称作第一类危险源；导致屏蔽措施失效或破坏的各种不安全因素称作第二类危险源，包括人、物、环境三个方面的问题。第一类危险源是事故发生的前提，是事故发生过程中能量与危险物质释放的主体；第二类危险源是导致伤害、损失或破坏发生的间接原因(图5-1)。在此基础上，西安科技大学的田水承教授提出三类危险源的观点：第一类危险源为能量载体或能量源；第二类危险源为安全设施等物的故障、物理性环境因素和个体行为失误；第三类危险源是不符合安全的组织因素(组织程序、组织文化、规则、制度等)，包含组织人的不安全行为和失误等。

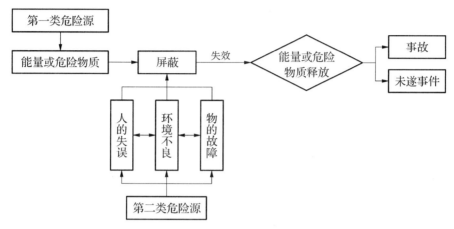

图5-1　第一类和第二类危险源导致事故发生的事件链

(二) 职业危害因素分类

GB/T 13861—2009《生产过程危险和有害因素分类与代码》将危险源分为人的因素、物的因素、环境因素、管理因素四类。其中人的因素是指在生产活动中，来自人员或人为性质的危险和有害因素；物的因素是指机械、设备、设施、材料等方面存在的危险和有害因素；环境因素是指生产作业环境中的危险和有害因素；管理因素是指管理和管理责任缺失所导致的危险和有害因素。

人的因素又包括人的心理、生理性、行为性危险和有害因素；物的因素又分为物理性、化学性和生物性危险和有害因素；环境因素包括室内、室外、地下(含水下)等作业环境不良；管理因素包括职业安全卫生组织机构不健全、职业安全卫生责任制未落实、职业安全卫生管理规章制度不完善和职业健康管理不完善等。如图5-2所示。

根据GB/T 6441—86《企业职工伤亡事故分类》，将危险因素分为起因物、致害物、不安全状态和不安全行为。其中起因物是指导致事故发生的物体、物质；致害物指直接引起伤害及中毒的物体或物质；不安全状态指能导致事故发生的物质条件；不安全行为指能造成事故的人为错误。这些危险有害因素导致了包括火灾、放炮、火药爆炸、瓦斯爆炸、锅炉爆炸、容器爆炸和其他爆炸在内的20类工伤事故。

三、危险源辨识方法

危险源辨识是指识别危险源的存在并确定其特性的过程。常用的危险、有害因素辨识的方法有直观经验分析方法和系统安全分析方法。直观经验分析方法包括对照法和类比法，适用于有可供参考先例、有以往经验可以借鉴的系统，不能应用在没有可供参考先例的新开发系统。对照法是对照有关标准、法规、检查表或依靠分析人员的观察分析能

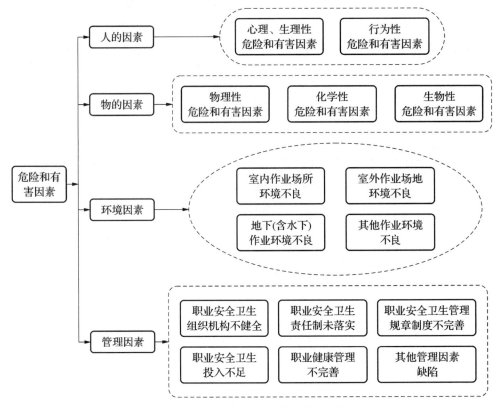

图 5-2　危险和有害因素分类示意图

力,借助经验和判断能力对评价对象的危险、有害因素进行分析的方法。类比法是利用相同或相似工程系统或作业条件的经验和劳动安全卫生的统计资料来类推、分析评价对象的危险、有害因素。系统安全分析方法是应用系统安全工程评价方法中的某些方法进行危险、有害因素的辨识。系统安全分析方法常用于复杂、没有事故经验的新开发系统。常用的系统安全分析方法有事件树(ETA)、事故树(FTA)等。

在危险源辨识中,应根据辨识对象的不同选择合适的辨识方法。例如,设备设施危险源辨识宜采用安全检查表分析(SCL)、故障模式分析(FMEA)、预先危险性分析(PHA)等方法,作业活动危险源辨识宜采用作业危害分析法(JHA)等,对于复杂的工艺宜采用危险与可操作性分析法(HAZOP)或类比法、事故树分析法等进行危险源辨识。

(一)安全检查表法(SCL)

安全检查表法是根据有关安全规范、标准、制度及其他系统分析方法分析的结果,系统地对一个生产系统或设备进行科学分析,找出各种不安全因素,并以提问的方式把找出的不安全因素制定为检查项目,将检查项目按系统或子系统编制成表格,并依据此表实施安全检查和诊断的系统安全分析方法。该法的核心是安全检查表的编制和实施。

安全检查表是根据法规和相关标准制定的,易于实现安全要求。安全检查过程能查出隐患,保证法规和标准的落实,整改过程中也易于推行安全生产责任制。安全检查表法简单易行,可提高安全检查工作的效果和质量。

表 5-1　化工企业动火作业前的安全检查表

受检车间：	受检所在地点：	检查时间：　　年　月　日		
检查部门：	检查人：	整改负责人：		

检查项目	动火作业安全检查内容	检查结果	整改措施
一级二级动火作业	凡盛装过化学危险物品的容器或设备装置,在动火作业前应进行清洗置换		
	在甲、乙类区域的管道、容器、塔罐等生产设施上动火作业,应将其生产系统彻底隔离		
	在地面进行动火作业,周围有可燃物,应采取防火措施		
	高空进行动火作业应采取措施,防止火花溅落引起火灾爆炸事故		
	拆除管线的动火作业,必须先查明其内部介质及管线走向,并制订相应的安全防火措施		
	在生产、使用、储存氧气的设备上进行动火作业,其氧含量不得超过20%		
	动火作业前,应检查电、气焊工具,保证安全可靠,不准带病使用		
	动火作业应有专人监火		
	气焊割动火作业时,氧气瓶与乙炔气瓶间距不小于5 m,两者与动火作业地点均不小于10 m		
特殊动火作业	五级风以上天气,禁止露天动火作业。因生产需要确需动火作业时,动火作业应升级管理		
	节假日或特殊情况,动火作业应升级管理		
	生产不稳定或设备、管道腐蚀严重不准进行带压不置换动火作业,带压不置换动火作业按特殊危险动火作业管理。特殊危险动火作业应满足一、二级动火作业的安全要求		
	必须制定施工安全方案,落实安全防水措施		
	动火作业时,安全员或主管安全领导应到作业现场。动火作业前,生产单位应通知工厂生产调度部门及有关单位,在异常情况下能及时采取相应的应急措施		
动火分析	动火作业过程中,设专人监视生产系统内压力变化情况,使系统保持不低于100 mm水柱正压		
	特殊动火的分析样品保留到动火结束		
	动火分析的取样点由专(兼)职安全员负责提出		
	取样与动火间隔不超过30 min		

续　表

检查项目	动火作业安全检查内容	检查结果	整改措施
	使用测爆仪分析时,被测的气体或蒸气浓度应小于或等于爆炸下限的20%		
	使用其他分析手段时:当被测气体的爆炸下限不小于4%时,其被测浓度不大于0.5%;当被测气体的爆炸下限小于4%时,其被测浓度不大于0.2%		
动火作业证	持有《动火安全作业证》		
	作业后动火人在《动火安全作业证》上签字		
	动火作业超过限期应重新办理动火安全作业证		

表5-2　粉尘涉爆场所安全检查表

项目	安全要求	检查结果与存在问题
建构筑物	粉尘爆炸危险场所厂房建(构)筑物的防火安全必须经消防部门验收合格	
	粉尘爆炸危险场所设置在单层厂房的,屋顶应采用轻型结构;设置在多层厂房内的,厂房建筑物应采用框架结构	
	厂房建筑物内设有粉尘涉爆生产加工区的,建筑物与居民区、教育、医院、商业等重要公共建筑之间的防火间距应符合相关标准规定	
	厂房内存在金属粉尘爆炸危险的区域不得设置办公室、休息室、危险化学品仓库	
	粉尘涉爆生产加工区应与其他加工方式作业区,按防火分区进行隔离。粉尘涉爆区应靠外墙设立	
	存在粉尘爆炸危险的厂房应当在其外墙上设置泄压设施,泄压(口)的朝向应避开人员密集场所和主要交通道路	
	存在粉尘爆炸危险的车间,应当设有两个以上安全出口,其中至少有一个通向非爆炸危险区域,其安全出口的门应当向爆炸危险性较小的区域侧开启。安全通道应畅通,不得堆放包括易燃易爆物品在内的任何物品	
	防雷设施应取得气象部门防雷检测机构出具的检测报告	
防爆技术措施	可燃粉尘与可燃气体等易加剧爆炸危险的介质不得共用一套除尘系统	
	粉尘爆炸危险场所不同防火分区除尘系统不得互联互通	
	存在粉尘爆炸危险的干式除尘系统、粉体加工设备、料仓、斗式提升机等设备设施必须按规范采用泄爆、隔爆、惰化、抑爆等控爆措施	

第五章 火灾爆炸危险辨识

续 表

项目	安全要求	检查结果与存在问题
	存在爆炸危险的设备的泄压装置,泄压口应通往室外安全区域。若泄压装置泄压口设在厂房内,采用无火焰泄压装置	
	粉尘爆炸危险场所的除尘器应按规范布置在系统的负压段	
	含有可燃粉尘的空气,在进入风机前必须采用不产生火花的除尘器进行处理	
	所有产尘点均应装设吸尘罩,风管中不应有粉尘沉降	
	干式除尘系统不得采用电除尘;具有粉尘沉降室的重力除尘方式,禁止采用干式巷道式构筑物作为除尘风道。选用湿式除尘器进行除尘时,采用水洗或水幕除尘工艺	
	干式布袋除尘器宜布置在厂房外部;用于铝镁等金属粉尘的除尘器应采取防雨、积水措施	
	除尘风管应明设,采用圆形横截面钢质金属材料;若采用其他材料则应选用阻燃材料且采取防静电措施,不得选用铝质金属材料	
	除尘主风管设计风速应按风管内的粉尘浓度不大于爆炸下限的50%、铝镁金属粉尘浓度不大于爆炸下限的25%计算;铝镁制品抛光打磨加工除尘器主风管风速应大于23 m/s,木材加工系统除尘器主风管风速应大于20 m/s,风管内不应出现超过厚度1 mm的积尘	
	粉尘爆炸危险场所铝镁等金属粉尘及木质粉尘的除尘器,必须在除尘器灰斗下部设置锁气卸灰装置,锁气卸灰装置应与除尘器同步运行;锁气卸灰装置卸灰工作周期的设计应使灰斗内无粉尘堆积;应设置卸灰装置运行异常及故障停机的监控装置,异常及故障停机状况时应发出声光报警信号	
	干式布袋除尘器应设置进、出风口风压差监测装置,设置清灰气压监测装置	
	布袋除尘器应当采用阻燃和不产生静电的布袋	
	风机、叶片运转正常,无摩擦、碰撞,无异常杂音	
电气及防火安全	粉尘爆炸危险场所20区的电气设备、监测及监控装置,必须符合GB 12476.1—2013、GB/T 3836.15—2017规定的20区防爆类型和级别要求;电气设备、监测及监控装置的电气连接必须符合GB 50058—2014的要求	
	粉尘爆炸危险场所除尘系统、金属设备,以及金属管道、支架、构件、部件等防静电措施应符合GB 12158—2006的要求,电气设备的保护接地应符合GB 50058—2014的要求,除尘系统的风管不得作为电气设备的接地导体	

213

项目	安全要求	检查结果与存在问题
	动火作业应按照制度的规定审批,动火作业安全应符合 GB 15577—2018 的规定;动火作业前,作业区(包括涉爆粉尘设备内部)应进行全面的粉尘清理;动火作业时,作业区生产加工系统(包括除尘系统)应停机;作业区不进行交叉作业	
	应按照 GB 50140—2005 的要求配置消防设施及灭火器材,应定期对消防设施及灭火器材进行检查、维护	
粉尘清理	应制定粉尘清扫制度,制度应明确实施每班、每周、每月进行粉尘清扫的部位及区域,以及清扫过程的作业安全	
	粉尘爆炸危险场所建(构)筑物、生产加工设备积聚尘灰的部位、除尘风管内部、除尘器箱体内部、干式除尘器滤袋、湿式除尘循环用水储水池(箱)、电气设备、监测及监控装置,以及生产作业区域的积尘必须得到有效的清理,不得出现严重积尘、粉尘浆泥堆积和粉尘干湿状况	
	不得出现设备泄漏粉尘现象	
	遇湿易自燃的铝、镁等金属粉尘的生产、收集、贮存,应采取防止粉料自燃措施或配备防潮防湿设施	
	企业应加强粉尘爆炸危险场所的通风除尘,保证收尘系统安全可靠运转。收尘设备应先于产尘设备启动,产尘设备停车后收尘设备才能停止运行	
	清扫粉尘应当采取措施防止粉尘二次扬起,优先采取负压方式清扫,严禁使用压缩空气吹扫	
	存在金属粉尘爆炸危险的场所严禁各类明火和火花产生,禁止使用铁质等易产生火花的工具	
安全管理	存在粉尘爆炸危险的企业应当有专人负责金属粉尘防爆安全生产管理工作,并建立粉尘防爆安全生产责任制度、粉尘防爆专项安全生产教育培训制度、粉尘清扫制度等管理制度和安全操作规程	
	企业应对本企业的粉尘爆炸危险场所进行危险辨识,评估粉尘爆炸的风险,制定并落实消除、控制粉尘爆炸风险措施	
	企业应对涉粉尘爆炸的人员(包括分管负责人、安全生产管理人员、操作人员、设备维护检修人员和应急救援人员)进行防范发生粉尘爆炸事故的专项培训	

续　表

项目	安全要求	检查结果与存在问题
	在粉尘爆炸危险场所生产作业的人员应当穿戴劳动防护用品,禁止穿戴化纤类易产生静电的劳动防护用品	
	企业应制定及完善安全生产应急预案中针对粉尘涉爆事故的现场处置方案,并进行针对性的培训及演练	
	企业应按照有关法规标准规定正确使用粉尘涉爆设备(包括按防爆安全要求使用除尘系统),并定期进行维护检修,应建立维护检修管理台帐	
	存在粉尘爆炸危险的场所应设置明显的安全警示标志标识、防火标志	

注:本安全检查表编制的检查依据如下。

《中华人民共和国消防法》《粉尘防爆安全规程》(GB 15577—2018)《粉尘爆炸危险场所用除尘系统安全技术规范》(AQ 4273—2016)《建筑设计防火规范》(GB 50016—2014)《工业建筑供暖通风与空气调节设计规范》(GB 50019—2015)《建筑物防雷设计规范》(GB 50057—2010)《建筑灭火器配置设计规范》(GB 50140—2005)《粉尘爆炸危险场所用收尘器防爆导则》(GB/T 17919—2008)《爆炸危险环境电力装置设计规范》(GB 50058—2014)《可燃性粉尘环境用电气设备第1部分:通用要求》(GB 12476.1—2013)《爆炸性环境第15部分:电气装置的设计、选型和安装》(GB/T 3836.15—2017)《防止静电事故通用导则》(GB 12158—2006)

(二) 故障类型及影响分析(FMEA)

FMEA 是安全系统工程中重要的分析方法,它采用系统分割的概念,根据实际需要分析的水平,把系统分割成子系统或进一步分割成元件。然后,按一定顺序进行系统分析和考察,查出系统中各子系统或元件可能发生的故障和故障所呈现的状态(故障类型),进一步分析它们对系统或产品的功能造成的影响,提出可采取的预防改进措施,以提高系统或产品的可靠性和安全性。

FMEA 是从元件的故障开始,由下向上逐次分析可能发生的问题,预测整个系统的故障,以及该故障对部件、子系统、系统有什么影响及其程度,利用表格形式列出所有可能的故障模式。选定、判定故障模式是一项技术性很强的工作。系统发生故障可能丧失其功能,FMEA 除考虑系统中组成部分上、下级的层次概念,如物理、时间空间关系,还要考虑功能关系。从可靠性的角度看,侧重于建立上、下级的逻辑关系,因此 FMEA 是以功能为中心,以逻辑推理为重点的分析方法。该法是一种定性分析方法,不需要数据做预测依据,便于掌握,只要有理论知识和过去故障的经验积累就可以,当个人知识不够时可以采用集思广益的办法进行分析。

表 5 - 3　电气设备火灾故障类型及影响分析表

子系统	组件名称	故障类型	故障原因分析	故障影响分析	故障等级	措施
导体线路系统	导体绝缘层	绝缘层缺陷短路	1. 导体绝缘层由于磨损、受潮、腐蚀、鼠咬以及老化等而失去绝缘能力。 2. 设备常年失修，导体支持绝缘物损坏或包裹的绝缘材料脱落。 3. 绝缘导线受外力作用损伤，如导线被重物压轧或被工具等损伤。 4. 架空裸导线弛度过大，风吹造成混线；线路架设过低，搬运长、大对象时不慎碰上导线，都会造成短路事故。	导体起火致使人员伤亡、财产损失	Ⅱ	1. 布置设备和线路时应避免机械损伤，并设防尘、防腐、防潮、防晒、防风雨装置。 2. 为预防突然停电导致的火灾，应配备双电源供电，且两电源之间自动切换。 3. 各种电气设备的金属外壳都应可靠接地或接零，以便外壳接地短路时，能高速切断电源，防止短路电流产生高温高热。
	导线升温	过负荷	1. 电气设备规格选择过小，容量小于负荷的实际容量。 2. 导线截面选得过细，与负荷电流值不相适应。 3. 负荷突然增大，如电机拖动的设备缺少润滑油、破损严重、传动机构卡死等。 4. 乱拉电线，过多地接入用电负载。	导线起火致使人员伤亡、财产损失	Ⅱ	正确选用保护装置并合理安装，保证电气设备和线路在严重过负荷和故障的情况下，都能准确、及时、可靠地切除故障设备和线路，或发出警报信。
线路连接装置	电气接头	电阻增大	1. 铜、铝相接处理不好。设备在潮湿并含盐分环境中腐蚀，使电气接头慢慢松弛，造成接触电阻过大。 2. 接点连接松弛。螺栓或螺母未拧紧，使两导体间接触不紧密，接触电阻显著增大。当电流过时，接头发热，甚至发生火花。	引发火灾致使人员伤亡、财产损失	Ⅱ	1. 采用铜铝过渡接头。 2. 检测接头的压紧质量。
	开关、插座、熔丝	电火花、电弧	1. 导线绝缘损坏或导线断裂引起短路，从而在故障点产生强烈的电弧。 2. 导体接头松动，引起接触电阻过大，当有大电流通过时产生火花与电弧。 3. 架空裸导线弧垂过大，遇大风时混线而产生强烈电弧。 4. 误操作或违反安全规程，如带负荷拉开关、在短路故障未消除前便合闸等。	引发火灾致使人员伤亡、财产损失	Ⅱ	1. 正常运行时会产生火花、电弧和高温的电气装置不设置在有火灾危险的场所。 2. 在有明火源场所，宜采用无延燃性外护层的电缆。

续 表

子系统	组件名称	故障类型	故障原因分析	故障影响分析	故障等级	措施
			5. 检修不当,如带电作业时因检修不当而人为地造成短路等。 6. 正常操作开关或熔丝熔断时产生火花。			

(三) 事件树分析法(Event Tree Analysis,简称 ETA)

事件树分析法是常用的一种归纳推理系统安全分析方法。事故和导致事故发生的各种危险有害因素间存在着依存关系和因果关系;危险因素是原因,事故是结果,事故的发生是许多因素综合作用的结果。分析各因素的特征、变化规律,影响事故发生和事故后果的程度,以及从原因到结果的途径,揭示其内在联系和相关程度,才能在评价中得出正确的分析结论,采取恰当的对策措施。事件树分析法是由初始事件开始,按事故发展的时间顺序推论可能的后果,从而进行危险源辨识的方法。这种方法将系统可能发生的某种事故与导致事故发生的各种原因之间的逻辑关系用一种称为事件树的树形图表示,通过对事件树的定性与定量分析,找出事故发生的主要原因,为确定预防对策提供可靠依据。

事件树分析是一种系统地研究作为危险源的初始事件如何与后续事件形成时序逻辑关系而最终导致事故的方法。正确选择初始事件十分重要。初始事件是事故在未发生时,其发展过程中的危害事件或危险事件,如机器故障、设备损坏、能量外逸或失控、人的误操作等。在绘制事件树的过程中,可能会遇到一些与初始事件或事故无关的安全功能,或者其功能关系相互矛盾、不协调的情况,需用工程知识和系统设计的知识予以辨别,然后从树枝中去掉,构成简化的事件树。

以下采用事件树分析了近年来发生的重大火灾和爆炸事故。

1. 宜宾恒达"7.12"重大爆炸着火事故

2018 年 7 月 12 日,位于宜宾市的宜宾恒达科技有限公司发生重大爆炸着火事故,造成 19 人死亡、12 人受伤,直接经济损失 4 142 余万元。公司二车间备案报建拟生产 5-硝基间苯二甲酸,实际生产咪草烟和 1,2,3-三氮唑。咪草烟合成过程中需要对原料丁酰胺进行脱水,具体操作为向脱水釜中加入甲苯和丁酰胺,边搅拌边向夹套通入蒸汽加热升温,共沸脱水(108 ℃左右)。发生事故的生产装置未设置自动化控制系统,原设计的二车间 DCS 控制系统、ESD 紧急停车系统现场实际未安装,无可燃和有毒气体检测报警系统和消防系统。生产设备、管道工艺参数的观察和控制仅靠现场人工观察。因公司试生产产生大量有机废水,采购了不正规公司生产氯酸钠进行处理,产品袋上仅标注"原料"。库管员未对入库原料进行认真核实,直接将氯酸钠放入原料库中,和丁酰胺放置在一起。二车间副主任罗某持领料单到库房领取原料丁酰胺 33 袋,其中含有 10 袋氯酸钠。当班操作工陈某没有验看,直接将所有原料投入釜中进行脱水,丁酰胺和氯酸钠的混合物在高温下发生化学爆炸,爆炸导致脱水釜解体。随釜体解体过程冲出的高温甲苯蒸气,迅速与外部空气形成爆炸性混合物并产生二次爆炸,同时引起车间现场存放的甲苯与甲醇等物料殉爆殉燃,二车间、三车间着火燃烧,造成重大人员伤亡和财产损失。

根据事故经过和事故原因分析,绘制事件树如图 5-3 所示。

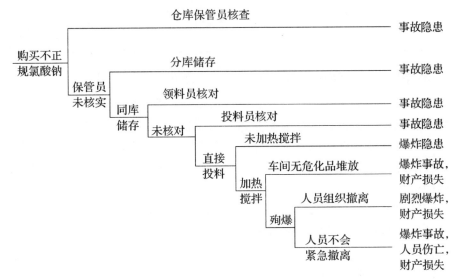

图 5-3 宜宾恒达爆炸事故事件树分析图

2. 金誉石化"6.5"爆炸事故

2017 年 6 月 5 日凌晨 1 时左右,临沂市金誉石化有限公司储运部装卸区的一辆液化石油气运输罐车在卸车作业过程中发生液化气泄漏,引起重大爆炸着火事故,造成 10 人死亡,9 人受伤,直接经济损失 4 468 万元。事故直接原因如下:肇事罐车驾驶员长途奔波、连续作业,在午夜独自进行液化气卸车作业时,没有严格执行卸车规程,出现严重操作失误,致使快装接口与罐车液相卸料管未能可靠连接,在开启罐车液相球阀瞬间发生脱离,造成罐体内液化气大量泄漏。现场人员没有经过应急处置技能培训,无特种设备作业人员资格证。现场人员惊慌失措,未能及时关闭泄漏罐车紧急切断阀和球阀,未及时组织人员撤离。泄漏后的液化气急剧汽化,迅速扩散,与空气形成爆炸性混合气体达到爆炸极限,遇点火源发生爆炸燃烧。液化气泄漏区域的持续燃烧,先后导致泄漏车辆罐体、装卸区内停放的其他运输车辆罐体发生爆炸。爆炸使车体、罐体分解,罐体残骸等飞溅物击中周边设施、物料管廊、液化气球罐、异辛烷储罐等,致使 2 个液化气球罐发生泄漏燃烧,2 个异辛烷储罐发生燃烧爆炸。

根据事故经过和事故原因分析,绘制事件树如图 5-4 所示。

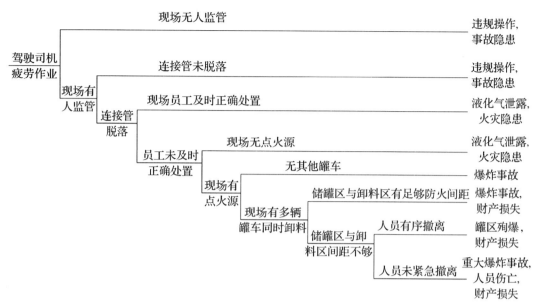

图 5-4　金誉石化爆炸事故事件树分析图

3. 宁波锐奇火灾事故

2019 年 9 月 29 日 13 时 10 分许,锐奇公司员工孙常松在厂房西侧一层灌装车间用电磁炉加热制作香水原料异构烷烃混合物,在将加热后的混合物倒入塑料桶时,因静电放电引起可燃蒸气起火燃烧。孙常松没有呼救和报警,也未就近取用灭火器灭火,而采用纸板扑打、覆盖塑料桶等方法灭火,持续 4 分多钟,灭火未成功。其间有同事黄彩友进来看了一下,没有帮助扑救,觉得没有大事很快就离开了。火势渐大,赶来查看的其他员工也没有想到用灭火器灭火,也没有通知楼上同事疏散逃生。大火烧熔塑料桶后形成流淌火,引燃周边大量堆放的塑料包装纸、有机稀释剂、香料香精等易燃、可燃物,一层车间迅速进入全面燃烧状态并发生了数次爆炸。13 时 16 分许,燃烧产生的大量一氧化碳等有毒物质和高温烟气向周边区域蔓延扩大,迅速通过楼梯向上蔓延,引燃二层、三层成品包装车间大量存放的可燃物。13 时 27 分许,整个厂房处于立体燃烧状态。事故造成 19 人死亡、3 人受伤,过火总面积约 1 100 m²,直接经济损失约 2 380.4 万元。事后调查发现,厂房里没有任何火灾预警设备;生产车间只有一部疏散楼梯,导致业主和大量员工在火灾发生时被困在楼上无法及时逃生;当地政府的安全生产监管职责落实不到位,曾组织安全隐患排查行动,但锐奇公司的重大火灾隐患都漏网而过;锐奇公司的生产工艺未经正规设计,没有规范的相关设备,也没有对员工进行安全培训。根据事故经过和事故原因分析,绘制事件树如图 5-5 所示。

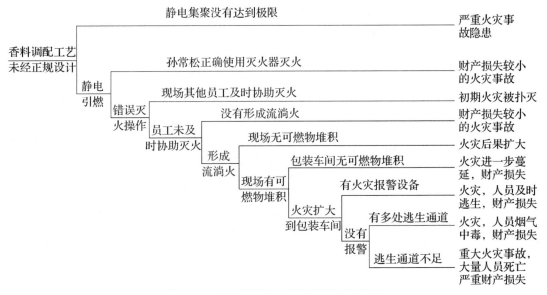

图5-5　宁波锐奇火灾事故事件树分析图

（四）事故树分析（Fault Tree Analysis，简称 FTA）

事故树分析法是由上往下的演绎式失效分析法，是运用逻辑推理对各种系统的危险性进行辨识和评价的分析法。该法不仅能分析出事故的直接原因，而且能深入地揭示事故的潜在原因。系统复杂到一定程度，就可能会因为一个或多个子系统失效而让整个系统失效，通过系统设计可以降低整体失效的可能性。事故树分析法从顶上事件（事故或故障）出发，通过调查和分析造成顶上事件的原因，采用传统的逻辑门和基本符号将上下层事件连接起来，绘制成树状事故树（图5-6和图5-7）。通过事故树分析，可以找到系统失效、子系统以及冗余安全设计元件之间的关系，了解系统失效的原因，并找到最好的方式降低顶上事件的事故风险。

利用最小割集和最小径集，可对事故树进行结构重要度、概率重要度以及临界重要度等定量分析与评价。（1）最小割集表示系统的危险性：事故树中有几个最小割集，顶上事件发生的可能性就有几种。事故树中最小割集越多，系统发生事故的途径越多，因而就越危险。（2）最小割集可直观比较各种故障模式的危险性：事故树中每一个最小割集，代表系统一种故障模式。在这些故障模式中，有的只含有一个基本事件，有的含有多个基本事件。显然，一个事件发生的概率要比多个事件同时发生的概率大得多。因此，最小割集含有的基本事件越少，这种故障模式越危险，只含一个基本事件的割集最危险。（3）最小径集表示系统的安全性：事故树中有一个最小径集，则顶上事件不发生的可能性就有一种；事故树最小径集越多，说明控制顶上事件不发生的方案就越多，系统的安全性就越高。（4）从最小径集可选择控制事故的最佳方案：控制少事件最小径集中的基本事件比控制多个基本事件省工、省时、经济、有效。当然也有例外，有时少事件径集中的基本事件由于经济或技术上的因素，难以控制，这种情况下应选择其他方案。

以下采用事故树分析近年来发生的重大火灾爆炸事故。

1. 滨州"8·7"较大危险化学品违法运输事故

2017年8月3日,兰考盛达化工总厂与淄博天盛化工有限公司联系购买过氧化二叔丁基(DTBP),双方商定2017年8月7日提货运输,货物由挂靠在淄博齐鲁化学工业区物流有限公司鲁B8615具体负责运输,电话安排罐车司机刘通于8月7日8点前到淄博天盛化工有限公司装货。8月7日凌晨1时2分,刘通驾驶罐车给淄博桓台海益精细化工有限公司卸完甲基叔丁基醚(MTBE)后驶出厂区,一直停在路边至上午8时4分,其间未按规定对车载罐体进行蒸罐、清洗和置换。上午9时许,刘通驾驶该罐车到淄博天盛化工有限公司装货,兰考盛达化工总厂业务员吉亚东自河南兰考赶至淄博天盛化工付款、押货。由于该罐车押运员刘明超有事外出,临时找许金卫代替押运,刘明超未告知许金卫押运物品的名称及注意事项等情况。驾驶人刘通、押运员许金卫均未对本次运输的化学品名称、种类、危险特性、承运资质等情况进行核实。淄博天盛化工有限公司装卸工邹连勇、副总经理杨立建及驾驶人刘通,将过氧化二叔丁基装入核载为3类危险货物辛烷和十五烷的罐体内,共计10.08吨。12时4分,刘通驾驶、许金卫押运、吉亚东跟随该罐车离开淄博天盛化工有限公司,沿205国道由南向北驶往利华益利津炼化有限公司。该车于13时46分行驶至滨州高新区新四路路口等候红灯,绿灯亮起后车辆起步,正常加速行驶至路口以北约50米处时,车辆罐体突然发生爆炸。爆炸迅速波及周边车辆,造成南北方向8辆汽车、2辆电动三轮车、1辆摩托车、1辆电动自行车和1辆自行车不同程度受损,共造成5人死亡、11人受伤,直接经济损失约1 100万元。事故直接原因是:在运输甲基叔丁基醚后,未经蒸煮或清洗置换,又违规运输与甲基叔丁基醚禁忌的过氧化二叔丁基。由于气温高达34 ℃左右,加之车辆长途运输过程中存在颠簸、物料震荡、与罐壁摩擦等因素,过氧化二叔丁基与罐内残留的甲基叔丁基醚充分混合发生分解放热反应,或过氧化二叔丁基在上述条件下自身急剧分解发生放热反应,致使罐体内气相空间压力逐渐增大,最终发生爆炸。

根据事故经过和事故原因分析,绘制事故树如图5-6所示。结合该事故的直接原因和间接原因分析,提出以下事故防范和整改措施:(1)切实强化红线意识;(2)切实加大危险货物运输安全监管力度;(3)全面推进危险货物运输综合治理;(4)严格落实危险货物运输企业安全生产主体责任;(5)强化道路交通运输综合整治。

2. 盛华化工公司"11·28"重大爆燃事故

盛华化工公司以电石为原料通过发生器制得乙炔,以电解食盐水产生的氯气和氢气合成制得氯化氢,乙炔与氯化氢通过转化器生成粗氯乙烯单体,水洗、碱洗后,经过气柜气量调节,压缩后送入精馏工序。盛华化工公司氯乙烯储罐区位于厂区南侧,由西向东分布有3台氯乙烯气柜。1#氯乙烯气柜为低压湿式气柜,钟罩式结构,容积5 300 m³,位于储罐区西北侧,2012年建成并投入使用。

盛华化工公司不重视安全生产,主要负责人及重要部门负责人长期不在公司,劳动纪律涣散,员工在上班时间玩手机、脱岗、睡岗现象普遍存在。公司工艺管理形同虚设,操作规程过于简单,没有详细的操作步骤和调控要求,不具有操作性;操作记录流于形式,装置参数记录简单;设备设施管理缺失。虽然编制了《盛华化工公司低压湿式气柜维护检修规

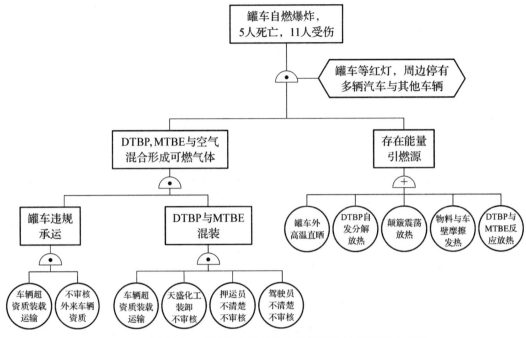

图 5-6 滨州"8·7"较大危化品违法运输事故的事故树分析图

程》，但氯乙烯气柜投用 6 年未检修，事发前氯乙烯气柜卡顿、倾斜，出现泄漏现象。安全仪表管理不规范，中控室经常关闭可燃、有毒气体报警声音，员工对各项报警习以为常；安全教育培训走过场，生产操作技能培训不深入，部分操作人员岗位技能差，不了解工艺指标设定的意义，不清楚岗位安全风险，处理异常情况能力差。

此外，气柜南侧 20 m 处就是 310 省道，气柜水槽上沿高于省道地平面约 8.5 m，且盛华化工围墙外设有临时违建停车场。盛华化工公司风险意识淡薄，对于氯乙烯气柜紧靠省道和停车场，氯乙烯泄露会带来风险外溢的问题毫无认知，对场外停放大量煤炭运输车和人员驻留带来的风险叠加没有丝毫警觉，也没有任何氯乙烯防泄漏到厂外的措施。当地安监、交通、行政审批等政府部门疏于监管，未正确履职尽责。

2018 年 11 月 28 日夜间，操作人员发现压缩机入口压力降低，对可燃气体报警器的报警声音置之不理，也没有及时检查、发现气柜的卡顿倾斜情况，仍然按照常规操作方式调大压缩机回流，使进入气柜的气量加大，加之气量调大过快，氯乙烯冲破环形水封泄漏。由于氯乙烯的密度比空气大，氯乙烯向厂区外地势低的停车场和 310 省道扩散，并遇火源发生爆燃，导致停放的大量等候卸车的煤炭运输车司机等 24 人死亡、21 人受伤，大货车损坏 38 辆，小汽车损坏 12 辆，直接经济损失 4 149 万元。

根据事故经过和事故原因分析，绘制事故树如图 5-7 所示。结合该事故的直接原因和间接原因分析，提出以下事故防范和整改措施：(1) 提高政治站位，进一步树牢安全发展理念；(2) 加大执法力度，推动企业主体责任有效落实；(3) 强化安全教育培训，提升各类人员安全管理素质；(4) 强化生产过程管理，全面提升危险化学品行业安全生产水平；(5) 加强应急体系建设，提高应急处置能力；(6) 优化调整产业布局，切实推动重点地区化

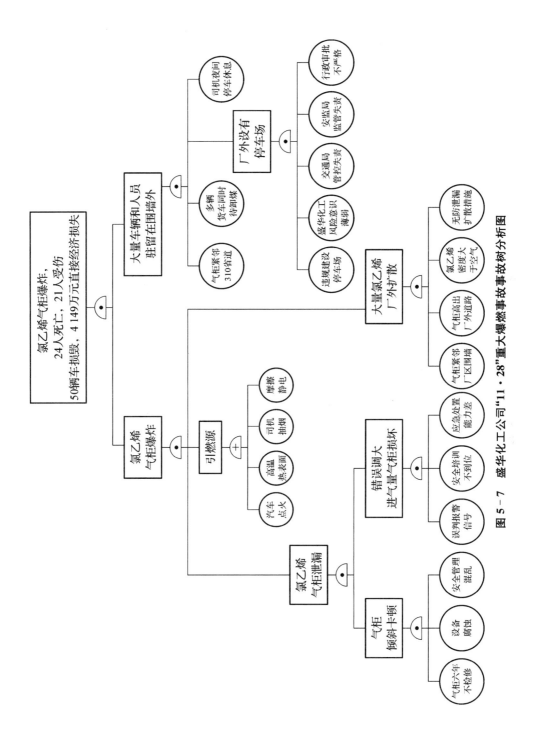

图 5 - 7 盛华化工公司"11·28"重大爆燃事故事故树分析图

工产业提质升级;(7) 加强源头风险管控,严把危险化学品企业安全准入关口;(8) 加强监管队伍建设,不断提高履职尽责的综合能力;(9) 严格各项工作措施,切实加强厂外区域车辆停放管理;(10) 强化安全评估机构监管,坚决杜绝各类违法违规行为。

(五) 危险和可操作性研究法

危险和可操作性研究(Hazard and Operability Analysis,HAZOP)是一种基于引导词的、由多专业人员组成的研究组通过一系列的会议来实施,对系统工艺或操作过程中存在的可能导致有害后果的各种偏差加以系统识别的定性分析方法。该方法的理论依据是基于"工艺流程的状态参数(如温度、压力、流量等)一旦与设计规定的基准状态发生偏离,就会发生问题或出现危险"。

危险与可操作性分析是过程系统(包括流程工业)的危险分析中应用最广的评价方法。该方法全面、系统地研究系统中每一个元件,其中重要的参数偏离了指定的设计条件所导致的危险和可操作性问题,主要通过研究工艺管线和仪表图、带控制点的工艺流程图或工厂的仿真模型来确定。

HAZOP 分析从生产系统中的工艺参数出发来研究系统中的偏差,运用启发性引导词来研究因温度、压力、流量等状态参数的变动可能引起的各种故障的原因、存在的危险以及采取的对策。HAZOP 分析所研究的状态参数正是操作人员控制的指标,针对性强,利于提高安全操作能力。HAZOP 分析结果既可用于设计的评价,又可用于操作评价;即可用来编制、完善安全规程,又可作为可操作的安全教育材料。HAZOP 分析方法易于掌握,使用引导词进行分析,既可扩大思路,又可避免漫无边际地提出问题。

HAZOP 的分析步骤:(1) 成立研究组。研究组成员应包括组长、秘书、组员,应有适当人数且由有经验的人员组成。(2) 收集系统资料。包括工艺流程图、系统布置图、原料安全性能数据表、操作手册等。(3) 分解系统,即将研究对象划分成若干个适当的部分。(4) 选择研究节点。节点是系统的软、硬件组成单元或子系统。(5) 明确节点功能。明确节点的设计意图(功能)和理想状态参数。(6) 应用引导语。依次应用表 5 - 4 中所有预先给定的引导词,结合需要分析的工艺参数(如流量、温度、时间、频率、电压、混合、pH、分离、压力、组成、黏度、添加剂、液位、速度、信号、反应等),列出所有的偏差。(7) 分析偏差。分析偏差产生的原因,偏差导致的危害后果,了解现有的保护装置。(8) 提出措施。防范出现偏差或选择合适的方案降低偏差可能导致后果的严重度。(9) 选择下一节点,重复(5)~(8)步,直到所有节点分析完毕。(10) 编写 HAZOP 报告。

表 5 - 4 HAZOP 方法中常用的引导词

引导词	定 义
None 否	无,应该有但没有
More 多	多、高,较所要求的任何相关物理参数在量上的增加
Less 少	少、低,与 More 相反
Reverse 相反	逻辑相反
Part 部分	系统组成不同于应该的成分

引导词	定　义
As well as 并且	多,在质上的增加,如多余的成分——杂质
Other than 异常	操作、设备等其他参数的总代用词(正常运行以外需要发生)

图5-8是蒸发器的管道仪表流程图,表5-5选取蒸发器为节点,选取两个引导词,分析了流量和压力的偏差,包括偏差的原因和偏差的后果,对可能的风险提出了预防建议措施。

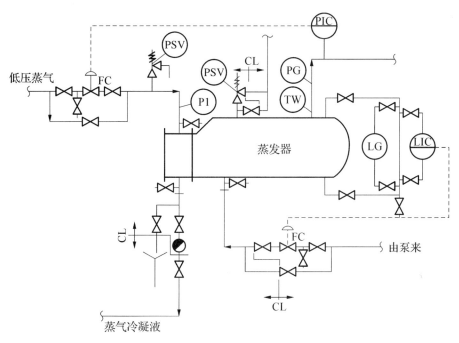

图5-8　蒸发器的管道仪表流程图

表5-5　低压热蒸气加热的工艺物料蒸发器的 HAZOP 分析表

引导词	参数	偏差	偏差产生原因	可能后果	建议措施
多	压力	高压力	1. 上游低压热蒸气流量大,使得工艺物料被大量蒸发 2. 上游低压热蒸气温度过高 3. 低压热蒸气管道破裂 4. 工艺物料的进料流量低 5. 低压热蒸气、工艺物料蒸气出口管道堵塞	蒸发锅炉超压爆炸	1. 检查压力-流量连锁系统,确保其运行正常 2. 热蒸气增加温度指示器,将其与流量连锁 3. 定期检查蒸发器的换热管 4. 蒸发器加装低液位报警系统 5. 蒸发器的泄压阀定期校验,确保其正常工作。制定操作规程,管道仪表定期维保

续　表

引导词	参数	偏差	偏差产生原因	可能后果	建议措施
少	液位	高液位	1. 液位-流量控制系统损坏 2. 液位系统损坏，误报 3. 液体没有及时蒸发	不能得到足够工艺物料蒸气，影响下游生产流程	1. 仪表、管道定期检查和校验 2. 加装高液位连锁报警器
	压力	低压力	1. 低压热蒸气流量过小 2. 低压热蒸气管道有裂纹，漏气 3. 蒸发器有裂纹，泄压阀不能正常复位	工艺物料不能有效蒸发	1. 检查工艺物料气体压力与低压热蒸气流量的连锁控制系统，确保正常运行 2. 检查蒸发设备，泄压阀定期校验 3. 管道按要求维保
	液位	低液位	1. 液位系统损坏 2. 工艺物料进口流量少 3. 低压热蒸气流量大或管道破裂，工艺物料急剧蒸发	1. 蒸发锅炉超压爆炸 2. 工艺物料气体出口流量减少	1. 检查压力-流量连锁系统，确保运行正常 2. 热蒸气增加温度指示器，将其与流量连锁 3. 定期检查蒸发器的换热管 4. 蒸发器加装低液位报警系统 5. 蒸发器的泄压阀定期校验，确保其正常工作，制定操作规程，管道仪表定期维保

图 5－9 是简单聚合反应器系统。该聚合过程包含以下主要步骤：(1) 将 100 kg 引发

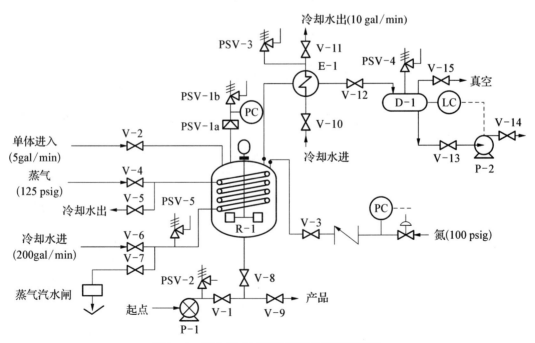

图 5－9　聚合反应过程的管道仪表流程简图

剂加入反应器 R-1 中；(2) 加热到反应温度 140 ℃，使得引发剂达到最佳引发效率；(3) 加入单体，反应 3 h。由于反应是剧烈放热的，在单体加入期间需要用冷却水冷却，维持反应体系温度在 70 ℃左右；(4) 使用阀 V-15，通过抽真空的方法将剩余单体移除；(5) 由于单体易燃，反应全程需要通氮气保护。表 5－6 选取反应器 R1、单体移除的设备与管线为其中两个节点，运用 HAZOP 分析反应过程中的风险，并对可能的风险提出了预防建议措施。

表 5－6　聚合反应器的 HAZOP 分析表

引导词	参数	偏差	偏差产生原因	可能后果	建议措施
节点 1	反应器 R-1 及相关物料管道				
多	温度	超温	1. 通过 V-5 和 V-6 阀门进入反应器的冷凝水流量过小或没有打开 2. 需要冷凝降温时误操作，打开了 V-4 和 V-7 阀门通入热蒸气 3. 搅拌器速度低，反应热积聚 4. 一次性加入单体量过大，引发剧烈聚合反应 5. 没有通氮气，发生副反应起火	1. 聚合反应失控 2. 引发火灾 3. 反应器爆炸	1. 设置超温报警系统 2. 设置单体流量与冷却水流量连锁控制 3. 人员培训，明确岗位操作规程和步骤 4. 设备定期检验 5. 设置阻聚剂添加系统，及时终止聚合反应 6. 泄压系统定期维护
	压力	超压	1. 反应失控放热，单体大量蒸发 2. 盘管破裂，低压热蒸气进入反应器 3. 氮气调压阀损坏，高压气体直接进入反应器 4. 泄压阀被聚合物堵塞或损坏	1. 反应器爆炸 2. 单体泄露，遇明火发生火灾	1. 仪表、管道定期检查和校验 2. 安装压力计，设置超压报警器 3. 定期校验泄压阀和压力表
少	温度	温度低	1. 引发剂失活，聚合反应速度慢 2. 冷却水流量过大，聚合反应速度变慢 3. 引发剂不足，单体一次性加入量过大	1. 聚合效率低 2. 副产物增多	1. 检查工艺物料气体压力与低压热蒸气流量的连锁控制系统，确保正常运行 2. 检查蒸发设备的完好，泄压阀定期校验 3. 管道按要求维保
	压力	压力低	1. 未加入单体，或者聚合反应未被有效引发 2. 泄压阀未能正常关闭回复，反应器未有效密封 3. 未通氮气保护聚合体系 4. 提前开启了真空系统	1. 聚合效率低，副产物多 2. 易燃单体泄露，遇明火发生火灾	1. 检查压力-流量连锁系统，确保运行正常 2. 人员培训，明确岗位操作规程和步骤 3. 检查反应器设备的完好，泄压阀定期校验 4. 管道按要求检修

续　表

引导词	参数	偏差	偏差产生原因	可能后果	建议措施
节点 2　单体回收储槽 D1 及相关管道设备					
多	压力	超压	1. 单体被急剧加热,蒸气量过大 2. 设置冷凝水流量太小,蒸气未有效冷凝	1. D-1 超压爆炸 2. 大量单体蒸气泄露遇明火引发火灾	1. 安装压力报警系统 2. 设置冷凝水流量与D-1 压力连锁控制系统 3. 泄压系统定期校验、保养
	温度	超温	大量单体蒸气未被有效冷凝进入 D-1	大量单体蒸气泄露遇明火引发火灾	1. 安装温度报警系统 2. 设置冷凝水流量与D-1 温度连锁控制系统
	液位	高液位	1. 液位计损坏 2. 单体未被及时移出	1. 单体溢出,引发火灾 2. D-1 结构遭到破坏	1. 安装超液位报警器 2. 安装液位-流量连锁控制系统
少	液位	低液位	1. 液位计损坏 2. 单体出口的泵阀门损坏,一直出料 3. 未打开冷凝水,单体以气体排放到真空系统	1. D-1 结构遭到破坏 2. 没有有效回收的单体气体影响真空系统的效率,且易引发火灾	1. 安装低液位报警器 2. 安装液位-流量连锁控制系统 3. 将冷凝水开启,真空系统开启,设置程序连锁

 思考和实践

(1) 根据天津港"8·12"瑞海公司危险品仓库特别重大火灾爆炸事故调查报告,以装卸工暴力搬运作为起始事件,绘制该事故的事件树。

(2) 根据山东日科化学股份有限公司"12·19"爆燃事故的调查报告,绘制该事故的事件树。

(3) 根据消防救援局 2012—2021 年十年间住宅火灾统计数据,绘制火灾事故树。

(4) 编制学校宿舍区火灾隐患安全检查表,根据检查结果提出建议措施。

(5) 编制学校化工楼火灾隐患安全检查表,根据检查结果提出整改方案。

(6) 根据河南省三门峡市义马气化厂"7·19"重大爆炸事故的调查报告,绘制该事故的事故树。

(7) 根据江苏响水天嘉宜化工有限公司"3·21"特别重大爆炸事故的调查报告,绘制该事故的事故树。根据危化品安全生产的特点,谈谈对《江苏省化工产业安全环保整治提升方案》的理解。

(8) 图 5-10 是年产 4 万吨的碳酸丙烯酯(PC)产物预分段的精馏装置的 PID 图。塔 T103(PC 预分塔):储罐 V108(以产物 PC 为主)的物料通过泵 P111 流经冷却器 E109 冷却到泡点 147 ℃,从精馏塔 T103 的第七块塔板进入,塔顶温度控制在 135 ℃,塔顶气体经全凝器 E110 冷凝(此过程只发生相变),冷凝液经泵 P112 一部分回流至塔顶,一部分流至中间储罐 V110 作为待进一步提纯的粗产物成分(含有少量的副产物及尿素)。塔底的液相物质抽出分两路,一路经再沸器 E111 气化进入塔底,一路经冷却器 E112 冷却,再由泵 P113 抽出装置打到废水处理系统。

根据 PID 图,采用 HAZOP 法分析精馏装置的火灾爆炸风险,提出日常管控措施。

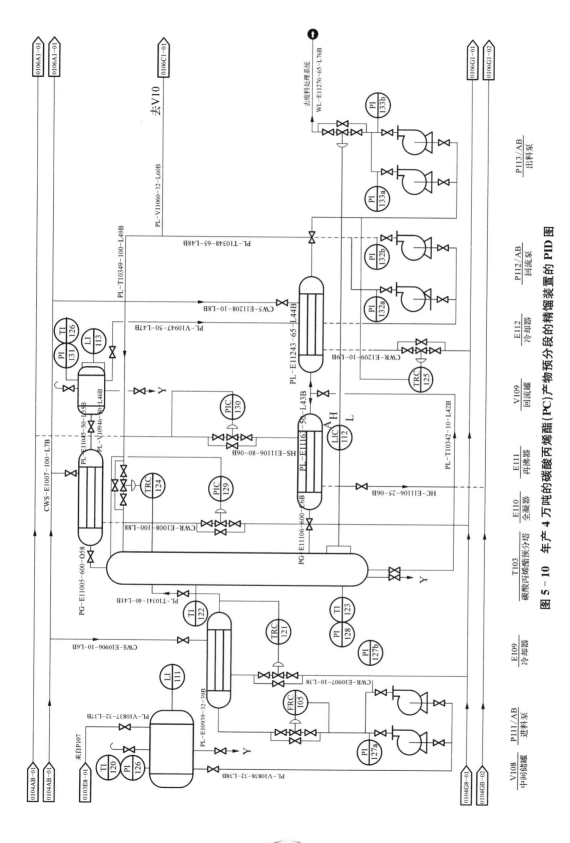

图 5 - 10　年产 4 万吨的碳酸丙烯酯 (PC) 产物预分段的精馏装置的 PID 图

第二节　火灾隐患辨识

火灾隐患辨识

一、概述

火灾隐患是指生产经营单位违反消防安全生产法律法规、规章、标准、规程和消防安全生产管理制度的规定，或者因其他因素在生产经营活动中存在可能导致火灾事故发生的人的不安全行为、物的不安全状态、场所的不安全因素和管理上的缺陷。简单来说，火灾隐患是潜在的有可能引发火灾，以及直接影响火灾预防和扑救工作的不安全因素。重大火灾隐患是指违反消防法律法规、不符合消防技术标准，可能导致火灾发生或火灾危害增大，并可能由此造成重大、特别重大火灾事故或严重社会影响的各类潜在不安全因素。

足够的可燃物、氧化剂和点燃能量共存就存在火灾危险。火灾一旦发生，就会对实体或环境造成超出预期的破坏后果。我国消防工作贯彻"预防为主、防消结合"的方针。通过火灾隐患辨识，可以发现潜在的不安全因素，并采取有效的预防措施来降低火灾的发生率，达到"防患于未'燃'"的目的，最大限度地保护人员和财产免受火灾危害。

火灾隐患辨识主要包括火灾隐患识别和火灾隐患认定两个步骤。根据 GB/T 23819—2018，火灾危险识别中应通过以下步骤来发现特定场景中的火灾三要素及其相互联系：

（1）识别与火灾危险相关的可燃和易燃物质。

（2）评价材料的可点燃性、易燃性、可燃性、助燃效应及毒性。

（3）根据主要可燃物质估计火灾荷载。

（4）识别可造成点火事件的所有可能的点燃源。

（5）根据火灾荷载和点燃源识别火灾场景，所有可燃物质和易燃物质点燃的可合理预见场景，包括人为错误引起的场景，如物质交换、操作不当等。

此外，还要识别出火灾发生后，影响扑救和逃生的不安全因素。例如，火灾初期阶段导致现场人员或火灾探测器不能及时发现火灾的不安全因素、影响消防设施灭火性能的不安全因素、影响现场人员逃生的不安全因素和影响消防员入场扑救的不安全因素等。

二、火灾隐患的分类

火灾隐患根据其对火灾产生的影响可以分为可能导致火灾发生的隐患和可能导致火灾危害增大的隐患。根据燃烧条件，可能导致火灾的隐患分为可燃物、助燃物、点火源或者使得燃烧三要素发生相互作用的条件。根据其危害后果，可以将导致火灾危害增大的隐患分为可能导致火势迅速蔓延的隐患和可能造成人员重大伤亡的隐患。

（一）可燃物

根据可燃物的不同状态，可以将其分为可燃气体、可燃液体和可燃固体。根据可燃物燃烧的条件，可以将其分为易燃物质、自燃物质、自热物质和遇水易燃物质。其中，易燃物质包括易燃气体、易燃气溶胶、易燃液体和易燃固体四类；自燃物质又包括自燃液体和自燃固体。

1. 易燃气体

易燃气体是指在 20 ℃和标准压力 101.3 kPa 时与空气混合有一定易燃范围的气体，

如甲烷、氢气、乙炔等。根据 GB 30000.3—2013《化学品分类和标签规范　第 3 部分：易燃气体》，易燃气体按其化学稳定性可以分为化学稳定性的易燃气体和化学不稳定性的易燃气体。化学不稳定性的易燃气体根据不稳定性的条件分为 A 类和 B 类。化学稳定性的易燃气体也分为两类，第 1 类是指在 20 ℃和标准压力 101.3 kPa 时在与空气的混合物中体积分数≤13%或可燃范围≥12%的气体，如氢气、乙炔、一氧化碳和甲烷等小于 5 个碳的烷烃等；第 2 类是除类别 1 外有易燃范围的气体（表 5 - 7）。表 5 - 8 列出了常见易燃气体的燃爆性能参数。

表 5 - 7　易燃气体的分类及分类原则

类型		分类原则
化学稳定性的易燃气体	1	在 20 ℃和标准大气压 101.3 kPa 时： (1) 在与空气的混合物中体积分数为 13%或更少时可点燃的气体 (2) 不论易燃下限如何，与空气混合，可燃范围至少为 12%的气体
	2	在 20 ℃和标准大气压 101.3 kPa 时，除类别 1 中的气体之外，与空气混合时有易燃范围的气体
化学不稳定性的易燃气体	A	在 20 ℃和标准大气压 101.3 kPa 时化学不稳定性的易燃气体
	B	在温度超过 20 ℃或压力高于标准大气压 101.3 kPa 时的化学不稳定性的易燃气体

由气体引起的火灾称为 C 类火灾，如煤气、天然气、甲烷、乙烷、丙烷、氢气等燃烧引起的火灾。根据 GB 50016—2014《建筑设计防火规范》，可燃气体按火灾危险性不同分为甲类和乙类，其中爆炸下限小于 10%的为甲类气体，爆炸下限大于等于 10%的为乙类气体。如表 5 - 8，一氧化碳、发生炉煤气为乙类气体，其他均为甲类气体。

表 5 - 8　易燃气体的燃爆特性及分类

名称	密度/(g/L)	自燃点/ ℃	燃烧极限	范围	分类	火灾危险性
甲烷	0.415[b](−164 ℃)	540	5.3%～15.0%	9.7	1	甲类
乙烷	0.446[b](0 ℃)	500～522	3.0%～12.5%	9.5	1	甲类
丙烷	0.5852[b](−44.5 ℃)	446	2.2%～9.5%	7.3	1	甲类
丁烷	0.599[a](0 ℃)	405	1.9%～8.5%	6.6	1	甲类
乙烯	0.610[a](0 ℃)	490	3.1%～32.0%	28.9	1	甲类
丙烯	0.581[b](0 ℃)	455	2%～11%	9	1	甲类
丁烯	0.668[a](0 ℃)	465	1.7%～9%	7.3	1	甲类
氯乙烯	0.9195[b](−15 ℃)	472	3.6%～31.0%	27.4	1	甲类
乙炔	1.173(0 ℃)	335	2.5%～80.0%	77.5	1	甲类
氢气	0.0899(0 ℃)	560	4.0%～75.0%	71.0	1	甲类
一氧化碳	1.25(0 ℃)	610	12.5%～74.2%	61.7	1	乙类
氯甲烷	0.918[a](20 ℃)	632	8.2%～19.7%	11.5	1	甲类

名称	密度/(g/L)	自燃点/℃	燃烧极限	范围	分类	火灾危险性
氯乙烷	0.9214b(0 ℃)	518.9	3.8%～15.4%	11.6	1	甲类
环氧乙烷	0.871a(20 ℃)	429	3.0%～80.0%	77.0	1	甲类
磷化氢	1.529(0 ℃)	100	2.1%～15.3%	13.2	1	甲类
硫化氢	1.539(0 ℃)	260	4.0%～46.0%	42.0	1	甲类
焦炉气	<空气	640	5.6%～30.4%	24.8	1	甲类
石油气	<空气	350～480	1.1%～11.3%	10.2	1	甲类
天然气	<空气	570～600	5.0%～14.0%	9.0	1	甲类
水煤气	<空气	550～600	6.9%～69.5%	62.6	1	甲类
发生炉煤气	<空气	700	20.7%～73.7%	53	2	乙类
煤气	<空气	648.9	4.5%～40%	35.5	1	甲类
甲胺	0.662a(20 ℃)	430	4.95%～20.75%	15.8	1	甲类

注:a 指相对于空气的密度,b 指相对于水的密度。

易燃气体火灾事故往往是由易燃气体反应、输运和储存设备的密闭性失效导致的泄漏引发的。失效的原因包括设备因素、人为因素和环境因素。例如,2015 年 10 月 8 日,美国路易斯安那州 Gibson 井口天然气处理厂发生燃爆事故,造成 4 人死亡,1 人严重烧伤。事故原因是一台正在检修的黏液捕集器(用于分离天然气流中夹带液体和杂质的储罐)发生配管破裂泄漏,继而爆炸起火,大火持续了近 3 小时。2017 年 12 月 19 日,山东日科化学股份有限公司干燥一车间低温等离子环保除味设备发生火灾,造成 7 人死亡、4 人受伤。事故的直接原因是干燥一车间对未通过验收的燃气热风炉进行手动点火(联锁未投用),导致天然气通过燃气热风炉串入干燥系统内,与系统内空气形成爆炸性混合气体,遇到电火花发生爆燃,并引燃其他可燃物料,发生火灾事故。2019 年 4 月 24 日,内蒙古伊东集团东兴化工有限责任公司氯乙烯气柜泄漏扩散至电石冷却车间,遇火源发生燃爆,造成 4 人死亡、3 人重伤、33 人轻伤,直接经济损失人民币 4 154 万元。事故的直接原因是事故发生当晚,当地风力达到 7 级,受地形影响导致事故现场产生 8 级以上大风,由于强大的风力以及未按照《气柜维护检修规程》规定进行全面检修,事发前氯乙烯气柜卡顿、倾斜,开始泄漏,压缩机入口压力降低,操作人员没有及时发现气柜卡顿,仍然按照常规操作方式调大压缩机回流,进入气柜的气量加大,氯乙烯冲破环形水封泄漏,向低洼处扩散,遇火发生燃爆。

2. 易燃气溶胶

气溶胶喷雾罐是一种不可重新装罐的容器。该容器由金属、玻璃或塑料制成,内装强制压缩、液化或溶解的气体,包含或不包含液体、膏剂或粉末,配有释放装置,可使所装物质喷射出来,形成在气体中悬浮的固体、液态微粒或形成泡沫、膏剂、粉末或处于液态或气态。含易燃液体、易燃气体、易燃固体物质的气溶胶为易燃气溶胶,其具有易燃液体、易燃气体、易燃固体物质所具有的特性。根据气溶胶的易燃成分、化学燃烧热、泡沫试验、点火距离试验和封闭空间试验数据(图 5-11),可将气溶胶分为三类:类别 1(极易燃气溶胶)、类别 2(易燃气溶胶)和类别 3(不易燃气溶胶)。2010 年 11 月 5 日,英国达勒姆郡纽顿艾克利夫的斯蒂勒气溶胶仓库发生重大火灾爆炸事故,造成的经济损失约为 1 200 万欧元。该仓库内储存的气溶胶的组成为 60% 的液化气和 40% 的乙醇。此外,该仓库还存有相同数量的塑料瓶装的液体染发剂和洗发精。根据气溶胶的组成,可以判断该事故属于极易燃气溶胶引起的事故。

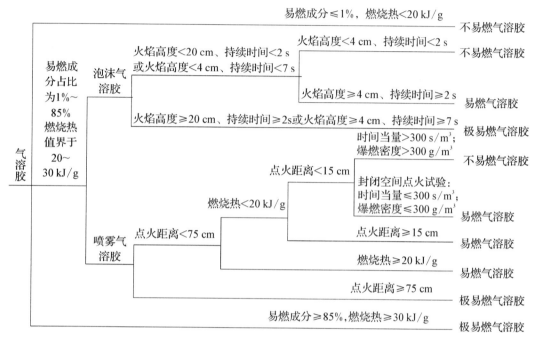

图 5-11　气溶胶分类判定逻辑图

3. 易燃液体

易燃液体是闪点不大于 93 ℃ 的液体,能够形成饱和蒸气压力、具有燃烧爆炸性、挥发性、受热膨胀性、流动性、带电性、腐蚀和毒害性。易燃液体以闪点作为评定液体火灾危险性的主要根据,闪点越低,危险性越大。根据 GB 30000.7—2013《化学品分类和标签规范第 7 部分:易燃液体》,易燃液体按闪点和沸点不同可分为四类(表 5-9)。

表 5-9　易燃液体的分类标准

类别	标准	类别	标准
1	闪点<23 ℃和初沸点≤35 ℃	3	23 ℃≤闪点≤60 ℃
2	闪点<23 ℃和初沸点>35 ℃	4	60 ℃<闪点≤93 ℃

液体引起的火灾属于 B 类火灾,如煤油、柴油、原油、甲醇、乙醇等火灾。根据 GB 50016—2014《建筑设计防火规范》,易燃液体根据火灾危险性不同可分为甲类、乙类和丙类。其中闪点<28 ℃ 的液体为甲类液体,28 ℃≤闪点<60 ℃ 的液体为乙类液体,闪点≥60 ℃ 的液体为丙类液体。表 5-10 为常见易燃液体的闪点及危险性分类。

表 5-10　常见可燃液体的闪点、沸点和分类

物质名称	闪点/℃	沸点/℃	易燃液体分类	火灾危险性分类
汽油	−50	40～200	第2类	甲类
乙醚	−45	34.6	第1类	甲类
乙醛	−39	20.8	第1类	甲类
二硫化碳	−30	46.5	第2类	甲类
丙酮	−20	56.5	第2类	甲类
苯	−14	80.1	第2类	甲类
石脑油	−2	20～160	第1类或2类	甲类
甲苯	4	110.6	第2类	甲类
甲醇	11	64.8	第2类	甲类
乙醇	12	78.3	第2类	甲类
正丙醇	15	97.1	第2类	甲类
正丁醇	36～38	117.7	第3类	乙类
松节油	35	154～170	第3类	乙类
柴油	38	282～338	第3类	乙类
煤油	43～72	175～325	第3、4类	乙类、丙类
润滑油	76	/	第4类	丙类

　　易燃液体的主要危险特性是高度易燃性,遇火、受热以及和氧化剂接触时都有发生燃烧的危险,其危险性的大小与液体的闪点、自燃点有关,闪点和自燃点越低,发生着火燃烧的危险越大。由于易燃液体的沸点低,挥发出来的蒸气与空气混合后,浓度易达到爆炸极限,遇火源往往发生爆炸。易燃液体的黏度一般都很小,本身极易流动,还因渗透、浸润及毛细现象等作用,容易通过容器的极细微裂纹渗出而发生泄漏。泄漏后很容易蒸发,形成的易燃蒸气比空气重,能在坑洼地带积聚,从而增加燃烧爆炸的危险性。部分易燃液体,如苯、甲苯、汽油等电阻率都很大,很容易积聚静电而产生静电火花,造成火灾事故。易燃液体的膨胀系数比较大,受热后体积容易膨胀,同时其蒸气压亦随之升高,从而使密封容器内部压力增大,造成"鼓桶",甚至爆裂,在容器爆裂时会产生火花而引起燃烧爆炸。因此,易燃液体应避热存放。灌装时,容器应留有5%以上的空隙。

　　如表 5-11 所示,易燃液体安全生产事故主要发生在炼油厂和油品储罐区,事故起因是企业的生产设备、反应装置或液体运输管道的密闭性失效,易燃液体大量泄漏后遇火源起火。因此,导致易燃液体泄漏的设备及人为因素均为可能导致火灾的隐患。

表 5-11　易燃液体典型事故及原因

事故简介	可燃物	可燃物泄漏原因
1992 年 9 月 28 日,德国盖尔森基兴市贝巴乙烯裂解装置火灾,导致 1 人死亡,7 人受伤,工厂停产 3 周	苯	输送热解苯的管路故障,导致苯泄漏
1999 年 2 月 23 日,美国加利福尼亚州雅芳炼油厂常减压装置火灾,导致 4 人死亡、1 人重伤	石脑油	分馏塔管道移除过程中石脑油泄漏
2005 年 12 月 11 日,英国邦斯菲尔德油库火灾烧毁大型储油罐 20 余座,受伤 43 人,无人员死亡,直接经济损失 2.5 亿英镑	汽油等	储罐自动测量系统失灵,储罐装满时,液位计停止在储罐的 2/3 液位处,报警系统未启动,高液位联锁未能自动开启切断进油阀门,使油料从罐顶溢出
2009 年 7 月 19 日,美国得克萨斯州科珀斯克里斯蒂 CITGO 炼油厂氢氟酸烷基化装置发生火灾,21 吨氢氟酸泄漏,造成 2 人受伤	极易燃烃类物料	控制阀突然失效,管内流体几乎完全堵塞,从而导致工艺循环管路发生剧烈震动,两个螺纹连接断裂,释放出高度易燃烃类物料
2013 年 6 月 13 日,美国路易斯安那州盖斯马市威廉姆盖斯马烃厂发生再沸器破裂、丙烷泄漏火灾,造成 2 人死亡,167 人受伤	丙烷	因进行非常规操作,将丙烯分馏装置的再沸器与减压装置隔离后引入外部热源,导致再沸器内部的丙烷混合物料温度急剧增加,再沸器破裂,丙烷泄漏
2015 年 7 月 26 日,中石油庆阳石化公司常压装置渣油/原油换热器发生泄漏着火,导致 3 人死亡,4 人受伤	渣油	常压装置渣油/原油换热器外头盖排液口管塞在检修过程中装配错误,导致高温高压下管塞脱落,342~346 ℃的高温渣油(其自燃点为 240 ℃)瞬间喷出
2016 年 4 月 9 日,河北省天利海香精香料有限公司火灾,造成 4 人死亡、3 人烧伤	甲醇	水解釜因加热过快,釜内物料突沸后压力增大,导致水解釜物理爆炸,含有甲醇的物料从水解釜泄出
2016 年 6 月 27 日,美国密西西比州帕斯卡古拉燃气厂火灾,致该厂关闭长达 6 个多月,周边居民撤离	甲烷、乙烷、丙烷及其他烃	热疲劳导致的铝钎焊换热器(BAHX)失效。没有可靠的工艺来保证换热器机械完整性,导致设备故障,烃类物料泄漏
2016 年 11 月 24 日,印度 Jamnagar 炼油厂火灾,造成 2 人死亡,6 人受伤	汽油	沸腾床催化裂化装置(FCCU)管理残留
2016 年 11 月 22 日,美国路易斯安那州埃克森美孚石油公司炼油厂火灾,造成 4 人重伤,2 人轻伤	异丁烷	操作人员从旋塞阀上拆除故障齿轮箱时卸掉了阀门承压部件上的关键螺栓,导致阀门突然脱离发生异丁烷泄漏

4. 易燃固体

根据《联合国关于危险货物运输的建议书　试验和标准手册》(第五修订版)规定的试验方法,燃烧时间少于 45 s 或燃烧速率大于 2.2 mm/s 的粉状、颗粒状或糊状物质或混合物,即为易燃固体。当金属或金属合金粉末能被点燃并在 10 min 或更短时间内蔓延到样品的整个长度时,该物质分类为易燃固体。根据 GB 30000.8—2013《化学品分类和标签规范 第 8 部分:易燃固体》,易燃固体按其危险性分为两类(表 5-12)。

表 5-12 易燃固体的分类

类别	标准(燃烧速率试验结果)
1	(1) 除金属粉末以外的物质或混合物:潮湿部分不能阻燃火焰而且燃烧时间<45 s 或燃烧速率>2.2 mm/s (2) 金属粉末:燃烧时间≤5 min
2	(1) 除金属粉末以外的物质或混合物:潮湿区能阻挡火焰至少 4 min;燃烧时间<45 s 或燃烧速率>2.2 mm/s (2) 金属粉末:燃烧时间≥50 min

易燃固体的主要特性是容易被氧化,受热易分解或升华,遇明火常会引起强烈、连续的燃烧。例如,1986 年 11 月 1 日,瑞士巴塞尔附近 Schweizerhalle 工业现场的桑多兹仓库着火,大火可能是在包装无机颜料普鲁士蓝的过程中发生的。当时的包装技术是用塑料片覆盖颜料并使用喷灯收缩包装,明火点燃包装的材料后演变成致命的火焰。在事件发生后进行的燃烧测试中发现,普鲁士蓝易燃并带有无焰、无烟、缓慢发展的发光燃烧。此外,易燃固体与氧化剂、酸类等接触,反应剧烈而发生燃烧爆炸。易燃固体对摩擦、撞击、震动也很敏感。许多易燃固体有毒,或燃烧产物有毒或腐蚀性。

5. 自燃物质

凡在无外界火源存在时,由于氧化、分解、聚合或发酵等,可在常温空气中自行产生热量,并逐渐积累,从而达到燃点引起燃烧的物质,称为自燃物质。根据 GB 30000.10—2013《化学品分类和标签规范 第 10 部分:自燃液体》和 GB 30000.11—2013《化学品分类和标签规范 第 11 部分:自燃固体》,能在与空气接触 5 min 内着火的液体和固体分别称为自燃液体和自燃固体。三乙基铝、三乙基硼、三异丁基铝、三丁基硼、三甲基铝、三乙基锑和二乙基锌等属于自燃液体,黄磷是最常见的自燃固体。

燃烧性是自燃物品的主要特性,自燃物品在化学结构上无规律性,因此自燃物质有各自不同的自燃特性。易燃固体黄磷性质活泼,极易氧化,燃点又特别低,一经暴露在空气中很快自燃。但黄磷不和水发生化学反应,所以通常放置在水中保存。另外黄磷本身极毒,其燃烧的产物五氧化二磷也为有毒物质,遇水还能生成剧毒的偏磷酸,所以遇有磷燃烧时,在扑救的过程中应注意防止中毒。例如,2011 年 3 月 13 日,云南省陆良县宏盈磷业有限责任公司在清理 2♯黄磷炉 1♯精制槽内的泥磷过程中,发生中毒事故,导致 3 人死亡,1 人受伤住院。事发时,作业人员正在进行清淤作业,随着泥磷的不断清出,1♯精制槽内水位不断下降,部分泥磷露出水面,遇空气后自燃,产生大量有毒有害气体,致使槽内人员吸入有毒有害气体中毒窒息伤亡。此外,二乙基锌、三乙基铝等有机金属化合物,不但在空气中能自燃,遇水还会强烈分解,产生易燃的氢气,引起燃烧爆炸。因此,储存和运输时必须用充有惰性气体或特定的容器包装,失火时亦不可用水扑救。

6. 自热物质

自热物质是能够与空气反应，不需要能量供应就能够自热的固态或液态物质或混合物。自热物质或混合物与自燃液体或自燃固体不同之处在于自热物质仅在大量（公斤级）并经过长时间（数小时或数天）才会发生自燃。例如，硝化棉、赛璐珞、硝化甘油等硝酸酯类物质以及有机过氧化物在自行分解过程中可以发生自燃。其中硝化棉在常温下能缓慢分解并放热，超过 40 ℃时会加速分解，放出的热量如不能及时散失，会造成硝化棉温升加剧，达到 180 ℃时能发生自燃。硝化棉通常加乙醇或水作湿润剂，一旦湿润剂散失，极易引发火灾。实验表明，去除湿润剂的干硝化棉在 40 ℃时发生放热反应，达到 174 ℃时发生剧烈失控反应及质量损失，自燃并释放大量热量。如果在绝热条件下，去除湿润剂的硝化棉在 35 ℃时即发生放热反应，达到 150 ℃时即发生剧烈的分解燃烧。根据天津港"8·12"瑞海公司危险品仓库特别重大火灾爆炸事故调查报告，该事故的直接原因就是集装箱内的硝化棉由于湿润剂散失出现局部干燥，在高温（天气）等因素的作用下加速分解放热，积热自燃，引起相邻集装箱内的硝化棉和其他危险化学品长时间大面积燃烧，导致堆放于运抵区的硝酸铵等危险化学品发生爆炸。

另据江苏响水天嘉宜化工有限公司"3·21"特别重大爆炸事故调查报告，该事故的直接原因是天嘉宜公司旧固废库内长期违法贮存的硝化废料持续积热升温导致自燃，燃烧引发硝化废料爆炸。调查组经对样品进行热安全性分析发现，涉事的硝化废料具有自分解特性，分解时释放热量，且分解速率随温度升高而加快，达到 163.6 ℃时能发生自燃。在绝热条件下，硝化废料起始温度为 39.2 ℃时，因自分解放热，贮存一年后温度会升至自燃点，发生自燃；硝化废料起始温度为 26.8 ℃时，三年后会发生自燃；硝化废料起始温度为 21.1 ℃时，五年后会发生自燃；硝化废料起始温度为 17.3 ℃时，七年后会发生自燃。所以，绝热条件下，硝化废料的贮存时间越长，越容易发生自燃。天嘉宜公司旧固废库内贮存的硝化废料，最长贮存时间超过七年。在堆垛紧密、通风不良的情况下，长期堆积的硝化废料内部因热量累积，温度不断升高，当上升至自燃温度时发生自燃，火势迅速蔓延至整个堆垛，堆垛表面快速燃烧，内部温度快速升高，硝化废料剧烈分解发生爆炸，同时使库房内的所有硝化废料殉爆。

7. 遇水易燃物质

遇水放出易燃气体的物质和混合物是指通过与水作用，容易具有自燃性或放出危险数量的易燃气体的固态或液态物质和混合物。根据 GB 30000.13—2013《化学品分类和标签规范　第 13 部分：遇水放出易燃气体的物质和混合物》，遇水放出易燃气体的物质或混合物根据与水反应的剧烈程度和放出易燃气体的速率可分为 3 类（表 5-13）。

表 5-13　遇水放出易燃气体的物质或混合物的分类

类别	分　类
1	在环境温度下与水剧烈反应所产生的气体通常显示自燃的倾向，或在环境温度下容易与水反应，放出易燃气体的速率大于或等于每千克物质在任何 1 min 内释放 10 L 的物质或混合物

续　表

类别	分　类
2	在环境温度下易与水反应,放出易燃气体的最大速率大于或等于每小时 20 L/kg,并且不符合类别 1 准则的任何物质或混合物
3	在环境温度下与水缓慢反应,放出易燃气体的最大速率大于或等于每小时 1 L/kg,并且不符合类别 1 和类别 2 准则的任何物质或混合物

与水或潮气接触能分解产生可燃气体,同时放出热量而引起可燃气体的燃烧或爆炸的物质,称为遇水燃烧物质。根据反应激烈程度和危险性大小,遇水燃烧物质可分为一级遇水燃烧物质和二级遇水燃烧物质。二者的区别是一级遇水燃烧物质与水反应剧烈,单位时间产生的可燃气体多且放出大量热量,容易引起燃烧爆炸,如碱金属及其氢化物、硫的金属化合物、磷化物和硼烷等;二级遇水燃烧物质遇水发生的反应比较缓慢,放出的热量较小,产生的可燃气体一般需要在火源作用下才能引起燃烧,如金属钙、锌粉、亚硫酸钠、氢化铝、硼氢化钾等。

遇水易燃物质释放的易燃气体主要包括氢气、碳氢化合物等。表 5-14 列出了常见的遇水易燃物质的气体产物及反应方程式和反应热。

表 5-14　常见遇水易燃物质与水反应的气体产物及反应式

气体种类	遇水易燃物质	反应式
氢气	碱金属(以钠为例)	$2Na+2H_2O \Longrightarrow 2NaOH+H_2\uparrow$
	碱土金属(以钡为例)	$Ba+2H_2O \Longrightarrow Ba(OH)_2+H_2\uparrow$
	锌粉	$Zn+H_2O \Longrightarrow ZnO+H_2\uparrow$
	碱金属的氢化物(以氢化钠为例)	$NaH+H_2O \Longrightarrow NaOH+H_2\uparrow$
	碱金属的硼氢化物(以硼氢化钠为例)	$NaBH_4+4H_2O \Longrightarrow NaB(OH)_4+4H_2\uparrow$
乙炔	碳化钙	$CaC_2+2H_2O \Longrightarrow Ca(OH)_2+C_2H_2\uparrow$
甲烷	甲基钠	$CH_3Na+H_2O \Longrightarrow CH_4\uparrow+NaOH$
磷化氢	磷化钙	$Ca_3P_2+6H_2O \Longrightarrow 3Ca(OH)_2+2PH_3$

碳化钙,又称电石,其燃爆危险性主要表现在遇水燃烧和电石中的杂质易发生火花,成为点火源。碳化钙本身不具燃烧性质,但极易与水化合生成高度易燃的乙炔气体并放出大量热量,当乙炔在空气中达到一定浓度时,可着火爆炸。电石的燃烧分解产物包括乙炔、一氧化碳、二氧化碳,是遇水燃烧一级危险品。2017 年 2 月 12 日,湖北宜化集团下属的新疆宜化化工有限公司发生电石炉喷料事故,造成 2 人死亡,3 人重伤,5 人轻伤。事故直接原因为:电石炉内水冷设备漏水,料面石灰遇水粉化板结,形成积水且料层透气性差,现场人员处理料层措施不当,积水与高温熔融电石发生剧烈反应,产生大量的可燃性气体(乙炔、一氧化碳、氢气、水煤气等)遇空气爆炸,引发电石炉喷料。

遇水放出易燃气体的物质除遇水反应外,遇到酸或氧化剂也能发生反应,而且反应更为强烈,危险性也更大。因此,储存、运输和使用时,注意防水、防潮,严禁火种接近,与其他性质相抵触的物质隔离存放。遇湿易燃物质起火时,严禁用水、酸碱泡沫、化学泡沫扑救。例如,2013 年 11 月 25 日,载有约 36 吨锌粉和铝粉的鲁 QCP62 半挂货车在沪昆高速公路上发生自燃。据现场救援人员推测,事故是由于车上运输的锌粉封闭不严,加上上午下雨导致。当时,该挂车满载锌粉正常行驶在高速路上,经过雨水长时间的浸淋,车上覆盖的帆布被浸透,雨水灌入锌粉中,锌与水发生反应放出大量的热,导致货车多处冒烟起火。事发后,岳塘大队、特勤中队携带干粉灭火器赶赴现场控制火势。

(二)助燃物

助燃物主要有两类,一是最常见的空气,二是各类氧化性物质。按照物质氧化性不同,可分为氧化性气体、氧化性液体、氧化性固体和有机过氧化物。

1. 氧化性气体

氧气是最常见的氧化性气体。氧气与可燃气体混合易形成爆炸性气体混合物,遇点火源易发生火灾爆炸事故。例如,1981 年 5 月 15 日,浙江省衢州化学工业公司合成氨厂发生压缩机爆炸事故,造成 3 人死亡、3 人重伤、10 人轻伤,经济损失约 400 万元。事故的直接原因是该厂油气化车间 2 号油气化炉停车检修完毕后进行最后一次充氮,准备抽油时,当班操作人员忘记关掉气化炉上的两个充氮阀门,造成氧气倒入氮气总管。当合成车间工段打开配氮阀后,氧气进入压缩机,导致系统爆炸。

根据 GB 30000.5—2013《化学品分类和标签规范 第 5 部分:氧化性气体》,通过提供氧气,比空气更能导致或促使其他物质燃烧的任何气体称为氧化性气体。根据 GB/T 27862—2011《化学品危险性分类试验方法 气体和气体混合物燃烧潜力和氧化能力》,若气体混合物的氧化能力 OP 值大于 23.5%,即认为该气体混合物的氧化能力大于空气。氧化能力 OP 可根据式 5-1 进行计算和判定:

$$OP = \sum_i x_i C_i > 23.5\% \qquad (式 5-1)$$

式中,x_i 是氧化组分含量(摩尔分数),%;C_i 是氧分数系数,定义氧气的 C_i 值为 1,常见氧化性气体的氧分数系数见表 5-15。上述公式中氮以外惰性气体的稀释效果不予考虑。

表 5-15 含氧化组分的氧等价系数

气体/蒸气	氧等价系数 C_i	气体/蒸气	氧等价系数 C_i
过氧化双(三氟甲基)	40[a]	氯	0.7
五氟化溴	40[a]	五氟化氯	40[a]
三氟化溴	40[a]	三氟化氯	40[a]
一氧化氮	0.3	三氟化氮	1.6
二氧化氮	1[b]	氟	40[a]
三氧化氮	40[a]	五氟化碘	40[a]
一氧化二氮	0.6	二氟化氧	40[a]
臭氧	40[a]	四氟联氨	40[a]

注:[a] 指对于非试验氧化气体和蒸气,定为 40;[b] 指来源于氧化氮和三氟化氮

【例题 5-1】 若某混合气体的组成为 5%N_2O,10%O_2,则该混合物是否属于氧化性气体?

解:查表知氧化组分 N_2O 的氧等价系数 C_i 为 0.6,O_2 的系数为 1,则

$$OP = \sum_i x_i C_i = 5\% \times 0.6 + 10\% \times 1.0 = 13\% < 23.5\%$$

所以该混合气体不是氧化性气体。

如果经评估,混合物包含某种惰性气体,则惰性气体的氮气等价系数 K_k 值(定义氮的等价系数为 1)和惰性气体 B 的分数系数应予以考虑:

$$OP = \frac{\sum_{i=1}^{n} x_i C_i}{\sum_{i=1}^{n} x_i + \sum_{k=1}^{p} K_k B_k} \tag{式 5-2}$$

表 5-16 惰性气体的氮等价系数 K_k

气体	N_2	CO_2	He	Ar	Ne	Kr	Xe	SO_2	SF_6	CF_4	C_3F_8
K_k	1	1.5	0.9	0.55	0.7	0.5	0.5	1.5	4	2	1.5

【例题 5-2】 若某混合气体的组成为 20%N_2O,20%O_2,40%N_2,20%CO_2,则该混合物是否属于氧化性气体?

解:查表 5-15 和表 5-16 得氧化组分 N_2O 的氧等价系数 C_i 为 0.6,O_2 的系数 C_i 为 1,N_2 的等价系数 K_k 为 1,CO_2 的氮等价系数 K_k 为 1.5,则有

$$OP = \frac{\sum_{i=1}^{n} x_i C_i}{\sum_{i=1}^{n} x_i + \sum_{k=1}^{p} K_k B_k} = \frac{0.2 \times 0.6 + 0.2 \times 1}{0.2 + 0.2 + 0.4 \times 1 + 0.2 \times 1.5} = 0.29$$

因为 29%>23.5%,所以该混合物的氧化性高于空气,属于氧化性气体。

【例题 5-3】 若某混合气体的组成为 16%N_2O,9%O_2,75%He,则该混合物是否属于氧化性气体?

解:查表 5-15 和表 5-16 得氧化组分 N_2O 的氧等价系数 C_i 为 0.6,O_2 的系数 C_i 为 1,He 的等价系数 K_k 为 0.9,则有

$$OP = \frac{\sum_{i=1}^{n} x_i C_i}{\sum_{i=1}^{n} x_i + \sum_{k=1}^{p} K_k B_k} = \frac{0.16 \times 0.6 + 0.09 \times 1}{0.16 + 0.09 + 0.75 \times 0.9} = 0.20$$

因为 20%<23.5%,所以该混合物的氧化性小于空气,不属于氧化性气体。

2. 氧化性液体

根据 GB 30000.14—2013《化学品分类和标签规范 第 14 部分:氧化性液体》,本身未必燃烧,但通常因放出氧气可能引起或促使其他物质燃烧的液体称为氧化性液体。根据联合国《关于危险货物运输的建议书——试验和标准手册》(第五修订版),氧化性液体分

为 3 类(表 5‑17)。

表 5‑17　氧化性液体的分类

类别	分　类
1	受试物质(或混合物)与纤维素之比按质量 1∶1 的混合物进行试验时可自燃,或受试物质与纤维素之比按质量 1∶1 的混合物的平均压力上升时间小于 50%高氯酸水溶液与纤维素之比按质量 1∶1 的混合物的平均压力上升时间的任何物质或混合物
2	受试物质(或混合物)与纤维素之比按质量 1∶1 的混合物进行试验时,显示的平均压力上升时间小于或等于 40%氯酸钠水溶液和纤维素之比按质量 1∶1 的混合物的平均压力上升时间,并且不符合类别 1 的标准的任何物质或混合物
3	受试物质(或混合物)与纤维素之比按质量 1∶1 的混合物进行试验时,显示的平均压力上升时间小于或等于 65%硝酸水溶液和纤维素之比按质量 1∶1 的混合物的平均压力上升时间,并且不符合类别 1 和类别 2 的标准的任何物质或混合物

过氧化氢,又称为双氧水,是常见的无机强氧化剂,对有机物、特别对纺织物和纸张有腐蚀性,与大多数可燃物接触都能自行燃烧。双氧水与有机物混合,能生成敏感和强烈的高效炸药。双氧水与醇类、甘油等有机物混合,可形成极危险的爆炸性混合物。2010 年 7 月 16 日,大连市金州区大连新港附近一条输油管道起火爆炸。经查,这起事故的直接原因是经中石油国际事业有限公司(中国联合石油有限责任公司)下属的大连中石油国际储运公司同意,中油燃料油股份有限公司委托上海祥诚公司使用天津辉盛达公司生产的含有强氧化剂过氧化氢的"脱硫化氢剂",违规在原油库输油管道上进行加注"脱硫化氢剂"作业,并在油轮停止卸油的情况下继续加注,造成"脱硫化氢剂"在输油管道内局部富集,发生强氧化反应,导致输油管道发生爆炸,引发火灾和原油泄漏。2012 年 8 月 25 日,山东国金化工厂双氧水车间发生爆炸事故,造成 3 人死亡、7 人受伤,直接经济损失约 750 万元。事故的直接原因是钯催化剂及白土床中氧化铝粉末随氢化液进入氧化塔中,引起双氧水分解,使塔内压力、温度升高。紧急停车后,未采取排料、泄压等应急措施,高温、高压导致氧化塔上塔爆炸。

3. 氧化性固体

根据 GB 30000.15—2013《化学品分类和标签规范　第 15 部分:氧化性固体》,氧化性固体是本身未必燃烧,但通常因放出氧气可能引起或促使其他物质燃烧的固体。根据联合国《关于危险货物运输的建议书——试验和标准手册》(第五修订版),氧化性固体分为以下 3 类(表 5‑18)。

表 5‑18　氧化性固体的分类

类别	分　类
1	受试物质(或混合物)与纤维素 4∶1 或 1∶1(质量比)的混合物进行试验时,显示的平均燃烧时间小于溴酸钾与纤维素 3∶2(质量比)的混合物的平均燃烧时间的任何物质或混合物
2	受试物质(或混合物)与纤维素 4∶1 或 1∶1(质量比)的混合物进行试验时,显示的平均燃烧时间等于或小于溴酸钾与纤维素 2∶3(质量比)的混合物的平均燃烧时间,并且未满足类别 1 的标准的任何物质或混合物

类别	分　类
3	受试物质(或混合物)与纤维素4∶1或1∶1(质量比)的混合物进行试验时,显示的平均燃烧时间等于或小于溴酸钾与纤维素3∶7(质量比)的混合物的平均燃烧时间,并且未满足类别1和类别2的标准的任何物质或混合物

氧化性固体具有强烈的氧化性,遇酸、碱、受潮、强热或与易燃物、有机物、还原剂等性质有抵触的物质混存时能发生分解,引起燃烧爆炸。氧化性固体按化学组成分为无机氧化性物质和有机氧化性物质。

按其氧化能力的强弱,无机氧化剂分为两级。一级无机氧化性物质主要是碱金属和碱土金属过氧化物和盐类,如过氧化钠、高氯酸钠、硝酸钾、高锰酸钾等。这些氧化剂的分子中含有过氧基(—O—O—)或高价态元素,性质极不稳定,容易分解,氧化性能强,是强氧化剂,能引起燃烧爆炸。1996 年 6 月 26 日,天津津西大华化工厂发生爆炸事故,造成19 人死亡,14 人受伤,直接经济损失 120 多万元。事发前几日持续高温,厂房房顶为石棉瓦,隔热性差,高温促进了氧化剂的燃烧过程。氧化剂氯酸钠和有机物发生氧化反应放热,热量又加速了其氧化反应,该循环最终导致有机物和可燃物燃烧。救火过程中泼向氯酸钠(强氧化剂)的酸性水,加速了氧化剂的氧化分解过程,产生大量氯酸。氯酸及氯酸钠混合物爆炸产生的高温高压气体引起了 2,4-二硝基苯胺的爆炸。

二级无机氧化性物质是较强的氧化剂,性质较一级氧化剂稳定。如重铬酸钠、亚硝酸钠、亚氯酸钠、连二硫酸钠、二氯异氰尿酸钠等。例如,2003 年 4 月 17 日,山东省聊城市蓝威化工有限公司存放二氯异氰尿酸钠的仓库漏雨,引起燃烧,造成 4 人死亡,6 人重度中毒,127 人轻度中毒。事发当天聊城市突降暴雨,致使存放二氯异氰尿酸钠半成品的仓库周围积水,雨水漫过仓库门槛进入库内,将存放在仓库的二氯异氰尿酸钠半成品浸湿,引起化学反应并剧烈放热,发生自燃,产生有害化学气体,造成严重中毒伤亡事故。2011年 8 月 5 日,哈尔滨凯乐化学制品厂发生爆炸,导致 3 人死亡,1 人受伤。事发时,4 名工作人员正在对亚氯酸钠及柠檬酸进行分装操作。分装过程中,亚氯酸钠固体遇到明火或其他点火源引起着火和燃爆,最终导致库内存放的桶装亚氯酸钠爆燃。

4. 有机过氧化物

根据 GB 30000.16—2013《化学品分类和标签规范　第 16 部分:有机过氧化物》,有机过氧化物是含有二价—O—O—结构和可视为过氧化氢的一个或两个氢原子已被有机基团取代的衍生物的液态或固态有机物质。有机过氧化物是热不稳定物质或混合物,容易放热导致自加速分解。它们具有以下一种或多种特性:易于爆炸分解;迅速燃烧;对撞击或摩擦敏感;与其他物质发生危险反应。

有机过氧化物具有强烈的氧化性,遇酸、碱、受潮、强热或与易燃物、有机物、还原剂等性质有抵触的物质混存能发生分解,引起燃烧和爆炸。按其氧化能力的强弱,有机氧化剂分为两级。一级有机氧化剂主要是有机过氧化物或硝酸化合物,如过氧化苯甲酰、硝酸胍等。这类氧化剂含有过氧基(—O—O—)或高价态氮原子,极不稳定,氧化性能很强,是强氧化剂。二级有机氧化剂也是有机物的过氧化物,如过氧乙酸、过氧苯甲酸、过氧化环己酮等,易分解产生氧,但比一级有机氧化剂稳定。例如,2017 年 8 月 31 日,受飓风哈维影响,美国得克萨斯州阿科玛-克罗斯比化工厂被洪水淹没后,储存在冷藏拖车里的有机过氧化物发生分解,导致过氧化物和拖车燃烧,燃烧的烟雾导致 21 人中毒。几天后,8 辆储存过氧化物的冷藏车再次发生火灾。事故总计有超过 35 万磅的有机过氧化物分解燃烧,事故地点半径 1.5 英里内的居民撤离。事故原因是该化工厂厂区被飓风哈维引发的洪灾淹没,导致工厂电力关闭,冷却系统停止运作,冷藏车内的有机过氧化物分解积热自燃。

(三) 点火源

点火源是指能够使可燃物和助燃物发生燃烧或爆炸的能量来源,常见的能量来源有热能、电能、机械能、化学能、光能等。按能量来源不同,可以把点火源分为机械火源、热火源、电火源和化学火源四大类。

1. 机械火源

由撞击、摩擦和绝热压缩等机械作用形成的点火源称为机械火源。机械火源是在机械能转变成热能的过程中形成的。当两个表面粗糙的坚硬物体互相猛烈撞击或摩擦时,产生高温发光的固体微粒,会形成火花或火星,这些火花和火星通常能点燃可燃粉尘、易燃物质、可燃爆炸性混合物。传统取火工具如钻木取火、火镰打火都是利用摩擦和撞击引火。如表 5-19 所示,在易燃易爆炸场所违规使用非防爆工具开展检修作业时,铁制、钢制工具对设备容器的敲击、切割和碰撞往往会形成火花和火星,遇可燃物会引发火灾。

表 5-19　机械火源引发的火灾爆炸事故

事故名称	点火源
山东省青岛市"11·22"中石化东黄输油管道泄漏爆炸特别重大事故	采用液压破碎锤在暗渠盖板上打孔破碎,产生撞击火花
河北省沧州市中捷石化有限公司"8·10"火灾事故	金属撞击火花闪燃
山东省冠县新瑞实业有限公司"2·8"闪爆事故	检修人员使用非防爆工具拆卸并递送塔板,工具与塔板、塔板与塔壁或塔板之间发生碰撞产生火花
江西乐平市江维高科股份有限公司"9·13"爆炸事故	操作工在用铁钩将料钩出并用铁锯割开时,铁钩、铁锯与醇解机人孔壁碰撞产生火花
湖南鲁湘钡业"9·23"检修雷蒙机爆燃事故	检修人员违规用铁器敲打螺栓产生火花
中石油辽阳石化分公司"6·29"原油罐爆燃事故	铁质清罐工具撞击罐底产生火花
南京金陵石化公司炼油厂"6·30"爆炸事故	钢制工具摩擦撞击产生火花
山东日照市山东石大科技石化有限公司"7·16"爆炸事故	消防水带剧烈舞动,金属接口及捆绑铁丝与设备或管道撞击产生火花
河北唐山华熠实业公司"3·1"较大火灾事故	工具碰撞产生火花
贵州有机化工厂研究所"12·2"爆炸事故	人孔盖飞出在撞击过程中产生火花

续　表

事故名称	点火源
河北唐山恒源实业有限公司"12·7"特别重大瓦斯煤尘爆炸事故	在切眼下部用绞车回柱作业时,产生摩擦火花引爆瓦斯
中石化上海赛科公司"5·12"闪爆事故	使用的非防爆工具及作业过程可能产生点火能量

如果可燃混合物被迅速压缩,压缩所产生的热量足以将混合物温度升高到其燃点时,也会引起燃烧。因此,气体的绝热压缩有时可以成为点火源。当对引入油气的压力容器和其他设备进行不恰当地吹扫时,或者密封损坏导致供风与供应油气或工艺油气混合时,或者空气压缩机润滑系统损坏时,或者空气进入油气压缩机的吸入口时,烃类物质的蒸气或可燃气体同空气的混合物会被压缩产生的热量引燃。例如,在高压气体管道快速启闭阀门时,阀门间管路中的气体会受到高压气体的压缩,由于时间很短,可近似看作绝热压缩,从而引燃阀门间管路中的可燃气体。绝热压缩的高温还会使阀门中耐热性差的密封材料发生热分解,导致泄漏或火灾爆炸事故。

2. 热火源

由高温物体放热、长时间光照或聚焦形成的点火源称为热火源。例如,直射的太阳光,通过凸透镜、凹面镜、圆形玻璃瓶、有气泡的平板玻璃等聚焦形成的高温焦点,能够点燃可燃物质,传统的阳燧取火就是利用光照聚焦取火;焊接产生的高温焊渣和灼热的金属颗粒、烧火设备的烟囱、热加工管线和设备(生产工艺的加热装置,高温物料的输送管、高压蒸气管线及高温反应塔等)、引擎的排气系统、高温电气设备如白炽灯具和回热元件、取暖和锤石设备、衣服烘干机和排气系统等灼热表面也可成为点火源,可燃物料与这些高温表面接触时间过长,可能引发燃爆事故。

在矿山开采过程中,动火作业产生的高温焊渣是易造成事故的热火源之一。例如,2021 年 2 月 17 日,山东烟台招远市夏甸镇曹家洼金矿在动火作业时发生火灾,事故共造成 6 人遇难。经调查,该事故原因是企业开展钢木复合罐道更换式作业时,违规开展动火作业,产生的大量气割熔渣和高温金属残块掉落井内引燃玻璃钢隔板。2016 年 12 月 3 日,内蒙古自治区赤峰宝马矿业有限责任公司"12·3"特别重大瓦斯爆炸事故造成 32 人死亡、20 人受伤、直接经济损失 4 399 万元,该事故的起因也是违规焊接支架的电焊火花引起的瓦斯燃烧。

在危化品生产企业中,常见的热火源有高温蒸汽、高温导热油等(表 5-20)。

表 5-20　热火源引发的火灾爆炸事故

事故名称	点火源
浙江绍兴林江化工股份有限公司"6·9"爆燃事故	反应釜中进行水汽蒸馏操作时,夹套蒸汽加热造成局部高温
云南曲靖众一合成化工"7·7"氯苯回收塔爆燃事故	导热油换热器内漏,管程高温导热油

事故名称	点火源
安徽省淮南市超强化工公司"12·8"爆炸事故	导热油泄漏遇高温发生爆炸
山东省垦利区新发药业有限公司"10·21"火灾事故	泄漏的高温导热油

3. 电火源

电火源主要是指电器正常工作或故障下产生的电火花、电弧以及物体表面或物体间产生的静电。电火花是电流通过两个带电体间的间隙释放时产生的。当带电电路的电流突然中断时会产生电弧。静电是由物质的接触与分离、静电感应、介质极化和带电微粒吸附等物理过程而产生的相对静止的电荷。

电火花和电弧的发生源包括电动机和发电机、正常操作条件下电路中的开关、继电器和其他产生电弧的元件、电气配线和设备故障、电弧焊、蓄电池、烧火设备的引燃装置、内燃机电路系统、照明设备、高频能、附加电流的阴极保护系统等。其中电气线路和电器设备存在短路、过载、接触不良、漏电等电气故障时会产生故障火花、故障电弧或局部过热现象。故障电弧指由于电气线路或设备中绝缘老化破损、电气连接松动、空气潮湿、电压电流急剧升高等引起空气击穿所导致的气体游离放电现象。如表5-21所示，在易燃易爆场所使用非防爆电气设备和灯具产生的电火花、违章送电或短路导致电气设备失爆产生的故障火花是导致企业火灾爆炸事故的主要原因。

表5-21　电器正常工作或故障下产生的电火花引发的火灾爆炸事故

事故名称	点火源及其事故后果
辽宁昌图县"12·30"烟花爆竹特大爆炸事故	非防爆电气设备产生的电火花引起粉尘爆燃
中石油辽阳石化分公司"6·29"原油罐爆燃事故	非防爆照明灯具发生闪灭打火
山西同煤集团轩岗煤电公司焦家寨煤矿"11·5"特别重大瓦斯爆炸事故	违章送电、送风；动力电缆两通接线盒失爆产生火花，引爆瓦斯
四川省攀枝花市正金工贸有限责任公司肖家湾煤矿"8·29"特别重大瓦斯爆炸事故	提升绞车信号装置失爆，操作时产生电火花，引爆瓦斯
云南曲靖富源县后所镇昌源煤矿"11·25"特别重大瓦斯爆炸事故	煤电钻综合保护装置供电电缆绝缘损坏，造成芯线短路，产生火花，引起瓦斯爆炸
四川都汶高速公路董家山隧道工程"12·22"特别重大瓦斯爆炸事故	模板台车配电箱附近悬挂的三芯插头短路产生火花，引起瓦斯爆炸
晋济高速公路山西晋城段岩后隧道"3·1"特别重大道路交通危化品燃爆事故	后车发生电气短路
吉林辽源中心医院"12·15"特别重大火灾事故	配电室电缆沟内电缆短路故障引燃可燃物
河南平顶山"5·25"特别重大火灾事故	给电视机供电的电器线路接触不良发热，高温引燃周围的易燃、可燃材料

事故名称	点火源及其事故后果
苏联乌德市"6·3"液化石油气泄漏致客车脱轨事故	客车的导电弓产生的火花
河南郑州标准石化有限公司商城路加油站"7·23"爆炸事故	操作电灯开关时产生电火花
昆明全新生物制药公司"12·30"爆炸事故	在烘箱烘烤过程中,开关烘箱送风机或者轴流风机运转过程中产生电器火花

如果将两个紧密接触的物体分开,物体有时会通过摩擦或感应积聚电荷,产生静电。类似地,快速流动的液体或气体也可能产生静电。如果物体没有接地,积聚足够的电荷后就可能发生火花放电。这些静电火花,一般持续时间很短,不会引燃一般的易燃固体和液体,但在干燥的大气条件中,可将可燃蒸气和气体引燃。在加油作业、灌装容器、储罐和压力容器、高流速释放液体或气体、皮带传送作业、喷砂作业和蒸气清洗过程中,静电火花是不容忽视的安全问题。

根据 GB/T 15463—2018《静电安全术语》,静电起电主要分为剥离起电、感应起电、极化起电、沉降起电、流动起电、摩擦起电、滴下起电、溅泼起电、喷射起电、喷雾起电、碰撞起电、破裂起电、吸附起电共 13 类(表 5 - 22)。

表 5 - 22　静电起电的类型

起电类型	起电过程
剥离起电	剥开分离两个紧密结合的物体时引起正负电荷分离而使两物体分别带电的过程
感应起电	由于静电感应使物体带电的过程
极化起电	在外电场作用下,由于介质极化而使其界面出现束缚电荷的过程
沉降起电	相互混合、接触的各种固体微粒、液体、气体,由于比重差异发生沉降,使在不同物质交界面上形成的偶电层发生正负电荷分离而产生静电的过程
流动起电	液体物质与固体物质接触时,在接触界面形成整体为电中性的偶电层。当此两类物质做相互运动时,由于偶电层被分离,电中性受到破坏而出现的带电过程
摩擦起电	用摩擦的方法使物体带电的过程
滴下起电	当附着在器壁等固体表面上的珠状液体逐渐增大,由于自重形成的液滴在坠落脱离时而产生静电的过程
溅泼起电	当液体溅(或泼)出时,微小的非湿润液滴落在物体表面并在其界面产生偶电层,由于液滴的惯性滚动而发生电荷分离,使液滴及物体分别产生正负电荷的过程
喷射起电	固体、粉体、液体或气体类物质从小截面喷嘴高速喷射时,由于微粒与喷嘴和空气发生迅速摩擦而使喷嘴和喷射物分别带电的过程
喷雾起电	喷射在空间的液体类物质由于扩散和分离,形成微小液雾和新的界面,当此偶电层被分离时产生静电的过程

续 表

起电类型	起电过程
碰撞起电	粉体类物体中,粒子与粒子或者粒子与固体之间发生碰撞,形成快速的接触分离而产生静电的过程
破裂起电	物体破裂时发生电荷分离,由于正负电荷平衡受到破坏而产生静电的过程
吸附起电	物体由于吸附场所中的带电微粒而使之产生静电的过程

作业场所中如果存在可由静电引爆的爆炸性混合物,或者有对爆炸性混合物进行直接加工、处理和操作等工艺作业,静电放电或静电场作用可能导致该空间发生火灾爆炸。如表 5-23 统计所示,危险化学品企业发生的静电事故多为爆炸事故。静电产生的原因包括高压气体急速喷出时的喷射起电、气体与阀体间的摩擦起电以及活动件间的摩擦起电。

表 5-23 静电火灾爆炸事故典型案例及其静电产生原因

事故简介	事故直接原因	静电原因
1982 年 3 月 9 日,福建福鼎市制药厂爆燃事故,造成 65 人死亡,35 人受伤,直接经济损失 39 万余元	事发时,操作工正在用聚氯乙烯管从结晶槽内抽油(冰片制作过程中,汽油做冰片结晶溶解液),无接地装置的聚氯乙烯管在抽油过程中产生静电引发火灾	聚氯乙烯管在抽油过程中产生静电
1993 年 6 月 30 日,江苏省南京市金陵石化公司炼油厂供气站发生爆炸,造成 3 人死亡,2 人受伤,直接经济损失 26.8 万元	由小瓶电解氢往 V204/4 氢气钢瓶充灌氢气,当 V204/4 氢气钢瓶压力达 10.4 MPa 时,停止充灌并拆装管线上的盲板时,V204/4 顶部的 7 号阀内漏,泄出的高压气体产生静电火花或钢制工具摩擦撞击产生火花,导致钢瓶爆炸	泄出的高压气体产生静电
1994 年 1 月 3 日,甘肃省刘家峡化工总厂尿素装置爆炸,造成 17 人受伤,直接经济损失 497.8 万元	由于冬季低温,氨的回收率较高,冷凝气中氢、氧比例相对增加达到爆炸范围,气体与阀体摩擦产生的静电引发剧烈爆炸	气体与阀体摩擦产生的静电
1994 年 5 月 20 日,河北宣化化肥厂净化车间变换工段换热器突然发生爆炸,造成 8 人死亡,3 人受伤,经济损失 130 万元	换热器管内介质对管道的化学腐蚀、气体冲刷等,导致管道局部严重减薄泄漏,换热器入口处丁字形管突然爆裂,大量含有可燃气体、有毒有害气体的混合气体高速喷泻,被静电火花引燃,继而引起空间气体爆炸	换热器入口处丁字形管突然爆裂,气体高速喷泻产生静电
1996 年 4 月 17 日,贵州省遵义碱厂爆炸事故,导致 3 人死亡,2 人重伤,4 人轻伤,直接经济损失 79 万元	员工由高处向低处扔管钳,管钳着地弹起打在氯乙烯中间槽排污管上,使其产生裂缝,氯乙烯单体泄漏喷出与空气形成爆炸性混合气体,遇静电起火,引发燃烧和爆炸	高速喷出的氯乙烯单体产生摩擦静电
1999 年 3 月 30 日,湖北省荆州市石化总厂爆炸事故,造成 4 人死亡,直接经济损失 45 万元	环氧乙烷进料速度过快,来不及与丙炔醇反应而在釜内积聚,导致釜内压力迅速上升,冲破爆破膜,高压气体急剧喷出产生静电引发爆炸	高压气体急剧喷出产生静电

续　表

事故简介	事故直接原因	静电原因
1999 年 9 月 2 日,中国兵器工业集团八〇五厂爆炸事故,造成 3 人死亡,8 人轻伤,直接经济损失达 4 821.8万元	因甲苯解吸塔甲苯蒸气泄漏,使光气室内充满了达到爆炸极限的甲苯-空气的混合气体,光气室内电器线路短路或甲苯蒸气喷射产生的静电火花引爆	甲苯蒸气喷射产生静电火花
2001 年 11 月 7 日,重庆市长寿区重庆长风化工厂爆炸燃烧事故,造成 3 人死亡,7 人受伤,直接经济损失 70 余万元	在光气化釜检修后恢复生产时,操作人员未按工艺要求操作,在温度偏低时加入过量光气,导致光气积聚过多。当釜内温度升高后,光气与苯发生剧烈反应,釜内压力升高,尾气管破裂漏气,达到爆炸极限的苯蒸气被静电引燃,发生爆炸	尾气管破裂和高压漏气产生静电
2002 年 2 月 23 日,辽宁省辽阳石化烯烃厂聚乙烯装置改扩建过程中发生爆炸事故,造成 8 人死亡,1 人重伤,18 人轻伤,直接经济损失 452.78 万元	聚乙烯系统运行不正常,压力升高,致使劣质玻璃视镜破裂,大量的乙烯气体喷出,被引风机吸入沸腾床干燥器内,与聚乙烯粉末、热空气混合,被聚乙烯粉末沸腾过程中产生的静电引爆	聚乙烯粉末沸腾过程中产生的静电
2004 年 12 月 26 日,江苏省常州市春江公司生产车间在进行化学品试验过程中反应釜突然爆炸,造成 3 人死亡	进行中试生产时操作不当,造成釜内气相物质和体积不稳定,大量气体从气相管道快速排出,气体流速加快,产生静电火花而引发爆炸	气体流速加快,产生静电火花
2005 年 2 月 24 日,江苏天音化工股份有限公司二醇二甲醚反应釜发生爆炸,造成 6 人死亡,11 人受伤	因加料速度过快导致反应釜内温度和压力急剧上升,操作人员应急处置不当,打开反应釜固体投料口闸阀,氢气从闸阀口高速冲出被静电火花引爆	高速气流产生的静电火花
2005 年 11 月 13 日,中国石油吉化分公司双苯厂发生爆炸事故,造成 8 人死亡,60 人受伤,其中 1 人重伤,并引发了松花江重大水污染事件,直接经济损失 6 908 万元	操作人员违反操作规程,停止粗硝基苯进料后,未关闭预热器蒸汽阀门,导致物料汽化。恢复硝基苯精制单元生产时,先打开预热器蒸汽阀门加热,后启动进料泵进料,引起物料突沸,产生剧烈振动,使预热器及管线的法兰失效,空气吸入系统,因摩擦静电导致爆炸	摩擦静电
2007 年 7 月 17 日,美国堪萨斯州 Barton Solvents Wichita 工厂内发生石脑油储罐爆炸火灾事故,事故造成 12 人受伤,约 6 000 名居民撤离	储罐顶部含有易燃的可燃气体-空气混合物;当停止向储罐输送后,输送管道、沉积物内的空气摩擦可快速在储罐内累积大量静电;储罐内部液位测量系统的浮子可能因为松散的结构产生电火花	输送管道、沉积物内的空气摩擦在储罐内累积大量静电
2008 年 8 月 26 日,广西壮族自治区广维化工股份有限公司有机厂爆炸事故,造成 21 人死亡,59 人受伤,直接经济损失 7 586 万元	储罐内形成负压并吸入空气,与罐内乙炔混合,形成爆炸性混合气体并从液位计钢丝绳孔溢出,被钢丝绳与滑轮升降活动产生的静电火花引爆	钢丝绳与滑轮升降活动产生的静电火花
2010 年 7 月 22 日,贵州宜化化工有限公司爆炸事故,造成 8 人死亡,3 人受伤	1#变换系统副线管道发生泄漏,气体冲刷产生静电,引爆现场可燃气体(主要是一氧化碳、氢气等),导致空间爆炸	泄漏的气体冲刷产生静电

事故简介	事故直接原因	静电原因
2011 年 1 月 19 日,中石油抚顺石化分公司石油二厂重油催化装置稳定单元发生闪爆事故,造成 3 人死亡、4 人轻伤	重油催化装置稳定单元重沸器壳程下部入口管线上的低点排凝阀,因固定阀杆螺母压盖的焊点开裂,阀门失效,脱乙烷汽油泄漏、挥发,与空气形成爆炸性混合物,因喷射产生静电发生爆炸	喷射产生静电
2014 年 1 月 18 日,吉林通化化工股份有限公司甲醇合成系统供水泵房发生爆炸,造成 3 人死亡、5 人受伤,直接经济损失 255 万元	当班岗位操作工在排液结束后,未能关严精醇外送阀门,且回流管阀门开度过大,导致净醇塔内稀醇降至控制液位以下。接班操作工未发现净醇塔底部稀醇液位低于控制线,导致高压工艺气体回流到稀醇罐(常压罐),造成稀醇罐与回流管线连接处断裂,致使大量可燃混合气体(以 H_2 为主)迅速充满供水泵房,达到爆炸极限,受静电引燃后发生爆炸	可燃混合气体高速泄漏产生静电
2015 年 7 月 16 日,山东石大科技石化有限公司液化烃球罐在倒罐作业时泄漏着火,引起爆炸,造成 2 名消防队员受轻伤,直接经济损失 2 812 万元	进行倒罐作业时,违规采取注水倒罐置换的方法,且现场无人值守,致使液化石油气在水排后从排水口泄出,泄漏过程中产生的静电或因消防水带剧烈舞动,金属接口及捆绑铁丝与设备或管道撞击产生火花引起爆燃	泄漏过程中产生的静电
2017 年 12 月 9 日,江苏省连云港市聚鑫生物公司间二氯苯生产装置发生爆炸事故,导致装置所在的四车间和相邻的六车间坍塌,造成 10 人死亡、1 人轻伤	尾气处理系统的氮氧化物(夹带硫酸)串入保温釜,与釜内物料发生化学反应,持续放热升温,并释放氮氧化物气体,使用压缩空气压料时,高温物料与空气接触,反应加剧,紧急卸压放空时,遇静电火花燃烧,釜内压力骤升,物料大量喷出,与釜外空气形成爆炸性混合物,遇火源发生爆炸	高温物料紧急卸压放空时产生静电
2019 年 6 月 26 日,开封旭梅公司天然香料提取车间燃爆事故,造成 7 人死亡、4 人受伤,直接经济损失约 2 000 余万元	工人错误操作,使应该常压运行的设备带压运行,致使罐内超压,放料盖爆开,高温乙醇液体从罐内大量泄出被静电引燃,挥发的乙醇气体遇明火发生爆炸	泄出的高压气体产生静电火花
2020 年 11 月 17 日,江西省吉安市富滩产业园海洲医药化工有限公司发生爆炸事故,造成 3 人死亡、5 人受伤	使用真空泵将含有氯化苯的对甲苯磺酰脲废液转料至反应釜中时,因该釜刚蒸馏完未冷却降温,氯化苯受热形成爆炸性气体,转料过程中产生静电引起爆炸	转料过程中产生静电

4. 化学火源

化学反应可以产生热,这种热可将参与反应的物质、化学反应的产物或附近物质引燃。当物质燃烧时,能量会以热的形式释放。所有能够发生放热反应的化学品,在反应放热或燃烧时均可构成点火源,如燃烧的香烟、火柴、点燃的煤油灯、喷灯、气焊和气割作业等。其中,燃烧的烟头是日常生活火灾中最常见的化学火源。例如,2021 年 11 月 25 日晚,一辆货车行驶至长深高速承德县东营子隧道出口附近时,因货车司机随意抛烟头,引燃货车车厢拉载的衣柜包装壳;2022 年 2 月 23 日,湖北省孝感市云梦县某小区 8 楼突发火灾,火灾原因是男子边吸烟边收晾晒的被褥,掉落的火星引燃被褥。

可能产生火焰、火花和炽热表面等的非常规作业,如使用电焊、气焊(割)、喷灯、电钻、砂轮作业等称为动火作业。动火作业属于明火作业,常伴有裸露的火焰和炽热工件。焊接火花和火焰属于化学火源,高温熔渣则属于热火源。如表5-24所示,动火作业过程中产生的焊接火花是引发许多化工商贸企业火灾事故的点火源。而违规爆破产生的火焰是矿山企业火灾事故的点火源(表5-25)。

表5-24　焊接火花引发的火灾事故案例

事故名称	点火源
贵州兴化化工有限责任公司"8·2"甲醇储罐爆炸事故	精甲醇罐旁违章动火作业的电焊火花,引起管口区域泄漏的甲醇-空气混合气爆炸燃烧
辽宁抚顺顺特化工有限公司"9·14"爆炸火灾事故	在罐顶违章进行电焊作业产生的火花引爆了作业罐顶采样孔外溢的甲酸(三)甲酯蒸气
泰国坤敬府乙醇厂储罐爆炸事故	焊接火花引爆罐内可燃气体
山东瑞星化工集团"7·30"精甲醇计量槽爆炸事故	焊接火花引燃槽内混合气体
江苏丰县化肥厂"7·21"爆炸事故	焊接火花落下引爆稀氨水储槽
"12·31"大连批发市场火灾事故	焊接钢制货架时引燃墙面聚氨酯保温材料
"12·28"临汾染化集团爆炸事故	违规对夹套管道漏点进行补焊(电焊作业),导致放料管道内的2,4-二硝基氯苯受热分解爆炸
长春世鹿鹿业集团有限公司"11·6"较大火灾事故	无证人员电焊作业引燃墙面上聚氨酯保温材料

表5-25　违章爆破引发的典型火灾事故

事故名称	点火源
山西临汾市平垣乡阳泉沟"1·22"煤矿特大瓦斯爆炸事故	不按规定充填炮眼,产生明火,引起瓦斯爆炸
陕西延安子长县瓦窑堡镇煤矿"4·29"特别重大瓦斯爆炸事故	违章放炮产生火花引起瓦斯爆炸
重庆市永川区金山沟煤业有限责任公司"10·31"特别重大瓦斯爆炸事故	违章"裸眼"爆破产生的火焰引爆瓦斯
黑龙江七台河东风煤矿"11·27"特别重大煤尘爆炸事故	放炮火焰引起煤尘爆炸

化学品中的自燃物质、自反应物质、自热物质和遇水易燃物质等在发生分解、氧化或水解反应时,能够放出大量热,使温度急剧上升,形成点火源。如表5-26所示,硝化棉、氯酸盐、硝酸铵、偶氮二异庚腈等的分解反应、过氧化氢的氧化反应、煤炭的自燃、铝粉和电石遇水燃烧反应均能够放出大量热,而成为化学火源。

表 5 - 26　化学放热反应引发的典型火灾事故

事故名称	点火源
天津港"8·12"瑞海公司危险品仓库特别重大火灾爆炸事故	硝化棉分解放热反应
山西省晋中市灵石县王禹乡南山煤矿"11·12"特别重大火灾事故	氯酸盐与硝酸铵分解放热反应,热量积聚导致炸药自燃
京珠高速河南信阳"7·22"特别重大卧铺客车燃烧事故	偶氮二异庚腈在挤压、摩擦、发动机放热等综合因素作用下受热分解并发生爆燃
湖北省枝江市富升化工有限公司"2·19"燃爆事故	硝酸铵受热分解
江西樟江化工有限公司"4·25"爆燃事故	酸性储槽中的过氧化氢在碱性条件下迅速分解并放热
辽宁阜新五龙煤矿"6·28"特别重大瓦斯爆炸事故	煤炭氧化自燃产生高温火点
吉林省吉煤集团通化矿业集团公司八宝煤业公司"3·29"特别重大瓦斯爆炸事故	煤炭自燃发火,引起采空区瓦斯爆炸
江苏省苏州昆山市中荣金属制品有限公司"8·2"特别重大爆炸事故	桶内铝粉受潮,发生氧化放热反应
新疆宜化化工有限公司"2·12"电石炉喷料事故	积水与高温熔融电石发生剧烈反应

（四）可能导致火灾蔓延的隐患

常见的消防安全隐患如表 5 - 27 所示,可能导致火灾蔓延的隐患主要表现在建筑防火和烟气控制设计不符合标准规范或灭火设施失效。例如,根据河南平顶山"5·25"特别重大火灾事故调查报告,造成火势迅速蔓延的主要原因是建筑物大量使用聚苯乙烯夹芯彩钢板(聚苯乙烯夹芯材料燃烧的滴落物具有引燃性),且吊顶空间整体贯通,加剧火势迅速蔓延,导致整体建筑短时间内垮塌损毁。再如,根据吉林省长春市宝源丰禽业有限公司"6·3"特别重大火灾爆炸事故调查报告,造成火势迅速蔓延的主要原因包括以下四个方面:一是主厂房内大量使用聚氨酯泡沫保温材料和聚苯乙烯夹芯板(聚氨酯泡沫燃点低、燃烧速度极快,聚苯乙烯夹芯板燃烧的滴落物具有引燃性)。二是一车间女更衣室等附属区房间内的衣柜、衣物、办公用具等可燃物较多,且与人员密集的主车间用聚苯乙烯夹芯板分隔。三是吊顶内的空间大部分连通,火灾发生后,火势由南向北迅速蔓延。四是当火势蔓延到氨设备和氨管道区域,燃烧产生的高温导致氨设备和氨管道发生物理爆炸,大量氨气泄漏,介入了燃烧。

表 5 - 27　可能导致火灾蔓延的消防安全隐患

消防安全隐患	后果
未设防火分区或设置不当	使火灾在未受限制条件下楼内蔓延
防火隔墙和房间隔墙未砌到楼板底部	导致火灾在吊顶空间内部蔓延

消防安全隐患	后果
未设防火门(窗)、防火卷帘或防火门(窗)、防火卷帘不能关闭紧密	导致防火分隔不完全
竖井未采取防火分隔、封堵措施或封堵不严密	导致火灾在竖井内蔓延
高层建筑空调系统未按规定设防火阀,未采用不燃烧的风管,未采用不燃或难燃烧材料做保温层	导致火灾通过空调系统管道蔓延
穿越楼板、墙壁的管道、缝隙、孔洞封堵不严或未封堵,未采取隔热等防火措施	导致火势通过这些途径蔓延
未设防火间距或设置不当	使火灾在建筑物或易燃物体间蔓延
未采用防火门分隔封闭楼梯间	使火灾烟气和热气进入封闭楼梯间
在可燃液体储罐周围未设置集液池、防火堤等容纳泄漏或溢出的可燃液体	火灾随着可燃液体的流动形成流淌火而蔓延扩大
建筑构件、配件的燃烧性能和耐火极限不符合标准	火灾蔓延速度加快
消火栓缺少水带	不能及时扑灭小火导致火灾升级
灭火器配置不当或不足	不能及时扑灭小火导致火灾升级
消防供水设施无水	不能及时为灭火作业提供水源

(五) 可能导致人员重大伤亡的隐患

根据火灾伤亡人员来源可以分为火灾现场人员和消防救援人员,因此可能导致人员重大伤亡的隐患可细分为可能导致火灾现场人员重大伤亡的隐患和可能导致消防人员重大伤亡的隐患。

1. 可能导致火灾现场人员重大伤亡的隐患

可能导致火灾现场人员重大伤亡的隐患主要表现在建筑构件和配件材质、安全疏散设施和消防设施不符合标准规范,或安全疏散和消防设施失效。常见事故隐患如表 5 - 28 所示。例如,根据吉林省长春市宝源丰禽业有限公司"6·3"特别重大火灾爆炸事故调查报告,造成重大人员伤亡的主要原因:一是起火后,火势从起火部位迅速蔓延,聚氨酯泡沫塑料、聚苯乙烯泡沫塑料等材料大面积燃烧,产生高温有毒烟气,同时伴有泄漏的氨气等毒害物质。二是主厂房内逃生通道复杂,且南部主通道西侧安全出口和二车间西侧直通室外的安全出口被锁闭,火灾发生时人员无法及时逃生。三是主厂房内没有报警装置,部分人员对火灾知情晚,加之最先发现起火的人员没有来得及通知二车间等区域的人员疏散,使一些人丧失了最佳逃生时机。四是宝源丰公司未对员工进行安全培训,未组织应急疏散演练,员工缺乏逃生自救、互救知识和能力。

表 5-28 可能导致火灾现场人员重大伤亡的消防安全隐患

消防安全隐患	后果
建筑构件、配件的材质不符合标准	产生有毒有害烟气,使人员逃生过程中毒
安全疏散通道被杂物堵塞	人员无法逃生或逃生速度缓慢、消防人员无法迅速通过并实施救援
安全门锁闭	人员无法逃生
未设置避难层或避难间	人员无法在火灾时暂时躲避火灾或烟气危害
避难走道未设置防烟设施或未采用防火墙分隔	火灾烟气和热气进入避难走道而使人员无法安全通行
未设置应急照明或应急照明故障	现场人员在浓烟下容易迷失方向,消防人员较难开展消防救援作业
未设置火灾自动报警系统或系统失效	人员未及时收到报警信号而延误最佳逃生和救援时机
建筑通道复杂,未设置逃生路线图说明	不熟悉火灾场所的人员难以找到正确逃生路线而丧生
未设置疏散指示标志或设置不当	不熟悉火灾场所的人员难以找到正确逃生路线而丧生
未配置逃生避难工具或配置不足	人员因未防护或没有合适的工具逃生而丧生
消防车道不满足消防车通行和作业要求或消防车道被堵塞、占用	消防车无法抵达火场实施救援

2. 可能导致消防救援人员重大伤亡的隐患

可能导致消防救援人员重大伤亡的隐患主要表现在企业违法建设、生产和经营,未对重大危险源进行登记备案、未按规定制定应急预案并组织演练、未对到场消防人员告知危险有害因素等,导致消防人员对现场情况不明,无法展开有效救援反受火灾吞噬。例如,在天津港"8·12"瑞海公司危险品仓库特别重大火灾爆炸事故中,参与救援处置的公安现役消防人员 24 人、天津港消防人员 75 人、公安民警 11 人共 110 人牺牲,另有天津港消防人员 5 人失踪。根据调查报告,天津港公安局消防四大队在接到火灾报警 4 分钟后就到达现场,但因通道被集装箱堵塞,消防车无法靠近灭火。指挥员向瑞海公司现场工作人员询问具体起火物质,但现场工作人员均不知情。此外,森林火灾救援中,天气因素如风向的突然转向也可能导致消防人员转移不及而产生伤亡。例如,2019 年"3·30"木里县森林火灾中,消防人员在转场途中,受瞬间风力风向突变影响,突遇山火爆燃,30 名消防员牺牲。

三、火灾隐患判定方法

(一) 火灾隐患判定原则和程序

火灾隐患判定应坚持科学严谨、实事求是、客观公正的原则。科学严谨,指确定判定对象是不是火灾隐患要有法可依,有据可查,不能凭直觉和感觉。客观公正,即判定过程需要集体讨论或专家技术论证,且需要听取相关利害人的意见。实事求是,即做到无隐患,不谎报;有隐患,不瞒报;大隐患,不虚报。

火灾隐患辨识基本程序如下。

(1)建立隐患辨识清单:开展火灾隐患辨识前应当根据检查对象搜集相关基础资料,确定隐患辨识内容,建立隐患辨识清单。

基础资料包括国家现行相关法律、法规、标准和规范;生产运营单位的消防安全管理制度、防火防爆操作规程、消防安全责任制、火灾应急预案和各类作业票证(如动火作业)等;企业的原辅材料和中间产品及其燃烧特性和点燃性;区域位置图、总图、工艺布置图等相关图纸;作业现场和周边条件(水文地质、气象条件、周边环境等);详细的工艺、装置设备说明书和流程图;相关工艺、设施的安全分析报告;主要设备清单及其布置;设备试运行方案、维修措施及应急处置;设备运行、检修、试验及故障记录;本企业及相关行业火灾事故案例等。对照安全管理法规、技术规范、事故案例、未遂事件从人的不安全行为、物的不安全状态、不良环境和管理缺陷等方面确立火灾隐患辨识内容和辨识清单。其中人的不安全行为应考虑作业过程所有的常规、非常规和特殊作业活动;物的不安全状态应考虑正常、异常和紧急三种状态;不良环境应考虑内部环境和外部环境,包括环境中涉及的机械能、电能、热能、化学能、放射能、生物和人机工程因素七个方面;管理缺陷应考虑与法律法规的符合性、自身管理需要及更新情况。

(2)开展现场火灾隐患排查:进行现场隐患排查的目的是核实火灾隐患的具体情况,并获取相关影像和文字资料。

现场火灾隐患排查应当包括内部危险源及隐患和外部危险源(隐患)识别。其中内部隐患识别应当考虑建筑材料和制品,常用燃油、燃气和用电等设备,建筑内的人员类型以及建筑类型四个方面;外部隐患识别应当考虑邻近的建筑、设施以及人员活动行为、自然环境可能产生的危险源和隐患。例如,在进行重大火灾隐患辨识的现场检查时,应根据标准建立的消防安全隐患检查表对企业总平面布置、防火分隔、安全疏散设施及灭火救援条件、消防给水及灭火设施、防烟排烟设施、消防供电、次灾自动报警系统、消防安全管理以及其他可能的火灾隐患进行逐一排查,对不符合标准规范的进行文字记录。隐患信息包括隐患名称、位置、状态描述、可能导致后果及其严重程度、治理目标、治理措施、职责划分、治理期限等信息。必要时通过拍照和录像的形式进行现场取证。

(3)隐患判定:判定方式包括集体讨论和专家技术论证两种。组织对火灾隐患进行集体讨论,做出结论性判定意见时,参与人数不应少于3人。对于涉及复杂疑难的技术问题,或者判定火灾隐患有困难的,应组织专家成立专家组进行技术论证,形成结论性判定意见。结论性判定意见应有三分之二以上的专家同意。专家组应由当地政府有关行业主管部门、监督管理部门和相关消防技术专家组成,人数不应少于7人。集体讨论或技术论证时,可以听取业主和管理、使用单位等利害关系人的意见。

(二) 火灾发生可能性的评估

根据 GB/T 31540.2—2015《消防安全工程指南 第2部分:火灾发生、发展及烟气的生成》,火灾发生可能性的评估是指判断可燃物能否被引燃以及引燃所需的条件。图5-12为评估影响可燃物着火性时应考虑的因素。

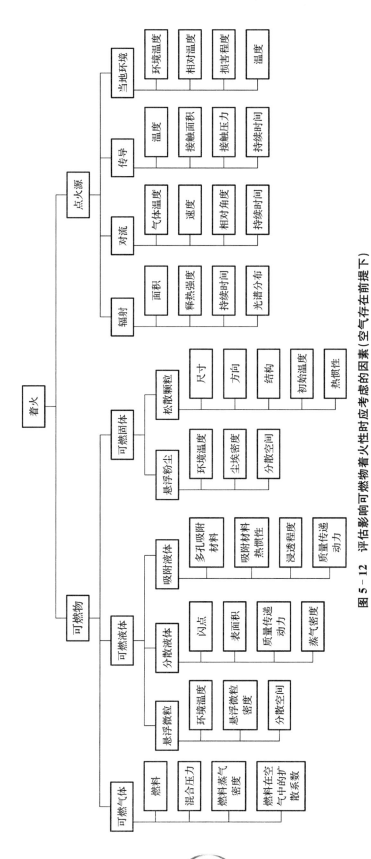

图 5 - 12　评估影响可燃物着火性时应考虑的因素（空气存在前提下）

如图 5－12 所示,针对可燃物的评估应确定可燃物质是否存在,或存在的量和分布状况。可燃物质可以是固态、液态和气态。物质燃烧的难易程度受其尺寸、外形、积聚程度和环境条件的影响。应确定可燃物的点燃性和燃烧性能,同时考虑物质燃烧后可能分解释放出的可燃气体和蒸气。针对点火源,应确定是否存在点火源以及出现何种形式的点火源。点火源出现的可能性受热能、电能、机械能和化学能的影响。针对氧化剂的评估,应确定是否存在助燃物质及存在的量。如果是能够产生氧气的物质,则应确定产生氧气的概率和量。最常见的氧化剂是空气,但还有其他助燃的氧化剂,如硝酸钾、高锰酸钾、高氯酸、过氧化氢和一氧化二氮等。

(三) 重大火灾隐患判定

根据 GB 35181—2017《重大火灾隐患判定方法》,重大火灾隐患判定应根据实际情况选择直接判定法或综合判定法。判定时,要注意依法进行了消防设计专家评审并已采取相应技术措施的,单位或场所已停产停业或停止使用的,不足以导致重大、特别重大火灾事故或严重社会影响的情形不应判定为重大火灾隐患。

1. 直接判定法

符合表 5－29 十项中的任意一项情形的可直接判定为重大火灾隐患。

表 5－29　重大火灾隐患直接判定要素

序号	直接判定要素
1	生产、储存和装卸易燃易爆炸危险品的工厂、仓库和专用车站、码头、储罐区未设置在城市的边缘或相对独立的安全地带
2	生产、储存、经营易燃易爆炸危险品的场所与人员密集场所、居住场所设置在同一建筑物内,或与人员密集场所、居住场所的防火间距小于国家工程建设消防技术标准规定值的 75％
3	城市建成区内的加油站、天然气或液化石油气加气站、加油加气合建站的储量达到或超过 GB 50156—2021 对一级站的规定
4	甲、乙类生产场所和仓库设置在建筑的地下室或半地下室
5	公共娱乐场所、商店、地下人员密集场所的安全出口数量不足或其总净宽度小于国家工程建设消防技术标准规定值的 80％
6	旅馆、公共娱乐场所、商店、地下人员密集场所未按国家工程建设消防技术标准的规定设置自动喷水灭火系统或火灾自动报警系统
7	易燃可燃液体、可燃气体储罐(区)未按国家工程建设消防技术标准的规定设置固定灭火、冷却、可燃气体浓度报警、火灾报警设施
8	在人员密集场所违反消防安全规定,使用、储存或销售易燃易爆危险品
9	托儿所、幼儿园的儿童用房以及老年人活动场所,所在楼层位置不符合国家工程建设消防技术标准的规定
10	人员密集场所的居住场所采用彩钢夹芯板搭建,且彩钢夹芯板芯材的燃烧性能等级低于 GB 8624—2012《建筑材料及制品燃烧性能分级》规定的 A 级

2. 综合判定法

进行重大火灾隐患综合判定时,对不符合直接判定方法的情形可采用综合判定方法。综合判定要素主要涉及企业总平面布置、防火分隔、安全疏散设施及灭火救援条件、消防给水及灭火设施、防烟排烟设施、消防供电、次灾自动报警系统、消防安全管理等方面。表5-30列出了各隐患类别及其判定要素。采用综合判定方法判定重大火灾隐患时,就应首先确定建筑或场所类别,然后确定该建筑或场所是否存在表5-30规定的综合判定要素的情形和数量,最后按火灾隐患判定原则和程序进行判定。

表 5-30　重大火灾隐患综合判定要素

隐患类别	判定要素
企业总平面布置	未按国家工程建设消防技术标准的规定或者城市消防规划的要求设置消防车道或消防车道被堵塞、占用
	建筑之间的既有防火间距被占用或小于国家工程建设消防技术标准的规定值的80%,明火和散发火花地点与易燃易爆生产厂房、装置设备之间的防火间距小于国家工程建设消防技术标准的规定值
	在厂房、库房、商场中设置员工宿舍,或是在居住等民用建筑中从事生产、储存、经营等活动,且不符合 XF 703—2007《住宿与生产储存经营合用场所消防安全技术要求》的规定
	地下车站的站厅乘客疏散区、站台及疏散通道内设置商业经营活动场所
防火分隔	原有防火分区被改变并导致实际防火分区的建筑面积大于国家工程建设消防技术标准规定值的50%
	防火门、防火卷帘等防火分隔设施损坏的数量大于该防火分区相应防火分隔设施总数的50%
	丙、丁、戊类厂房内有火灾或爆炸危险的部位未采取防火分隔等防火防爆技术措施
安全疏散设施及灭火救援条件	建筑内的避难走道、避难间、避难层的设置不符合国家工程建设消防技术标准规定,或避难走道、避难间、避难层被占用
	人员密集场所内疏散楼梯间的设置形式不符合国家工程建设消防技术标准的规定
	建筑物的安全出口数量或宽度不符合国家工程建设消防技术标准的规定,或既有安全出口被封堵
	按国家工程建设消防技术标准的规定,建筑物应设置独立的安全出口或疏散楼梯而未设置
	商店营业厅内的疏散距离大于国家工程建设消防技术标准规定的125%
	高层建筑和地下建筑未按国家工程建设消防技术标准的规定设置疏散指示标志、应急照明,或所设置设施的损坏率大于标准规定要求设置数量的30%;其他建筑未按国家工程建设消防技术标准规定设置疏散指示标志,应急照明,或所设置设施的损坏率大于标准规定要求设置数量的50%

续　表

隐患类别	判定要素
	设有人员密集场所的高层建筑的封闭楼梯间或防烟楼梯间的门的损坏率超过其设置总数的20%，其他建筑的封闭楼梯间或防烟楼梯间的门的损坏率大于其设置总数的50%
	人员密集场所内疏散走道、疏散楼梯间、前室的室内装修材料的燃烧性能不符合GB 50222—2017《建筑内部装修设计防火规范》的规定
	人员密集场所的疏散走道、楼梯间、疏散门或安全出口设置栅栏、卷帘门
	人员密集场所的外窗被封堵或被广告牌等遮挡
	高层建筑的消防车道、救援场地设置不符合要求或被占用，影响火灾扑救
	消防电梯无法正常运行
消防给水及灭火设施	未按国家工程建设消防技术标准的规定设置消防水源、储存泡沫液等灭火剂
	未按国家工程建设消防技术标准的规定设置室内消防给水系统，或已设置但不符合标准的规定或不能正常使用
	未按国家工程建设消防技术标准的规定设置室内消火栓系统，或已设置但不符合标准的规定或不能正常使用
	除旅馆、公共娱乐场所、商店、地下人员密集场所外，其他场所未按国家工程建设消防技术标准的规定设置自动喷水灭火系统
	未按国家工程建设消防技术标准的规定设置除自动喷水灭火系统外的其他固定灭火设施
	已设置的自动喷水灭火系统或其他固定灭火设施不能正常使用或运行
防烟排烟设施	人员密集场所、高层建筑和地下建筑未按国家工程建设消防技术标准的规定设置防烟、排烟设施，或已设置但不能正常使用或运行
消防供电	消防用电设备的供电负荷级别不符合国家工程建设消防技术标准的规定
	消防用电设备未按国家工程建设消防技术标准的规定采用专用的供电回路
	未按国家工程建设消防技术标准的规定设置消防用电设备末端自动切换装置，或已设置但不符合标准的规定或不能正常自动切换
火灾自动报警系统	除旅馆、公共娱乐场所、商店、其他地下人员密集场所以外的其他场所未按国家工程建设消防技术标准的规定设置火灾自动报警系统
	火灾自动报警系统不能正常运行
	防烟排烟系统、消防水泵以及其他自动消防设施不能正常联动控制
消防安全管理	社会单位未按消防法律法规要求设置专职消防队
	消防控制室操作人员未按GB 25506—2010《消防控制室通用技术要求》规定持证上岗

续　表

隐患类别	判定要素
其他	生产、储存场所的建筑耐火等级与生产、储存物品的火灾危险性类别不相配,违反国家工程建设消防技术标准的规定
	生产、储存、装罐和经营易燃易爆危险品的场所或有粉尘爆炸危险场所未按规定设置防爆电气设备和泄压设施,或防爆电气设备和泄压设施失效
	违反国家工程建设消防技术标准的规定使用燃油、燃气设备或燃油、燃气管道敷设和紧急切断装置不符合标准规定
	违反国家工程建设消防技术标准规定在可燃材料或可燃构件上直接敷设电气线路或安装电气设备,或采用不符合标准规定的消防配电线缆和其他供配电线缆
	违反国家工程建设消防技术标准规定在人员密集场所使用易燃、可燃材料装修、装饰

 思考和实践

(1) 何谓重大火灾隐患? 简述重大火灾隐患辨识的原则。

(2) 举例说明可能导致火灾的隐患有哪些?

(3) 举例说明可能导致火灾危害增大的隐患有哪些?

(4) 简述火灾隐患辨识的步骤和方法。

(5) 简述重大火灾隐患直接判定依据。

(6) 火灾隐患判定的两种方式和判定人员要求。

(7) 完成江苏省一流课程"化工企业火灾风险防控及应急处置演练虚拟仿真实验"中的隐患排查部分,指出防火防爆技术措施。

化工企业火灾风险
防控及应急处置演练
虚拟仿真实验

化学实验过程安全
操作与火灾应急演练
虚拟仿真实验

(8) 自学国家虚拟仿真实验平台共享课程"化学实验过程安全操作与火灾应急演练虚拟仿真实验",查找化学化工实验室安全隐患。

(9) 校园火灾隐患辨识实践:制定消防安全检查表,发现身边的火灾隐患。

爆炸隐患辨识

第三节　爆炸安全检查与危险评定

爆炸是瞬间的、剧烈的能量释放过程,其典型的持续时间为 $1\sim 2$ s,会对人和周围环境产生极具杀伤力的破坏作用。潜在爆炸性环境是指由于区域条件和工作条件可能形成爆炸的环境。为了避免形成或点燃爆炸性环境,减少(潜在)爆炸对人员健康和安全的影响,应当对重点场所展开爆炸物安全检查与处置,对可能形成爆炸性环境的生产场所展开爆炸危险评定。

一、爆炸物安全检查

爆炸物安全检查是以防爆炸为目的,对人身、物品、交通工具、场所和水塔等是否藏匿爆炸物进行的安全检查,适用于法律、法规、规章或者县级以上人民政府确定的需要进行防爆炸安全检查的场所。爆炸安全检查由有资质的防爆安检机构工作人员实施。

爆炸安全检查的对象是在一定的外界能量作用下,能发生快速化学反应,生成大量的热和气体产物,对周围介质做功的爆炸物。爆炸物包括爆炸物质和混合物、爆炸品、烟火物质三类。其中,爆炸物质和混合物能够通过化学反应在内部产生一定速度、一定温度与压力的气体,且对周围环境具有破坏作用,如叠氮钠、黑索金、2,4,6-三硝基甲苯(TNT)、三硝基苯酚。爆炸品是包含一种或多种爆炸物质或其混合物的物质。烟火物质是能发生非爆轰且自供氧的放热化学反应,并产生热、光、声、气体、烟或几种效果的组合的物质。根据爆炸物所具有的危险特性,可将其分为不稳定的爆炸物和6类有外包装的爆炸物、混合物和物品(表5-31)。

表 5-31　爆炸物的危险性分类

项别	爆炸物危险特性	危险说明
不稳定爆炸物	对热不稳定和/或对正常搬运和使用过程中太敏感的爆炸物	不稳定爆炸物
1.1项	具有整体爆炸危险的物质、混合物和制品(整体爆炸是实际上瞬间引燃几乎所有内装物的爆炸)	整体爆炸危险
1.2项	具有迸射危险但无整体爆炸危险的物质、混合物和制品	严重迸射危险
1.3项	具有燃烧危险、较小的爆轰危险或较小的迸射危险或两者兼有,但没有整体爆炸危险的物质、混合物和物品:燃烧产生显著辐射热;或相继燃烧,同时产生爆轰或较小的迸射作用或两者兼有	燃烧、爆炸或迸射危险
1.4项	不存在显著爆炸危险的物质、混合物和制品。如被点燃或引爆也只存在较小危险,并且可以最大限度地控制在包装件内,抛出碎片的质量和抛射距离不超过有关规定;外部火烧不会引发包装件内装物发生整体爆炸	燃烧或迸射危险
1.5项	具有整体爆炸危险,但本身又很不敏感的物质、混合物和制品。虽然有整体爆炸危险,但在正常条件下引爆或由燃烧转为爆轰的可能性非常小	遇火可能整体爆炸

项别	爆炸物危险特性	危险说明
1.6项	极不敏感且无整体爆炸危险的物品。只含极不敏感爆轰物质或混合物和已被证明意外引发的可能性几乎为零的物品	无

如表 5-31 所示,爆炸物的危险性主要包括化学不稳定性、燃烧性、爆炸性和迸射性。不稳定的爆炸物在一定外界因素的作用下,会进行猛烈的化学反应,当受到高热摩擦、撞击、震动等外来因素的作用或与其他性能相抵触的物质接触,就会发生剧烈的化学反应,产生大量的气体和高热,引起爆炸。爆炸性物质如储存量大,爆炸时威力更大。这类物质主要有三硝基甲苯(TNT)、苦味酸(三硝基苯酚)、硝酸铵(NH_4NO_3)、叠氮化物(RN_3)、雷汞[$Hg(ONC)_2$]、乙炔银 2($Ag—C\equiv C—Ag$)及其他超过三个硝基的有机化合物等。爆炸物爆炸时产生大量的高温气体,造成高压,形成的冲击波对周围建筑物有很大的破坏性。

任何一种爆炸品的爆炸都需要外界供给一定的能量,即起爆能。某一爆炸品所需的最小起爆能,即为该爆炸品的敏感度。敏感度是确定爆炸品爆炸危险性的一个非常重要的标志,敏感度越高,则爆炸危险性越大。有些爆炸品与某些化学品如酸、碱、盐发生化学反应,反应的生成物是更容易爆炸的化学品。如苦味酸遇某些碳酸盐能反应生成更易爆炸的苦味酸盐;苦味酸受铜、铁等金属撞击,立即发生爆炸。由于爆炸品具有以上特性,因此在储运中要避免摩擦、撞击、颠簸、震荡,严禁与氧化剂、酸、碱、盐类、金属粉末和钢材料器具等混储混运。

爆炸物安全检查分为普检、精检和巡检。普检是指对进入重点场所的人员、物品、车辆逐一进行防爆安全检查。精检是对普检发现的可疑人员、物品、车辆进一步实施的防爆安全检查。巡检是对重点场所内的主要区域和重点部位实施以设备检查和动物检查为主要方式的防爆安全检查。

防爆安全检查设备按照用途可分为检查设备、处置设备、防护设备和储运设备。如表 5-32 所示,为不同防爆安全检查项目所需配备的防爆安全检查设备(GB/T 37521.1—2019《重点场所防爆炸安全检查　第 1 部分:基础条件》)。

表 5-32　不同防爆安全检查及其需要配备的防爆安全检查设备

防爆安全检查项目		防爆安全检查设备
人身和物品防爆安全检查	普检	X 射线安全检查设备、通过式金属探测门、手持式金属探测器、防爆毯/球(罐)
	精检	液态物品安检仪、痕量炸药探测仪、便携式炸药检测箱
车辆防爆安全检查	普检	车底检查镜、车顶检查镜、手电、窥镜
	精检	液态物品安检仪、痕量炸药探测仪、便携式炸药检测箱
场地防爆安全检查	巡检	炸药探测器、便携式金属探测器、伸缩臂检查镜、非线性结点探测器、安检梯、软管窥镜、手钻、封条、防爆毯

二、爆炸性环境危险评定

生产场所的爆炸危险与设备、防护系统和元件所处理、使用或释放的材料和物质有关,也与制造设备、防护系统和元件的材料有关。根据 GB 25285.1—2021《爆炸性环境 爆炸预防和防护 第 1 部分:基本原则和方法》,爆炸风险评定应考虑以下要素:

(1) 识别爆炸危险并确定危险爆炸性环境出现的可能性。

(2) 识别点燃危险并确定潜在点燃源出现的可能性。

(3) 估计点燃后爆炸的可能效应。

(4) 评价风险以及是否达到预期的保护等级。

(5) 考虑降低风险的措施。

危险评定应采用综合评定方法,既应考虑设备、防护系统和元件本身;也要考虑设备、防护系统和元件与所处理物质之间的相互作用,内部进行的具体工艺过程,设备、防护系统和元件的周围环境及可能与相邻生产工艺过程的相互作用。

(一) 爆炸危险识别

爆炸性环境是指在大气条件下,气体、蒸气、粉尘、纤维或飞絮状的可燃性物质与空气形成的混合物,被点燃后能够保持燃烧自行传播的环境。爆炸性环境可以分为爆炸性气体环境和爆炸性粉尘环境。易燃性和可燃性物质应看作是能够形成爆炸性环境的物质,一旦爆炸性环境被有效点火源点燃,与之有关的潜在危险就释放出来。爆炸性环境的出现取决于以下因素。

1. 存在可燃性物质

在评定危险爆炸性环境出现的可能性时,应考虑现场存在的物质经化学反应、分解和生物过程可能形成的爆炸性环境。如果无法估计危险的爆炸性环境出现的可能性,除非在这种环境中设置有监控可燃性物质浓度的可靠装置,否则应假定这样的环境始终存在。

2. 可燃性物质(如气体、蒸气、薄雾、粉尘)的扩散程度

气体和蒸气的本质特性决定了它们具有很高的扩散程度并足以形成爆炸性环境。对于薄雾和粉尘,如果雾滴尺寸或颗粒尺寸小于 1 mm,则足以产生爆炸性环境。在现实中出现的大量薄雾,悬浮微粒和各类粉尘,其微粒尺寸均在 0.001 mm 和 0.1 mm 之间。

3. 可燃性物质与空气的浓度在爆炸范围内

当散布在空气中的可燃性物质的浓度达到最低值(爆炸下限)时,爆炸是可能的。当浓度超过最大值(爆炸上限)时,爆炸将不会发生。有些物质化学性能不稳定,如乙炔和环氧乙烷,即使在缺乏氧气时也能发生放热反应,因此爆炸上限为 100%。爆炸极限随温度和压力不同而变化,通常,爆炸上、下限间的范围随压力和温度的升高而变宽。在可燃性物质与氧气混合的情况下,其爆炸上限远高于空气混合物。如果可燃性液体的表面温度高于爆炸下限温度点,则能够形成爆炸性环境。可燃性液体的悬浮微粒和薄雾在温度低于爆炸下限温度点时,也能形成爆炸性环境。与气体和蒸气相比较,粉尘的爆炸极限有效程度不同。粉尘云通常是不均匀的,由于粉尘在大气中的沉积和扩散、散落,粉尘的浓度波动较大,当存在可燃性粉尘沉积时,通常认为爆炸性环境可能形成。

4. 引燃后足以造成伤害或破坏的爆炸性环境的量

如果发生爆炸,应考虑下列因素可能产生的破坏效应,如火焰、热辐射、压力波、飞出

的碎片、有危险的物质释放等。上述破坏效应与下列因素有关:可燃性物质的物理和化学性质;爆炸性环境的量和界限、封闭情况;周围环境的几何形状;外壳和支承结构的强度;受危险危及人员的个体防护设备;受危险危及物体的物理性能。因此,只能针对每种具体的情况,对人员可能受到的损伤或对物体可能造成的破坏及受危险危及的场所的大小进行评定。

所以,应从可燃性物质的燃烧特性、爆炸性环境的点燃特性和爆炸性环境点燃后的爆炸特性等方面来进行危险识别,同时还要估计爆炸可能产生的效应,如火焰和热气体、热辐射、压力波、飞出的碎片和有危险的物质释放。表 5-33 列出了爆炸危险识别的相关数据。其中,燃烧特性相关数据提供物质的燃烧特性和是否能够引起燃烧或爆炸的信息;点燃特性相关数据提供爆炸性环境的点燃能量和温度;爆炸特性相关数据提供爆炸威力及火焰传播性能。

表 5-33　爆炸危险识别项目及相关数据

识别项	相关数据
燃烧特性	爆炸下限温度点:可燃性液体在空气中的饱和蒸气浓度等于爆炸下限时的温度。如果不能获得,可由闪点代替
	爆炸极限:可燃性物质与空气混合能够引起爆炸的浓度范围,包括爆炸下限 LEL 和爆炸上限 UEL
	极限氧浓度 LOC:在规定的试验条件下确定的,不会发生爆炸的可燃性物质、空气与惰性气体混合物的最高氧气浓度
点燃特性	最小点燃能量 MIE:在规定的试验条件下,电容器的放电足以有效点燃最易点燃爆炸性环境时,电容器内存储的最小电能
	爆炸性气体环境的自燃温度:在规定的试验条件下,可燃性物质以气体或蒸气形式与空气形成的混合物燃烧的(热表面)最低温度
	爆炸性粉尘环境的最低点燃温度:在规定试验条件下,粉尘云或粉尘层在热表面上发生点燃时,热表面的最低温度
爆炸特性	最大爆炸压力 p_{max}:在规定试验条件下,密闭容器内爆炸性环境爆炸过程中产生的最大压力
	最大爆炸压力上升速率 $(dp/dt)_{max}$:在规定试验条件下,密闭容器内可燃性物质在爆炸范围内,所有爆炸性气体爆炸过程中,单位时间内压力上升的最大值
	最大试验安全间隙 MESG:在规定的试验条件下,试验设备内设腔室里面各种浓度的被试气体或蒸气与空气的混合物点燃后,能够阻止火焰通过内设腔室两部分之间 25 mm 长接合面点燃外部气体混合物的接合面最大间隙(GB/T 2900.35—2008)

(二) 确定爆炸性环境出现的可能性

在评定危险爆炸性环境出现的可能性时,应考虑现场存在的物质经化学反应、分解和生物过程可能形成的爆炸性环境。如果无法估计危险的爆炸性环境出现的可能性,除非在这种环境中设置监控可燃性物质浓度的可靠装置,否则应假定这样的环境始终存在。根据爆炸性环境出现的频率和持续时间,可以将危险场所进行分类(表5-34)。

表5-34 爆炸性环境危险分区

危险分区	爆炸性环境
0区	可燃性物质以气体、蒸气或薄雾的形式与空气形成的爆炸性环境,连续出现、或长期存在或频繁出现的场所
1区	可燃性物质以气体、蒸气或薄雾的形式与空气形成的爆炸性环境,在正常运行条件下偶尔出现的场所
2区	可燃性物质以气体、蒸气或薄雾的形式与空气形成的爆炸性环境,在正常运行条件下不可能出现,如果出现也仅是短时间存在的场所
20区	爆炸性环境以空气中可燃粉尘云的形式,持续地、长期地、频繁地存在的场所
21区	爆炸性环境以空气中可燃粉尘云的形式,在正常运行条件下偶尔出现的场所
22区	爆炸性环境以空气中可燃粉尘云的形式,在正常运行条件下不可能出现,如果出现也仅是短时间存在的场所

(三) 确定有效点火源的存在

点火源的点燃能力应与可燃性物质的点燃特性(如最小点燃能量、爆炸性环境的最低点燃温度以及粉尘层的最低点燃温度)相比较。评定有效点火源出现的可能性时,应考虑维护和清洁等作业时可能产生的点火源。表5-35列出了按点火源的出现方式进行分类的情况。表5-36列出了按点火源的能量来源分类的情况。

表5-35 点火源分类情况(按出现方式分类)

序号	按点火源出现的方式分类	按设备、防护系统和元件运行状态分类
1	连续或频繁出现的点火源	正常运行期间出现的点火源
2	在很少情况下出现的点火源	故障时才可能出现的点火源
3	在极少情况下出现的点火源	罕见故障时才可能出现的点火源

表5-36 爆炸性环境常见点火源

点火源名称	点火源示例
热表面	散热器、干燥器、回热线圈及其他产品的热表面,机械和机器加工过程产生的危险温度,缺少润滑的轴承、轴通道、密封压盖等活动部件的摩擦生热,化学反应(润滑剂和清洁剂的化学反应)引起的温度升高
火焰和热气体	燃烧反应的火焰、高温气体、高温焊渣及金属颗粒
机械火花	摩擦、撞击或研磨加工过程产生的火花,石粒或杂散金属等异物进入设备、防护系统和元件造成的火花,黑色金属间或陶瓷间的摩擦火花,铁锈和铝、镁等轻金属及其合金间撞击产生的铝热反应,钛和锆等轻金属与足够坚硬的材料撞击或摩擦产生的火花

续　表

点火源名称	点火源示例
电气设备	电路断开和闭合时、连接松动时或杂散电流等产生的电火花
杂散电流	发电系统的回流电路、电气设备故障造成的短路或对地短路、磁感应、地面架空线感应使导电系统或系统的导电部件产生的杂散电流、能够传导杂散电流的系统部件被断开、被连接或桥连时会产生电火花和电弧
阴极防腐措施	采用外加电流阴极防腐措施,可能存在点燃危险
静电	绝缘导电部件的电荷放电能够很容易导致易燃火花。包含非导电材料组成的带电部件出现的刷形放电,快速分离过程中(例如,薄膜越过滚筒、传动带或由于导电和非导电材料的组合)出现的传播型刷形放电,或者松散材料造成的锥形放电和电子云放电
雷电	雷电、达到较高温度时的避雷器、强大电流从雷电击中的地方流过时生成的火花、雷暴雨使设备、防护系统和元件产生的高感应电压
$10^4 \sim 3 \times 10^{12}$ Hz 射频（RF）电磁波	所有产生和使用射频电气能量的系统(射频系统)都发射电磁波,例如无线电发射器或用于熔炼、烘干、淬火、焊接、切割等的工业或医疗射频发生器。位于射频辐射区域内的所有导电部件都具有接收天线的作用。如果辐射区域的功率(场强)足够大,并且接收天线足够长,这些导电部件能够在爆炸性环境中引起点燃,例如,接收到的射频能量在与导电部件接触或断开过程中,能够使细导线发热或产生火花
$3 \times 10^{11} \sim 3 \times 10^{15}$ Hz 电磁波	该频谱范围内的辐射(光辐射),尤其当聚焦时,能够被爆炸性气体或固体表面吸收成为点火源,如太阳光聚焦、大量吸收强光源辐射的粉尘颗粒、产生辐射的设备、防护系统和元件(如灯管、电弧、激光)等
电离辐射	X射线管和放射性物质等产生的电离辐射、放射源内部吸收辐射能而自身温度升高而达到点燃温度、电离辐射能造成化学反应而产生的高活性基或不稳定化合物
超声波	使用超声波时,电气换能器发射的大部分能量使暴露在超声波中的物质温度升高而形成点火源
绝热压缩和冲击波	空气压缩机的压力管路中的润滑油雾,压缩高温、高压气体突然泄压到管道的过程中产生的冲击波传播时遇管道的弯道、缩颈、连接法兰、隔断阀等衍射或反射时产生的高温
放热反应	自燃物质与空气的反应、碱金属与水的反应、可燃粉尘自燃、食品生物加工处理引起自身发热、有机过氧化物的分解或聚合反应

（四）评定爆炸预期效应

爆炸可能产生的影响包括火焰、热辐射、压力波、飞出的碎片和有危险的物质释放。爆炸发生时,爆炸现场按受损程度,可分为事故中心区和爆炸冲击波波及区。事故中心区是事故中受损最严重区域,是受到爆炸火焰、热辐射和飞出的碎片影响最大的区域。爆炸冲击波波及区是爆炸压力波影响区域,可分为严重受损区和中度受损区。严重受损区是指建筑结构、外墙、吊顶受损的区域,受损建筑部分主体承重构件(柱、梁、楼板)的钢筋外露,失去承重能力,不再满足安全使用条件。中度受损区是指建筑幕墙及门、窗受损的区域,受损建筑局部幕墙及部分门、窗变形、破裂。爆炸冲击波波及区以外的部分建筑,虽没有受到爆炸冲击波直接作用,但由于爆炸产生地面震动,也会造成建筑物接近地面部位的门、窗玻璃受损。

爆炸可能产生的影响与可燃性物质的物理和化学性质、爆炸性环境的量和界限及封闭情况、周围环境的几何形状、外壳和支承结构的强度、受危险危及人员的个体防护设备、受危险危及物体的物理性能等因素有关。在评定时,应针对具体情况,对人员预期受到的损伤或对物体预期造成的破坏及受危险危及的场所大小进行评定。

（五）制定防爆安全方案

针对爆炸危险性场所的防爆措施设计应当建立在全面的危险评定的基础上,并在经验丰富的专家指导下进行。爆炸预防和防护措施的基本原理是避免爆炸性环境、避免有效点火源和降低爆炸效应。

思考和实践

(1) 简述爆炸危险评定的步骤和方法。

(2) 列举爆燃危险识别过程需要的燃烧特性、点燃特性和爆炸特性参数。

(3) 列举爆炸性环境常见点火源类型。

(4) 指出可燃气体爆炸性环境和可燃粉尘爆炸性环境的危险分区及符号。

(5) 加压气体特指 20 ℃下,压力等于或大于 200 kPa(表压)下装入贮器的气体、液化气体或冷冻液化气体。加压气体包括压缩气体、液化气体、溶解气体、冷冻液化气体。加压气体具有可压缩性和膨胀性。通常以压缩或液化状态储于钢瓶中,不同的气体液化时所需压力、温度亦不同。临界温度高于常温的气体,用单纯的压缩方法会使其液化,如氯气、氨气、二氧化硫等。临界温度低于常温的气体,必须在加压的同时使温度降至临界温度以下才能使其液化,如氮气、氧气、一氧化碳等。这类气体在常温下,无论加多大压力仍以气态形式存在,加压气体如受高温、日晒,气体极易膨胀产生很大的压力,当压力超过容器的耐压强度时就会造成爆炸事故。为了对不同压缩气体加以区分,压缩气体的钢瓶颜色和压缩气体的标识颜色不同。请通过检索,查找并填写表 5 - 37 的压缩气体钢瓶的外表面颜色和字样颜色,并根据上述加压气体的性质,针对储存下列六种气体的压力容器提出针对性的防爆措施。

表 5 - 37　压缩气体钢瓶规定的漆色表

钢瓶名称	外表面颜色	字样	字样颜色	防爆措施
氧气瓶		氧		
氮气瓶		氮		
压缩空气瓶		压缩气体		
氢气瓶		氢		
乙炔气瓶		乙炔不可近火		
二氧化碳气瓶		液化二氧化碳		

第四节　危险化学品危险辨识

一、危险化学品分类

(一) 危险种类和危险类别

根据联合国《化学品分类及标记全球协调制度》(GHS)和 GB 13690—2009《化学品分类和危险性公示通则》,危险化学品的危险种类主要分为理化危险、健康危险和环境危险三个种类。每个危险种类又根据危险的严重程度,划分为不同的危险类别。根据《化学品分类和标签规范》系列国家标准,属于理化危险种类的危险化学品共 16 种,健康危险种类的危险化学品共 10 种,属于环境危险种类的危险化学品有 2 种(表 5 - 38)。

表 5 - 38　化学品分类及其定义

种类	危险分类	定义
理化危险	爆炸物	能通过化学反应在内部产生一定速度、一定温度与压力的气体,且对周围环境具有破坏作用的一种固体或液体物质(或其混合物)。烟火物质或混合物无论其是否产生气体都属于爆炸物质
	易燃气体	一种在 20 ℃和标准压力 101.3 kPa 时与空气混合有一定易燃范围的气体
	易燃气溶胶	喷雾器(不可重新灌装的,用金属、玻璃或塑料制成)内装压缩、液化或加压溶解的易燃气体,并配有释放装置以使内装物喷射出来,形成在气体中悬浮的固态或液态微粒或形成泡沫、膏剂或粉末或者处于液态或气态
	易燃液体	闪点不大于 93 ℃的液体,分为四类
	易燃固体	容易燃烧的固体,通过摩擦引燃或助燃的固体。它们与点火源短暂接触容易点燃且火焰迅速蔓延
	自反应物质或混合物	即使没有氧(空气)也容易发生激烈放热分解的热不稳定液态、固态物质或者混合物
	自燃液体	即使数量小也能在与空气接触后 5 min 内着火的液体
	自燃固体	即使数量小也能在与空气接触后 5min 内着火的固体
	自热物质和混合物	除自燃液体或自燃固体外,与空气反应不需要能量供应就能够自热的固态、液态物质或混合物
	遇水放出易燃气体的物质	通过与水作用,具有自燃性或放出危险数量的易燃气体的固态或液态物质和混合物
	氧化性气体	通过提供氧气,比空气更能导致或促使其他物质燃烧的任何气体

种类	危险分类	定义
	氧化性液体	本身未必可燃,但通常会放出氧气可能引起或促使其他物质燃烧的液体
	氧化性固体	本身未必可燃,但通常会放出氧气可能引起或促使其他物质燃烧的固体
	有机过氧化物	含有二价—O—O—结构和可视为过氧化氢的一个或两个氢原子已被有机基团取代的衍生物的液态或固态有机物
	加压气体	20 ℃下,压力等于或大于200 kPa(表压)下装入贮器的气体、液化气体或冷冻液化气体。包括压缩气体、液化气体、溶解气体、冷冻液化气体
	金属腐蚀物	通过化学作用会显著损伤或毁坏金属的物质或混合物
健康危险	具有急性毒性的物质	经口或皮肤给予物质的单次剂量或在24 h内给予的多次剂量,或者4 h的吸入接触发生急性有害影响的物质
	具皮肤腐蚀刺激的物质	与之接触,能对皮肤造成可逆或不可逆损害后果的物质
	致严重眼损伤刺激物质	将受试物施用于眼睛前部表面进行暴露接触,能引起眼部组织暂时性损伤或无法恢复的损伤的物质
	呼吸或皮肤过敏物质	吸入后会引起呼吸道过敏反应或与皮肤接触后引起过敏反应的物质
	致生殖细胞突变性物质	可引起人体生殖细胞突变并能遗传给后代的化学品
	致癌性物质	能诱发癌症或增加癌症发病率的化学物质或化学物质的混合物
	具有生殖毒性的化学品	能对成年男性或女性的性功能和生育力起有害作用,以及对子代的发育有毒性的物质
	一次性接触产生特异性靶器官系统毒性化学品	由一次接触产生特异性的、非致死性靶器官系统毒性的物质,包括产生即时的和/或迟发的、可逆性和不可逆性功能损害的各种明显的健康效应
	反复接触产生特异性靶器官系统毒性的化学品	由于反复接触而引起特异性的、非致死性靶器官系统毒性的物质,包括能够引起即时的和/或迟发的、可逆性和不可逆性功能损害的各种明显的健康效应
	有吸入危险的化学品	特指通过口腔或鼻腔直接进入或者因呕吐间接进入气管和下呼吸系统造成毒性危害的化学品

续　表

种类	危险分类	定义
环境危险	危害水环境的化学品	可对在水中短时间或长时间接触该物质的生物体造成伤害的化学品
	危害臭氧层的化学品	对臭氧层产生危害的化学品

1. 理化危险种类

属于理化危险种类的物质包括爆炸物、易燃气体、易燃气溶胶、氧化性气体、加压气体、易燃液体、易燃固体、自反应物质、自燃液体、自燃固体、自热物质、遇水放出易燃气体的物质、氧化性液体、氧化性固体、有机过氧化物和金属腐蚀物共 16 种。其中氧化性气体、氧化性液体、氧化性固体、有机过氧化物 4 类是氧化剂,在火灾爆炸事故中起到助燃作用;易燃气体、易燃气溶胶、易燃液体、易燃固体、自反应物质、自燃液体、自燃固体、自热物质、遇水放出易燃气体的物质 9 类易燃可爆炸,属于可燃物;爆炸物和加压气体具有爆炸危险性。

2. 健康危险种类

健康危险种类的物质包括具有急性毒性、皮肤腐蚀刺激、严重眼损伤眼刺激、呼吸道或皮肤致敏、致生殖细胞突变性、致癌性、生殖毒性、特异性靶器官毒性一次接触、特异性靶器官毒性反复接触和吸入危害的 10 类物质。

3. 环境危险种类

环境危险种类的物质包括对水生环境产生危害的物质和对臭氧层产生危害的物质。例如,由于卤代烷灭火剂对臭氧层的危害性,国家已明令禁止生产及使用卤代烷 1211 灭火器和卤代烷 1301 灭火器。

(二) 危险货物分类

危险货物是指具有爆炸、易燃、毒害、感染、腐蚀、放射性等危险特性,在运输、储存、生产、经营、使用和处置中,容易造成人身伤亡、财产损失或环境污染而需要特别防护的物质和物品。根据 GB 6944—2012《危险货物分类和品名编号》国家标准,将危险化学品按危险货物具有的危险性或最主要的危险性分为:爆炸品、气体、易燃液体、易燃固体、易于自燃的物质及遇水放出易燃气体的物质、氧化性物质和有机过氧化物、毒性物质和感染性物质、放射性物质、腐蚀性物质、杂项危险物质和物品(包括危害环境物质)9 类 22 项(表 5 - 39)。

表 5 - 39　危险货物分类

危险货物分类	危险货物项别
第 1 类:爆炸品	1.1 项:有整体爆炸危险的物质和物品
	1.2 项:有迸射危险,但无整体爆炸危险的物质和物品

危险货物分类	危险货物项别
	1.3项:有燃烧危险,有局部爆炸危险或局部迸射危险或这两种危险有,但无整体爆炸危险的物质和物品
	1.4项:不呈现重大危险的物质和物品
	1.5项:有整体爆炸危险的非常不敏感物品
	1.6项:无整体爆炸危险的极端不敏感物品
第2类:气体	2.1项:易燃气体
	2.2项:非易燃无毒气体
	2.3项:毒性气体
第3类:易燃液体	
第4类:易燃固体、易于自燃的物质、遇水放出易燃气体的物质	4.1项:易燃固体,自反应物质和固态退敏爆炸品
	4.2项:易于自燃的物质
	4.3项:遇水放出易燃气体的物质
第5类:氧化性物质和有机过氧化物	5.1项:氧化性物质
	5.2项:有机过氧化物
第6类:毒性物质和感染性物质	6.1项:毒性物质
	6.2项:感染性物质
第7类:放射性物质	
第8类:腐蚀性物质	
第9类:杂项危险物质和物品,包括危害环境物质	

根据 GB 21175—2007《危险货物分类定级基本程序》,危险货物除1,2,7类和第5.2项、第6.2项危险货物外,其他各类危险货物的包装可按危险性分为Ⅰ级包装——高危险性物质,Ⅱ级包装——中等危险性物质,Ⅲ级包装——轻度危险性的物质。

(三) 易制爆化学品分类

根据《危险化学品安全管理条例》(国务院令第591号)第23条规定,公安部编制了《易制爆危险化学品名录》(2017年版),根据该名录,易制爆化学品主要分为9类74种(表5-40)。

表5-40　易制爆化学品类

序号	分类	涉及易制爆化学品类
1	酸类	氧化性液体:硝酸、发烟硝酸、高氯酸(浓度＞72%)、高氯酸(浓度50%～72%)、高氯酸(浓度≤50%)

续　表

序号	分类	涉及易制爆化学品类
2	硝酸盐类	氧化性固体:硝酸钠、硝酸钾、硝酸铯、硝酸镁、硝酸钙、硝酸锶、硝酸钡、硝酸镍、硝酸银、硝酸锌、硝酸铅
3	氯酸盐类	氧化性固体:氯酸钠、氯酸钾 氧化性液体:氯酸钠溶液、氯酸钾溶液 爆炸物:氯酸铵
4	高氯酸盐类	氧化性固体:高氯酸锂、高氯酸钠、高氯酸钾、高氯酸铵(爆炸物)
5	重铬酸盐类	氧化性固体:重铬酸锂、重铬酸钠、重铬酸钾、重铬酸铵
6	过氧化物和超氧化物类	氧化性固体:过氧化锂、过氧化钠、过氧化钾、过氧化钙、过氧化锶、过氧化钡、过氧化锌、过氧化脲、超氧化钠、超氧化钾 氧化性液体:过氧化氢溶液(含量>8%)、过氧化镁 有机过氧化物:过乙酸(含量≤16%,含水≥39%,含乙酸≥15%,含过氧化氢≤24%,含有稳定剂)、过氧化二异丙苯(52%<含量≤100%)、过氧化氢苯甲酰 易燃液体:过乙酸(含量≤43%,含水≥5%,含乙酸≥35%,含过氧化氢≤6%,含有稳定剂)
7	易燃物还原剂类	遇水放出易燃气体的物质和混合物:锂、钠、钾、镁铝粉、无涂层的铝粉、硅铝、硅铝粉、锌尘、锌粉、锌灰、金属锆粉、硼氢化锂、硼氢化钠、硼氢化钾 自热物质和混合物:镁粉、镁铝粉、锌尘、锌粉、锌灰 自燃固体:金属锆粉 易燃固体:镁丸、镁屑或块、有涂层的铝粉、金属锆、硫黄、六亚甲基四胺 易燃液体:1,2-乙二胺、一甲胺溶液 易燃气体:一甲胺(无水)
8	硝基化合物类	易燃液体:硝基甲烷、硝基乙烷 易燃固体:1,5-二硝基萘、1,8-二硝基萘、2,4-二硝基苯酚(含水≥15%)、2,5-二硝基苯酚(含水≥15%)、2,6-二硝基苯酚(含水≥15%) 爆炸物:二硝基苯酚(干的或含水<15%)、2,4-二硝基苯酚钠 其他:2,4-二硝基甲苯、2,6-二硝基甲苯、二硝基苯酚溶液
9	其他	爆炸物:硝化纤维素[干的或含水(或乙醇)<25%]、硝化纤维素(含乙醇≥25%)、硝化纤维素(未改型的,或增塑,含增塑剂<18%)、4,6-二硝基-2-氨基苯酚钠 易燃固体:硝化纤维素(含氮≤12.6%,含乙醇≥25%)、硝化纤维素(含氮≤12.6%)、硝化纤维素(含水≥25%) 易燃液体:硝化纤维素溶液(含氮量≤12.6%,含硝化纤维素≤55%) 氧化性固体:高锰酸钾、高锰酸钠、硝酸胍 其他:水合肼、2,2-双(羟甲基)-1,3-丙二醇

(四) 废弃化学品分类

根据 GB/T 29329—2021《废弃化学品术语》,在生产、生活和其他活动中产生的丧失原有利用价值或者虽未丧失利用价值但被丢弃的、废弃不用的、不合格的、过期失效的化学品,包括包装化学品的容器均属于废弃化学品。根据 GB/T 31857—2015《废弃固体化学品分类规范》和 GB/T 36381—2018《废弃液体化学品分类规范》,废弃固体化学品按照行业来源分为八类,废弃液体化学品根据来源、所属行业和工艺阶段主要分为六类(表 5 - 41)。

表 5 - 41　废弃化学品分类

存在形态	分类
废弃固体化学品	有价金属的废弃固体化学品
	废弃电池化学品
	废弃电子化学品
	废弃催化剂
	废弃聚合物化学品
	废弃油脂
	工业废渣
	其他废弃固体化学品
废弃液体化学品	废弃液体有机化学品
	含金属的废弃液体无机化学品
	含非金属的废弃液体无机化学品
	废无机酸碱
	废油
	其他废弃液体化学品

二、化学品安全技术说明书和安全标签

《危险化学品安全管理条例》规定,危险化学品生产企业应当提供与其生产的危险化学品相符的化学品安全技术说明书,并在危险化学品包装上粘贴或者拴挂与包装内危险化学品相符的化学品安全标签。化学品安全技术说明书和化学品安全标签所载明的内容应当符合国家标准的要求。

(一) 化学品安全技术说明书

化学品安全技术说明书(safety data sheet for chemical products,SDS),又称物质安全技术说明书(material safety data sheet,MSDS)。SDS 提供了化学品(物质或混合物)在安全、健康和环境保护等方面的信息,并推荐了防护措施和紧急情况下的应对措施。根据 GB/T 16483—2008《化学品安全技术说明书内容和项目顺序》,每一种化学品应编制一份化学品安全技术说明书,并按序提供 16 项相关信息,各项信息的标题、编号和前后顺序不应随意变更(表 5 - 42)。

272

表 5-42　化学品安全技术说明书内容和项目顺序

顺序	项目	内容
1	化学品及企业标识	化学品的名称,供应商的产品代码,供应商的名称、地址、电话号码、应急电话、传真和电子邮件地址,化学品的推荐用途和限制用途
2	危险性概述	化学品主要的物理和化学危险性信息以及对人体健康和环境影响的信息;GHS危险性类别和标签要素;人员接触后的主要症状及应急综述
3	成分/组成信息	注明该化学品是物质还是混合物,物质提供化学名或通用名、美国化学文摘登记号(CAS 号)及其他标识符;混合物不必列明所有组分;提供超过浓度限值的组分或所有危险组分的化学名或通用名以及浓度或浓度范围
4	急救措施	说明必要时应采取的急救措施及应避免的行动;根据不同的接触方式将信息细分为吸入、皮肤接触、眼睛接触和食入。简述接触化学品后的急性和迟发效应、主要症状和对健康的主要影响,对保护施救者的忠告和对医生的特别提示
5	消防措施	合适的灭火方法和灭火剂、不合适的灭火剂、化学品的特别危险性(如产品是危险的易燃品)、特殊灭火方法及保护消防人员特殊的防护装备
6	泄漏应急处理	作业人员防护措施、防护装备和应急处置程序;环境保护措施;泄漏化学品的收容、清除方法及所使用的处置材料、防止发生次生危害的预防措施
7	操作处置与储存	操作处置:安全处置注意事项,包括防止化学品人员接触;防止发生火灾和爆炸的技术措施和提供局部或全面通风;防止形成气溶胶和粉尘的技术措施等;防止直接接触不相容物质或混合物的特殊处置注意事项。储存:安全储存的条件(适合的储存条件和不适合的储存条件)、安全技术措施、同禁配物隔离储存的措施、包装材料信息(建议的包装材料和不建议的包装材料)
8	接触控制和个体防护	容许浓度如职业接触限值或生物限制、减少接触的工程控制方法,容许浓度的发布日期、数据出处、试验方法及方法来源;推荐使用的个体防护设备,如呼吸系统防护、手防护、眼睛防护、皮肤和身体防护,表明防护设备的类型和材质。化学品若只在某些特殊条件下才具有危险性,如量大、高浓度、高温、高压等,应标明这些情况下的特殊防护措施
9	理化特性	化学品的外观与性状(如物态、形状和颜色);气味;pH,并标明浓度;熔点/凝固点;沸点、初沸点和沸程;闪点;燃烧上下极限或爆炸极限;蒸气压;蒸汽密度;密度/相对密度;溶解性;n-辛醇/水分配系数;自然温度;分解温度。如必要:气味阈值;蒸发速率;易燃性(固体、气体);数据的测定方法
10	稳定性和反应性	应避免的条件(如静电、撞击或震动);不相容的物质;危险的分解产物,一氧化碳、二氧化碳和水除外。应考虑提供化学品的预期用途和可预见的错误用途

顺序	项目	内容
11	毒理学信息	主要包括急性毒性、皮肤刺激或腐蚀、眼睛刺激或腐蚀、呼吸或皮肤过敏、生殖细胞突变性、致癌性、生殖毒性、特异性靶细胞系统毒性一次性接触、特异性靶细胞系统毒性反复接触和吸入危害,以及毒代动力学、代谢和分布信息;如可能,提供描述一次性接触、反复接触与连续接触所产生的迟发效应和即时效应。潜在的有害效应包括与毒性值测试观察到的有关症状、理化和毒理学特性。应按照不同的接触途径提供信息
12	生态学信息	化学品的环境影响、环境行为和归宿方面的信息,主要包括化学品在环境中的预期行为,可能对环境造成的影响/生态毒性;持久性和降解性;潜在的生物累积性以及土壤中的迁移性
13	废弃处置	为安全和有利于环境保护而推荐的废弃处置方法信息。这些处置方法适用于化学品(残余废弃物),也适用于任何受污染的容器和包装。提醒下游用户注意当地废弃处置法规
14	运输信息	按照国际运输法规规定的编号与分类并根据不同的运输方式,如陆运、海运和空运进行区分。包含联合国危险货物编号(UN 号)、联合国运输名称、联合国危险性分类、包装组(如果可能)以及海洋污染物(是/否)。提供使用者需要了解或遵守的其他与运输或运输工具有关的特殊防范措施
15	法规信息	使用本 SDS 的国家或地区管理该化学品的法规名称。提供与法律相关的法规信息和化学品标签信息。提醒下游用户注意当地废弃处置法规
16	其他信息	上述各项未包括的其他重要信息,如可以提供需要进行的专业培训、建议的用途和限制的用途

(二) 危险化学品安全标签

危险化学品安全标签是针对危险化学品而设计,用于提示接触危险化学品的人员化学品所具有的危险性和安全注意事项的特殊标识,由文字、象形图和编码组合而成,可粘贴、挂拴或喷印在化学品的外包装或容器上。根据使用场合的不同,危险化学品安全标签又分为供应商标签、作业场所标签和实验室标签。危险化学品的供应商安全标签是指危险化学品在流通过程中由供应商提供的附在化学品包装上的安全标签。作业场所安全标签又称工作场所"安全周知卡",是作业场所提示该场所使用的化学品特性的一种标识。实验室用化学品由于用量少、包装小,而且一部分是自备自用的化学品,因此实验室安全标签比较简单。供应商安全标签是应用最广的一种安全标签。

GB 15258—2009《化学品安全标签编写规定》对市场上流通的化学品通过加贴标签的形式进行危险性标识,提出安全使用注意事项,向作业人员传递安全信息,以预防和减少化学危害,达到保障安全和健康的目的。化学品标签应包括化学品标识、象形图、信号词、危险性说明、防范说明、供应商标识、应急咨询电话、资料参阅提示语、危险信息的先后排序等内容(如图 5 - 13 所示)。

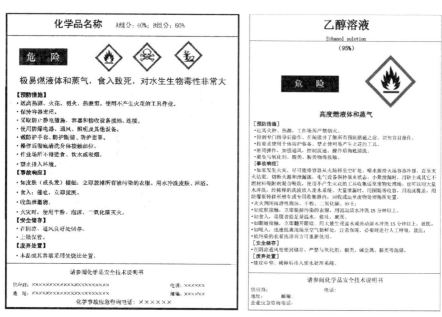

图 5‑13 危险化学品安全标签及简化安全标签示例

三、危险化学品的辨识

危险化学品是指具有毒害、腐蚀、爆炸、燃烧、助燃等性质,对人体、设施、环境具有危害的剧毒化学品和其他化学品。在实际辨识和分类过程中,应根据化学品(化合物、混合物或单质)本身特性,依据有关标准,确定是否为危险化学品,并划出可能的危险性类别及项别。我国危险化学品分类依据为 GB 13690—2009《化学品分类和危险性公示通则》,分类不仅影响产品是否受管制,而且影响产品标签的内容、危险标志以及化学品安全技术说明书的编制。辨识与分类是化学品管理的基础。

确定某种化学品是否为危险化学品,一般可按下列程序:

(1) 对于现有的化学品,可以对照现行的《危险化学品名录》(2015 版),确定其危险性类别和项别。

(2) 对于新的化学品,可首先检索文献,利用文献数据进行危险性初步评估,然后进行针对性实验;对于没有文献资料的,需要进行全面的物化性质、毒性、燃爆、环境方面的试验,然后根据《危险化学品名录》(2015 版)和《化学品分类和危险性公示通则》两个标准进行分类。实验方法和项目参照联合国《关于危险货物运输的建议书——试验和标准手册》(第 16 版)第 2 部分进行。化学品危险性辨识程序如图 5‑14。

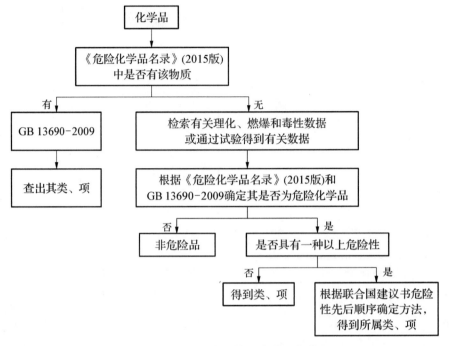

图 5‑14 化学品危险性分类的一般程序

危险废物是指列入国家危险废物名录或者根据国家规定的危险废物鉴别标准和鉴别方法认定的具有腐蚀性、毒性、易燃性、反应性和感染性等一种或一种以上危险特性,以及不排除具有以上危险特性的固体废物。对于废弃化学品中的危险物质,可以根据 GB 5085.1—2007~GB 5085.6—2007 进行危险废物的鉴别(表 5‑43)。

表 5‑43 危险废物鉴别标准

分类	鉴别标准
腐蚀性	按照 GB/T 15555.12—1995 制备的浸出液,pH≥12.5,或者≤2.0;在 55 ℃条件下,对 GB/T 699—2015 中规定的 20 号钢材的腐蚀速率≥6.35 mm/a。
急性毒性	经口摄取:固体 LD_{50}≤200 mg/kg,液体 LD_{50}≤500 mg/kg。 经皮肤接触:LD_{50}≤1 000 mg/kg。 蒸气、烟雾或粉尘吸入:LC_{50}≤10 mg/L。
浸出毒性	按照 HJ/T 299 制备的固体废物浸出液中任何一种危害成分含量超过 GB 5085.3—2007 中所列的各危害成分的浓度限值,则判定该固体废物是具有浸出毒性特征的危险废物。
易燃性	闪点温度低于 60 ℃(闭杯试验)的液体、液体混合物或含有固体物质的液体在标准温度和压力(25 ℃,101.3 kPa)下因摩擦或自发性燃烧而起火,经点燃后能剧烈而持续地燃烧并产生危害的固态废物。 在 20 ℃、101.3 kPa 状态下,在与空气的混合物中体积百分比≤13%时可点燃的气体,或者在该状态下,不论易燃下限如何,与空气混合,易燃范围的易燃上限与易燃下限之差大于或等于 12 个百分点的气体。

分类	鉴别标准
反应性	具有爆炸性:常温常压下不稳定,在无引爆条件下,易发生剧烈变化;或者标准温度和压力下(25 ℃,101.3 kPa),易发生爆轰或爆炸性分解反应;或者受强起爆剂作用或在封闭条件下加热,能发生爆轰或爆炸反应。 与水或酸接触产生易燃气体或有毒气体:与水混合发生剧烈化学反应,并放出大量易燃气体和热量;或者与水混合能产生足以危害人体健康或环境的有毒气体、蒸气或烟雾;或者在酸性条件下,每千克含氰化物废物分解产生大于等于 250 mg 氰化氢气体,或者每千克含硫化物废物分解产生大于等于 500 mg 硫化氢气体。 废弃氧化剂或有机过氧化物:极易引起燃烧或爆炸的废弃氧化剂;或者对热、震动或摩擦极为敏感的含过氧基的废弃有机过氧化物。
毒性物质	含有 GB 5085.6—2007 标准中的一种或一种以上剧毒物质的总含量大于等于 0.1%;一种或一种以上有毒物质的总含量大于等于 3%;一种或一种以上致癌性物质的总含量大于等于 0.1%;一种或一种以上致突变性物质的总含量大于等于 0.1%;一种或一种以上生殖毒性物质的总含量大于等于 0.5%;或含有两种以上上述五种毒性毒质者根据公式计算值 $\sum \frac{p_i}{L_i} \geqslant 1$($p_i$ 为某类毒性物质的量,L_i 为某类毒性物质的规定标准值);任何一种持久性有机污染物(除多氯二苯并对二噁英、多氯二苯并呋喃外)的含量大于等于 50 mg/kg;含有多氯二苯并对二噁英和多氯二苯并呋喃的含量大于等于 15 μg TEQ/kg。

化工企业的固体废料处置不当可能造成严重的灾害后果。例如,2019 年 3 月 21 日,江苏省盐城市天嘉宜化工有限公司特别重大爆炸事故的直接原因就是天嘉宜公司无视国家环境保护和安全生产法律法规,在明知硝化废料具有燃烧、爆炸、毒性等危险特性情况下,始终未向环保(生态环境)部门申报登记,甚至通过在旧固废库内硝化废料堆垛前摆放"硝化半成品"牌子、在硝化废料吨袋上贴"硝化粗品"标签的方式刻意隐瞒;没有按照《国家危险废物名录》《危险废物鉴别标准》(GB 5085.1~GB 5085.6)对硝化废料进行鉴别、认定,没有按危险废物要求进行管理,而是将大量的硝化废料长期存放于不具备贮存条件的煤棚、固废仓库等场所,超时贮存问题严重,最长贮存时间甚至超过 7 年;技术团队仅了解硝化废料着火、爆炸的危险特性,对大量硝化废料长期贮存引发爆炸的严重后果认知不够,不具备相应管理能力,企业管理混乱。

为了有效预防重大危险化学品生产安全事故,从事危险化学品生产、储存、使用和经营的单位必须明确国家制定的危险化学品安全监管法律规范体系并严格执行。这些危险化学品安全管理相关的国家法律规范和标准(附录 3)是我国多年来危险化学品安全管理实践经验的总结和提炼。

四、危险化学品重大危险源辨识和管理

(一)危险化学品重大危险源定义和分类

随着化学工业的发展,大量易燃易爆、有毒有害危险化学品作为工业生产的原料或产品出现在生产、加工处理、储存、运输、经营过程中。化学品的固有危害性给人类安全带来了极大的威胁。20 世纪 70 年代以来,预防重大工业事故已引起国际社会的广泛重视,随

之产生了重大危险源的概念。1993 年 6 月,第 80 届国际劳工大会通过的《预防重大工业事故公约》将重大危害源定义为"不论长期地还是临时地加工、生产、处理、搬运、使用或储存数量超过临界量的一种或多种危险物质,或多类危险物质的设施(不包括核设施、军事设施以及设施现场之外的非管道运输)"。我国标准 GB 18218—2018《危险化学品重大危险源辨识》规定,危险化学品重大危险源是指长期地或临时地生产、储存、使用和经营危险物质,且危险物质的数量等于或超过临界量的单元。在这个定义中,单元指涉及危险化学品的生产、储存装置、设施或场所,分为生产单元和存储单元。生产单元专指危险化学品的生产、加工及使用等的装置及设施,当装置及设施之间有切断阀时,以切断阀作为分隔界限划分为独立的单元;储存单元特指用于储存危险化学品的储罐或仓库组成的相对独立的区域,其中储罐区以罐区防火堤为界限划分为独立的单元,仓库以独立库房(独立建筑物)为界限划分为独立的单元。

危险化学品重大危险源可分为生产单元危险化学品重大危险源和储存单元危险化学品重大危险源。例如,2013 年 6 月 3 日 6 时 10 分许,吉林省长春市德惠市的吉林宝源丰禽业有限公司发生伴有大量液氨泄漏的特别重大火灾爆炸事故,造成 121 人死亡、76 人受伤,17 234 m² 主厂房及主厂房内生产设备损毁,直接经济损失 1.82 亿元。涉及的重大危险源是事故企业使用的氨制冷系统,属于生产单元危险化学品重大危险源。事故中氨制冷系统受热爆炸,约 15 吨液氨泄漏后参与燃烧并对现场人员产生毒害作用。同时企业未按照有关规定对重大危险源进行监控,未对存在的重大隐患进行排查、整改、消除。2015 年 8 月 12 日,天津市滨海新区天津港瑞海国际物流有限公司危险品仓库特别重大火灾爆炸事故造成 165 人遇难,8 人失踪,798 人受伤住院治疗;304 幢建筑物、12 428 辆商品汽车、7 533 个集装箱受损,直接经济损失人民币 68.66 亿元。事故涉及的重大危险源属于储存单元重大危险源,其中包括:瑞海公司违反《危险货物集装箱港口作业安全规程》(JT397—2007),在运抵区违规存放 800 吨硝酸铵;企业严重超负荷经营、超量存储的多种危险货物如硝酸钾存储量 1 342.8 吨,超设计最大存储量 53.7 倍;硫化钠存储量 484 吨,超设计最大存储量 19.4 倍;氰化钠存储量 680.5 吨,超设计最大储存量 42.5 倍。同时瑞海公司没有按照《危险化学品安全管理条例》(国务院令第 591 号)、《港口危险货物安全管理规定》(交通运输部令 2012 年第 9 号)和《港口危险货物重大危险源监督管理办法》(交水发〔2013〕274 号)等有关规定,对本单位的港口危险货物存储场所进行重大危险源辨识评估,也没有将重大危险源向天津市交通运输部门进行登记备案。

(二)危险化学品重大危险源监督管理规定

为了加强危险化学品重大危险源的安全监督管理,防止和减少危险化学品事故的发生,保障人民群众生命财产安全,根据《中华人民共和国安全生产法》和《危险化学品安全管理条例》等有关法律、行政法规,国家制定并颁布了《危险化学品重大危险源监督管理暂行规定》,规定从事危险化学品生产、储存、使用和经营的单位应当依照规定对危险化学品重大危险源进行辨识、评估、登记建档、备案、核销及监督管理。为强化危险化学品企业安全生产主体责任落实,细化重大安全风险管控责任,防范重特大事故,国家于 2021 年制定并颁布了《危险化学品企业重大危险源安全包保责任制办法》。明确要求取得应急管理部门许可的涉及危险化学品重大危险源(以下简称重大危险源)的危险化学品生产企业、经营(带储存)企业、使用危险化学品从事生产的化工企业应当明确本企业每一处重大危险源的主要负责人、技术负责人和操作负责人,从总体管理、技术管理、操作管理三个层面对重大危险源实行安全包保。

1. 危险化学品重大危险源辨识和评估

规定危险化学品单位应当按照《危险化学品重大危险源辨识》标准,对本单位的危险化学品生产、经营、储存和使用装置、设施或者场所进行重大危险源辨识,并记录辨识过程与结果。危险化学品单位应当对重大危险源进行安全评估并确定重大危险源等级。危险化学品单位可以组织本单位的注册安全工程师、技术人员或者聘请有关专家进行安全评估,也可以委托具有相应资质的安全评价机构进行安全评估;可以与法律、行政法规规定的安全评价一并进行,也可以单独进行。那些容易引起群死群伤等恶性事故的危险化学品,如毒性气体、爆炸品或者液化易燃气体等,是安全监管的重点。如果其在一级、二级等级别较高的重大危险源中存量较高时,危险化学品单位应当委托具有相应资质的安全评价机构,采用更为先进、严格并与国际接轨的定量风险评价方法进行安全评估,以更好地掌握重大危险源的现实风险水平,采取有效控制措施。

2. 危险化学品重大危险源登记建档和备案

危险化学品单位新建、改建和扩建危险化学品建设项目,应当在建设项目竣工验收前完成重大危险源的辨识、安全评估和分级、登记建档工作,向所在地县级人民政府安全生产监督管理部门备案。若出现如现有重大危险源安全评估已满三年,或者构成重大危险源的装置、设施或场所进行新建、改建、扩建的;或者危险化学品种类、数量、生产、使用工艺或者储存方式及重要设备、设施等发生变化,影响重大危险源级别或者风险程度的;或者外界生产安全环境因素发生变化,影响重大危险源级别和风险程度的;或者发生危险化学品事故造成人员死亡,或者 10 人以上受伤,或者影响到公共安全的;或者有关重大危险源辨识和安全评估的国家标准、行业标准发生变化等情形之一的,危险化学品单位应当及时更新档案,并向所在地县级人民政府安全生产监督管理部门重新备案。

3. 危险化学品重大危险源监督管理

危险化学品单位应当建立完善重大危险源安全管理规章制度和安全操作规程,并采取有效措施保证其得到执行。危险化学品单位应当根据构成重大危险源的危险化学品种类、数量、生产、使用工艺(方式)或者相关设备、设施等实际情况,按照规定要求建立健全安全监测监控体系,完善控制措施。危险化学品单位应当按照国家有关规定,定期对重大危险源的安全设施和安全监测监控系统进行检测、检验,并进行经常性维护、保养,保证重大危险源的安全设施和安全监测监控系统有效、可靠运行。维护、保养、检测应当做好记录,并由有关人员签字。

危险化学品企业应当明确本企业每一处重大危险源的主要负责人、技术负责人和操作负责人,从总体管理、技术管理、操作管理三个层面对重大危险源实行安全包保。如表5-44 所示,危险化学品企业应当在重大危险源安全警示标志位置设立公示牌,写明重大危险源的主要负责人、技术负责人、操作负责人的姓名、对应的安全包保职责及联系方式,接受员工监督。重大危险源安全包保责任人、联系方式应当录入全国危险化学品登记信息管理系统,并向所在地应急管理部门报备,相关信息变更的应于变更后 5 日内在全国危险化学品登记信息管理系统中更新。

表 5-44　重大危险源安全包保公示牌示例

重大危险源安全包保公示牌			
			编号:
危险化学品名称	苯、甲苯、二甲苯、甲醇、氢气	主要负责人	姓名:
			联系电话:
			在公司担任职务:总经理
重大危险源级别	三级	技术负责人	姓名:
化学品最大储存数量	苯:吨		联系电话:
	苯:吨		在公司担任职务:生产副总
	苯:吨	操作负责人	姓名:
	甲醇:吨		联系电话:
	氢气:吨		在公司担任职务:车间主任
监督举报电话			
主要负责人职责	1. 组织建立重大危险源安全包保责任制并指定对重大危险源负有安全包保责任的技术负责人、操作负责人。 2. 组织制定重大危险源安全生产规章制度和操作规程,并采取有效措施保证其得到执行。 3. 组织对重大危险源的管理和操作岗位人员进行安全技能培训。 4. 保证重大危险源安全生产所必需的安全投入。 5. 督促、检查重大危险源安全生产工作。 6. 组织制定并实施重大危险源生产安全事故应急救援预案。 7. 组织通过危险化学品登记信息管理系统填报重大危险源有关信息,保证重大危险源安全监测监控有关数据接入危险化学品安全生产风险监测预警系统。		
技术负责人职责	1. 组织实施重大危险源安全监测监控体系建设,完善控制措施,保证安全监测监控系统符合国家标准或者行业标准的规定。 2. 组织定期对安全设施和监测监控系统进行检测、检验,并进行经常性维护、保养,保证有效、可靠运行。 3. 对于超过个人和社会可容许风险值限值标准的重大危险源,组织采取相应的降低风险措施,直至风险满足可容许风险标准要求。 4. 组织审查涉及重大危险源的外来施工单位及人员的相关资质、安全管理等情况,审查涉及重大危险源的变更管理。 5. 每季度至少组织对重大危险源进行一次针对性安全风险隐患排查,重大活动、重点时段和节假日前必须进行重大危险源安全风险隐患排查,制定管控措施和治理方案并监督落实。 6. 组织演练重大危险源专项应急预案和现场处置方案。		
操作负责人职责	1. 负责督促检查各岗位严格执行重大危险源安全生产规章制度和操作规程。 2. 对涉及重大危险源的特殊作业、检维修作业等进行监督检查,督促落实作业安全管控措施。 3. 每周至少组织一次重大危险源安全风险隐患排查。 4. 及时采取措施消除重大危险源事故隐患。		

4.危险化学品重大危险源事故应急预案和演练

危险化学品单位应当制定重大危险源事故应急预案,建立应急救援组织或者配备应急救援人员,配备必要的防护装备及应急救援器材、设备、物资,并保障其完好和方便使用;配合地方人民政府安全生产监督管理部门制定所在地区涉及本单位的危险化学品事故应急预案。对存在吸入性有毒、有害气体的重大危险源,危险化学品单位应当配备便携式浓度检测设备、空气呼吸器、化学防护服、堵漏器材等应急器材和设备;涉及剧毒气体的重大危险源,还应当配备两套以上(含本数)气密型化学防护服;涉及易燃易爆气体或者易燃液体蒸气的重大危险源,还应当配备一定数量的便携式可燃气体检测设备。危险化学品单位应当制定重大危险源事故应急预案演练计划,并组织演练重大危险源专项应急预案和现场处置方案。

(三) 危险化学品重大危险源辨识

1.临界量的确定

危险化学品应依据危化品的危险特性及其数量进行重大危险源辨识。表5-45按危险化学品名称给出其对应的临界量,表5-46按危险化学品的类别给出其对应的临界量。在确定某危险化学品的临界量时,可以先根据该危险化学品的名称,查表5-45,找到对应的临界量;如果该危险化学品名称未出现在表5-45中,则应根据其危险性类别查表5-46来确定其临界量。危险化学品分类参见表5-47。

表5-45　危险化学品名称及其临界量

序号	危险化学品名称和说明	别名	CAS号	临界量/t
1	氨	液氨;氨气	7664-41-7	10
2	二氟化氧	一氧化二氟	7783-41-7	1
3	二氧化氮		10102-44-0	1
4	二氧化硫	亚硫酸酐	7446-09-5	20
5	氟		7782-41-4	1
6	碳酰氯	光气	75-44-5	0.3
7	环氧乙烷	氧化乙烯	75-21-8	10
8	甲醛(含量>90%)	蚁醛	50-00-0	5
9	磷化氢	磷化三氢;膦	7803-51-2	1
10	硫化氢		7783-06-4	5
11	氯化氢(无水)		7647-01-0	20
12	氯	液氯;氯气	7782-50-5	5
13	煤气(CO,CO 和 H_2、CH_4 的混合物等)			20
14	砷化氢	砷化三氢;胂	7784-42-1	1
15	锑化氢	三氢化锑;锑化三氢	7803-52-3	1
16	硒化氢		7783-07-5	1

续 表

序号	危险化学品名称和说明	别名	CAS号	临界量/t
17	溴甲烷	甲基溴	74-83-9	10
18	丙酮氰醇	丙酮合氰化氢;2-羟基异丁腈;氰丙醇	75-86-5	20
19	丙烯醛	烯丙醛;败脂醛	107-02-8	20
20	氟化氢		7664-39-3	1
21	1-氯-2,3-环氧丙烷	环氧氯丙烷;3-氯-1,2-环氧丙烷	106-89-8	20
22	3-溴-1,2-环氧丙烷	环氧溴丙烷;溴甲基环氧乙烷;表溴醇	3132-64-7	20
23	甲苯二异氰酸酯	二异氰酸甲苯酯;TDI	26471-62-5	100
24	一氯化硫	氯化硫	10025-67-9	1
25	氰化氢	无水氢氰酸	74-90-8	1
26	三氧化硫	硫酸酐	7446-11-9	75
27	3-氨基丙烯	烯丙胺	107-11-9	20
28	溴	溴素	7726-95-6	20
29	乙撑亚胺	吖丙啶;1-氮杂环丙烷;氮丙啶	151-56-4	20
30	异氰酸甲酯	甲基异氰酸酯	624-83-9	0.75
31	叠氮化钡	叠氮钡	18810-58-7	0.5
32	叠氮化铅		13424-46-9	0.5
33	雷汞	二雷酸汞;雷酸汞	628-86-4	0.5
34	三硝基苯甲醚	三硝基茴香醚	28653-16-9	5
35	2,4,6-三硝基甲苯	梯恩梯;TNT	118-96-7	5
36	硝化甘油	硝化丙三醇;甘油三硝酸酯	55-63-0	1
37	硝化纤维素[干的或含水(或乙醇)<25%]			1
38	硝化纤维素(未改型的,或增塑的,含增塑剂<18%)	硝化棉	9004-70-0	1
39	硝化纤维素(含乙醇≥25%)			10
40	硝化纤维素(含氮≤12.6%)			50
41	硝化纤维素(含水≥25%)			50

序号	危险化学品名称和说明	别名	CAS 号	临界量/t
42	硝化纤维素溶液（含氮量≤12.6%,含硝化纤维素≤55%）	硝化棉溶液	9004 - 70 - 0	50
43	硝酸铵（含可燃物＞0.2%,包括以碳计算的任何有机物,但不包括任何其他添加剂）		6484 - 52 - 2	5
44	硝酸铵（含可燃物≤0.2%）		6484 - 52 - 2	50
45	硝酸铵肥料（含可燃物≤0.4%）			200
46	硝酸钾		7757 - 79 - 1	1 000
47	1,3-丁二烯	联乙烯	106 - 99 - 0	5
48	二甲醚	甲醚	115 - 10 - 6	50
49	甲烷,天然气		74 - 82 - 8(甲烷) 8006 - 14 - 2(天然气)	50
50	氯乙烯	乙烯基氯	75 - 01 - 4	50
51	氢	氢气	1333 - 74 - 0	5
52	液化石油气（含丙烷、丁烷及其混合物）	石油气（液化的）	68476 - 85 - 7(压凝汽油) 74 - 98 - 6(丙烷) 106 - 97 - 8(丁烷)	50
53	一甲胺	氨基甲烷;甲胺	74 - 89 - 5	5
54	乙炔	电石气	74 - 86 - 2	1
55	乙烯		74 - 85 - 1	50
56	氧（压缩的或液化的）	液氧;氧气	7782 - 44 - 7	200
57	苯	纯苯	71 - 43 - 2	50
58	苯乙烯	乙烯苯	100 - 42 - 5	500
59	丙酮	二甲基酮	67 - 64 - 1	500
60	2-丙烯腈	丙烯腈;乙烯基氰;氰基乙烯	107 - 13 - 1	50
61	二硫化碳		75 - 15 - 0	50
62	环己烷	六氢化苯	110 - 82 - 7	500
63	1,2-环氧丙烷	氧化丙烯;甲基环氧乙烷	75 - 56 - 9	10
64	甲苯	甲基苯;苯基甲烷	108 - 88 - 3	500
65	甲醇	木醇;木精	67 - 56 - 1	500
66	汽油（乙醇汽油、甲醇汽油）		86290 - 81 - 5(汽油)	200

序号	危险化学品名称和说明	别名	CAS 号	临界量/t
67	乙醇	酒精	64 - 17 - 5	500
68	乙醚	二乙基醚	60 - 29 - 7	10
69	乙酸乙酯	醋酸乙酯	141 - 78 - 6	500
70	正己烷	己烷	110 - 54 - 3	500
71	过乙酸	过醋酸；过氧乙酸；乙酰过氧化氢	79 - 21 - 0	10
72	过氧化甲基乙基酮(10%＜有效氧含量≤10.7%，含 A 型稀释剂≥48%)		1338 - 23 - 4	10
73	白磷	黄磷	12185 - 10 - 3	50
74	烷基铝	三烷基铝		1
75	戊硼烷	五硼烷	19624 - 22 - 7	1
76	过氧化钾		17014 - 71 - 0	20
77	过氧化钠	双氧化钠；二氧化钠	1313 - 60 - 6	20
78	氯酸钾		3811 - 04 - 9	100
79	氯酸钠		7775 - 09 - 9	100
80	发烟硝酸		52583 - 42 - 3	20
81	硝酸（发红烟的除外，含硝酸＞70%）		7697 - 37 - 2	100
82	硝酸胍	硝酸亚氨脲	506 - 93 - 4	50
83	碳化钙	电石	75 - 20 - 7	100
84	钾	金属钾	7440 - 09 - 7	1
85	钠	金属钠	7440 - 23 - 5	10

表 5‑46　未在表 5‑45 中列出的危险化学品类别及其临界量

类别	符号	危险性分类及说明	临界量/t
健康危害	J（健康危险性符号）	—	—
急性毒性	J1	类别 1,所有暴露途径,气体	5
	J2	类别 1,所有暴露途径,固体、液体	50
	J3	类别 2,类别 3,所有暴露途径,气体	50
	J4	类别 2,类别 3,吸入途径,液体(沸点≤35 ℃)	50
	J5	类别 2,所有暴露途径,液体(除 J4 外)、固体	500

类别	符号	危险性分类及说明	临界量/t
物理危险	W （物理危险性符号）	—	—
爆炸物	W1.1	不稳定爆炸物 1.1 项爆炸物	1
	W1.2	1.2、1.3、1.5、1.6 项爆炸物	10
	W1.3	1.4 项爆炸物	50
易燃气体	W2	类别 1 和类别 2	10
气溶胶	W3	类别 1 和类别 2	150（净重）
氧化性气体	W4	类别 1	50
易燃液体	W5.1	类别 1 类别 2 和 3,工作温度高于沸点	10
	W5.2	类别 2 和 3,具有引发重大事故的特殊工艺条件,包括危险化工工艺、爆炸极限范围或附近操作、操作压力大于 1.6 MPa 等	50
	W5.3	不属于 W5.1 和 W5.2 的其他类别 2	1000
	W5.4	不属于 W5.1 和 W5.2 的其他类别 3	5000
自反应物质和混合物	W6.1	A 型和 B 型自反应物质和混合物	10
	W6.2	C 型、D 型、E 型自反应物质和混合物	50
有机过氧化物	W7.1	A 型和 B 型有机过氧化物	10
	W7.2	C 型、D 型、E 型、F 型有机过氧化物	50
自燃液体和自燃固体	W8	类别 1 自燃液体 类别 1 自燃固体	50
氧化性固体和液体	W9.1	类别 1	50
	W9.2	类别 2、类别 3	200
易燃固体	W10	类别 1 易燃固体	200
遇水放出易燃气体的物质和混合物	W11	类别 1 和类别 2	200

表 5－47　危险化学品分类依据

类别	国家标准
爆炸物	GB 30000.2—2013《化学品分类和标签规范 第 2 部分:爆炸物》

类别	国家标准
易燃液体	GB 30000.3—2013《化学品分类和标签规范 第3部分:易燃液体》
气溶胶	GB 30000.4—2013《化学品分类和标签规范 第4部分:气溶胶》
氧化性气体	GB 30000.5—2013《化学品分类和标签规范 第5部分:氧化性气体》
加压气体	GB 30000.6—2013《化学品分类和标签规范 第6部分:加压气体》
易燃液体	GB 30000.7—2013《化学品分类和标签规范 第7部分:易燃液体》
易燃固体	GB 30000.8—2013《化学品分类和标签规范 第8部分:易燃固体》
自反应物质和混合物	GB 30000.9—2013《化学品分类和标签规范 第9部分:自反应物质和混合物》
自燃液体	GB 30000.10—2013《化学品分类和标签规范 第10部分:自燃液体》
自燃固体	GB 30000.11—2013《化学品分类和标签规范 第11部分:自燃固体》
自热物质和混合物	GB 30000.12—2013《化学品分类和标签规范 第12部分:自热物质和混合物》
遇水放出易燃气体的物质和混合物	GB 30000.13—2013《化学品分类和标签规范 第13部分:遇水放出易燃气体的物质和混合物》
氧化性液体	GB 30000.14—2013《化学品分类和标签规范 第14部分:氧化性液体》
氧化性固体	GB 30000.15—2013《化学品分类和标签规范 第15部分:氧化性固体》
有机过氧化物	GB 30000.16—2013《化学品分类和标签规范 第16部分:有机过氧化物》

2. 辨识指标

生产单元、储存单元内存在危险化学品的数量等于或超过表5-45、表5-46规定的临界量,即被定为重大危险源。根据辨识单元内存在的危险化学品种类的多少可以分为以下两种情况。

(1)生产单元、存储单元内存在的危险化学品为单一品种时,该危险化学品的数量即为单元内危险化学品的总量,若等于或超过相应的临界量,则定为重大危险源。

(2)生产单元、存储单元内存在的危险化学品为多品种时,按式5-3计算,若该式计算结果大于等于1(即 $S \geqslant 1$),则可定为重大危险源。

$$S = \frac{q_1}{Q_1} + \frac{q_2}{Q_2} + \cdots + \frac{q_n}{Q_n} \qquad (式5-3)$$

其中,S 为辨识指标;$q_1,q_2,\cdots,q_n$ 为每种危险化学品的实际存在量,单位为吨(t);$Q_1,Q_2,\cdots,Q_n$ 为与每种危险化学品对应的实际临界量,单位为吨(t)。

若辨识的危险化学品涉及危险化学品储罐以及其他容器、设备或仓储区的危险化学品,其实际存在量按设计最大量计算。对于危险化学品混合物,如果混合物与其纯物质属于相同危险类别,则视混合物为纯物质,按混合物整体进行计算。如果混合物与其纯物质不属于相同危险类别,则应按新危险类别考虑其临界量。

【例题 5－4】　某化学品企业有 A、B、C、D 库房,不同类别放不同类别的危险化学品,各库房都为独立建筑,A 库房内存有 8 t 乙醇、5 t 甲醇,B 库房内存有 12 t 乙醚,C 库房内存有 0.8 t 硝化甘油,D 库房内存有 0.5 t 苯。根据表 5－48 给出的临界量,判断四个库房中哪一个库房属于重大危险源?

表 5－48　危险化学品名称及其临界量

危险化学品名称	临界量/t	危险化学品名称	临界量/t
二硝基甲苯	5	甲醇	500
硝化甘油	1	乙醇	500
硝化纤维素	10	苯	50
汽油	200	乙醚	10

解: 根据重大危险源计算公式 $S = \dfrac{q_1}{Q_1} + \dfrac{q_2}{Q_2} + \cdots + \dfrac{q_n}{Q_n}$,可得 B 库房内存有 12 t 乙醚,大于临界值 10 t。因此,B 库房是重大危险源。

【例题 5－5】　某储罐区有液氨和液氧储罐各一个,其临界量分别是 10 t、200 t。根据《危险化学品重大危险源辨识》(GB 18218—2018)中的规定,判断下列情况构成重大危险源的是(　　)。

A. 最大储量 5 t 的液氨储罐和最大储量 40 t 的液氧储罐

B. 最大储量 8 t 的液氨储罐和最大储量 50 t 的液氧储罐

C. 最大储量 5 t 的液氨储罐和最大储量 80 t 的液氧储罐

D. 最大储量 8 t 的液氨储罐和最大储量 30 t 的液氧储罐

答案解析: 根据重大危险源辨识依据及标准,查得液氨储罐实际临界量为 10 t,液氧储罐实际临界量为 200 t,根据重大危险源计算公式 $S = \dfrac{q_1}{Q_1} + \dfrac{q_2}{Q_2} + \cdots + \dfrac{q_n}{Q_n}$ 可得:A 选项为 5/10＋40/200＜1,不是重大危险源;B 选项为 8/10＋50/200＞1,是重大危险源;C 选项为 5/10＋80/200＜1,不是重大危险源;D 选项为 8/10＋30/200＜1,不是重大危险源,故正确答案为 B。

3. 辨识流程

危险化学品重大危险源辨识流程可见图 5－15。如图所示,在进行辨识前,应当根据国家标准《危险化学品重大危险源辨识》对辨识单元进行生产单元和储存单元的划分。危险化学品的生产、加工及使用等的装置及设施,以装置及设施间的切断阀作为分隔界限划分为多个独立的生产单元;储存危险化学品的储罐区以罐区防火堤为界限划分为独立的单元,储存危险化学品的仓库以独立库房为界限划分为独立的单元。计算辨识指标,确定是否构成重大危险源。当构成重大危险源时,应当进一步进行重大危险源的分级。

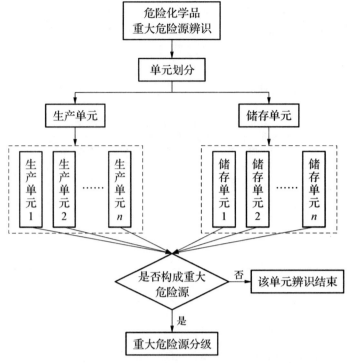

图 5‑15　危险化学品重大危险源辨识流程图

(四) 重大危险源的分级

重大危险源的安全监督管理实行属地监管与分级管理相结合的原则。重大危险源根据其危险程度,分为一级、二级、三级和四级,其中一级为最高级别。分级采用单元内各种危险化学品实际存在(在线)量与其在《危险化学品重大危险源辨识》中规定的临界量比值,经校正系数校正后的比值之和 R 作为分级指标。重大危险源分级指标 R 的计算如式 5‑4 所示:

$$R = \alpha \left(\beta_1 \frac{q_1}{Q_1} + \beta_2 \frac{q_2}{Q_2} + \cdots + \beta_n \frac{q_n}{Q_n} \right) \qquad (式 5‑4)$$

其中,α 为该危险化学品重大危险源厂区外暴露人员的校正系数;$\beta_1,\beta_2,\cdots,\beta_n$ 为与每种危险化学品相对应的校正系数;$q_1,q_2,\cdots,q_n$ 为每种危险化学品的实际存在量,单位为吨(t);$Q_1,Q_2,\cdots,Q_n$ 为与每种危险化学品相对应的实际临界量,单位为吨(t)。

其中,β 的引入主要考虑到毒性气体、爆炸品、易燃气体以及其他危险化学品(如易燃液体)在危险性方面的差异。α 的引入主要考虑到重大危险源一旦发生事故对周边环境、社会的影响。周边暴露人员越多,危害性越大,引入的 α 值就越大,其重大危险源分级级别就越高,以便于实施重点监管、监控。

1. 确定 β 值

根据单元内危险化学品的类别不同,设定校正系数 β 值。在表 5‑49 范围内的危险化学品,其 β 值按表 5‑49 确定;未在表 5‑49 范围内的危险化学品,其 β 值按表 5‑50 确定。

表 5-49　毒性气体校正系数 β 值表

名称	校正系数 β	名称	校正系数 β	名称	校正系数 β
一氧化碳	2	溴甲烷	3	氰化氢	10
二氧化硫	2	氯	4	碳酰氯	20
氨	2	硫化氢	5	磷化氢	20
环氧乙烷	2	氟化氢	5	异氰酸甲酯	20
氯化氢	3	二氧化氮	10		

表 5-50　未在表 5-49 中列举的危险化学品校正系数 β 值表

类别	符号	校正系数 β
急性毒性	J1	4
	J2	1
	J3	2
	J4	2
	J5	1
爆炸物	W1.1	2
	W1.2	2
	W1.3	2
易燃气体	W2	1.5
气溶胶	W3	1
氧化性气体	W4	1
易燃液体	W5.1	1.5
	W5.2	1
	W5.3	1
	W5.4	1
自反应物质和混合物	W6.1	1.5
	W6.2	1
有机过氧化物	W7.1	1.5
	W7.2	1
自燃液体和自燃固体	W8	1
氧化性固体和液体	W9.1	1
	W9.2	1
易燃固体	W10	1
遇水放出易燃气体的物质和混合物	W11	1

2. 确定 α 值

根据危险化学品重大危险源的厂区边界向外扩展 500 m 范围内常住人口数量,按照表 5-51 设定暴露人员校正系数 α 值。

表 5-51 暴露人员校正系数 α 取值表

厂外可能暴露人员数量	校正系数 α
100 人以上	2.0
50~99 人	1.5
30~49 人	1.2
1~29 人	1.0
0 人	0.5

3. 计算 R 值并确定分级

根据上述计算的 R 值,参照表 5-52 以确定危险化学品重大危险源的级别。

表 5-52 危险化学品重大危险源级别和 R 值的对应关系

危险化学品重大危险源级别	R 值
一级	$R \geqslant 100$
二级	$100 > R \geqslant 50$
三级	$50 > R \geqslant 10$
四级	$R < 10$

【例题 5-6】 某危险化学品罐区位于人口相对稀少的空旷地带,罐区 500 m 范围内有一村庄,现常住人口 70~90 人。该罐区存有 550 t 丙酮、12 t 环氧丙烷、600 t 甲醇。危险化学品名称及其临界量见表 5-53。据此,计算该罐区危险化学品重大危险源分级指标 R 值并判断其重大危险源级别。

表 5-53 危险化学品名称及其临界量

序号	类别	危险化学品名称和说明	临界量/t
1	易燃液体	丙酮	500
2	易燃液体	环氧丙烷	10
3	易燃液体	甲醇	500
说明	易燃液体的校正系数 β 为 1,易燃气体的 β 为 1.5		
	库房外暴露人员 50~99 人的校正系数 α 为 1.5;100 人以上 α 为 2.0		

解: 根据题意及上表数据可知,所涉及的危险化学品均为易燃液体,故确定 $\beta_1 = \beta_2 = \beta_3 = 1$,库房外常住人口 70~90 人,故确定 α 为 1.5,三种危险化学品的实际量和临界量分别为丙酮($q_1 = 550, Q_1 = 500$),环氧丙烷($q_2 = 12, Q_2 = 10$),甲醇($q_3 = 600, Q_3 = 500$),代

入重大危险源分级指标公式

$$R = \alpha\left(\beta_1\frac{q_1}{Q_1} + \beta_2\frac{q_2}{Q_2} + \beta_3\frac{q_3}{Q_3}\right)$$
$$= 1.5 \times 1 \times (550/500 + 12/10 + 600/500) = 5.25$$

查表 5-53,可知该重大危险源为四级。

（五）重大危险源专项应急预案及其演练

根据应急管理部印发的《危险化学品企业重大危险源安全包保责任制办法(试行)》,重大危险源的主要负责人应当组织制定并实施重大危险源生产安全事故应急救援预案。重大危险源的技术负责人应当组织演练重大危险源专项应急预案和现场处置方案。根据 GB/T 29639—2020《生产经营单位生产安全事故应急预案编制导则》,重大危险源专项应急预案是生产经营单位针对重大危险源,防止生产安全事故而制定的专项工作方案。现场处置方案是生产经营单位根据不同生产安全事故类型,针对具体场所、装置或者设施制定的应急处置措施。现场处置方案重点规范事故风险描述、应急工作职责、应急处置措施和注意事项,应体现自救互救、信息报告和先期处置的特点。事故风险单一、危险性小的生产经营单位,可只编制现场处置方案。

1. 专项应急预案的内容

(1) 适用范围:说明专项应急预案适用的范围以及与综合应急预案的关系。

(2) 应急组织机构及职责:明确应急组织形式及构成单位的应急处置职责。应急组织机构以及各成员单位人员的具体职责。

(3) 响应启动:即明确响应启动后的程序性工作(如应急会议的召开、信息上报、资源协调、信息公开、后勤及财力保障工作等)。

(4) 处置措施:针对可能发生的事故风险、危害程度和影响范围,明确应急处置指导原则、制定相应的应急处置措施。

(5) 应急保障:根据应急工作需求明确保障的内容。

2. 现场处置方案内容

(1) 事故风险描述:简述事故风险评估的结果。

(2) 应急工作职责:明确应急组织分工和职责。

(3) 应急处置:包括应急处置程序(根据可能发生的事故及现场情况,明确事故报警、各项应急措施启动、应急救护人员的引导、事故扩大及同生产经营单位应急预案的衔接程序)、现场应急处置措施(针对可能发生的事故从人员救护、工艺操作、事故控制、消防、现场恢复等方面确定明确的应急处置措施)明确报警负责人以及报警电话及上级管理部门、相关应急救援单位联络方式和联系人员,事故报告基本要求和内容。

(4) 注意事项:包括人员防护和自救互救、装备使用、现场安全等内容。

3. 应急预案编制格式和内容要求

应急预案主要包括封面、批准页和目次。封面主要包括应急预案编号、版本号、生产经营单位名称、应急预案名称及颁布日期。应急预案应经生产经营单位主要负责人批准方可发布。应急预案的目次中所列的内容及次序包括批准页、应急预案执行部门签署页、章的编号和标题、带有标题的条的编号和标题、附件。附件应提供生产经营单位概况,风险评估的结果,预案体系与衔接,应急物资装备的名录或清单,有关应急部门、机构或人员的联系方式,有关信息接报、预案启动和信息发布等的格式化文件,关键的路线、标识和图纸以及有关协议或者备忘录。

4. 重大危险源专项应急演练

应急演练是针对可能发生的事故情景,依据应急预案而模拟开展的应急活动。应急演练根据演练内容可分为综合演练和单项演练,按照演练形式分为实战演练和桌面演练,按目的和作用分为检验性演练、示范性演练和研究性演练。在重大危险源专项应急演练中,可以根据实际情况采用不同类型的演练方式相互组合完成。

根据 AQ/T 9007—2019《生产安全事故应急演练基本规范》,应急演练的目的是检验预案、完善准备、磨合机制、宣传教育和锻炼队伍。开展应急演练时应遵循相关规定,依据预案演练,注重能力提高和确保安全有序。应急演练的基本流程应包括计划、准备、实施、评估总结和持续改进五个阶段。

 思考和实践

(1) 何谓危险化学品重大危险源?指出辨识依据和指标。

(2) 什么是重大危险源专项应急预案?什么是应急处置预案?写出二者的区别。

(3) 某危险化学品罐区位于人口相对稀少的空旷地带,罐区 500 m 范围内有一村庄,现常住人口 70~90 人。该罐区存有 600 t 丙酮、10 t 环氧丙烷、600 t 甲醇。危险化学品名称及其临界量见表 5-54。据此,计算该罐区危险化学品重大危险源分级指标 R 值并判断其重大危险源级别。

表 5-54　危险化学品名称及其临界量

序号	类别	危险化学品名称和说明	临界量/t
1	易燃液体	丙酮	500
2	易燃液体	环氧丙烷	10
3	易燃液体	甲醇	500
说明	易燃液体的校正系数 β 为 1,易燃气体的 β 为 1.5		
	库房外暴露人员 50~99 人的校正系数 α 为 1.5;100 人以上 α 为 2.0		

(4) 某市危险化学品事故应急救援演练

乙市有一化工园,其中规模最大的企业是 A 联合化学有限公司。该化工园区内,与 A 联合化学有限公司相邻的有 B,C,D 三家化工厂。针对该化工园区的火灾、爆炸、中毒和环境风险,该市编制《乙市危险化学品重大事故应急救援预案》。在应急救援预案颁布后,该市在 A 联合化学有限公司进行了事故应急救援演练。以下是应急救援演练的相关情况。

模拟事故:A 联合化学有限公司液化石油气球罐发生严重泄漏,泄漏的液化石油气对相邻工厂和行人造成威胁,如发生爆炸会造成供电线路和市政供水管道损坏。演练的参与人员有市领导,市应急管理、安全监督、公安、消防、环保、卫生等部门相关人员,A 联合化学有限公司有关人员,有关专家。

演练地点:A联合化学有限公司厂区内。

演练过程:2014年7月20日13时55分,A联合化学有限公司主要负责人接到液化石油气罐区员工关于罐区发生严重泄漏的报告后,启动了A联合化学有限公司事故应急救援预案,同时向市应急管理办公室报告。市应急管理办公室立即报告市领导,市领导指示启动乙市危险化学品重大事故应急救援预案。按照预案要求,市应急办通知相关部门、救援队伍、专家组立即赶赴事故现场。市领导到达事故现场时,消防队正在堵漏、控制泄漏物,医务人员正在抢救受伤人员。市领导简要听取A联合化学有限公司主要负责人的汇报后,指示成立现场应急救援指挥部,并采取相应应急处置措施。为了减小影响,没有通知相邻化工厂。16时30分,现场演练结束,市领导在指挥部进行了口头总结后,宣布演练结束。

根据以上场景,回答下列问题:

① 此次应急救援演练为哪种类型的演练?

② 说明此次应急救援演练现场应采取哪些应急措施。

③ 说明此类事故的应急恢复阶段应该做的主要工作。

④ 指出此次应急预案演练存在的主要不足之处。

⑤ 阐述应急演练的主要目的。

(5) 自学国家级一流课程"加氢反应系统安全应急演练3D仿真实训项目",完成应急演练。

加氢反应系统安全
应急演练3D仿真
实训项目

危化品运输管理与
应急处置虚拟
仿真项目

(6) 自学国家级一流课程"危化品运输管理与应急处置虚拟仿真项目",完成危险化学品运输调试安排、路径优化、安全监测、应急预案、急救常识和事故处理等全流程实训。

第五节 企业安全风险和隐患排查

风险是某一特定危害事件发生的可能性与其后果严重性的组合;风险点是指存在安全风险的设施、部位、场所和区域,以及在设施、部位、场所和区域实施的伴随风险的作业活动,或以上两者的组合。对风险采取的管控措施存在缺陷或缺失时就构成安全隐患,包括物的不安全状态、人的不安全行为和管理上的缺陷等方面。对于化工园区、危险化学品生产经营单位、烟花爆竹生产经营单位等具有较高火灾爆炸隐患的企业,应当开展安全风险和事故隐患排查。

一、化工园区安全风险排查

化工园区作为专门发展化工产业的工业区或集中区,在事故发生时,存在多米诺效应,即一个企业的危险源发生安全事故时,可能会引起其他企业的危险源相继发生安全事故,从而造成更大安全事故的现象。为全面排查化工园区安全风险,规范化工园区建设和安全管理,系统提升化工园区本质安全水平,增强化工园区安全应急保障能力,防范危险化学品重特大安全事故,国家制定并颁布了《化工园区安全风险排查治理导则(试行)》,就化工园区安全风险排查的基本原则、安全风险排查治理检查表检查内容和评分标准、风险分级等做了详细说明。

1. 基本原则

化工园区在建设时应当科学规划，合理布局。坚持产业集聚、布局集中、用地集约和安全环保的原则。规范化工园区的设立和选址，严格规划区域功能，优化安全布局，完善公用工程配套和安全保障设施。化工园区在管理过程中应坚持严格准入、规范管理。严禁不符合安全生产标准规范和不成熟工艺的危险化学品建设项目入园。坚持一体化管理，提升化工园区应急保障能力，规范建设和安全管理。化工园区在安全风险隐患排查方面，应当系统排查、重点整治。全面排查化工园区安全风险，突出对系统性安全风险的整治，提升本质安全水平，避免多米诺效应，防范危险化学品重特大安全事故，实现化工园区整体安全风险可控。

2. 安全风险排查治理检查表

化工园区安全风险排查治理检查主要包括设立、选址及规划、园区内布局、准入和退出、配套功能设施、一体化安全管理及应急救援6个要素共33项排查内容，满分165分。评分时，对各项排查内容按照各自对应的评分标准逐一进行评分。各项的评分按照0—1—3—5评分制，其中，0分表示不符合标准要求，1分表示与标准要求偏差较大，3分表示与标准要求存在部分偏差，5分表示符合标准要求。对具有二元选择性的排查内容，只设5分或0分。表5-55给出了6要素的分值和33项检查内容的赋分标准。详细表格见附录4。

表5-55　化工园区安全风险排查治理检查表各要素和项目分值和评分标准

序号	要素及分值	排查项目数	评分标准
1	设立（15分）	3项	0-1-5和0-5评分制
2	选址及规划（30分）	6项	0-1-3-5、0-1-5和0-5评分制
3	园区内布局（20分）	4项	0-1-3-5和0-1-5评分制
4	准入和退出（25分）	5项	0-1-5和0-5评分制
5	配套功能设施（35分）	7项	0-1-3-5、0-3-5、0-1-5和0-5评分制
6	一体化安全管理及应急救援（40分）	8项	0-1-3-5、0-3-5、0-1-5和0-5评分制
汇总	6要素（165分）	33项	4种评分制

3. 风险评级

按照《化工园区安全风险排查治理检查表》（见附录4）对化工园区进行评分，化工园区实际分值Z采用百分制表示，实际分值按公式5-5计算：

$$Z = \left(\frac{\sum_{i=1}^{n} E_i}{165}\right) \times 100 \qquad (式5-5)$$

式中，Z 为化工园区实际分值；E_i 为单项排查内容分值。根据表 5-56 中的分级标准，可以确定该化工园区的安全风险分级。

表 5-56　化工园区安全风险分级标准

评分范围	安全风险级别	安全风险分类代号
60 分以下（不含 60 分）	高安全风险	A 类
60～70 分（不含 70 分）	较高安全风险	B 类
70～85 分（不含 85 分）	一般安全风险	C 类
85 分及以上	较低安全风险	D 类

4. 高安全风险直接判定依据

如表 5-57 所示，化工园区若存在以下情况，可直接判定为高安全风险。

表 5-57　化工园区高安全风险直接判定依据

序号	依　据
1	化工园区规划不符合当地总体规划要求或未明确四至范围（四至范围是指东西南北四个方向的边界）
2	化工园区未经依法认定
3	化工园区未明确安全管理机构
4	化工园区外部安全防护距离不符合标准要求
5	化工园区内部布局不合理，企业之间存在重大风险叠加或失控
6	化工园区内存在在役化工装置未经具有相应资质的单位设计且未通过安全设计诊断的企业
7	化工园区内存在涉及危险化工工艺的特种作业人员未取得高中或者相当于高中及以上学历的企业

二、危险化学品企业安全风险隐患排查

为切实推进危险化学品企业落实安全生产主体责任，着力构建安全风险分级管控及隐患排查治理的双重预防机制，有效防范重特大安全事故，国家制定《危险化学品企业安全风险隐患排查治理导则》。

（一）安全风险隐患基本要求

1. 责任主体

企业是风险隐患排查治理的主体，要逐级落实安全风险隐患排查治理责任，对安全风险全面管控，对安全隐患治理实行闭环管理，保证生产安全。

2. 工作机制

企业应建立健全安全风险隐患排查治理工作机制，建立安全风险隐患排查治理管理

制度并严格执行,企业员工应按照责任制要求参与风险隐患排查治理工作。

3. 排查方法

企业应充分利用安全检查表(SCL)、工作危害分析(JHA)、故障类型和影响分析(FMEA)、危险和可操作性分析(HAZOP)等安全风险分析方法或多种方法的组合,开展过程危害分析,排查生产过程中的安全风险隐患。

4. 排查目标

企业应对涉及"两重点一重大"的生产、储存装置定期开展 HAZOP 分析。精细化工企业应按要求开展反应安全风险评估。

5. 排查内容

如表 5-58 所示,安全风险隐患排查表按其排查目标和侧重点不同,共分为 9 种检查表,分别从安全基础管理、设计与总图、试生产管理、装置运行、设备、仪表、电气、应急与消防、重点危险化学品特殊管控安全九个方面列出了排查项目和排查依据(详见《危险化学品企业安全风险隐患排查治理导则》)。

表 5-58　安全风险隐患排查表系列内容

序号	检查表名称	排查项目
1	安全基础管理安全风险隐患排查表	安全领导能力、安全生产责任制、安全教育和岗位操作技能培训、安全生产信息管理、安全风险管理、变更管理、作业安全管理、承包商管理、安全事故事件管理九类共89项
2	设计与总图安全风险隐患排查表	设计管理、总图布局两类共26项
3	试生产管理安全风险隐患排查表	共计27项
4	装置运行安全风险隐患排查表	工艺风险评估、操作规程与工艺卡片、工艺技术及工艺装置的安全控制、工艺运行管理、现场工艺安全、开停车管理、储运系统安全设施、危险化学品仓储管理、重大危险源的安全控制九类共76项
5	设备安全风险隐患排查表	设备设施管理体系的建立与执行、设备的预防性维修和检测、动设备的管理和运行状况、静设备的管理、安全附件的管理、设备拆除和报废六类共38项
6	仪表安全风险隐患排查表	仪表安全管理、控制系统设置、仪表系统设置、气体检测报警管理四类共23项
7	电气安全风险隐患排查表	电气安全管理,供配电系统设置及电气设备设施,防雷、防静电设施,现场安全四类共计18项
8	应急与消防安全风险隐患排查表	应急管理、应急器材和设施、消防安全三类共28项
9	重点危险化学品特殊管控安全风险隐患排查表	液化烃、液氨、液氯、硝酸铵、光气、氯乙烯、硝化工艺七类共计92项

(二)安全风险隐患排查方式及频次

企业应根据安全生产法律法规和安全风险管控情况,按照化工过程安全管理的要求,结合生产工艺特点,针对可能发生安全事故的风险点,全面开展安全风险隐患排查工作,做到安全风险隐患排查全覆盖,责任到人。安全风险隐患排查形式包括日常排查、综合性排查、专业性排查、季节性排查、重点时段及节假日前排查、事故类比排查和外聘专家诊断式排查7种排查方式(表5-59)。开展安全风险隐患排查的频次应满足表5-60要求。

表5-59　危险化学品企业安全风险隐患排查方式

序号	排查方式	排查人员及内容
1	日常排查	基层单位班组、岗位员工的交接班检查和班中巡回检查,以及基层单位(厂)管理人员和各专业技术人员的日常性检查;日常排查要加强对关键装置、重点部位、重大危险源的检查和巡查。
2	综合性排查	以安全生产责任制、各项专业管理制度、安全生产管理制度和化工过程安全管理各要素落实情况为重点开展的全面检查。
3	专业性排查	对区域位置及总图布置、工艺、设备、电气、仪表、储运、应急、消防和公用工程等系统分别进行的专业检查。
4	季节性排查	根据各季节特点开展的专项检查,主要包括:春季以防雷、防静电、防解冻泄漏、防解冻坍塌为重点;夏季以防雷暴、防设备容器高温超压、防台风、防洪、防暑降温为重点;秋季以防雷暴、防火、防静电、防凝保温为重点;冬季以防火、防爆、防雪、防冻防凝、防滑、防静电为重点。
5	重点时段及节假日前排查	在重大活动、重点时段和节假日前,对装置生产是否存在异常状况和安全隐患、备用设备状态、备品备件、生产及应急物资储备、保运力量安排、安全保卫、应急、消防等方面进行的检查,特别是要对节日期间领导干部带班值班、机电仪保运及紧急抢修力量安排、备件及各类物资储备和应急工作进行重点检查。
6	事故类比排查	对企业内或同类企业发生安全事故后举一反三的安全检查。
7	外聘专家排查	聘请外部专家对企业进行的安全检查。

表5-60　危险化学品企业安全风险隐患排查频次

序号	排查内容	排查频次
1	装置操作人员现场巡检	间隔不得大于2小时
2	涉及"两重点一重大"的生产、储存装置和部位的操作人员现场巡检	间隔不得大于1小时
3	基层车间(装置)直接管理人员(主任,工艺、设备技术人员)、电气、仪表人员对装置现场进行相关专业检查	每天至少两次
4	基层车间结合岗位责任制组织的安全风险隐患排查	至少每周组织一次
5	基层单位应结合岗位责任制组织的安全风险隐患排查	至少每月组织一次
6	有针对性的季节性安全风险隐患排查	每季度开展一次
7	重点时段及节假日前安全风险隐患排查	重大活动、重点时段及节假日前必须进行
8	综合性排查和专业排查,两者可结合进行	企业至少每半年组织一次,基层单位至少每季度组织一次

序号	排查内容	排查频次
9	事故类比安全风险隐患专项排查	同类企业发生安全事故时
10	涉及"两重点一重大"的生产、储存装置运用 HAZOP 方法进行安全风险辨识分析	一般每 3 年开展一次
11	对涉及"两重点一重大"和首次工业化设计的建设项目开展的 HAZOP 分析工作	在基础设计阶段开展
12	对其他生产、储存装置的安全风险辨识分析	每 5 年进行一次

除表 5-59 标定之外，当颁布实施最新的法律法规、标准规范或原有适用法律法规、标准规范重新修订时，或者当组织机构和人员发生重大调整时，或者当装置工艺、设备、电气、仪表、公用工程或操作参数发生重大改变时，或者当外部安全生产环境发生重大变化时，或者发生安全事故或对安全事故、事件有新认识时，或者当气候条件发生大的变化或预报可能发生重大自然灾害前，应根据情况及时组织进行相关专业性排查。

（三）安全风险隐患闭环管理

1. 安全风险隐患治理

企业对排查中发现的安全风险隐患问题，应当立即组织整改，并对安全风险隐患排查治理情况如实记录，及时向员工通报。在排查过程中发现的重大安全隐患，应及时向本企业主要负责人报告；主要负责人不及时处理的，可以向主管的负有安全生产监督管理职责的部门报告。对于不能立即完成整改的，应进行风险分析，并应从工程控制、安全管理、个体防护、应急处置及培训教育等方面采取有效的管控措施，防止安全事故发生。

2. 安全风险隐患上报

企业应按要求向属地应急管理部门或相关部门上报安全风险隐患整改情况、存在的重大隐患情况及隐患防范长效机制的建立情况。重大安全隐患的报告内容至少包括：安全隐患的现状及其产生原因，安全隐患的危害程度分析和安全隐患的治理方案，治理前保障安全的管控措施。

三、化工和危险化学品生产经营单位重大生产安全事故隐患判定

为准确判定、及时整改化工和危险化学品生产经营单位重大生产安全事故隐患，有效防范、遏制重特大生产安全事故，国家安全监管总局制定了《化工和危险化学品生产经营单位重大生产安全事故隐患判定标准（试行）》。根据该判定标准，化工和危险化学品生产经营单位如存在表 5-61 所示的 20 种情形，应当判定为重大生产安全事故隐患。

表 5-61　化工和危险化学品生产经营单位重大生产安全事故隐患判定依据

序号	依　据
1	危险化学品生产、经营单位主要负责人和安全生产管理人员未依法经考核合格

序号	依　据
2	特种作业人员未持证上岗
3	涉及"两重点一重大"(政府安监部门重点监管的危险化工工艺、重点监管的危险化学品和重大危险源的监管)的生产装置、储存设施外部安全防护距离不符合国家标准要求
4	涉及重点监管危险化工工艺的装置未实现自动化控制,系统未实现紧急停车功能,装备的自动化控制系统、紧急停车系统未投入使用
5	构成一级、二级重大危险源的危险化学品罐区未实现紧急切断功能,涉及毒性气体、液化气体、剧毒液体的一级、二级重大危险源的危险化学品罐区未配备独立的安全仪表系统
6	全压力式液化烃储罐未按国家标准设置注水措施
7	液化烃、液氨、液氯等易燃易爆、有毒有害液化气体的充装未使用万向管道充装系统
8	光气、氯气等剧毒气体及硫化氢气体管道穿越除厂区(包括化工园区、工业园区)外的公共区域
9	地区架空电力线路穿越生产区且不符合国家标准要求
10	在役化工装置未经正规设计且未进行安全设计诊断
11	使用淘汰、落后安全技术工艺、设备目录列出的工艺、设备
12	涉及可燃和有毒有害气体泄漏的场所未按国家标准设置检测报警装置,爆炸危险场所未按国家标准安装使用防爆电气设备
13	控制室或机柜间面向具有火灾、爆炸危险性装置一侧不满足国家标准关于防火防爆的要求
14	化工生产装置未按国家标准要求设置双重电源供电,自动化控制系统未设置不间断电源
15	安全阀、爆破片等安全附件未正常投用
16	未建立与岗位匹配的全员安全生产责任制或者未制定实施生产安全事故隐患排查治理制度
17	未制定操作规程和工艺控制指标
18	未按照国家标准制定动火、进入受限空间等特殊作业管理制度,或者制度未有效执行
19	新开发的危险化学品生产工艺未经小试、中试、工业化试验直接进行工业化生产;国内首次使用的化工工艺未经过省级人民政府有关部门组织的安全可靠性论证;新建装置未制定试生产方案投料开车;精细化工企业未按规范性文件要求开展反应安全风险评估
20	未按国家标准分区分类储存危险化学品,超量、超品种储存危险化学品,相互禁配物质混放混存

四、烟花爆竹生产经营单位重大生产安全事故隐患判定

为准确判定、及时整改烟花爆竹生产经营单位重大生产安全事故隐患,有效防范遏制重特大生产安全事故,国家安全监管总局制定了《烟花爆竹生产经营单位重大生产安全事故隐患判定标准(试行)》。根据该判定标准,如烟花爆竹生产经营单位存在表5-62所示的20种情形,应当判定为重大生产安全事故隐患。

表 5 - 62 烟花爆竹生产经营单位重大生产安全事故隐患判定依据

序号	依 据
1	主要负责人、安全生产管理人员未依法经考核合格
2	特种作业人员未持证上岗,作业人员带药检维修设备设施
3	职工自行携带工器具、机器设备进厂进行涉药作业
4	工(库)房实际作业人员数量超过核定人数
5	工(库)房实际滞留、存储药量超过核定药量
6	工(库)房内、外部安全距离不足,防护屏障缺失或者不符合要求
7	防静电、防火、防雷设备设施缺失或者失效
8	擅自改变工(库)房用途或者违规私搭乱建
9	工厂围墙缺失或者分区设置不符合国家标准
10	将氧化剂、还原剂同库储存、违规预混或者在同一工房内粉碎、称量
11	在用涉药机械设备未经安全性论证或者擅自更改、改变用途
12	中转库、药物总库和成品总库的存储能力与设计产能不匹配
13	未建立与岗位相匹配的全员安全生产责任制或者未制定实施生产安全事故隐患排查治理制度
14	出租、出借、转让、买卖、冒用或者伪造许可证
15	生产经营的产品种类、危险等级超许可范围或者生产使用违禁药物
16	分包转包生产线、工房、库房组织生产经营
17	一证多厂或者多股东各自独立组织生产经营
18	许可证过期、整顿改造、恶劣天气等停产停业期间组织生产经营
19	烟花爆竹仓库存放其他爆炸物等危险物品或者生产经营违禁超标产品
20	零售点与居民居住场所设置在同一建筑物内或者在零售场所使用明火

 思考和实践

(1) 学习江苏省一流本科课程"化工企业火灾风险防控及应急处置演练虚拟仿真实验",开展危险化学品仓库隐患排查和厂区安全事故应急处置演练相关内容,了解动火作业火灾、电气设备火灾、危险化学品火灾和反应釜火灾成因和应急演练程序。

化工企业火灾风险
防控及应急处置
演练虚拟仿真实验

(2) 某油罐区火灾爆炸事故分析

2012 年 8 月 2 日,某厂油罐区的 2 号汽油罐发生火灾爆炸事故,造成 2 人死亡、3 人轻伤,直接经济损失 320 万元。该油罐为拱顶罐,容量为 200 m³。油罐进油管从灌顶接入罐内,但未伸到罐底。罐内原有液位计,因失灵拆除。2012 年 7 月 25 日,油罐完成清罐检修。8 月 2 日 8 时,开始给油罐输油,汽油从罐顶输油时进油管内流速为 2.3~2.5 m/s,导致汽油在罐内发生了剧烈喷溅,随即着火爆炸。爆炸把整个罐顶抛离油罐。现场人员灭火时发现泡沫发生器不出泡沫,匆忙中用水枪灭火,导致火势扩大。消防队到达后,用泡沫扑灭了火灾。

事故发生后,在事故调查分析时发现,泡沫灭火器系统正常,泡沫发生器不出泡沫的原因是现场人员操作不当,开错了阀门。该厂针对此事故暴露出的问题,加强了员工安全培训,在现场增设了自动监测系统,完善了现场设备、设施和标志,制定了安全生产应急救援预案。

根据以上场景,回答下列问题:

① 该起火灾爆炸事故的点火源是什么?

② 该案例中,火灾爆炸事故发生后立即采取的应急救援措施包括(　　)(多选)

　　A. 报警　B. 疏散人员　C. 灭火　D. 追究刑事责任　E. 抚恤伤亡人员

③ 阐述编制应急预案的意义及作用。

(3) 简述化工园区高安全风险直接判定依据。

(4) 简述化工园区安全风险分级标准。

(5) 简述危险化学品企业安全风险隐患排查的内容。

(6) 列举危险化学品企业安全风险隐患排查方式。

知识拓展与实践

一、隐患排查与应急演练虚拟仿真实验

1. 化工企业类虚拟仿真实验

南京医科大学王建明教授主持的国家一流课程"化工厂爆燃事件公共卫生应急处置"模拟一起化工厂苯泄漏爆燃危化品灾害事故,全面展现了突发事件的卫生应急处置流程。

许昌学院徐静莉教授主持的"化工生产突发事件应急处置仿真实训"构建了化工厂三种典型生产设备(压缩机、加热炉和固定床反应器)可能发生的着火、爆炸、泄漏等9个生产事故场景,系统再现了压缩机动力蒸汽泄漏、压缩机出口法兰泄漏引发人员受伤、压缩机三段水冷器发生爆炸伤人、加热炉炉管破裂、燃料油泵出口法兰泄漏着火、燃料气分液罐安全法兰泄漏着火、反应器出口法兰发生泄漏引起着火有人受伤、反应器入口阀门泄漏着火、氢气进料入口调节阀前泄露引发人员中毒的应急预案及处理方法。

江苏海洋大学姜琴副教授主持的江苏省一流课程"化工企业火灾风险防控及应急处置演练虚拟仿真实验"以化工企业仓库和生产车间为仿真背景,设计了防火设计、隐患排查和安全应急3项实验内容,开发了虚拟厂房和虚拟仓库,以及4个火灾事故虚拟场景(包括动火作业火灾、电气设备火灾、危险化学品火灾和反应釜火灾),可以帮助学习者全面培养火灾爆炸风险辨识与控制能力、事故应急处置能力和团队协作精神。

2. 化工工艺类虚拟仿真实验

徐州工程学院王超教授主持的国家级一流课程"加氢反应系统安全应急演练3D仿真实训项目"选取加氢反应系统中三个典型案例(原料油增压泵密封泄漏着火、加氢反应器入口管线焊缝破裂着火、高压换热器管泄漏),通过岗前安全知识讲解、事故警报触发、预案启动、伤员转移、警戒设立、紧急停车消防灭火环境监测和警报解除,系统再现了整个应急演练流程。

宁波工程学院尤玉静建设的"加氢系统安全事故综合培训虚拟仿真项目"真实再现了车间及控制室现场可能存在的安全隐患,重点开展了化工安全隐患的识别、泄漏源及扩散模型、现场安全

隐患排查(现场工艺安全隐患排查、现场仪表安全隐患排查)、作业现场异常隐患的处理(离心泵作业现场异常处理、分馏塔作业现场温度异常处理、分馏作业现场液位异常处理)和硫化氢有毒气体泄漏应急处置。

河北工业大学张东升建设的"基于合成氨工艺的典型生产安全事故应急处置虚拟仿真实验"通过合成氨全流程装置的3D虚拟仿真演习,帮助学习者掌握氨合成生产中着火事故和泄漏事故的发生原理,提升学习者应急操作技能。

海南大学李嘉诚教授建设的"海南天然气分析与合成能源化工安全虚拟仿真实践",通过仿真实验使学习者掌握天然气原料分析过程、合成氨工艺生产实习过程,理解合成氨厂区发生液氨泄漏中毒着火事故的原因,掌握上述事故安全处理过程。

3. 危险化学品运输类火灾防控虚拟仿真实验

常州大学陆华良教授主持的国家级一流课程"危化品运输管理与应急处置虚拟仿真项目"对危险化学品运输调试安排、路径优化、安全监测、应急预案、急救常识和事故处理等展开全流程实训。

武汉理工大学陈先锋主持的"易燃易爆危险化学品车载运输系统安全虚拟仿真实验项目"通过危化品车载运输系统虚拟模型,使学习者掌握危化品运输车辆的常见危险因素,熟悉危险化学品运输系统常用传感器类型和原理,掌握危化品车辆发生侧滑、侧翻的临界条件,提升其危险源辨识能力和传感器正确选型的能力。

4. 危险化学品生产类火灾防控虚拟仿真实验

银川能源学院的黄瑞民教授主持的"煤制甲醇安全应急演练虚拟仿真"选取煤制甲醇系统的预塔回流槽V503出料阀法兰泄漏着火、离心泵出口法兰泄露有人中毒、精馏塔T501塔釜出料阀法兰泄漏着火、甲醇分离器液位控制泄露着火事故案例,进行紧急停车、救治伤员、设立警戒线扑灭明火并恢复现场环境到正常等应急处理操作,系统再现了整个应急演练流程。

东北电力大学杨春华教授主持的"甲醇生产应急预案虚拟仿真项目"选取甲醇精制罐区泄漏着火事故、甲醇精制预塔塔釜漏液、压缩机出口法兰泄漏伤人和甲醇合成塔出口法兰泄漏着火有人中毒展开应急处置训练。

南京医科大学夏彦恺教授主持的"甲醇爆燃泄露的公共卫生现场及环境污染应急处置虚拟仿真实验"以一起突发环境污染事件——甲醇运输中泄漏事故的应急处置和环境污染处置全过程为实例,进行应急响应启动个人防护应急装备配置应急监测、现场医疗急救、环境污染跟踪检测和生态修复、媒体沟通等环节的演练操作。

四川轻化工大学的颜杰教授主持的"氟利昂F142b槽区危险辨识及泄漏事故应急救援虚拟仿真实验"依据《生产经营单位生产安全事故应急预案编制导则》等标准,以氟化工生产过程为原型,构建了逼真形象的氟化工生产系统,模拟氟利昂F142b槽区卸料作业过程、物料倒罐作业过程以及泄漏事故救援演练全过程,帮助学习者以作业人员和救援人员两种角色,身临其境地参与到应急救援演练过程中,完成槽区卸料、物料倒罐、事故处置、迅速逃离、救助伤员、扑灭灾害等任务。

5. 危险化学品仓储类火灾防控虚拟仿真实验

东北石油大学李伟教授主持的"石油储备罐区检测与事故应急处置虚拟仿真实验"展现了石油储罐火灾应急处置程序、物料切断步骤和火灾应急疏散路线制定方法。

油品蒸发损耗与火灾防控是油库油品生产运行面临的重要问题,涉及流体力学、热工学、油库设计与系统安全等理论。中国石油大学(北京)侯磊教授主持的"油库油品蒸发损耗与火灾防控虚拟仿真实验"针对油库安全工程的核心环节,全面展现了"油品蒸发危险源识别—油气聚集危险区判别—油蒸气气流散控制方案—油罐区火灾防控"的过程。

北京化工大学张东胜主持的"危险化学品罐区安全虚拟仿真",系统展现了危化品罐区全景、工艺全流程和高风险作业过程、主体设备设施等,并基于 HAZOP 分析和独立保护层分析(LOPA)使学习者掌握罐区风险分析和分级管控,同时,通过事故树和事件树(FTA＋ETA)分析罐区典型事故发生原因和应急处置方案。

福州大学阳富强主持的"临海危险化学品泄漏事故应急处置虚拟仿真实验",通过模拟临海化工企业储罐区域发生的危化品泄漏事故场景,使学习者系统掌握典型危险化学品的理化特性、个体防护用品适用场景、常见液相/气相泄漏模型及应用、应急响应程序和应急救援措施等。

6. 实验室安全类火灾防控虚拟仿真实验

天津工业大学郭玉高教授主持的"化学实验过程安全操作与火灾应急演练虚拟仿真实验"结合备受关注的化学化工实验室安全问题,以化学品精制实验为范例,建立化学实验过程安全操作与火灾应急演练虚拟仿真实验,构建了包含安全知识测试模拟操作仿真练习、火灾应急演练等环节的内容,服务于学生的实验室准入、规范操作和应急处理能力训练。

河北科技大学许永权教授建设的"实验室易燃溶剂泄漏触发火灾事故处理虚拟仿真实验"针对无水乙醚溶剂中氢化铝锂、环戊酮的反应,设置了搅拌速率异常、恒温水域温度控制异常、恒压漏斗出现滴液故障等多个火灾事故触发点,开展突发火灾事故应急处置训练,提高学习者火灾事故应急处置能力。

中国科学技术大学冯红艳主持的"MOOC 教学模式下危险化学品安全使用综合实验"选择了实验室最常涉及的 5 种危险化学品,全面系统地开展危险化学品安全培训;依据 GHS 和 MSDS 数据,帮助学习者快速、准确地识别化学品的危险性,掌握个人防护用品的使用,强化实验室设备安全认识,学会辨识实验室安全隐患。

西北师范大学查飞教授的"过氧化甲乙酮的合成及安全性 3D 虚拟仿真系统",较系统地展现了过氧化甲乙酮的非均相法制备原理、反应条件筛选、活性氧含量测定、液质联用测定、热分析测定和过氧化甲乙酮的爆炸及处理过程。

二、特别重大火灾爆炸事故应急救援实例

2015 年 8 月 12 日,位于天津市滨海新区天津港的瑞海国际物流有限公司(以下简称瑞海公司)危险品仓库发生特别重大火灾爆炸事故。根据国家应急管理部发布的事故调查报告整理了该事故的应急救援处置情况及存在的问题。

1. 事故应急救援处置情况

(1) 爆炸前灭火救援处置情况

2015 年 8 月 12 日 22 时 52 分,天津市公安局 110 指挥中心接到瑞海公司火灾报警,立即转警给天津港公安局消防支队。与此同时,天津市公安消防总队 119 指挥中心也接到群众报警。接警后,天津港公安局消防支队立即调派与瑞海公司仅一路之隔的消防四大队赶赴现场,天津市公安消防总队也快速调派开发区公安消防支队三大街中队赶赴增援。

22 时 56 分,天津港公安局消防四大队首先到场,指挥员侦查发现瑞海公司运抵区南侧一垛集装箱火势猛烈,且通道被集装箱堵塞,消防车无法靠近灭火。指挥员向瑞海公司现场工作人员询问具体起火物质,但现场工作人员均不知情。随后,组织现场吊车清理被集装箱占用的消防通道,

以便消防车靠近灭火,但未果。在这种情况下,为阻止火势蔓延,消防员利用水枪、车载炮冷却保护毗邻集装箱堆垛。后因现场火势猛烈、辐射热太高,指挥员命令所有消防车和人员立即撤出运抵区,在外围利用车载炮射水控制火势蔓延,根据现场情况,指挥员又向天津港公安局消防支队请求增援,天津港公安局消防支队立即调派五大队、一大队赶赴现场。

与此同时,天津市公安消防总队119指挥中心根据报警量激增的情况,立即增派开发区公安消防支队全勤指挥部及其所属特勤队、八大街中队,保税区公安消防支队天保大道中队,滨海新区公安消防支队响螺湾中队、新北路中队前往增援。其间,连续3次向天津港公安局消防支队119指挥中心询问灾情,并告知力量增援情况。至此,天津港公安局消防支队和天津市公安消防总队共向现场调派了3个大队、6个中队、36辆消防车、200人参与灭火救援。

23时08分,天津市开发区公安消防支队八大街中队到场,指挥员立即开展火情侦查,并组织在瑞海公司东门外侧建立供水线路,利用车载炮对集装箱进行泡沫覆盖保护。23时13分许,天津市开发区公安消防支队特勤中队、三大街中队等增援力量陆续到场,分别在跃进路、吉运二道建立供水线路,在运抵区外围利用车载炮对集装箱堆垛进行射水冷却和泡沫覆盖保护。同时,组织疏散瑞海公司和相邻企业在场工作人员以及附近群众100余人。

(2)爆炸后现场救援处置情况

这次事故涉及危险化学品种类多、数量大,现场散落大量氰化钠和多种易燃易爆危险化学品,不确定危险因素众多,加之现场道路全部阻断,有毒有害气体造成巨大威胁,救援处置工作面临巨大挑战。国务院工作组始终坚持生命至上原则,千方百计搜救失踪人员,全面组织做好伤员救治、现场清理、环境监测、善后处置和调查处理等各项工作。

天津市委、市政府迅速成立事故救援处置总指挥部,由市委代理书记、市长黄兴国任总指挥,确定"确保安全、先易后难、分区推进、科学处置、注重实效"的原则,把全力搜救人员作为首要任务,以灭火、防爆、防化、防疫、防污染为重点,统筹组织协调解放军、武警、公安以及安监、卫生、环保、气象等相关部门力量,积极稳妥推进救援处置工作。共动员现场救援处置人员达1.6万多人,动用装备、车辆2 000多台,其中解放军2 207人,339台装备;武警部队2 368人,181台装备;公安消防部队1 728人,195部消防车;公安其他警种2 307人;安全监管部门危险化学品处置专业人员243人;天津市和其他省区市防爆、防化、防疫、灭火、医疗、环保等方面专家938人,以及其他方面的救援力量和装备。公安部先后调集河北、北京、辽宁、山东、山西、江苏、湖北、上海8省市公安消防部队的化工抢险、核生化侦检等专业人员和特种设备参与救援处置。公安消防部队会同解放军(原北京军区卫戍区防化团、解放军舟桥部队、预备役力量)、武警部队等组成多个搜救小组,反复侦检、深入搜救,针对现场存放的各类危险化学品的不同理化性质,利用泡沫、干沙、干粉进行分类防控灭火。

事故现场指挥部组织各方面力量,有力有序、科学有效推进现场清理工作。按照排查、检测、洗消、清运、登记、回炉等程序,科学慎重清理危险化学品,逐箱甄别确定危险化学品种类和数量,做到一品一策、安全处置,并对进出中心现场的人员、车辆进行全面洗消;对事故中心区的污水,第一时间采取"前堵后封、中间处理"的措施,在事故中心区周围构筑1米高围堰,封堵4处排海口、3处地表水沟渠和12处雨污排水管道,把污水封闭在事故中心区内。同时,对事故中心区及周边大气、水、土壤、海洋环境实行24小时不间断监测,采取针对性防范处置措施,防止环境污染扩大。9月13日,现场处置清理任务全部完成,累计搜救出有生命迹象人员17人,搜寻出遇难者遗体157具,清运危险化学品1 176吨、汽车7 641辆、集装箱13 834个、货物14 000吨。

（3）医疗救治和善后处理情况

国家卫计委和天津市政府组织医疗专家，抽调9 000多名医务人员，全力做好伤员救治工作，努力提高抢救成功率，降低死亡率和致残率。由国家级、市级专家组成4个专家救治组和5个专家巡视组，逐一摸排伤员伤情，共同制定诊疗方案；将伤员从最初的45所医院集中到15所三级综合医院和三甲专科医院，实行个性化救治；组建两支重症医学护理应急队，精心护理危重症伤员；抽调59名专家组建7支队伍，对所有伤员进行筛查，跟进康复治疗；实施出院伤员与基层医疗机构无缝衔接，按辖区属地管理原则，由社区医疗机构免费提供基本医疗；实施心理危机干预与医疗救治无缝衔接，做好伤员、牺牲遇难人员家属、救援人员等人群心理干预工作；同步做好卫生防疫工作，加强居民安置点疾病防控，安置点未发生传染病疫情。民政部将牺牲的消防员全部追认为烈士，高标准进行抚恤；天津市政府在依法依规的前提下，给予遇难、失联人员家属和住院的伤残人员救助补偿；组织1 025名机关干部和街道社区工作人员，组成205个服务工作组，对遇难、失联和重伤人员家属进行面对面接待安抚，倾听诉求，解决实际困难。

2. 此次事故在危险源辨识与应急处置方面的教训

危险化学品事故应急处置能力不足。瑞海公司没有开展风险评估和危险源辨识评估工作，应急预案流于形式，应急处置力量、装备严重缺乏，不具备初起火灾的扑救能力。天津港公安局消防支队没有针对不同性质的危险化学品准备相应的预案、灭火救援装备和物资，消防队员缺乏专业训练演练，危险化学品事故处置能力不强；天津市公安消防部队也缺乏处置重大危险化学品事故的预案以及相应的装备；天津市政府在应急处置中的信息发布工作一度安排不周、应对不妥。从全国范围来看，专业危险化学品应急救援队伍和装备不足，无法满足处置种类众多、危险特性各异的危险化学品事故的需要。

第五章课程资源

第六章
建筑防火防爆安全

认知目标 了解建筑材料的燃烧性能和建筑构件的耐火性能,熟悉建筑防火设计要求和逃生避难器材的用途。了解影响火灾逃生的因素,掌握火场逃生策略和逃生器材的使用方法。

技能目标 提高学生建筑防火设计能力、安全疏散和火场逃生能力。

素养目标 培养学生的消防安全公德意识和职业责任感、"以人为本"和"防患于未然"的安全设计理念。

学习目标

第一节　建筑防火防爆知识

建筑防火
基本知识

一、建筑材料的燃烧性能

(一) 建筑材料的分类

根据 GB 8624—2012《建筑材料及制品燃烧性能分级》,建筑材料是指单一物质或若干物质均匀散布的混合物,如金属、石材、木材、混凝土、含均匀分布胶合剂或聚合物的矿物棉等,主要分为平板状建筑材料及制品、铺地材料和管状绝缘材料。建筑制品是指包括安装、构造、组成等相关信息的建筑材料、构件或组件,主要分为窗帘幕布和家具制品装饰用织物、电线电缆套管和电器设备外壳及附件、电器和家具制品用泡沫塑料、软质家具和硬质家具四大类。

根据 GB 50222—2017《建筑内部装修设计防火规范》,建筑内部装修材料按其使用部位和功能,可划分为顶棚装修材料、墙面装修材料、地面装修材料、隔断装修材料、固定家具、装饰织物、其他装修装饰材料七类。

(二) 建筑材料的燃烧性能等级

根据 GB 8624—2012 和 GB 50222—2017,建筑材料按其燃烧性能大致分为四级,不燃材料为 A 级,难燃材料为 B_1 级,可燃材料为 B_2 级,易燃材料为 B_3 级,分别记为 GB 8624 A 级、GB 8624 B_1 级、GB 8624 B_2 级和 GB 8624 B_3 级,应当在产品上及其说明书中加以标识。GB 50222—2017 中对地下、单层、多层和高层民用建筑、工业建筑的厂房仓库各部分的内部装修材料的燃烧性能做了详细规定。

二、建筑构件耐火性能

建筑构件是指建筑结构的各个部件,如墙、隔墙、楼板、屋面、梁或柱。不同建筑构件的耐火性能可以根据 GB/T 9978.1—2008 及同系列标准展开耐火试验进行判定,其耐火性能用耐火极限表示。耐火极限是指在标准耐火试验条件下,建筑构件、配件或结构从受到火的作用时起,至失去耐火稳定性、耐火完整性或耐火隔热性时止所用时间,用小时表示。耐火极限时间越长,建筑构件的耐火性能越高。

(一)耐火试验方法

1. 试验设备和仪器

耐火试验设备包括试验炉、加载装置、约束和支承框架,试验仪器包括热电偶、变形测量仪、完整性测量仪。其功能如表 6-1 所示。

表 6-1　耐火试验设备、仪器和功能

设备仪器名称	功　能
试验炉	使试件在试验条件下单面或多面受火
加载装置	提供试件荷载,加载可采用液压、机械或重物
约束和支承框架	采用特定支承框架或其他方式提供边界和支承条件的约束
热电偶	测量炉内温度、试件背火面温度、试件内部温度、环境温度等
变形测量仪	使用机械、光学或电子技术仪器测量变形性
完整性测量仪	由棉垫、缝隙控棒等组成,测量试件完整性

2. 试验方法

如图 6-1 所示,时间-温度标准曲线是在标准耐火试验过程中,耐火试验炉内的温度随时间变化的函数曲线。根据 GB/T 9978.1—2008《建筑构件耐火试验方法　第 1 部分:通用要求》,建筑构件的耐火试验可采用热电偶测得炉内平均温度,按式 6-1 对其进行监测和控制。

$$T = 345 \lg(480t + 1) + 20 \qquad (式 6-1)$$

式中,T 为炉内的平均温度,单位为℃;t 为时间,单位为 min。

判定条件是建筑构件失去完整性、失去隔热性和失去稳定性。建筑构件的耐火试验结果用承载能力、完整性和隔热性的失效时间来表示。例如,某承重分隔构件耐火试验结果为耐火稳定性(承载能力)128 min;耐火完整性 120 min;耐火隔热性 120 min。

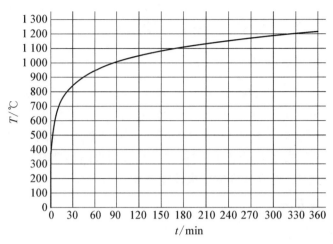

图 6‑1   标准时间‑温度曲线

(二) 耐火性能判定准则

1. 耐火稳定性

耐火稳定性指在标准耐火试验条件下,承重建筑构件在一定时间内抵抗坍塌的能力。建筑构件的承载能力用其在耐火试验期间能够持续保持其承载能力的时间来表示,其判定参数是变形量和变形速率,可采用变形测量仪测量。根据 GB/T 9978.1—2008,试件超过任一判定准则限定时,均认为试件丧失承载能力(表 6‑2)。

表 6‑2   构件承载能力的判定参数及其计算公式

构件类型	参数	判断依据
抗弯构件	极限弯曲变形量 D(mm)	$D \geqslant L^2/400d$
	极限弯曲变形速率 dD/dt(mm/min)	$D \geqslant L^2/9\,000d$
轴向承重构件	极限轴向压缩变形量 C(mm)	$C \geqslant h/100$
	极限轴向压缩变形速率 dC/dt(mm/min)	$C \geqslant 3h/1\,000$

其中,L 表示试件的净跨度,单位为毫米(mm);d 表示试件截面上抗压点与抗拉点之间的距离,单位为毫米(mm);h 为初始高度,单位为毫米(mm)。

2. 耐火完整性

耐火完整性指在标准耐火试验条件下,当建筑分隔构件一面受火时,在一定时间内防止火焰和烟气穿透或在背火面出现火焰的能力。建筑构件的耐火完整性以耐火试验期间能够持续保持耐火隔火性能的时间来表示。试件完整性的测量可采用棉垫或缝隙探针根据裂缝的位置和状态确定。采用完整性测量仪测量时,将棉垫安放在试件表面靠近裂缝的位置,当在试验条件下,棉垫被点燃,或者缝隙探棒可以穿过试件进入炉内,或者背火面出现火焰并持续时间超过 10 秒时,均认为试件丧失完整性。

3. 耐火隔热性

建筑构件的耐火隔热性指在标准耐火试验条件下,当建筑分隔构件一面受火时,在一定时间内防止其背火面温度超过规定值的能力。建筑构件的隔热性以试件在耐火试验期间持续保持耐火隔热性能的时间表示。根据 GB/T 9978.1—2008，在试验条件下，试件背火面平均温度温升超过试验开始时背火面的初始平均温度 140 ℃或者任一点位置的温度温升超过初始温度 180 ℃时，均认为试件丧失隔热性。

三、建筑物的分类和耐火等级

(一)厂房仓库的火灾危险性分类

1. 厂房的火灾危险性分类

如表 6-3 所示，厂房生产的火灾危险性应根据生产中使用或产生的物质性质及其数量等因素分为甲、乙、丙、丁、戊类。此外，防火分区的划分及区内生产的危险性，也是影响厂房火灾危险性分类的一个重要因素。防火分区是建筑内部采用防火墙、楼板及其他防火分隔设施分隔而成，能在一定时间内防止火灾向同一建筑的其余部分蔓延的局部空间。当同一座厂房或厂房的任一防火分区内有不同火灾危险性生产时，厂房或防火分区内的生产火灾危险性类别应按火灾危险性较大的部分确定；当生产过程中使用或产生易燃、可燃物的量较少，不足以构成爆炸或火灾危险时，可按实际情况确定。

表 6-3 厂房生产的火灾危险性分类及依据

火灾危险性类别	使用或产生下列物质的生产的火灾危险性特征
甲	闪点小于 28 ℃的液体；爆炸下限小于 10% 的气体；常温下能自行分解或在空气中氧化能导致迅速自燃或爆炸的物质；常温下受到水或空气中水蒸气的作用，能产生可燃气体并引起燃烧或爆炸的物质；遇酸、受热、撞击、摩擦、催化以及遇有机物或硫黄等易燃的无机物，极易引起燃烧或爆炸的强氧化剂；受撞击、摩擦或与氧化剂、有机物接触时能引起燃烧或爆炸的物质；在密闭设备内操作温度不小于物质本身自燃点的生产
乙	闪点不小于 28 ℃但小于 60 ℃的液体；爆炸下限不小于 10% 的气体；不属于甲类的氧化剂；不属于甲类的易燃固体；助燃气体；能与空气形成爆炸性混合物的浮游状态的粉尘、纤维、闪点不小于 60 ℃的液体雾滴
丙	闪点不小于 60 ℃的液体；可燃固体
丁	对不燃烧物质进行加工，并在高温或熔化状态下经常产生强辐射热、火花或火焰的生产；利用气体、液体、固体作为燃料或将气体、液体进行燃烧作其他用的各种生产；常温下使用或加工难燃烧物质的生产
戊	常温下使用或加工不燃烧物质的生产

2. 仓库的火灾危险性分类

如表 6-4 所示，仓库储存物品的火灾危险性应根据储存物品的性质和储存物品中的可燃物数量等因素划分，可分为甲、乙、丙、丁、戊类。同样，防火分区的划分和区内物品储存的情况也是仓库火灾危险性分类的一个重要考虑因素。同一座仓库或仓库的任一防火分区内储存不同火灾危险性物品时，仓库或防火分区的火灾危险性应按火灾危险性最大的物品确定。丁、戊类储存物品仓库中，当可燃包装重量大于物品本身重量 1/4 或可燃包装体积大于物品本身体积的 1/2 时,应按丙类确定。

表 6-4　仓库储存物品的火灾危险性分类及依据

火灾危险性类别	储存物品的火灾危险性特征
甲	闪点小于 28 ℃的液体;爆炸下限小于 10%的气体,受到水或空气中水蒸气的作用能产生爆炸下限小于 10%的气体的固体物质;常温下能自行分解或在空气中氧化能导致迅速自燃或爆炸的物质;常温下受到水或空气中水蒸气的作用,能产生可燃气体并引起燃烧或爆炸的物质;遇酸、受热、撞击、摩擦以及遇有机物或硫黄等易燃的无机物,极易引起燃烧或爆炸的强氧化剂;受撞击、摩擦或与氧化剂、有机物接触时能引起燃烧或爆炸的物质
乙	闪点不小于 28 ℃但小于 60 ℃的液体;爆炸下限不小于 10%的气体;不属于甲类的氧化剂;不属于甲类的易燃固体;助燃气体;常温下与空气接触能缓慢氧化,积热不散引起自燃的物品
丙	闪点不小于 60 ℃的液体;可燃固体
丁	难燃烧物品
戊	不燃烧物品

(二) 厂房仓库的耐火等级

耐火等级是根据建筑中墙、柱、梁、楼板、吊顶等各类构件不同的耐火极限,对建筑整体耐火性能进行的等级划分。厂房和仓库的耐火等级可分为一、二、三、四级,根据 GB 50016—2014《建筑设计防火规范(2018 年版)》中相应建筑构件的燃烧性能和耐火极限,除另有规定外,不应低于表 6-5 的规定。

表 6-5　不同耐火等级厂房和仓库建筑构件的燃烧性能和耐火极限　　　　单位:h

构件名称		耐火等级			
		一级	二级	三级	四级
墙	防火墙	不燃性 3.00			
	承重墙	不燃性 3.00	不燃性 2.50	不燃性 2.00	难燃性 0.50
	楼梯间和前室的墙、电梯井的墙	不燃性 2.00	不燃性 2.00	不燃性 1.50	难燃性 0.50
	疏散走道两侧隔墙	不燃性 1.00	不燃性 1.00	不燃性 0.50	难燃性 0.25
	非承重外墙、房间隔墙	不燃性 0.75	不燃性 0.50	难燃性 0.50	难燃性 0.25
柱		不燃性 3.00	不燃性 2.50	不燃性 2.00	难燃性 0.50
梁		不燃性 2.00	不燃性 1.50	不燃性 1.00	难燃性 0.50
楼板		不燃性 1.50	不燃性 1.00	不燃性 0.75	难燃性 0.50
屋顶承重构件		不燃性 1.50	不燃性 1.00	可燃性 0.50	可燃性
疏散楼梯		不燃性 1.50	不燃性 1.00	不燃性 0.75	可燃性
吊顶(包括搁栅)		不燃性 0.25	难燃性 0.25	难燃性 0.15	可燃性

（三）民用建筑的分类

民用建筑根据其建筑高度和层数可分为单、多层民用建筑和高层民用建筑。高层民用建筑根据其建筑高度、使用功能和楼层的建筑面积可分为一类和二类。民用建筑的分类如表6-6所示。

表6-6　民用建筑的分类

名称	高层民用建筑的建筑高度和层数		单、多层民用建筑的建筑高度和层数
	一类高层	二类高层	
住宅建筑	大于54 m	27～54 m	小于等于27m
公共建筑	大于50 m的住宅建筑；24 m以上任一楼层建筑面积大于1 000 m² 的多功能建筑；医疗建筑、重要公共建筑、独立建造的老年人照料设施；省级及以上的广播电视和防灾指挥调度建筑、网局级和省级电力调度建筑；藏书超过100万册的图书馆、书库	除一类高层公共建筑外的其他高层公共建筑	大于24 m的单层公共建筑或者是小于等于24 m的其他公共建筑

（四）民用建筑的耐火等级

民用建筑的耐火等级分为一、二、三、四级，根据GB 50016—2014，民用建筑的耐火等级应根据其建筑高度、使用功能、重要性和火灾扑救难度等确定，并应符合下列规定：地下或半地下建筑（室）和一类高层建筑的耐火等级不应低于一级；单、多层重要公共建筑和二类高层建筑的耐火等级不应低于二级。相应建筑构件的燃烧性能和耐火极限，不应低于表6-7的规定。此外，建筑高度大于100 m的民用建筑，其楼板的耐火极限不应低于2.00 h。

表6-7　不同耐火等级民用建筑构件的燃烧性能和耐火极限　　　　单位：h

构件名称		耐火等级			
		一级	二级	三级	四级
墙	防火墙	不燃性 3.00			
	承重墙	不燃性 3.00	不燃性 2.50	不燃性 2.00	难燃性 0.50
	非承重墙	不燃性 1.00	不燃性 1.00	不燃性 0.50	可燃性
	楼梯间和前室的墙、电梯井的墙、单元间墙和分户墙	不燃性 2.00	不燃性 2.00	不燃性 1.50	难燃性 0.50
	疏散走道两侧隔墙	不燃性 1.00	不燃性 1.00	不燃性 0.50	难燃性 0.25
	房间隔墙	不燃性 0.75	不燃性 0.50	难燃性 0.50	难燃性 0.25
柱		不燃性 3.00	不燃性 2.50	不燃性 2.00	难燃性 0.50
梁		不燃性 2.00	不燃性 1.50	不燃性 1.00	难燃性 0.50
楼板		不燃性 1.50	不燃性 1.00	不燃性 0.50	可燃性
屋顶承重构件		不燃性 1.50	不燃性 1.00	可燃性 0.50	可燃性

续　表

构件名称	耐火等级			
	一级	二级	三级	四级
疏散楼梯	不燃性 1.50	不燃性 1.00	不燃性 0.50	可燃性
吊顶(包括搁栅)	不燃性 0.25	难燃性 0.25	难燃性 0.15	可燃性

防火分区和
防烟分区

四、建筑防火设计

(一) 防火分区

1. 防火分区最大允许面积

防火分区是在建筑内部采用防火墙、耐火楼板及其他防火分隔设施分隔而成,能在一定时间内防止火灾向同一建筑的其余部分蔓延的局部空间。防火分区的作用在于发生火灾时,将火势控制在一定的范围内。建筑设计中应合理划分防火分区,以利于灭火救援,减少火灾损失。

按照防止火灾蔓延的功能,防火分区可分为竖向防火分区和水平防火分区。竖向防火分区是指在建筑物的垂直方向对每个楼层进行的防火分隔;水平防火分区是指用防火墙或防火门、防火卷帘等防火分隔物将各楼层在水平方向分隔出的防火区域。GB 50016—2014根据我国目前的经济水平、灭火救援能力和建筑防火实际情况,规定了防火分区的最大允许建筑面积。表6-8和表6-9分别列出了厂房和仓库的防火分区最大允许建筑面积,表6-10列出了民用建筑的分类及其防火分区的最大允许建筑面积。

表6-8　厂房防火分区的最大允许面积

生产的火灾危险性类别	厂房的耐火等级	厂房最多允许层数	每个防火分区的最大允许建筑面积/m²			
			单层厂房	多层厂房	高层厂房	地下或半地下厂房
甲	一级	单层	4 000	3 000	/	/
	二级		3 000	2 000		
乙	一级	不限	5 000	4 000	2 000	/
	二级	6	4 000	3 000	1 500	
丙	一级	不限	不限	6 000	3 000	500
	二级	不限	8 000	4 000	2 000	500
	三级	2	3 000	2 000	/	/
丁	一、二级	不限	不限	不限	4 000	1 000
	三级	3	4 000	2 000	/	/
	四级	1	1 000	/	/	/

续　表

生产的火灾危险性类别	厂房的耐火等级	厂房最多允许层数	每个防火分区的最大允许建筑面积/m²			
			单层厂房	多层厂房	高层厂房	地下或半地下厂房
戊	一、二级	不限	不限	不限	6 000	1 000
	三级	3	5 000	3 000	/	/
	四级	1	1 500	/	/	/

表 6-9　仓库防火分区的最大允许面积

储存物品的火灾危险性类别		仓库的耐火等级	仓库最多允许层数	每座仓库的最大允许占地面积及每个防火分区的最大允许建筑面积/m²			
				单层仓库	多层仓库	高层仓库	地下或半地下仓库
甲	3、4 项	一级	1	180,60	/	/	/
	1、2、5、6 项	一、二级	1	750,250			
乙	1、3、4 项	一、二级	3	2000,500	900,300	/	/
		三级	1	500,250	/		
	2、5、6 项	一、二级	5	2 800,700	1 500,500	/	/
		三级	1	900,300	/		
丙	1 项	一、二级	5	4 000,1 000	2 800,700	/	150
		三级	1	1 200,400	/	/	/
	2 项	一、二级	不限	6 000,1 500	4 800,1 200	4 000,1 000	300
		三级	3	2 100,700	1 200,400	/	/
丁		一、二级	不限	不限,3 000	不限,1 500	4 800,1 200	500
		三级	3	3 000,1 000	1 500,500	/	/
		四级	1	2 100,700	/	/	/
戊		一、二级	不限	不限,2 000	不限,2 000	6 000,1 500	1 000
		三级	3	3 000,1 000	2 100,700	/	/
		四级	1	2 100,700	/	/	/

表 6-10　民用建筑防火分区的最大允许面积

民用建筑	允许建筑高度或层数	耐火等级	防火分区最大允许建筑面积
高层	>27 m	一、二级	1 500 m²
单、多层	≤27 m 的住宅建筑 ≤24 m 的公共建筑	一、二级	2 500 m²

续　表

民用建筑	允许建筑高度或层数	耐火等级	防火分区最大允许建筑面积
	5 层	三级	1 200 m²
	2 层	四级	600 m²
地下或半地下室	/	一级	500 m²

2. 防火分隔物

防火分隔是指用具有一定耐火性能的建筑构件将建筑内部空间加以分隔,在一定时间内限制火灾于起火区的措施。防火分隔物是指能在一定时间内阻止火势蔓延,且能把建筑物内部空间分隔成若干小防火空间的物体。常用防火分隔物有防火墙、防火门、防火卷帘、防火水幕带等。防火分区之间应采用防火墙分隔;当不能采用防火墙进行分隔时,可以采用防火卷帘、防火分隔水幕、防火玻璃或防火门进行分隔。

防火墙是防止火灾蔓延至相邻建筑或相邻水平防火分区且耐火极限不低于 3.00 h 的不燃性墙体。防火墙应直接设置在建筑的基础或框架、梁等承重结构上,框架、梁等承重结构的耐火极限不应低于防火墙的耐火极限。防火墙上不应开设门、窗、洞口,确需开设时,应设置不可开启或火灾时能自动关闭的甲级防火门、窗。可燃气体和甲、乙、丙类液体的管道严禁穿过防火墙。防火墙内不应设置排气道。

防火门是由门框、门扇及五金配件等组成,具有一定耐火性能的门组件。门组件中还可以包括门框、上面的亮窗、门扇上的视窗以及各种防火密封件等辅助材料。根据 GB 12955—2008《防火门》,防火门按材质不同可分为木质防火门(MFM)、钢质防火门(GFM)和钢木质防火门(GMFM)等;按耐火性能不同可分为隔热防火门(A)、部分隔热防火门(B)和非隔热防火门(C)。表 6 - 11 列举了防火门的分类和代号。

表 6 - 11　防火门、窗的耐火性能和代号

名称	耐火性能	代号	名称
隔热防火门 （A 类）	隔热性≥0.5 h;完整性≥0.5 h	A0.50(丙级)	隔热防火窗 （A 类）
	隔热性≥1.0 h;完整性≥1.0 h	A1.00(乙级)	
	隔热性≥1.5 h;完整性≥1.5 h	A1.50(甲级)	
	隔热性≥2.0 h;完整性≥2.0 h	A2.00	
	隔热性≥3.0 h;完整性≥3.0 h	A3.00	
部分隔热防火门 （B类）	隔热性≥0.5 h;完整性≥1.0 h	B1.00	/
	隔热性≥0.5 h;完整性≥1.5 h	B1.50	
	隔热性≥0.5 h;完整性≥2.0 h	B2.00	
	隔热性≥0.5 h;完整性≥3.0 h	B3.00	

续　表

名称	耐火性能	代号	名称
/	完整性≥0.5 h	C0.50	非隔热防火窗 （C类）
非隔热防火门 （C类）	完整性≥1.0 h	C1.00	
	完整性≥1.5 h	C1.50	
	完整性≥2.0 h	C2.00	
	完整性≥3.0 h	C3.00	

防火门的设置应符合下列规定：设置在建筑内经常有人通行处的防火门宜采用常开防火门。常开防火门应能在火灾时自行关闭，并应具有信号反馈功能。其他位置的防火门均应采用常闭防火门。常闭防火门应在其明显位置设置"保持防火门关闭"等提示标识。防火门的标记非常复杂，由 12 部分构成，分别为材质及名称代号、洞口尺寸标志、宽度、高度、玻璃的代号（如镶有玻璃）、门框单双槽口的代号（双槽口为 s，单槽口为 d）、亮窗代号（l）、下框代号（有下框为 k）、平开门门扇关闭方向代号（顺时针关闭为 5，逆时针关闭为 6）、耐火性能代号、门扇数量代号（例：单扇为 1，双扇为 2）和企业自定义代号，例如，GFM-0924-bslk5 A1.50(甲)-1 表示该防火门是隔热（A 类）铜质防火门，其洞口宽度为900 mm，高度为 2 400 mm，镶有玻璃，门框双槽口，带亮窗，有下框，顺时针关闭，耐火完整性和隔热性均不小于 1.5 小时的甲级单扇防火门。

防火窗是由窗框、窗扇及五金配件等部件组成，具有一定耐火性能的窗组件。根据 GB 16809—2008，防火窗按材质不同可分为钢质防火窗（GFC）、木质防火窗（MFC）、钢木复合防火窗（GMFC）等；按使用功能不同可分为固定式防火窗（D）和活动式防火窗（H）；按耐火性能不同分为隔热防火窗（A）和非隔热防火窗（C）。防火窗的型号由商品名称代号、防火窗规格、使用功能代号和耐火等级代号四部分组成，如 MFC0909-D-A1.00(乙级)表示该防火窗是木质防火窗，宽度和高度均为 900 mm，使用功能为固定式，耐火性能等级为 A1.00。

防火玻璃是具有透光功能并能满足规定耐火性能要求的玻璃制品。根据 GB 15763.1—2009《建筑用安全玻璃　第 1 部分：防火玻璃》，防火玻璃按结构可分为复合防火玻璃（FFB）和单片防火玻璃（DFB）；按耐火性能可分为隔热型防火玻璃（A 类）和非隔热型防火玻璃（C 类）。防火玻璃的标记由结构分类、公称厚度（单位为 mm，不足 10 mm 时前面加 0）和耐火极限等级（以小时计）构成。例如，FFB-25-A1.50 是指一块公称厚度为25 mm、耐火性能为隔热类、耐火等级为 1.50 小时的复合防火玻璃。

防火卷帘是由卷轴、导轨、座板、门楣、箱体、可折叠或卷绕的帘面及卷门机、控制器等部件组成，具有一定耐火性能的卷帘门组件。根据 GB 14102—2005《防火卷帘》，防火卷帘按材质不同分为钢质防火卷帘（GFJ）、无机纤维复合防火卷帘（WFJ）和特级防火卷帘（TFJ）；按帘面数量不同分为单个帘面（D）和双帘面（S）；按耐风压强度不同分为 50、80 和120，分别表示耐风压强度为 490 Pa，784 Pa 和 1 177 Pa；按照启闭方式不同分为垂直卷、侧向卷和水平卷三类，代号分别是 C_z，C_x 和 S_p 代表。表 6 - 12 所示的防火卷帘的型号由防火卷帘的名称符号、洞口宽度和高度(cm)、耐火极限、启闭方式、帘面数量、帘面间距和耐风压强度七项构成,中间由"-"连接。例如,GFJ-300300-F2-C$_z$-D-80表示洞口宽度和高度分别为300 cm,耐火极限不小于2.00 h,启闭方式为垂直卷、单帘、耐风压强度为80型的钢质防火卷帘。

表 6-12　防火卷帘的耐火极限分类

名称	名称符号	代号	耐火极限/h	帘面漏烟量
钢质防火卷帘	GFJ	F2	≥2.00	
		F3	≥3.00	
钢质防火、防烟卷帘	GFYJ	FY2	≥2.00	≤0.2
		FY3	≥3.00	
无机纤维复合防火卷帘	WFJ	F2	≥2.00	
		F3	≥3.00	
无机纤维复合防火、防烟卷帘	WFYJ	FY2	≥2.00	≤0.2
		FY3	≥3.00	
特级防火卷帘	TFJ	TF3	≥3.00	≤0.2

防火阀是安装在通风、空气调节系统的送、回风管道上,平时呈开启状态,火灾时当管道内烟气温度达到70 ℃时关闭,并在一定时间内能满足漏烟量和耐火完整性要求,起隔烟阻火作用的阀门。根据GB 15930—2007《建筑通风和排烟系统用防火阀门》,防火阀的名称符号为FHF,具有排烟和隔烟功能的防火阀称为排烟防火阀,名称符号为PFHF。排烟防火阀安装在机械排烟系统的管道上,平时呈开启状态,火灾时当排烟管道内烟气温度达到280 ℃时关闭,并在一定时间内能满足漏烟量和耐火完整性要求,起隔烟阻火作用。防火阀和排烟防火阀一般由阀体、叶片、执行机构和温感器等部件组成。按阀门控制方式分类,防火阀分为温感器控制自动关闭(W)、手动控制关闭或开启(S)和电动控制关闭或开启(D)三类,其中电动控制阀门根据关键元件不同分为电控电磁铁关闭或开启(Dc)、电控电机关闭或开启(Dj)和电控气动机构关闭或开启(Dq)三类。按照阀门功能分类,防火阀分为具有风量调节功能的防火阀(F)、具有远距离复位功能的防火阀(Y)和具有阀门关闭或开启后阀门位置信号反馈功能的防火阀(K)。按外形分类,防火阀分为矩形阀门(ϕ)和圆形阀门($W \times H$)。防火阀的标记由产品名称、控制方法、功能、公称尺寸四部分构成。例如,FHF WSDj-F-630×500表示具有温感器自动关闭、手动关闭、电控电机关闭方式和风量调节功能,公称尺寸为630 mm×500 mm的防火阀。

(二)防火间距

防火间距是防止着火建筑在一定时间内引燃相邻建筑,便于消防扑救的间隔距离。影响防火间距的因素较多,在确定建筑间的防火间距时,应综合考虑灭火救援需要、防止火势向邻近建筑蔓延扩大、节约用地等因素以及灭火救援力量和灭火救援的经验教训。建筑间的防火间距是重要的建筑防火措施,在确定防火间距时,主要考虑飞火、热对流和热辐射等的作用,其中,火灾的热辐射作用是主要方式。热辐射强度与灭火救援力量、火灾延续时间、可燃物的性质和数量、相对外墙开口面积的大小、建筑物的长度和高度以及气象条件等有关。对于周围存在露天可燃物堆放的场所,还应考虑飞火的影响。飞火与风力、火焰高度有关,在大风情况下,从火场飞出的"火团"可达数十米至数百米。

GB 50016—2014 对厂房之间,仓库之间,厂房与仓库,厂房、仓库与民用建筑及其他建筑物的基本防火间距做了详细规定。表 6-13 为厂房之间、与除甲类仓库之外的仓库间、厂房与民用建筑的防火间距规定。其中,甲类厂房间的防火间距应不小于 12 米,与乙类厂房间的防火间距应不小于 14 米,与丙、丁和戊类厂房间的防火间距不小于 16 米,与室外变配电站、单层和多层民用建筑间的防火间距不小于 25 米,与高层民用建筑间的防火间距不小于 50 米。

表 6-13　各类厂房与各类建筑间的防火间距　　　　单位:m

名称		甲类厂房 单、多层 一、二级	乙类厂房(仓库) 单、多层 一、二级	乙类厂房(仓库) 单、多层 三级	乙类厂房(仓库) 高层 一、二级	丙、丁、戊类厂房(仓库) 单、多层 一、二级	丙、丁、戊类厂房(仓库) 单、多层 三级	丙、丁、戊类厂房(仓库) 单、多层 四级	丙、丁、戊类厂房(仓库) 高层 一、二级	民用建筑 裙房、单、多层 一、二级	民用建筑 裙房、单、多层 三级	民用建筑 裙房、单、多层 四级	民用建筑 高层 一类	民用建筑 高层 二类
甲类厂房 单、多层	一、二级	12	12	14	13	12	14	16	13	25			50	
乙类厂房 单、多层	一、二级	12	10	12	13	10	12	14	13	25			50	
乙类厂房 单、多层	三级	14	12	14	15	12	14	16	15					
乙类厂房 高层	一、二级	13	13	15	13	13	15	17	13					
丙类厂房 单、多层	一、二级	12	10	12	13	10	12	14	13	10	12	14	20	15
丙类厂房 单、多层	三级	14	12	14	15	12	14	16	15	12	14	16	25	20
丙类厂房 单、多层	四级	16	14	16	17	14	16	18	17	14	16	18		
丙类厂房 高层	一、二级	13	13	15	13	13	15	17	13	13	15	17		
丁、戊类厂房 单、多层	一、二级	12	10	12	13	10	12	14	13	10	12	14	15	13
丁、戊类厂房 单、多层	三级	14	12	14	15	12	14	16	15	12	14	16	18	15
丁、戊类厂房 单、多层	四级	16	14	16	17	14	16	18	17	14	16	18		
丁、戊类厂房 高层	一、二级	13	13	15	13	13	15	17	13	13	15	17	15	13
室外变、配电站 变压器总油量(t)	≥5,≤10	25	25	25	25	12	15	20	12	15	20	25	20	
室外变、配电站 变压器总油量(t)	>10,≤50					15	20	25	15	20	25	30	25	
室外变、配电站 变压器总油量(t)	>50					20	25	30	20	25	30	35	30	

甲类厂房与重要公共建筑的防火间距不应小于 50 m,与明火或散发火花地点的防火

间距不应小于 30 m(图 6-2)。

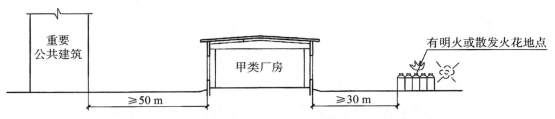

图 6-2　甲类厂房与重要公共建筑、有明火或散发火花地点的防火间距

如图 6-3 所示,散发可燃气体、可燃蒸气的甲类厂房与厂外铁路线中心线间的防火间距应不小于 30 米,与厂内铁路线中心线间的防火间距不小于 20 米,与厂外道路、厂内的主要道路和次要道路路边间的防火间距应分别不小于 15 米、10 米和 5 米。

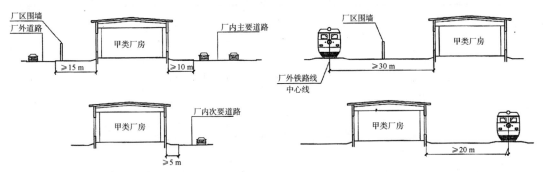

图 6-3　散发可燃气体、可燃蒸气的甲类厂房与铁路、道路的防火间距

表 6-14 列出了甲类仓库与其他建筑设施间的防火间距要求。由表可知,虽然甲类仓库的储量不同会引起防火间距的不同,但总的规律是甲类仓库间的防火间距应不小于 20 米,甲类仓库与高层民用建筑及重要公共建筑间的防火间距应不小于 50 米,与厂外铁路线中心线、厂内铁路线中心线、厂外道路路边、厂内主要道路和次要道路路边的安全间距要求依次下降,分别应不小于 50 米、30 米、20 米、10 米和 5 米。表 6-15 列出了非甲类仓库与其他建筑、设施间的防火间距要求。

表 6-14　甲类仓库与其他建筑设施间的防火间距　　　　单位:m

建筑、设施名称		甲类仓库(储量,t)			
		储存物品第 3,4 项		储存物品第 1,2,5,6 项	
		≤5	>5	≤10	>10
甲类仓库		20			
厂房和非甲类仓库	一、二级	15	20	12	15
	三级	20	25	15	20
	四级	25	30	20	25
室外变、配电站		30	40	25	30

续 表

建筑、设施名称		甲类仓库（储量，t）			
		储存物品第3,4项		储存物品第1,2,5,6项	
		≤5	>5	≤10	>10
厂外铁路线中心线		40			
厂内铁路线中心线		30			
厂外道路路边		20			
厂内道路路边	主要	10			
	次要	5			
高层民用建筑		50			
裙房、其他民用建筑、明火或散发火花的地点		30	40	25	30

表 6 – 15　非甲类仓库与其他建筑设施间的防火间距　　　　　单位：m

名称			乙类仓库			丙类仓库				丁、戊类仓库			
			单、多层		高层	单、多层			高层	单、多层			高层
			一、二级	三级	一、二级	一、二级	三级	四级	一、二级	一、二级	三级	四级	一、二级
非甲类仓库	单、多层	一、二级	10	12	13	10	12	14	13	10	12	14	13
		三级	12	14	15	12	14	16	15	12	14	16	15
		四级	14	16	17	14	16	18	17	14	16	18	17
	高层	一、二级	13	15	13	13	15	17	13	13	15	17	13
民用建筑	单、多层	一、二级	25			10	12	14	13	10	12	14	13
		三级				12	14	16	15	12	14	16	15
		四级				14	16	18	17	14	16	18	17
	高层	一类	50			20	25	25	20	15	18	18	15
		二类				15	20	20	15	13	15	15	13

五、建筑防烟设计

火灾烟气是造成建筑火灾过程中火灾蔓延和人员伤亡的主要原因。结合建筑的特性和火灾烟气的发展规律，在建筑内设置有效的防、排烟系统对于减少火灾事故伤害起到重要的预防作用。建筑防、排烟系统是建筑内设置的用于防止火灾烟气蔓延扩大的防烟系统和排烟系统的总称。

(一) 防烟系统

1. 防烟系统的选择

采用自然通风方式,防止火灾烟气在楼梯间、前室、避难层(间)等空间积聚,或采用机械加压送风方式阻止火灾烟气侵入楼梯间、前室、避难层(间)等空间的系统称为防烟系统。根据 GB 51251—2017《建筑防烟排烟系统技术标准》,建筑防烟系统的设计应根据建筑高度、使用性质等因素,采用自然通风系统或机械加压送风系统。如表 6-16 所示,建筑高度是防烟系统选择的主要依据,防烟系统的设置位置包括防烟楼梯间、独立前室、共用前室、合用前室及消防电梯前室(图 6-4)。

表 6-16　防烟系统的选择和设置

建筑类型	高度/m	防烟系统选择	设置位置
公共建筑、工业建筑	>50	机械加压送风系统	防烟楼梯间、独立前室、共用前室、合用前室及消防电梯前室
	≤50	自然通风系统或机械加压送风系统	
住宅建筑	>100	机械加压送风系统	
	≤100	自然通风系统或机械加压送风系统	
地下部分	/	机械加压送风系统	防烟楼梯间前室及消防电梯前室
避难层	/	机械加压送风系统	避难走道和前室

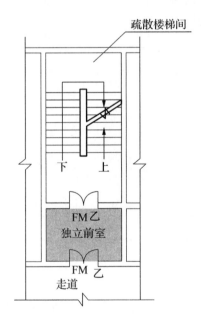
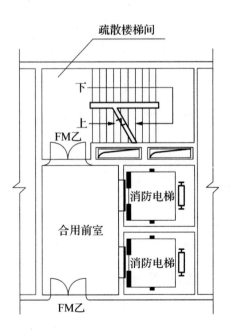

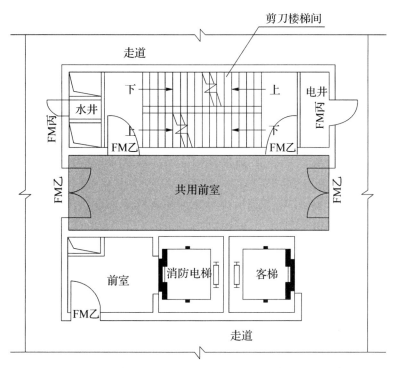

图6-4　独立前室、合用前室、共用前室、消防电梯前室示意图

如图6-4所示,只与一部疏散楼梯相连的前室称为独立前室;与消防电梯相连的前室称为消防电梯前室;(居住建筑)剪刀楼梯间的两个楼梯间共用的前室称为共用前室;防烟楼梯间前室与消防电梯合用的前室称为合用前室。当独立前室、合用前室满足全敞开或外窗通风条件时,可不设置防烟系统;不能设置自然通风系统时,应采用机械加压送风系统。采用机械加压送风系统时,当采用独立前室且仅有一个门与走道或房间相通时,可仅在楼梯间设置机械加压送风系统;当独立前室有多个门,或采用合用前室时,楼梯间、独立前室或合用前室应分别独立设置机械加压送风系统;当采用剪刀楼梯时,其两个楼梯间及其前室应分别独立设置机械加压送风系统。避难层的防烟系统可根据建筑构造、设备布置等因素选择自然通风系统或机械加压送风系统。

2. 自然通风

一旦有烟气进入楼梯间且不能及时排出,将会影响人员安全疏散和火灾扑救进程。根据烟气流动规律,在顶层楼梯间设置一定面积的可开启外窗可防止烟气积聚,确保楼梯间有较好的疏散和救援条件。

采用自然通风方式的封闭楼梯间、防烟楼梯间,应在最高部位设置面积不小于1.0 m²的可开启外窗或开口;当建筑高度大于10 m时,应在楼梯间的外墙上每5层内设置总面积不小于2.0 m²的可开启外窗或开口,且布置间隔不大于3层。前室采用自然通风方式时,独立前室、消防电梯前室可开启外窗或开口的面积不应小于2.0 m²,共用前室、合用前室不应小于3.0 m²。

采用自然通风方式的避难层(间)应设有不同朝向的可开启外窗,其有效面积不应小于该避难层(间)地面面积的 2%,且每个朝向的面积不应小于 2.0 m²。可开启外窗应方便直接开启,设置在高处不便于直接开启的可开启外窗应在距地面高度为 1.3~1.5 m 的位置设置手动开启装置。

3. 机械加压送风

机械加压送风方式是指对楼梯间、前室及其他需要被保护的区域采用机械送风,使该区域形成正压,防止烟气进入。

建筑高度大于 100 m 的建筑,其机械加压送风系统应竖向分段独立设置,且每段高度不应超过 100 m;如果不分段可能造成局部压力过高或过低,压力过高会给疏散造成障碍,压力过低则不能起到防烟作用。采用机械加压送风系统的防烟楼梯间及其前室应分别设置送风井(管)道,送风口(阀)和送风机。

建筑高度小于或等于 50 m 的建筑,当楼梯间设置加压送风井(管)道确有困难时,楼梯间可采用直灌式加压送风系统。直灌式加压送风是风机未通过送风井(管)道直接对楼梯井机械加压送风的一种防烟形式。建筑高度大于 32 m 的高层建筑应采用楼梯间两点部位送风的方式,送风口之间距离不宜小于建筑高度的 1/2,送风口应直对楼梯间并远离楼梯间通往安全区域的疏散门(包括一层、避难层、屋顶通往安全区域的疏散门),以避免大量的送风从门洞泄漏,导致楼梯间的压力分布不均匀。设置机械加压送风系统的楼梯间的地上部分与地下部分的机械加压送风系统应分别独立设置。当受建筑条件限制,且地下部分为汽车库或设备用房时,可共用机械加压送风系统。

机械加压送风机可采用轴流风机或中、低压离心风机,并设置在专用机房内。火灾确认后,常闭加压送风口和加压送风机应在 15 s 内联动开启。加压送风机可通过以下四种方式启动:现场手动启动、火灾自动报警系统自动启动、消防控制室手动启动、系统中任一常压加压送风口开启时加压风机自动启动。送风机的进风口应设在机械加压送风系统的下部、直通室外,采取防止烟气被吸入的措施,且不应与排烟风机的出风口设在同一面,以确保进风是室外不受火灾和烟气污染的空气。当送风机的进风口与排烟风机的出风口必须设在同一层面时,应分开布置。当两者竖向布置时,送风机的进风口应设置在排烟出口的下方,两者边缘最小垂直距离不应小于 6.0 m;当水平布置时,两者边缘最小水平距离不应小于 20.0 m。当送风机出风管或进风管上安装单向风阀或电动风阀时,应采取火灾时自动开启阀门的措施。除直灌式加压送风方式外,楼梯间宜每隔 2 层或 3 层设一个常开式百叶送风口;前室应每层设一个常闭式加压送风口,并应设手动开启装置;送风口的风速不宜大于 7 m/s;送风口不能被门挡住。

机械加压送风系统应采用不燃材料制作且内壁光滑的管道送风。当送风管道内壁为金属时,设计风速不应大于 20 m/s;当送风管道内壁为非金属时,设计风速不应大于 15 m/s。竖向设置的送风管道应独立设置在管道井内,当确有困难时,未设置在管道井内或与其他管道合用管道井的送风管道,其耐火极限不应低于 1.00 h。对于水平设置的送风管道,当其设置在吊顶内时,耐火极限不应低于 0.50 h;当其未设置在吊顶内时,耐火极限不应低于 1.00 h。机械加压送风系统的管道井应采用耐火极限不低于 1.00 h 的隔墙与相邻部位分隔,当墙上必须设置检修门时应采用乙级防火门;采用机械加压送风的场所不应设置百叶窗,且不宜设置可开启外窗;设置机械加压送风系统的封闭楼梯间、防烟楼梯间,应在其顶部设置不小于 $1 m^2$ 的固定窗,而靠外墙的防烟楼梯间,应在其外墙上每 5 层内设置总面积不小于 $2 m^2$ 的固定窗;设置机械加压送风系统的避难层(间),应在外墙设置可开启外窗,其有效面积不应小于该避难层(间)地面面积的 1%。

4. 机械加压送风系统风量计算

机械加压送风系统的设计风量不应小于计算风量的 1.2 倍。楼梯间或前室的机械加压送风量应按下列公式计算:

$$L_j = L_1 + L_2 \qquad (式 6-2)$$
$$L_s = L_1 + L_3 \qquad (式 6-3)$$

式中,L_j 为楼梯间的机械加压送风量;L_s 为前室的机械加压送风量;L_1 为门开启时,达到规定风速值所需的送风量(m^3/s);L_2 为门开启时,规定风速下,其他门缝漏风总量(m^3/s);L_3 为未开启的常闭送风阀的漏风总量(m^3/s)。

门开启时,达到规定风速值所需的送风量、规定风速值下的其他门漏风总量和未开启的常闭送风阀的漏风总量应按下式计算:

$$L_1 = A_k v N_1 \qquad (式 6-4)$$
$$L_2 = 0.827 \times A \times \Delta P^{1/n} \times 1.25 \times N_2 \qquad (式 6-5)$$
$$L_3 = 0.083 \times A_f N_3 \qquad (式 6-6)$$

式中,A_k 指一层内开启门的截面面积(m^2);v 指门洞断面风速(m/s);N_1 为设计疏散门开启的楼层数量;A 是指每个疏散门的有效漏风面积(m^2);ΔP 指计算漏风量的平均压力差(Pa);1.25 为不严密处附加系数;N_2 指漏风疏散门的数量;0.083 为阀门单位面积的漏风量[$m^3/(s \cdot m^2)$];A_f 为单个送风阀门的面积(m^2);N_3 为漏风阀门的数量。

表 6-17　各参数在不同条件下的取值

参数	取　值
A_k	对于住宅楼梯前室,可按一个门的面积取值
v	当楼梯间和独立前室、共用前室、合用前室均采用机械加压送风时,通向楼梯间和独立前室、共用前室、合用前室疏散门的门洞断面风速均不应小于 0.7 m/s
	当楼梯间机械加压送风、只有一个开启门的独立前室不送风时,通向楼梯间疏散门的门洞断面风速不应小于 1.0 m/s
	当消防电梯前室机械加压送风时,通向消防电梯前室门的门洞断面风速不应小于 1.0 m/s
	当独立前室、共用前室或合用前室采用机械加压送风而楼梯间采用可开启外窗的自然通风系统时,通向独立前室、共用前室或合用前室疏散门的门洞风速不应小于 $0.6(A_1/A_g + 1)$(m/s),其中,A_1 为楼梯间疏散门的总面积(m^2);A_g 为前室疏散门的总面积(m^2)。

续　表

参数	取　值
N_1	楼梯间采用常开风口,当地上楼梯间为 24 m 以下时,设计 2 层内的疏散门开启,取 $N_1=2$
	当地上楼梯间为 24 m 及以上时,设计 3 层内的疏散门开启,取 $N_1=3$;当为地下楼梯间时,设计 1 层内的疏散门开启,取 $N_1=1$
	前室采用常闭风口,计算风量时取 $N_1=3$
A	疏散门的门缝宽度取 0.002～0.004 m
ΔP	当开启门洞处风速为 0.7 m/s 时,取 $\Delta P=6.0$ Pa
	当开启门洞处风速为 1.0 m/s 时,取 $\Delta P=12.0$ Pa
	当开启门洞处风速为 1.2 m/s 时,取 $\Delta P=17.0$ Pa
n	一般为 2
N_2	楼梯间采用常开风口,$N_2=$加压楼梯间的总门数$-N_1$ 楼层数上的总门数
N_3	前室采用常闭风口,$N_3=$楼层数-3

当系统负担建筑高度大于 24 m 时,防烟楼梯间、独立前室、合用前室和消防电梯前室应按计算值与表 6-18 的值中的较大值确定。

表 6-18　不同位置加压送风的计算风量

系统负担高度	送风部位	加压送风量/(m³/h)
24 m<h≤50 m	消防电梯前室	35 400～36 900
	楼梯间自然通风,独立前室、合用前室	42 400～44 700
	前室不送风,封闭楼梯间、防烟楼梯间	36 100～39 200
	防烟楼梯间	25 300～27 500
	防烟楼梯间独立前室、合用前室	24 800～25 800
50 m<h≤100 m	消防电梯前室	37 100～40 200
	楼梯间自然通风,独立前室、合用前室	45 000～48 600
	前室不送风,封闭楼梯间、防烟楼梯间	39 600～45 800
	防烟楼梯间	27 800～32 200
	防烟楼梯间独立前室、合用前室	26 000～28 100

(二)排烟系统

采用机械排烟或自然排烟方式,将烟气排至建筑物外的系统称为排烟系统。建筑排烟系统的设计应根据建筑的使用性质、平面布局等因素,优先采用自然排烟系统。设置排烟系统的场所或部位应采用挡烟垂壁、结构梁及隔墙等划分防烟分区。

1. 防烟分区

防烟分区是在建筑内部采用挡烟设施分隔而成,能在一定时间内防止火灾烟气向同一建筑的其余部分蔓延的局部空间。防烟分区范围是指以屋顶挡烟隔板、挡烟垂壁或从顶棚向下突出不小于 500 mm 的梁为界,从地板到屋顶或吊顶之间的规定空间。

设置挡烟垂壁(垂帘)是划分防烟分区的主要措施,例如,敞开楼梯和自动扶梯穿越楼板的开口部应设置挡烟垂壁。挡烟垂壁是用不燃材料制成,垂直安装在建筑顶棚、梁或吊顶下,能在火灾时形成一定的蓄烟空间(储烟仓)的装置,其底部与顶部之间的垂直高度即挡烟高度。按挡烟垂壁的安装方式可以分为固定式挡烟垂壁(D)和活动式挡烟垂壁(H);按挡烟部件材料的刚度性能可以分为柔性挡烟垂壁(R)和刚性挡烟垂壁(G)。挡烟垂壁的型号由挡烟垂壁代号(YCB)、规格、安装方式代号、挡烟部件刚度性能代号及企业自定义内容构成。例如,YCB - 2000×600DG - fb1 表示宽度为 2 000 mm、挡烟高度为 600 mm 的固定式刚性挡烟垂壁,自定义型号 fb1 说明其主体材料为防火玻璃。

防烟分区不应跨越防火分区(图 6 - 5)。公共建筑和工业建筑防烟分区的最大允许面积及长边的最大允许长度如表 6 - 19 所示。同一个防烟分区应采用同一种排烟方式。

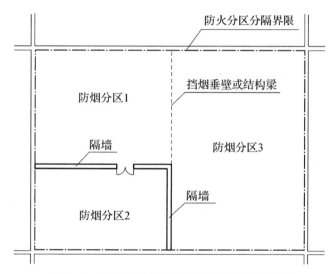

图 6 - 5 防火分区内防烟分区分隔方法示意图

表 6 - 19 建筑防烟分区的最大允许面积及其长边最大允许长度

空间净高 H 或走道宽度 L	最大允许面积	长边最大允许长度
$H \leqslant 3.0$ m	500 m²	24 m
3.0 m $< H \leqslant 6.0$ m	1 000 m²	36 m
$H > 6.0$ m	2 000 m²	60 m,满足自然对流条件时 75 m
$H > 9.0$ m	满足上述条件同时,防烟分区间可不设置挡烟设施	
$L \leqslant 2.5$ m	满足上述条件同时,长边最大允许长度为 60 m	

2. 自然排烟

自然排烟是利用火灾时产生的热烟气流的浮力和外部风力作用,通过建筑物的对外开口把烟气排至室外的排烟方式。采用自然排烟系统的场所应在排烟区域的顶部或外墙设置可开启外窗(自然排烟窗)。自然排烟窗的位置、数量和面积对于防烟分区能否有效实现烟流控制至关重要。根据烟流扩散特点,火灾时烟气上升,积聚于挡烟垂壁、梁等形成的储烟仓内,所以用于排烟的自然排烟窗应设置在排烟区域的顶部或外墙的储烟仓的高度内。为了能够及时排出烟气,防烟分区内任一点与最近的自然排烟窗(口)之间的水平距离(D_1)的最大值应满足表 6-20 的要求。

表 6-20　防烟分区内任一点与最近的自然排烟窗(口)之间的水平距离要求

建筑类型(空间净高 H)	D_1
采用自然排烟系统的场所一般规定	≤30 米
采用自然排烟方式的工业建筑	≤2.8H 米
具有自然对流条件的公共建筑(空间净高 H≥6.0 米)	≤37.5 米

在厂房、仓库的排烟区域设置自然排烟窗(口)时,应沿墙边或屋面均匀设置,并应符合表 6-21 中的规定。每组自然排烟窗(口)的长度不宜大于 3.0 m。设置在防火墙两侧的自然排烟窗(口)之间最近边缘的水平距离不应小于 2.0 m。

表 6-21　厂房、仓库的自然排烟窗(口)的设置要求

位置	排烟区域特征	设置要求
外墙	走道、室内净高大于 3.0 米	储烟仓内,沿建筑物的两条对边均匀设置
	走道、室内净高不大于 3.0 米	h≥0.5H 米,沿建筑物的两条对边均匀设置
屋顶	当屋面斜度小于或等于 12°时	每 200 m² 的建筑面积应设置相应的自然排烟窗口
	当屋面斜度大于 12°时	每 400 m² 的建筑面积应设置相应的自然排烟窗口

为了确保自然排烟及时有效,自然排烟窗(口)应设置手动开启装置或距地面高度 1.3～1.5 m 的手动开启装置。净空高度大于 9 m 的中庭、建筑面积大于 2 000 m² 的营业厅、展览厅、多功能厅等场所,应同时设置集中手动开启装置和自动开启设施。自然排烟窗(口)的面积和数量应当根据 GB 51251—2017 进行计算确定。

3. 机械排烟

采用机械力将烟气排至建筑物外的排烟方式称为机械排烟。机械排烟系统主要由排烟风机、排烟管道、排烟口、排烟阀等组成。为了防止火灾在不同防火分区蔓延并保证机械排烟系统的可靠性,竖向设置机械排烟系统时,应分段独立设置;水平设置机械排烟系统时,应按防火分区独立设置。同时,机械排烟系统应与通风、空气调节系统分开设置。

排烟风机的耐火极限应满足 280 ℃时连续工作 30 min 的要求,并与风机入口处的排烟防火阀连锁自动关闭。排烟防火阀平时呈开启状态,火灾时当排烟管道内烟气温度达到 280 ℃时,烟气中已带火,阀门关闭。当排烟防火阀关闭时,排烟风机应能停止运转,不再排烟,以免火灾通过排烟系统扩散蔓延。为了确保送风系统不受烟气影响,排烟风机应设置在排烟系统的最高处,烟气出口朝上且高于加压送风机和补风机的进风口。

排烟管道必须使用不燃材料制作,必须满足 280 ℃时连续工作 30 min 保持结构完整,设置在不同位置上的排烟管道的耐火极限应符合表 6-22 要求。排烟管道的内壁应光滑,以保证其排烟效率。金属材质的管道设计风速不应大于 20 m/s;非金属材质的管道设计风速不应大于 15 m/s。

表 6-22　排烟管道的耐火极限要求

设置方向	设置位置	耐火极限
竖向设置	设置在独立的管道井内	≥0.5 h
水平设置	设置在吊顶内	≥0.5 h
	直接设置在室内	≥1.0 h
其他设置	设置在走道部位吊顶内以及穿越防火分区	≥1.0 h
	设备用房和汽车库的排烟管道	≥0.5 h

排烟口一般设置在顶棚或靠近顶棚的墙面上,排烟方向与人员疏散方向相反,排烟口与附近安全出口相邻边缘之间的水平距离不应小于 1.5 m。排烟阀是安装在机械排烟系统各支管端部(烟气吸入口)、平时呈关闭状态并满足漏风量要求、火灾时可手动和电动启闭、起排烟作用的阀门,一般由阀体、叶片、执行机构等部件组成。排烟防火阀的构成部件还包括温感器。排烟防火阀应当设置于负担多个防烟分区的排烟系统的排烟支管上、排烟管道垂直风管与每层水平风管交接处的水平管段上、排烟风机入口处和穿越防火分区处。常闭排烟阀或排烟口应具有火灾自动报警系统自动开启、消防控制室手动开启和现场手动开启功能,其开启信号应与排烟风机联动。排烟防火阀在 280 ℃时应自行关闭,并应连锁关闭排烟风机和补风机。当火灾确认后,火灾自动报警系统应在 15 s 内联动开启相应防烟分区的全部排烟阀、排烟口、排烟风机和补风设施,并应在 30 s 内自动关闭与排烟无关的通风、空调系统。

(三)补风系统

根据空气流动的原理,室内必须补风才能排出烟气。根据 GB 51251—2017,除地上建筑的走道或建筑面积小于 500 m² 的房间外,设置排烟系统的场所必须设置与排烟系统联动开启或关闭的补风系统。补风应直接从室外引入,且补风量不应小于排烟量的50%。补风系统可采用疏散外门、可开启外窗等自然进风方式以及机械送风方式。防火门、窗不得用作补风设施。当补风口与排烟口设置在同一防烟分区时,补风口应设在储烟仓下沿以下;补风口与排烟口水平距离不应少于 5 m。机械补风口的风速不宜大于10 m/s,人员密集场所补风口的风速不宜大于 5 m/s;自然补风口的风速不宜大于 3 m/s。补风管道耐火极限不应低于 0.50 h,当补风管道跨越防火分区时,管道的耐火极限不应小于 1.50 h。

六、建筑防爆设计

有爆炸危险的厂房或仓库内有爆炸危险的部位,应采取防爆泄压措施。防爆措施主要是控制可燃气体、可燃蒸气和可燃易爆粉尘的积聚,防止可燃液体的流散,消除厂房或仓库内的点火源等。泄压措施则是在厂房或仓库有爆炸危险的部位设置泄压设施,在压力超出规定范围时能够及时释放压力,减少爆炸造成的损害。

(一)防爆措施

为了防止比空气轻的可燃气体和蒸气在厂房顶部聚集,散发此类气体、蒸气的甲类厂房上部空间应通风良好。为了防止比空气重的可燃气体、可燃蒸气、粉尘在地沟处聚集,散发此类气体蒸气的甲类厂房和有粉尘、纤维爆炸危险的乙类厂房内不宜设置地沟,确需设置时,地沟应采取防止可燃气体、可燃蒸气和粉尘、纤维在地沟积聚的有效措施,且应采用防火材料密封。使用和生产甲、乙、丙类液体的厂房,其管、沟不应与相邻厂房的管、沟相通,下水道应设置隔油设施。甲、乙、丙类液体仓库应设置防止液体流散的设施。

散发较空气重的可燃气体、可燃蒸气的甲类厂房和有粉尘、纤维爆炸危险的乙类厂房,应采用不发火花的地面。采用绝缘材料作整体面层时,应采取防静电措施。散发可燃粉尘、纤维的厂房,其内表面应平整、光滑,易于清扫。遇湿会发生燃烧爆炸的物品仓库应采取防止水浸渍的措施。

(二)泄压设施

建筑泄压设施主要包括轻质屋面板、轻质墙体和易于泄压的门、窗等。泄压设施应设置在有爆炸危险的部位附近,同时避开人员密集场所和主要交通道路。作为泄压设施的轻质屋面板和墙体应采用爆炸时不产生尖锐碎片的材料制作,其质量不宜大于 60 kg/m²。屋顶上的泄压设施应采取防冰雪积聚措施。

厂房的泄压面积按式 6-7 计算:

$$A = 10CV^{2/3} \qquad\qquad (式 6-7)$$

式中,A 为泄压面积(m^2);V 为厂房的容积(m^2);C 为泄压比,可按表 6-23 选取(m^2/m^3)。

表 6-23　厂房内爆炸性危险物质的类别与泄压比 C 规定值

厂房内爆炸性危险物质的类别	C 值/(m^2/m^3)
氨、粮食、纸、皮革、铅、铬、铜等 $K_尘 < 10$ MPa·m·s⁻¹ 的粉尘	≥0.030
木屑、炭屑、煤粉、锑、锡等 10 MPa·m·s⁻¹ < $K_尘$ ≤ 30 MPa·m·s⁻¹ 的粉尘	≥0.055
丙酮、汽油、甲醇、液化石油气、甲烷、喷漆间或干燥室,苯酚树脂、铝、镁产、锆等 $K_尘 > 30$ MPa·m·s⁻¹ 的粉尘	≥0.110
乙烯	≥0.160
乙炔	≥0.200
氢	≥0.250

建筑平面几何外形尺寸中的最长尺寸与其横截面周长的积和 4.0 倍的建筑横截面积之比称为长径比。长径比过大的空间,会因爆炸压力在传递过程中不断叠加而产生较高的压力。因此,有可燃气体或可燃粉尘爆炸危险的建筑物的长径比应避免过大,以防止爆

炸时产生较大超压,保证所设计的泄压面积能起到有效作用。当厂房的长径比大于 3 时,应将建筑划分为长径比不大于 3 的多个计算段,各计算段中的公共截面不得作为泄压面积。

思考和实践

(1) 什么是耐火极限?耐火极限的判定依据是什么?

(2) 厂房和仓库的火灾危险性分类依据是什么?分别写出厂房和仓库甲类火灾危险性特征依据。

(3) 防火分区的划分依据是什么?写出所居住的建筑的防火分区最大允许面积,并实际勘察确定是否符合标准要求。

(4) 请写出表 6-24 中各标记代表的防火分隔物类别和意义。

表 6-24

标识	防火分隔物分类	意义
MFM-1221-dB1.00-2		
GMFC1521		
DFB-12-C1.00		
TFJ-300300-TF3-C_z-S-240		
PFHF WSDc-Y-ϕ1000		

(5) 根据规定确定所在建筑和相邻建筑间的防火间距,并通过实际调查确定是否符合标准要求。

(6) 简述建筑防烟系统的构成。

(7) 什么是建筑的防烟分区?常见防烟分隔物有哪些?

(8) 建筑排烟方式有哪些?写出其适用的场所。

(9) 简述建筑防爆措施。

(10) 列举建筑泄压设施及设置要求。

第二节　安全疏散与火场逃生

建筑安全
疏散设计要求

建筑火灾发生时,人员由危险区域向安全区域撤离的过程称为疏散。能否安全疏散与建筑安全疏散设计、建筑消防设施的配置、疏散指示装置和逃生器材的配备、人员的应急心理密切相关。

一、建筑安全疏散设计

(一) 安全出口

安全出口是供人员安全疏散用的楼梯间、室外楼梯的出入口或直通室外安全区域的出口。应根据建筑高度、规模、使用功能和耐火等级等因素合理设置安全出口和疏散门的数量、位置、宽度,以满足人员安全疏散的要求。

1. 设置数量

建筑内的安全出口和疏散门应分散布置,且每个防火分区或一个防火分区的每个楼层、每个住宅单元每层相邻两个安全出口以及每个房间相邻两个疏散门最近边缘之间的水平距离不应小于 5 m。安全出口或疏散门的数量应经计算确定,且不应少于 2 个,当符合表 6-25 条件时,也可设置 1 个安全出口或 1 个疏散门。

表 6-25 单个安全出口、疏散门或疏散楼梯的设置条件

建筑类型		可设置 1 个安全出口或 1 个疏散门或 1 部疏散楼梯的条件	
		面积	同一时间作业人数
厂房	甲类	每层建筑面积≤100 m²	≤5 人
	乙类	每层建筑面积≤150 m²	≤10 人
	丙类	每层建筑面积≤250 m²	≤20 人
	丁、戊类	每层建筑面积≤400 m²	≤30 人
	地下或半地下	每层建筑面积≤50 m²	≤15 人
仓库	/	占地面积≤300 m²	/
	/	防火分区建筑面积≤100 m²	/
	地下或半地下	建筑面积≤100 m²	/
	粮食筒仓	上层面积≤1000 m²	≤2 人
除歌舞娱乐放映游艺场所外的地下或半地下民用建筑		防火分区建筑面积≤200 m²	/
		防火分区建筑面积≤50 m²	≤15 人
公共建筑*	单、多层建筑首层	建筑面积≤200 m²	≤50 人
	耐火等级为一、二级、最多 3 层	建筑面积≤200 m²	第 2、3 层人数≤50 人
	耐火等级为三级、最多 3 层	建筑面积≤200 m²	第 2、3 层人数≤25 人
	耐火等级为四级、最多 2 层	建筑面积≤200 m²	第 2 层人数≤15 人
老年人照料设施、托儿所、幼儿园	位于两个安全出口之间或袋形走道两侧的房间	建筑面积≤50 m²	
医疗建筑、教学建筑		建筑面积≤75 m²	
其他		建筑面积≤120 m²	

*注:此处公共建筑为除医疗建筑,老年人照料设施,托儿所、幼儿园的儿童用房,儿童游乐厅等儿童活动场所和歌舞娱乐放映游艺场所等外的公共建筑。

地下或半地下厂房或仓库(包括地下或半地下室)和一、二级耐火等级公共建筑,当有

多个防火分区相邻布置,并采用防火墙分隔时,每个防火分区可利用防火墙上通向相邻防火分区的甲级防火门作为第二安全出口。建筑面积大于 1 000 m² 的防火分区,直通室外的安全出口不应少于 2 个;建筑面积不大于 1 000 m² 的防火分区,直通室外的安全出口不应少于 1 个。

2. 疏散距离

人员从房间内任一点到最近安全出口的直线距离称为疏散距离。在进行安全疏散设计中,考虑单层、多层、高层建筑的疏散难易程度不同,不同火灾危险性类别厂房发生火灾的可能性及火灾后的蔓延和危害不同,应当尽量均匀布置安全出口,缩短疏散距离,厂房内最大疏散距离(单位 m)应符合表 6-26 的规定,住宅建筑直通疏散走道的户门至最近安全出口的直线距离应符合表 6-27 的规定。

表 6-26　厂房内任一点至最近安全出口的直线距离　　单位:m

火灾危险性类别	耐火等级	单层厂房	多层厂房	高层厂房	地下或半地下厂房
甲	一、二级	30	25	—	—
乙	一、二级	75	50	30	80
丙	一、二级	80	60	40	30
	三级	60	40		
丁	一、二级	不限	不限	50	45
	三级	60	50	—	—
	四级	50	—		
戊	一、二级	不限	不限	75	60
	三级	100	75	—	—
	四级	60			

表 6-27　住宅建筑直通疏散走道的户门至最近安全出口的直线距离　　单位:m

名称		位于两个安全出口间的疏散门			位于袋形走道两侧至尽侧的疏散门		
		一、二级	三级	四级	一、二级	三级	四级
老年人照料设施、托儿所、幼儿园		25	20	15	20	15	10
歌舞娱乐放映等场所		25	20	15	9	—	—
医疗建筑	单、多层	35	30	25	20	15	10
	高层病房	24	—	—	12	—	—
	高层其他	30	—	—	15	—	—
教学建筑	单、多层	35	30	25	22	20	10
	高层	30	—	—	15	—	—

续　表

名称		位于两个安全出口间的疏散门			位于袋形走道两侧至尽侧的疏散门		
		一、二级	三级	四级	一、二级	三级	四级
高层旅馆、展览建筑		30	—	—	15	—	—
其他	单、多层	40	35	25	22	20	15
	高层	40	—	—	20	—	—

3. 疏散宽度

建筑内安全出口和疏散门的净宽度应根据建筑类型和人员疏散需求设置。例如,厂房和普通住宅的安全出口和疏散门的净宽度不宜小于 0.90 m;住宅建筑、厂房和除医疗建筑外的其他高层建筑的首层疏散外门的最小净宽度分别为 1.10 m,1.20 m 和 1.30 m;人员密集的公共场所的观众厅疏散门的净宽度不宜小于 1.40 m。各类建筑内安全出口和疏散门的总净宽度应根据疏散人数按每 100 人的最小疏散净宽度不小于表 6-28 的规定计算确定。当每层疏散人数不相等时,疏散楼梯的总净宽度应分层计算,下层楼梯总净宽度应按该层及以上疏散人数最多一层的疏散人数计算。对于剧场、电影院、礼堂的观众厅或多功能厅,每个疏散门的平均疏散人数不应超过 250 人;当容纳人数超过 2 000 人时,超过 2 000 人的部分,每个疏散门的平均疏散人数不应超过 400 人。对于体育馆的观众厅,每个疏散门的平均疏散人数不宜超过 400～700 人。

表 6-28　各类建筑场所每 100 人所需最小疏散净宽度　　　单位:m/百人

		建筑耐火等级		
		一、二级	三级	四级
除剧场、电影院、礼堂、体育馆外的其他公共建筑	地上 1～2 层	0.65	0.75	1.00
	地上 3 层	0.75	1.00	—
	地上 4 层及以上	1.00	1.25	—
	地下 10 m 以上	0.75	—	—
	地下 10 m 以下	1.00	—	—
剧场、电影院、礼堂等场所	≤2 500 座	平坡地面 0.65 阶梯地面 0.75	—	—
	≤1 200 座	—	平坡地面 0.85 阶梯地面 1.00	—
体育馆	3 000～5 000 座	平坡地面 0.43,阶梯地面 0.50		
	5 001～10 000 座	平坡地面 0.37,阶梯地面 0.43		
	10 001～20 000 座	平坡地面 0.32,阶梯地面 0.37		

续　表

		建筑耐火等级		
		一、二级	三级	四级
厂房	地上 1～2 层	0.60		
	地上 3 层	0.80		
	地上 4 层及以上	1.00		

【例题 6-1】　某容量为 8 600 人的体育馆建筑的耐火等级为一、二级,安全疏散设计要求每个疏散门的平均疏散人数不能超过 700 人,观众厅内人员的疏散时间不得超过 4 min。设计者拟在观众厅设计 14 个疏散门,每个疏散门的宽度为 2.2 m(即 4 股人流所需宽度),若按每股人流通过能力为 37 人/min,回答以下问题:

(1) 该设计是否符合安全疏散要求?

(2) 若不符合,则应至少设置几个宽度为 2.2 m 的疏散门才满足要求?

(3) 若设置 18 个疏散门可以符合要求,求疏散门的最小净宽度。

答:每个疏散门的平均疏散人数为 8 600/14≈614(人)。每个疏散门的宽度为 2.2 m(即 4 股人流所需宽度),则通过每个疏散门需要的疏散时间为 614/(4×37)≈4.15(min),大于 4 min,不符合规范要求。因此,应考虑增加疏散门的数量或加大疏散门的宽度。若宽度不变,则每个疏散门的最大允许疏散人数为 4×37×4=592(人),疏散门的个数为 8 600/592≈15(个)。若设置 18 个疏散门符合要求,则每个疏散门平均疏散人数为 8 600/18≈478(人),若按疏散时间为 4 min 计算,则每个疏散门所需通过的人流股数为:478/(4×37)≈3.2(股),此时宜按 4 股通行能力计算疏散门宽度,即采用 4×0.55=2.2(m)较为合适。

(二) 疏散通道

疏散通道是指建筑物内具有足够防火和防烟能力,主要满足人员安全疏散要求的通道。疏散走道是指设置防烟设施且两侧采用防火墙分隔,用于人员安全通行至室外的走道。疏散楼梯是指具有足够防火能力并作为竖向疏散通道的室内或室外楼梯,主要包括封装楼梯间和防烟楼梯间。其中在楼梯间入口处设置门,以防止火灾的烟和热气进入的楼梯间称为封闭楼梯间;在楼梯间入口处设置防烟的前室、开敞式阳台或凹廊(统称前室)等设施,且通向前室和楼梯间的门均为防火门,以防止火灾的烟和热气进入的楼梯间,称为防烟楼梯间。应根据建筑的火灾危险性及高度选择合适的疏散楼梯,例如,高层厂房和甲、乙、丙类多层厂房的疏散楼梯应采用封闭楼梯间或室外楼梯;建筑高度大于 32 m 且任一层人数超过 10 人的厂房,应采用防烟楼梯间或室外楼梯。

为了确保楼梯间的疏散安全,疏散楼梯的设置应满足以下要求:

(1) 采光尽量采用天然采光,同时设置疏散照明。

(2) 通风尽量采用自然通风,必要时设置机械加压送风系统或采取防烟措施。

(3) 楼梯间内禁止穿过或设置可燃气体管道,以及甲、乙、丙类液体管道和可燃材料储藏室等,且不应设置烧水间。

(4) 楼梯间内不应有影响疏散的障碍物。

(5) 楼梯间一般可采用乙级防火门与其他走道和房间分隔。

(6) 除出入口和外窗外,封闭楼梯间的墙上不应开设其他门、窗、洞口。

(7) 公共建筑、高层厂房(仓库)内防烟楼梯间的前室使用面积不应小于 6.0 m²;住宅建筑防烟楼梯间的前室使用面积不应小于 4.5 m²。当与消防电梯间前室合用时,公共建筑、高层厂房(仓库)内合用前室的使用面积不应小于 10.0 m²;住宅建筑内合用前室的使用面积不应小于 6.0 m²。

(8) 疏散用楼梯和疏散通道上的阶梯不宜采用螺旋楼梯和扇形踏步;确需采用时,踏步上、下两级所形成的平面角度不应大于 10°,且每级离扶手 250 mm 处的踏步深度不应小于 220 mm。室外疏散楼梯栏杆扶手的高度不应小于 1.10 m,楼梯的净宽度不应小于 0.90 m(总净宽度符合表 6-29 规定),倾斜角度不应大于 45°。梯段和平台均应采用不燃材料制作。平台的耐火极限不应低于 1.00 h,梯段的耐火极限不应低于 0.25 h。

表 6-29　疏散走道和疏散楼梯每 100 人所需最小疏散净宽度　　　　单位:m/百人

		建筑耐火等级		
		一、二级	三级	四级
除剧场、电影院、礼堂、体育馆外的其他公共建筑	地上 1~2 层	0.65	0.75	1.00
	地上 3 层	0.75	1.00	—
	地上 4 层及以上	1.00	1.25	—
	地下 10 m 以上	0.75	—	—
	地下 10 m 以下	1.00	—	—
剧场、电影院、礼堂等场所	≤2 500 座	0.75	—	—
	≤1 200 座	—	1.00	—
体育馆	3 000~5 000 座	0.50		
	5 001~10 000 座	0.43		
	10 001~20 000 座	0.37		
厂房	地上 1~2 层	0.60		
	地上 3 层	0.80		
	地上 4 层及以上	1.00		

(三) 避难层

避难层又称避难间,是指建筑内用于人员在火灾时暂时躲避火灾及其烟气危害的楼层或房间。根据 GB 50016—2014,建筑高度大于 100 m 的公共建筑,应设置避难层(间)并应符合下列规定。

1. 高度和面积

第一个避难层(间)的楼地面至灭火救援场地地面的高度不应大于 50 m,两个避难层

(间)之间的高度不宜大于 50 m。避难层(间)的净面积应能满足设计避难人数避难的要求,并宜按 5.0 人/m² 计算。

2. 疏散设计

通向避难层的疏散楼梯应在避难层分隔、同层错位或上下层断开;在避难层(间)进入楼梯间的入口处和疏散楼梯通向避难层(间)的出口处,应设置明显的指示标志。

3. 内部布局

避难层可兼作设备层。设备管道宜集中布置,其中的易燃、可燃液体或气体管道应集中布置,设备管道区应采用耐火极限不低于 3.00 h 的防火隔墙与避难区分隔。管道井和设备间应采用耐火极限不低于 2.00 h 的防火隔墙与避难区分隔,管道井和设备间的门不应直接开向避难区;确需直接开向避难区时,与避难层区出入口的距离不应小于 5 m,且应采用甲级防火门。

避难间内不应设置易燃、可燃液体或气体管道,不应开设除外窗、疏散门之外的其他开口;应设置直接对外的可开启窗口或独立的机械防烟设施,外窗应采用乙级防火窗。

4. 消防设施

避难层应设置消防电梯出口、消火栓和消防软管卷盘、消防专线电话和应急广播等消防设施设备。

二、建筑安全疏散装置

(一)消防应急照明和疏散指示装置

为人员疏散、消防作业提供照明和疏散指示的系统称为消防应急照明和疏散指示系统,由各类消防应急灯具及相关装置组成。如表 6‑30 所示,按照用途不同,消防灯具分为消防应急照明灯具、消防应急标志灯具和照明标志复合灯具,其中发光部分为便携式的消防应急照明灯具称为疏散用手电筒。消防应急标志灯具主要是用图形和/或文字完成以下功能:指示安全出口、楼层和避难层(间);指示疏散方向;指示灭火器材、消火栓箱、消防电梯、残疾人楼梯位置及其方向;指示禁止入内的通道、场所及危险品存放处。光源在主电源和应急电源工作时均处于点亮状态的消防应急灯具为持续型;主电源工作时不点亮,仅在应急电源工作时处于点亮状态的消防应急灯具为非持续性。

表 6‑30　消防应急灯具的分类和名称

序号	分类依据	消防应急灯具名称
1	按用途分类	消防应急标志灯具、消防应急照明灯具、消防应急照明标志复合灯具
2	按工作方式分类	持续型消防应急灯具、非持续型消防应急灯具
3	按应急供电方式分类	自带电源型消防应急灯具、集中电源型消防应急灯具、子母型消防应急灯具
4	按应急控制方式分类	非集中控制型消防应急灯具、集中控制型消防应急灯具

（二）消防安全标志

1. 分类

消防安全标志是由几何形状、安全色、表示特定消防安全信息的图形符号构成的。按其功能可以分为火灾报警装置标志、紧急疏散逃生标志、灭火设备标志、禁止和警告标志、方向辅助标志和文字辅助标志。根据 GB 13495.1—2015《消防安全标志　第 1 部分：标志》，消防设施如火灾报警和灭火设备标志，采用红底白图的正方形图形；提示安全状况如紧急疏散逃生标志，采用绿底白图的正方形图形；禁止标志采用红圈白底黑图带斜杠的圆形图形；警告标志采用黑圈黄底黑图的等边三角形图形。表 6-31 为常见的消防安全标志符号及名称。

表 6-31　消防安全标志的分类、标志和名称

分类	标志
火灾报警装置标志	从左到右：消防按钮、发声警报器、火警电话、消防电话
紧急疏散逃生标志	从左到右：安全出口、滑动开门，需指示安全出口和滑动方向 从左到右：推开、拉开、击碎板面、逃生梯
灭火设备标志	从左到右：灭火设备、手提式灭火器、推车式灭火器、消防炮 从左到右：消防软管卷盘、地下消火栓、地上消火栓、消防水泵接合器

续　表

分类	标　志
禁止标志	 从左到右:禁止吸烟、禁止烟火、禁止放易燃物、禁止燃放鞭炮 从左到右:禁止用水灭火、禁止阻塞、禁止锁闭
警告标志	从左到右:当心易燃物、当心氧化物、当心爆炸物
方向辅助标志	前两个为疏散方向(绿色),后两个为火灾报警装置或灭火设备方位(红色)

2. 设置要求

根据 GB 15630—1995《消防安全标志设置要求》,公共场所或公共建筑的光电感应自动门或放置门旁设置的一般平开疏散门,必须设置"紧急出口"标志,在远离紧急出口的地方,应联合设置"紧急出口"标志和"疏散方向"标志,箭头必须指向通往紧急出口的方向。紧急出口或疏散通道中的单向门必须在门上设置"推开"标志,反面应设置"拉开"标志,并在门上设置"禁止锁闭"标志。疏散通道或消防车道的醒目处需设置"禁止阻塞"标志。滑动门上应设置箭头方向与开门方向一致的"滑动开门"标志。

各类建筑中的隐蔽式消防设备存放地点应相应地设置"灭火设备""灭火器"等。室外消防梯及其存放点应设置"消防梯"标志;远离消防设备存放地点的地方应将灭火设备标志与方向辅助标志联合设置;设有各类消火栓的地方,应设置相应的标志。

手动火灾报警按钮和固定灭火系统的手动启动器等装置附近应设置"消防手动启动器"标志,并在远离该装置的地方,与方向辅助标志联合设置;设有火灾报警器或广播喇叭的地方应设置"发声警报器"标志;设有火灾报警电话的地方应设置"火警电话"标志。

具有火灾危险的厂房、仓库、储罐区、堆场、民用建筑等入口处或防火区内应当相应设置"禁止烟火""禁止吸烟""禁止放易燃物""禁止带火种""禁止燃放鞭炮""当心易燃物""当心氧化物"和"当心爆炸物"等标志。存放遇水爆炸的物质或用水灭火会对周围环境产生危险的地方应设置"禁止用水灭火"标志。

应当注意的是,消防安全标志应设在醒目位置且不被遮挡,不应设置在移动物体上,标志内容应表达清晰,观察角接近90°。当"紧急出口"标志置于疏散通道中时,应设置在通道两侧及拐弯处的封面上,上边缘距地面不大于1m,标志间距不应大于20m,袋形走道的尽头离标志的距离不应大于10m。当"紧急出口"标志设置在出口处时,应设置在门框边缘或门的上部,上边缘距天花板不应小于0.5m,下边缘距离地面不应小于2.0m。

三、火灾逃生避难器材

火灾逃生器材是在发生建筑火灾的情况下,遇险人员逃离火场时所使用的辅助逃生器材。

火场逃生
器材

(一)逃生器材的分类

按器材结构可分为绳索类、滑道类、梯类和呼吸器类。按器材工作方式可分为单人逃生类和多人逃生类。表6-32列举了常见的火灾逃生器材及其分类。

表6-32　逃生避难器材的分类、名称和代号

分类依据	具体分类	器材名称(类组代号)
器材结构	绳索类	逃生缓降器(H)、应急逃生器(Y)和逃生绳(S)
	滑道类	逃生滑道(D)
	梯类	逃生梯(T):固定式(D)、悬挂式(G)
	呼吸器类	消防过滤式自救呼吸器(ZL)、化学氧消防自救呼吸器
器材工作方式	单人逃生类	逃生缓降器、应急逃生器、逃生绳、悬挂式逃生梯、消防过滤式自救呼吸器和化学氧消防自救呼吸器等
	多人逃生类	逃生滑道和固定式逃生梯等

1.绳索类

逃生缓降器是一种使用者靠自重以一定的速度自动下降并能往复使用的逃生器材。缓降器产品型号由类组代号与主参数组成,例如,绳索长度为30m的缓降器的型号为TH-30,其中T是逃生避难器材的大类代号,H是缓降器的小类代号,30指绳索长度,单位为米(m)。逃生缓降器的主要部件包括绳索、安全带、安全钩和绳索卷盘。其中绳索应采用直径不小于3mm的航空用钢丝绳;安全带应带有按使用者胸围大小调整长度的扣环;安全钩应由金属材料制成并设有防止误开启的保险装置,且保险装置应锁止可靠;绳索卷盘一般由橡胶、塑料等非金属材料制成。在不同情况下使用缓降器进行逃生时,其下降速度应为0.16~1.5m/s。

应急逃生器是使用者靠自重以一定的速度下降且具有刹停功能的一次性使用的逃生器材。应急逃生器产品型号由类组代号与绳索的长度组成,例如,绳索长度为15m的应

急逃生器的型号为 TY-15,其中,T 是逃生避难器材的大类代号,Y 是应急逃生器的小类代号,15 指绳索长度,单位为米(m)。应急逃生绳是由调速器、绳索、安全带、安全钩和金属连接件组成,调速器和使用者一同下降的一次性使用的逃生器材。带有手动调速功能的应急逃生器,在使用者不进行任何调整操作时,其下降速度与逃生缓降器的技术要求相同,为 0.16～1.5 m/s;当调速器置于调速状态时,其下降速度应能在 0～1.5 m/s 进行调节。

逃生绳是供使用者手握滑降逃生的纤维绳索。逃生绳的产品型号由类组代号与绳索长度和直径组成,如绳索长度为 6 m、直径为 9 mm 的逃生绳的型号为 TS-6/9,其中 T 是逃生避难器材的大类代号,S 是逃生绳的小类代号,6 指绳索长度(单位为米),9 指绳索直径(单位为毫米)。逃生绳应为绳芯紧裹绳皮的包芯绳结构,绳索的一端应为绳环结构并连有安全钩,另一端可选配安全带。逃生绳直径不得小于 8 mm,最小破断强度应不小于 10 kN。

2. 滑道类

逃生滑道是使用者靠自重以一定的速度下滑逃生的一种柔性通道。逃生滑道的产品型号由类组代号与逃生滑道的长度组成,如长度为 20 m 的逃生滑道的型号为 TD-20,其中,T 是逃生避难器材的分类代号,D 是逃生滑道的分组代号,20 指逃生滑道的长度,单位为米(m)。逃生滑道由入口金属框架、金属连接件和滑道主体构成。滑道主体由外层防护层、中间阻尼层和内层导滑层等材料组合制成,也可由外层防护层和内层导滑层两层材料组合制成。滑道出口末端可配置适当重量的沙袋,以防止使用时出口末端产生飞扬、缠绕和卷曲等,并在出口末端设置 360 度可见的夜间识别和警示标志,也可以设置保护垫或其他缓冲装置。滑道防护层应具有一定的阻燃性能。滑道应具备规定的整体抗拉强度、可靠性和耐腐蚀性。在标定的负荷状态下,滑道内负荷的下滑速度应不大于 4.0 m/s,着地速度不应大于 1.0 m/s。

3. 梯类

逃生梯是固定式逃生梯和悬挂式逃生梯的统称。固定式逃生梯是和建筑物固定连接的,采用固定框架和传动链踏板结构,依靠使用者自重使踏板垂直下降的逃生梯。悬挂式逃生梯是采用上端悬挂和边索梯档结构,展开后悬挂在建筑物外墙上供使用者自行攀爬逃生的一种软梯。逃生梯的型号由大类、小类、主参数、结构形式代号、边索材料代号组成。其中结构形式代号分为固定式(D)和悬挂式(G);边索材料代号分为钢丝绳(S)、钢质链条(L)、纤维织物(Z)等。例如,TT-40D 表示最大工作高度为 40 m 的钢质固定式逃生梯;TT-15GL 表示最大工作高度为 15 m,边索为钢质链条的悬挂式逃生梯。

4. 呼吸器类

自救呼吸器为化学氧消防自救呼吸器和消防过滤式自救呼吸器的统称。化学氧消防自救呼吸器是指使人的呼吸器官同大气环境隔绝,利用化学生氧剂产生的氧,供火灾缺氧情况下逃生用的呼吸器。过滤式消防自救呼吸器是一种依赖于环境大气,通过过滤装置吸附、吸收、催化及直接过滤等去除一氧化碳、烟雾等有害气体,供人员在发生火灾时逃生用的呼吸器,主要由防护头罩、过滤装置和半面罩组成,或者由防护头罩和过滤装置组成,其佩戴质量不应大于 1 kg。按照国家标准标定,过滤式自救呼吸器应当具有一氧化碳防护性能和滤烟性能,且滤烟效率不应小于 95%,通过该呼吸器吸入气体中的二氧化碳含量按体积计算不应大于 2%,视窗的透光率不应小于 85%。过滤式自救呼吸器按呼吸器的备用状态分为存放型和携带型;按呼吸器的额定防护时间分为 15 min,20 min,25 min 和 30 min。呼吸器型号由类组号、额定防护时间和备用状态组成,如 TZL15 指的是额定防护时间为 15 min 的过滤式自救呼吸器。呼吸器有效期一般为 3 年。

(二)逃生器材的配备

1. 适用场所

绳索类、滑道类或梯类等逃生器材适用于人员密集的公共建筑的二层及以上楼层。呼吸类逃生器材适用于人员密集的公共建筑的二层及以上楼层和地下公共建筑。

2. 适用高度

逃生器材适用的楼层高度各有不同。逃生滑道、固定式逃生梯应配备在不高于 60 m 的楼层内,逃生缓降器应配备在不高于 30 m 的楼层内;悬挂式逃生梯、应急逃生器应配备在不高于 15 m 的楼层内;逃生绳应配备在不高于 6 m 的楼层内。地上建筑可配备过滤式自救呼吸器或化学氧自救呼吸器,高于 30 m 的楼层内应配备防护时间不少于 20 min 的自救呼吸器,地下建筑应配备化学氧自救呼吸器。

表 6‑33　逃生避难器材适用的场所和高度

分类	器材名称	适用高度	适用场所
绳索类	逃生绳	≤6 m	二层及以下建筑
	应急逃生器	≤15 m	五层及以下建筑
	逃生缓降器	≤30 m	十层及以下建筑
梯类	悬挂式逃生梯	≤15 m	五层及以下建筑
	固定式逃生梯	≤60 m	二十层及以下建筑
滑道类	逃生滑道	≤60 m	二十层及以下建筑
呼吸器类	过滤式自救呼吸器	地上	根据建筑高度选择防护时间
	化学氧自救呼吸器	地上/地下	地上及地下公共建筑

3. 安装注意事项

逃生缓降器、逃生梯、逃生滑道、应急逃生器和逃生绳应安装在建筑物袋形走道尽头和室内的窗边、阳台凹廊以及公共走道、屋顶平台等处,室外安装应有防雨防晒措施。自救呼吸器应旋转在室内显眼且便于取用的位置。各类逃生器材安装时在水平方向应保持一定间隔,绳索类垂直间距以及逃生梯、逃生滑道外侧间距应大于 1 m,以防止使用过程中相互干涉。逃生缓降器、应急逃生器、逃生绳的安装高度应距所在楼层地面 1.5～1.8 m,逃生滑道进口的高度应距所在楼层地面 1.0 m 以内。完全展开的逃生缓降器和应急逃生绳的绳索底端、悬挂式逃生梯最底端的梯蹬、固定式逃生梯最底端的踏板、逃生绳的底端距地面的距离应在 0.5 m 以内,逃生滑道袋状末端距地面的距离应在 1.0 m 以内。

逃生器材在其安装或旋转位置应有明显的标志,并配有灯泡或荧光指示。产品的使用说明或使用方法简图应固定在产品使用位置,自救呼吸器产品使用说明或使用方法简图应在其产品外包装上。

4.配备数量

逃生器材的配备数量应满足:器材可救助人数之和 A 不小于逃生避难人数 B。各类场所的逃生避难人数可根据式 6-8 来进行计算:

$$B = n_1 + n_2 \qquad\qquad (式6-8)$$

其中,n_1 为场所内的员工人数,根据配备场所不同,n_2 的取值如表 6-34 所示。

表 6-34　不同配备场所中的 n_2 值

n_2	配备场所
座位数	会堂、公共娱乐场所(影剧院、餐饮场所、网吧)、图书馆、车站候车厅、机场候机厅、码头候船厅、阅览室
床位数	宾馆、病房楼(部)、集体宿舍、养老院
就诊人数	门急诊楼(部)
顾客人数	商场、歌舞厅、游乐和健身场所
参观人数	展览厅
办公人数	办公楼
学生人数	教学楼、托儿所、幼儿园

逃生避难器材可救助人数的计算方法如表 6-35 所示(N 为器材实际安装高度)。

表 6-35　逃生避难器材可救助人数的计算方法

器材分类	器材名称	可救助人数 A	
		≤15 m 楼层	≥15 m 楼层
绳索类	逃生绳	2 人/根(≤6 m)	/
	应急逃生器	1 人/具	/
	逃生缓降器	20 人/套	$\dfrac{20}{1+(N-15)/15}$
梯类	固定式逃生梯	150 人/台	$\dfrac{150}{1+(N-15)/15}$
	悬挂式逃生梯	5 人/件	/
滑道类	逃生滑道	60 人/套	$\dfrac{60}{1+(N-15)/15}$
呼吸器类	自救呼吸器	1 人/具	1 人/具

【例题 6-2】 某四层宿舍楼高 12 米,共有宿舍管理员工 4 人,每层宿舍 20 个,每宿舍床位 6 个,计划配备一台固定式逃生梯,每层配备 1 套逃生缓降器,请通过计算说明该计划能否达到逃生设备的配备要求?

解: 根据题意可知,器材可救助人数 $A=150+20\times4\times1=230$ 人。逃生避难人数 $B=4+20\times4\times6=484$ 人。A<B,故不满足配备要求。

四、建筑安全疏散时间

人员在建筑火灾中能否安全疏散,决定于建筑结构、消防探测报警设施功能及人员对火灾的识别、反应和疏散行为的迅捷程度。如图 6-6 所示,人员疏散过程中的必需疏散时间 t_{RSET} 包括疏散开始时间 t_{start} 和运动时间 t_{trav} 两部分。疏散开始时间 t_{start} 又包括探测时间 t_{det}、报警时间 t_{warn}、和预动作时间 t_{pre},其中预动作时间 t_{pre} 包括识别时间 t_{rec} 和反应时间 t_{res}。在建筑消防安全工程的人员疏散设计中,考虑到建筑结构安全和人的心理耐受极限,对于疏散人数很多或疏散时间很长的场景,必须在必需疏散时间 t_{RSET} 基础上留有足够的安全裕量 t_{marg},这就是可用疏散时间 t_{ASET} 的概念。

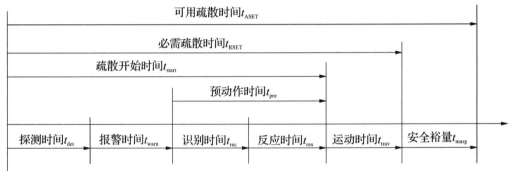

图 6-6 疏散过程所需时间示意图(GB/T 31593.9—2015)

1. 探测时间 t_{det}

探测时间是指从起火到通过自动报警系统或人工方式探测到火灾的时间。探测时间与设置的火灾探测系统和火灾场景有关。如表 6-36 所示,为现行国家标准对不同类型的火灾监控探测器的报警时间的技术要求。

表 6-36 火灾探测器的类型及响应时间

序号	火灾探测器类型	响应时间	技术标准
1	剩余电流式电气火灾监控探测器	≤30 s	GB 14287.2—2014
2	测温式电气火灾监控探测器	≤40 s	GB 14287.3—2014
3	故障电弧探测器	≤30 s	GB 14287.4—2014

续　表

序号	火灾探测器类型		响应时间	技术标准
4	定温和差定温探测器 （探测器动作温度）	60 ℃≤T≤85 ℃	≤30 s	GB 16280—2014
		85 ℃≤T≤100 ℃	≤45 s	
		T≥100 ℃	≤60 s	
	差温探测器 （升温速率）	10 ℃/min	30 s≤t≤180 s	
		20 ℃/min	22.5 s≤t≤95 s	
		30 ℃/min	15 s≤t≤70 s	
5	点型感温火灾探测器、 独立式感温火灾探测 报警器 （25 ℃起升温速率）	3 ℃/min	433 s≤t≤960 s	GB 4716—2005 GB 30122—2013
		20 ℃/min	60 s≤t≤193 s	
6	点型红外火焰探测器		≤30 s	GB 15631—2008
	吸气式感烟火灾探测器		≤120 s	
	图像型火灾探测器		≤20 s	

2. 报警时间 t_{warn}

报警时间是指从探测到火灾开始,到向建筑内特定区域发出警报信号的时间,报警时间从零到十几分钟不等。如果火灾自动报警系统探测到火情即发出警报信号,则报警时间可认为是零;当采用分阶段报警或没有设置火灾自动报警系统时,报警时间会比较长。根据 GB 4716—2005《点型感温火灾探测器》,当有火灾探测器火灾报警信号输入时,火灾报警控制器应在 10 s 内发出火灾报警声、光信号。对来自火灾探测器的火灾报警信号可设置报警延时,其最大延时不应超过 1 min,延时期间应有延时光指示,延时设置信息应能通过本机操作查询。当有手动火灾报警按钮报警信号输入时,控制器应在 10 s 内发出火灾报警声、光信号,并明确指示该报警是手动火灾报警按钮报警。根据 GB 14287.1—2014《电气火灾监控系统　第 1 部分:电气火灾监控设备》,电气火灾监控设备应能接收来自电气火灾监控探测器的监控报警信号,并在 10 s 内发出声、光报警信号指示报警部位,显示报警时间,并予以保持,直到监控手动复位。

3. 预动作时间 t_{pre}

预动作时间是指从发出火灾警报到人员开始向出口移动的时间,包括识别时间和反应时间两部分。识别时间 t_{rec},也称为确认时间,是指从发出警报到人员开始做出反应的时间。反应时间 t_{res} 是指从人员对火灾做出第一反应到开始向安全区域移动的时间。对于人群而言,其预动作时间可以分为第一个人开始疏散人的第一预动作时间和群体中的首个和最后一个开始疏散人间的预动作时间。

4. 疏散开始时间 t_{start}

疏散开始时间 t_{start} 包括火灾探测时间 t_{det}、报警时间 t_{warn} 和预动作时间 t_{pre}。疏散时间可以根据 GB/T 31593.9—2015《消防安全工程　第 9 部分:人员疏散评估指南》进行分类计算。

（1）房间疏散开始时间 $t_{\mathrm{start,rm}}$

房间内人员开始疏散所需时间以 $t_{\mathrm{start,rm}}$ 表示，单位为分钟（min）。可根据式 6-9 进行计算：

$$t_{\mathrm{start,rm}} = \frac{\sqrt{\sum A_{\mathrm{area}}}}{30} \qquad\qquad （式 6-9）$$

式中，A_{area} 为需要疏散的房间面积之和，即着火房间以及必须通过着火房间才能疏散的房间的面积之和，单位为平方米（m^2）。

如图 6-7 所示，如着火房间为 A_1，则 $A_{\mathrm{area}} = A_1 + A_2 + A_3$；如着火房间为 A_2，则 $A_{\mathrm{area}} = A_2$。

【例题 6-3】 某套内面积为 $87.85\ \mathrm{m}^2$ 的两室一厅公寓客厅起火（户型图如图 6-7 所示），若大卧室、小卧室和客厅的面积分别为 $26\ \mathrm{m}^2$，$13\ \mathrm{m}^2$ 和 $46.85\ \mathrm{m}^2$，计算着火房间人员开始疏散的时间为多少分钟？如果起火房间为大卧室，则开始疏散的时间为多少分钟？

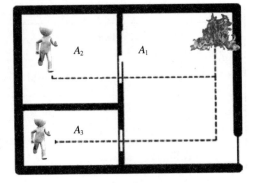

图 6-7　着火房间开始疏散的时间

解：若客厅起火，则 A_{area} 为 $87.85\ \mathrm{m}^2$

$$t_{\mathrm{start,rm}} = \frac{\sqrt{\sum A_{\mathrm{area}}}}{30} = \frac{\sqrt{87.85}}{30} = 0.31（\mathrm{min}）$$

若大卧室起火，则 A_{area} 为 $26\ \mathrm{m}^2$

$$t_{\mathrm{start,rm}} = \frac{\sqrt{\sum A_{\mathrm{area}}}}{30} = \frac{\sqrt{26}}{30} = 0.17（\mathrm{min}）$$

（2）楼层疏散开始时间 $t_{\mathrm{start,fl}}$

火灾发生时，楼层人员开始疏散所需时间以 $t_{\mathrm{start,fl}}$ 表示，其值根据建筑用途的不同而不同。对于公寓、旅馆或其他相似用途的建筑（不包括医院、诊所和儿童福利院等），可用式 6-10 计算；对于其他用途的建筑（不包括医院、诊所和儿童福利院等），可根据式 6-11 进行计算：

$$t_{\mathrm{start,fl}} = \frac{\sqrt{\sum A_{\mathrm{floor}}}}{30} + 5 \qquad\qquad （式 6-10）$$

$$t_{\mathrm{start,fl}} = \frac{\sqrt{\sum A_{\mathrm{floor}}}}{30} + 3 \qquad\qquad （式 6-11）$$

【例题 6-4】 某公寓大楼一单元三楼起火，每层的层面积为 $900\ \mathrm{m}^2$，计算该楼层人员开始疏散的时间为多少分钟？

解：若为公寓楼，将 A_{floor} 为 $900\ \mathrm{m}^2$ 代入式 6-10 可得

$$t_{\text{start, rm}} = \frac{\sqrt{\sum A_{\text{floor}}}}{30} + 5 = \frac{\sqrt{900}}{30} + 5 = 6(\text{min})$$

（3）全楼疏散开始时间 t_{start}

火灾发生时，建筑内人员开始疏散所需时间 t_{start} 根据建筑用途的不同而不同。对于公寓、旅馆或其他相似用途的建筑（不包括医院、诊所和儿童福利院等），可用式 6-12 计算；对于其他用途的建筑（不包括医院、诊所和儿童福利院等），可根据式 6-13 进行计算：

$$t_{\text{start}} = \frac{2\sqrt{\sum A_{\text{floor}}}}{15} + 5 \qquad \text{（式 6-12）}$$

$$t_{\text{start}} = \frac{2\sqrt{\sum A_{\text{floor}}}}{15} + 3 \qquad \text{（式 6-13）}$$

【例题 6-5】　某九层公寓大楼一楼起火，每层楼的层面积为 900 m²，计算全楼人员开始疏散的时间为多少分钟？

解：根据公式 6-12 可得

$$t_{\text{start, rm}} = \frac{2\sqrt{\sum A_{\text{floor}}}}{15} + 5 = \frac{2\sqrt{900}}{15} + 5 = 9(\text{min})$$

5. 运动时间 t_{trav}

运动时间是指建筑内某一区域的人员，从向出口移动开始到进入安全地点所需要的时间。这里的安全地点是指建筑内或建筑外远离火灾或与火灾隔离并且不会受到火灾影响的地点。运动时间包括行走时间 t_{walk} 和通过时间 t_{flow}。

（1）行走时间 t_{walk}

行走时间可以用人员行走到出口所需要的平均时间或最后一个人员到达出口的单一时间来表示，行走时间与人员的行走距离（或人群行走的平均距离）和行走速度有关。表 6-37 所示为不同年龄、性别人员的行走速度。人员的平均速度可借鉴 GB/T 33668—2017《地铁安全疏散规范》中的计算方法，按性别、年龄比例进行算术平均。

表 6-37　不同年龄、性别人员的运动速度（GB/T 33668—2017）

不同人群	水平行走速度	楼梯下行速度	楼梯上行速度
中青年男士	1.25 m/s	0.90 m/s	0.67 m/s
中青年女士	1.05 m/s	0.74 m/s	0.63 m/s
老人及儿童	0.76 m/s	0.52 m/s	0.40 m/s

$$V = \sum_i C_i V_i \qquad \text{（式 6-14）}$$

其中，V 是人员平均运动速度，单位为 m/min；C_i 是按照年龄、性别划分的三类人群分别所占的比例；V_i 是不同人群的速度。

若疏散行为是在平层内进行，则行走时间 t_{walk} 即为疏散路径中人员的最大水平行走

距离 L_{max} 与行走速度（平均速度）V 之商。表达式为

$$t_{walk} = L_{max}/V \qquad\qquad (式 6-15)$$

若疏散行为是在楼层间进行，则还应考虑人员从疏散起始点疏散至楼梯入口的时间 T_1、经由楼梯到达出口的疏散时间 T_2、楼梯上平均滞留时间 T_3 和通道非均匀性偏差时间 T_4，因此行走时间应为以上疏散时间之和，其表达式为

$$t_{walk} = T_1 + T_2 + T_3 + T_4 \qquad\qquad (式 6-16)$$

其中，从疏散至楼梯入口的时间 T_1 为疏散起点距离楼梯入口最远点的距离 L_1 与行走速度（平均速度）V 之商。表达式为

$$T_1 = L_1/V \qquad\qquad (式 6-17)$$

通过楼梯时间 T_2 可按式 6-18 进行计算：

$$T_2 = \frac{Q}{0.9(A_1 N_1 + A_2 N_2 + A_3 B_3)} \qquad\qquad (式 6-18)$$

其中，Q 为火灾时必须疏散人员；A_1 为自动扶梯通过能力，单位为人/（分钟·台）；A_2 为自动扶梯停运作步行梯的通过能力，单位为人/（分钟·台）；A_3 为楼梯通过能力，单位为人/（分钟·米）；N_1 为与疏散方向相同的、用于疏散的自动扶梯数量，单位为台；N_2 为停止作固定疏散楼梯使用的自动扶梯数量，单位为台；B_3 为楼梯总宽度，单位为米（m）。

楼梯上平均滞留时间 T_3 应为起火楼层中所有楼梯上的平均滞留时间的最大值，式 6-19 为计算式，其中 L_3 为起火楼层内的楼扶梯有效长度。

$$T_3 = \max\{L_3/V\} \qquad\qquad (式 6-19)$$

通道非均匀性偏差时间 T_4 为楼层中用于疏散的任意两组相邻、可发现的楼梯间距的最大值 L_4（单位为米）与人员平均运动速度 V 之商，式 6-20 为计算式，其中 L_3 为起火楼层内的楼扶梯有效长度。

$$T_4 = L_4/V \qquad\qquad (式 6-20)$$

（2）通过时间

通过时间 t_{flow} 可以用单个人员通过时间或者全体人员通过出口的总时间来表示，与必须疏散人数、出口的最大通行能力以及人员到达出口处的时间有关。通过安全出口时间可以按照式 6-21 进行计算：

$$t_{flow} = \frac{Q}{0.9 \sum_i A_i B_i} \qquad\qquad (式 6-21)$$

其中，Q 为必须疏散人员数量；A_1 为第 i 个安全出口的通过能力，单位为人/（分钟·米）；B_i 为第 i 个安全出口的宽度，单位为米（m），每个安全出口均按照 0.55 米的整倍数计算。

6. 必需疏散时间 t_{RSET}

必需疏散时间是指从起火到建筑内所有人员到达安全地点的时间。必需疏散时间与

火灾探测方式、报警方式、人员疏散行为特性有关,其中疏散行为特性分为预动行为特性和运动行为特性。其表达式为

$$t_{RSET} = t_{det} + t_{warn} + t_{pre} + t_{trav} \qquad (式6-22)$$

其中,探测时间 t_{det}、报警时间 t_{warn} 和预动作时间 t_{pre} 三者之和称为疏散开始时间 t_{strart};预动作时间 t_{pre} 和运动时间 t_{trav} 之和称为疏散时间 t_{evac}。按照 GB/T 33668—2017,在地铁安全疏散过程中,事故安全疏散时间应不大于 6 min。

五、火灾逃生

火场逃生
策略

1. 火灾对人员的危害性

火场逃生过程中要避免可能的伤害。火灾对人体的危害主要存在两个方面,一是对呼吸系统的伤害,表现为中毒、缺氧窒息、热烟气对呼吸道的灼伤;二是对身体的伤害,主要来自高处坠落、重物打击、群体踩踏和高温火焰烧伤。

2. 影响火灾逃生的因素

火灾降临时,受灾者能否逃生,客观上与该火灾的特性(如起火时间和位置、火势大小、可燃物的燃爆特性)、建筑物的特征(高度、面积)和用途(厂房、仓库、民用建筑、公共建筑等)、建筑物内消防安全设施配备和设置情况(有无检测报警装置、防排烟系统、灭火设施)等因素密切有关。

当处于同一场火灾中时,受灾者的安全疏散常识、自救能力和心理素质是影响火场逃生的主观因素。具备忧患意识,安全疏散常识,以及临危不惧、沉着冷静的心理素质是火场幸存者的共同特点。

3. 火场逃生原则

火场逃生的原则是"以人为本,随机应变"。财物诚可贵,生命价更高。火灾逃生要迅速,牢记"生命第一"的基本原则。火场逃生过程中没有固定的标准动作,应就近就便,因地制宜,利用一切可以利用的通道、工具,迅速撤离危险场所。火灾现场人员众多时,应牢记"互帮互助"原则,切忌乱作一团而导致通道堵塞,造成群死群伤。

4. 火场逃生错误行为

在火场中由于逃生者缺乏常识或者因为惊慌失措和从众心理,往往会做出错误判断,导致丧失逃生机会。常见错误行为有以下几种。

原路返回是人们最常见的火灾逃生行为模式。一旦发现原路被封死再寻找其他出口时,已失去最佳逃生时间。为了防止此类行为的发生,应当熟悉居住或工作环境,掌握不同的安全出口位置和逃生路线。

向光朝亮是人的本能反应,但是火场中光亮之地往往正是火场所在地。应当保持镇定,根据周边环境判断安全出口的位置,正确选择路线。

盲目追随是从众心理作用下,缺乏主见的人的常见逃生行为。克服盲目追随的方法是平时多了解与掌握相关消防自救与逃生知识,形成自己的判断。

自高向下是高层建筑火灾中人们的惯性思维。实际火场逃生时,应当综合考虑起火位置和烟囱效应,然后判断是否应当往下逃生。一般来说,起火点在中性面以下时,其他楼层的可以往下逃生。如果起火点在中性面以上时,夏季起火的情况下,中性面以下各楼层会被热烟气侵犯,往下逃生会有中毒窒息的危险。

冒险跳楼是长时间被困火场的人在冲动下做出的本能反应。特别是在逃生之路被大火封死,火势越来越大,烟雾越来越浓时,人们很容易失去理智。在确保不受烟气侵犯的情况下,可借助身边的工具,进入火势较弱的上一层或下一层等待救援。然后采取措施固守安全地带,及时引起救援者注意。在消防员的帮助下,通过云梯车脱离险境。或者冷静分析环境,借助建筑物现有的逃生缓降器、逃生梯等器材逃生。当处于消防救生气垫的安全救援高度(16米以下)时(GA 631—2006),可以在消防员指导下跳楼逃生。

5. 火灾逃生策略

第一,居安思危,熟悉逃生路径。了解和熟悉自己经常出现和停留的场所和建筑物的结构及逃生路径,特别是要留意疏散通道和安全出口的方位。这样才能在火灾发生时迅速找到出口,在最短时间内安全撤离。

第二,掌握基本的灭火技能,锻炼应急处置能力。发现火情时,能够及时报警,同时在力所能及的范围内,采用手边的灭火器材,扑灭小火或控制火势。

第三,掌握安全疏散技能,提高自救能力。能够辨识安全疏散标识,科学使用逃生器材。例如,逃生过程中经过充满烟雾的路段时,应当采取防烟措施,如果可能,应佩戴防毒面具、自救逃生呼吸器等,条件不允许时,应当利用手边的毛巾、口罩等,浇水后制成简易防烟面具;同时应当贴近地面匍匐前进,避免烟气直接进入呼吸道;通过安全疏散楼梯撤离,严禁进入电梯,因为火灾发生时电梯会停止运行,同时因为烟囱效应,电梯井会成为热烟气上升通道。如果被烟火围困,无法通过疏散门和疏散通道逃生,可以考虑通过阳台、窗台等,采用逃生缓降器、逃生梯、逃生滑道等缓降逃生;如果没有这些专门的设备,可以用绳索、床单、窗帘、衣物等自制简易救生绳,并用水打湿,沿绳缓慢滑到下一楼层或地面逃生。若不能通过阳台、窗台等缓降逃生,要做好固守防火措施,用打湿的棉被和衣物等堵住所有面向火场的门窗缝隙,向门上泼水降温,以延长建筑构件的耐火极限,同时要尽量在阳台、窗口等易于被人发现的地方,向外晃动鲜艳的衣物、闪动或敲击物品,及时发出有效的求救信号,引起救援者注意。

第四,参加应急演练,培养沉着冷静的应急心理。在应急演练中能够迅速辨明危险地带和安全地带,采取正确的逃生路线和方法;不盲目跟从人流,也不乱冲乱窜;尽量背向烟火方向离开。在逃生过程中,遇到身体起火,应当就地打滚,把火压灭;切勿惊慌奔跑,加速火势;不贪财物,不履险地。

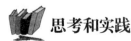 **思考和实践**

(1) 简述建筑安全出口的设置要求。

(2) 简述建筑安全距离的设置要求。

(3) 简述建筑安全疏散时间的构成。

（4）实地测试所在建筑安全疏散设计（安全出口数量、安全距离、安全疏散宽度）是否符合标准要求。

（5）简述消防安全标志的分类和设置要求。

（6）简述逃生疏散器材的类别和适应场所。

（7）计算所在居民楼楼层起火时，楼层人员开始疏散的时间（min）。

（8）简述火灾逃生原则和策略。

（9）自学国家级一流课程"高层建筑防火设计与消防疏散虚拟仿真实验"，完成单防火分区标准层设计与疏散、多防火分区裙房设计与疏散实验。

高层建筑防火设计
与消防疏散虚拟
仿真实验

高校公共建筑安全
疏散设计虚拟
仿真实验

（10）自学中国矿业大学虚拟仿真实验课程"高校公共建筑安全疏散设计虚拟仿真实验"，确定建筑耐火等级，并进行安全出口布置、疏散宽度设计以及应急照明、疏散指示标志的设置。

知识拓展与实践

一、建筑消防安全虚拟仿真实验简介

1. 高层建筑防火设计与消防疏散虚拟仿真实验

每年高层建筑因火灾造成的人员伤亡与财产损失巨大。消防工作应防消结合，以防为主。高层建筑防火设计是高层建筑设计中的重要内容。哈尔滨工业大学孙澄教授依托哈尔滨工业大学"建筑虚拟仿真国家实验教学示范中心"和"寒地城乡人居环境科学与技术工信部重点实验室"最新研究成果，建设了国家级一流课程"高层建筑防火设计与消防疏散虚拟仿真实验"，系统介绍了高层建筑场地消防救援、防火分区划分、高层建筑安全疏散的原理，设计了环形消防车道场地设计与消防救援、单防火分区标准层设计与疏散、多防火分区裙房设计与疏散三个虚拟仿真实验。通过实验帮助学生系统构建高层建筑防火设计知识体系，训练学生的防火设计能力，提高学生对高层建筑防火设计重要性及其影响的认识。

2. 高校公共建筑安全疏散设计虚拟仿真实验

安全疏散设计是指根据建筑的特性、设定的火灾条件，针对灾害及疏散形式的预测，采取一系列防火措施保证人员疏散安全，使疏散具有足够的安全度。一般认为，到达符合规范要求安全条件的疏散楼梯间，即认为到达了相对安全区域，完成了安全疏散的过程。安全疏散设计的基本原则为认真分析不同建筑物中人员在火灾条件下的心理状态及行动特点，并在此基础上采取相应的设计措施。安全疏散设计的具体原则包括双向疏散原则、简洁明了原则以及与正常生活流线相结合原则等。中国矿业大学朱国庆教授以中国矿业大学图书馆建筑的实际场景为背景，建设了"高校公共建筑安全疏散设计虚拟仿真实验"。学生可以通过虚拟场景认识建筑，确定建筑耐火等级，并进行安全出口布置、疏散宽度设计以及应急照明、疏散指示标志的设置。该实验通过构建与体验火灾逃生的氛围，使学生通过可见即所得的方式评估设计效果、校验设计方案。

3.建筑消防设施有效性检查与功能评测虚拟仿真实验

建筑火灾能否得到有效控制取决于多种因素,而消防设施的完好性、各类人员对消防设施使用方法的掌握程度、维保人员对消防设施维护保养的能力,在很大程度上会影响建筑火灾的预防控制及火灾的危害后果。中国人民警察大学李思成教授建设了"建筑消防设施有效性检查与功能评测虚拟仿真实验",以实景方式直观展现各类消防系统,真实再现火灾场景下室内消火栓系统、自动喷水灭火系统、机械防排烟系统及火灾自动报警系统的状态变化、联动控制和系统功能。通过本实验,学生可以全面了解火灾自动报警系统、湿式自动喷水灭火系统、室内消火栓系统、前室机械加压送风系统和机械排烟系统的工作原理;掌握各消防系统主要组成、主要组件在系统中的作用及在火灾情况下的状态变化、功能实现方法;掌握各消防系统常见故障类型及原因;培养学生对建筑内消防设施进行日常状态检查、系统功能测试、解决系统常见故障的能力。

4.建筑消防系统虚拟仿真实验

为了提高学生对建筑消防系统的构成及功能知识的认识,提高建筑消防设计能力,兰州理工大学王亚军教授建设了"建筑消防系统虚拟仿真实验",该实验主要包括建筑消防演示、自喷系统设计、自喷系统搭建、系统设备选型和设备计算等内容。通过自动灭火系统适用性建筑模块化搭建,让学生熟悉建筑分类及建筑消防设施的规范要求。通过闭式湿式自动喷水灭火系统的组成和工作原理演示,让学生熟悉该系统的组成和特点。通过自主搭建、选型和计算的人机交互,让学生完成该系统设计阶段的设置问题并进行设计成果灭火效果测试。

二、建筑消防安全仿真模拟软件简介

1. FDS 软件

消防动态仿真模拟(Fire Dynamics Simulator,FDS)是一款基于场模型的计算流体动力学(Computational Fluid Dynamics,CFD)软件,能够模拟火灾燃烧的能量驱动和流体流动。该软件所依据的模型经过了大型及全尺寸火灾实验的验证,仿真准确可靠,模拟求解后可获得相关测量点处温度、CO 浓度、CO_2 浓度、O_2 浓度、能见度等一系列数据。

FDS 是所有火灾模拟软件中较为完整的一款,而且其在火灾的模拟设置上比较快速、简单,可以比较轻易地建构复杂的模拟空间,用简单的程序描述复杂的火场信息。该软件可用于建筑防火系统设计、消防安全评估之后的项目验收评估、火灾事故调查、火灾科学研究、火灾自动探测与报警系统研发等方面。

2. PyroSim 软件

PyroSim 是用于消防动态仿真模拟的软件。该软件以 CFD 为理论依据,在 FDS 的基础上发展而来,能够模拟日常的炉火、房间火灾及电气设备引发的多种火灾,并准确预测火灾烟气流动、火灾温度和有毒有害气体浓度分布;可用于建筑防火系统设计、消防安全评估之后的项目验收评估、火灾事故调查、灭火实战与训练、火灾科学研究、火灾自动探测与报警系统研发等方面。

PyroSim 提供了三维图形前处理功能,可视化编辑的效果,支持边编辑边查看所建模型,能够方便的设置边界条件、火源、燃烧材料等,还可以实现 FDS/Smokeview 的调用及计算结果后处理。相较传统的 FDS 建模,无需编写枯燥复杂的命令行。同时,该软件支持导入 IFC、DXF、DWG、FBX、STL 和 FDS 格式的文件,减少了重新创建模型所花费的时间;也支持导入 GIF、JPG 或 PNG格式的图片作为背景,以帮助用户使用 3D CAD 工具直接在图像上快速构建模型。

3. Pathfinder 软件

Pathfinder 是简单、直观、易用的智能人员紧急疏散逃生评估系统。该软件利用计算机图形仿真和游戏角色领域的技术,通过定义每一个人员的各种参数(人员数量、行走速度、距离出口的距离等),对多个群体中的个体运动进行图形化的虚拟演练,从而准确确定每个个体在灾难发生时的快速逃生路径和逃生时间;可用于建筑防火系统设计、消防安全评估之后的项目验收评估、灾难逃生科学研究、火灾逃生实战与训练、火灾科学研究等方面。

Pathfinder 支持内部三维建模,也支持导入 DXF 和 DWG 格式的文件,减少了重新创建模型所花费的时间;还支持导入 GIF、JPG 或 PNG 格式的图片作为背景,以帮助用户使用 3D CAD 工具直接在图像上快速构建模型。同时,Pathfinder 支持将 PyroSim 的模拟结果导入,并根据模拟结果(如 O_2、CO 浓度等)规划人员的疏散路径。

4. ANSYS Fluent 软件

ANSYS Fluent 是 CFD 领域最流行、应用最广泛的软件。该软件能模拟流体流动、传热、多相流、燃烧和化学反应、辐射等物理现象,可用于航空航天、船舶、兵器、能源电力、石油化工、电子电器、铁道机车等各行各业的研发和设计过程中。

在消防安全分析领域,经由 ANSYS Fluent 对烟气和火灾蔓延的仿真,可以分析火灾的影响程度和材料的极端温度,并精确可靠地表现出现实的各种场景,从而有助于规划紧急疏散方案、确定消防设施的最佳布置。该软件可用于建筑防火系统设计、消防安全评估之后的项目验收评估、火灾事故调查、火灾科学研究等方面。

5. Aylogic 软件

Aylogic 是一款应用广泛的,对离散、系统动力学、多智能体、混合系统建模和仿真的工具。它的应用领域包括物流、供应链、制造生产业、道路交通仿真、行人疏散、城市规划建筑设计、Petri 网、城市发展及生态环境、经济学、业务流程、服务系统、应急管理、GIS 信息、公共政策、港口机场、疾病扩散等。

在消防安全分析领域,Aylogic 可用于开展人群疏散仿真。该软件以社会力模型作为底层行人库的建模基础,能够便捷地建立疏散模型,精细地描述出行人的复杂行为特性,反映人的心理对行动的影响,并对仿真结果快速输出、统计和全面分析。该软件可用于消防安全评估之后的项目验收评估、灾难逃生科学研究、火灾逃生实战与训练、火灾科学研究等方面。

第六章课程资源

附录 1

虚拟仿真实验课程资源索引

教材位置	课程名称	所属学校	负责人	课程资源
第一章 知识拓展	隧道爆破施工虚拟仿真实验	沈阳工业大学	郭连军	第一章课程资源
	巷道掘进爆破安全虚拟仿真实验	河南理工大学	张飞燕	
	烟囱倒塌力学分析及爆破拆除虚拟仿真实验	武汉科技大学	吴亮	
	露天矿台阶爆破工艺流程虚拟仿真实验	福州大学	楼晓明	
	露天深孔台阶爆破仿真实验	华北理工大学	李富平	
第二章 知识拓展	含能材料燃烧热的测定研究虚拟仿真实验	西安电子科技大学	梁燕萍	第二章课程资源
	内燃动力装置燃烧与热力学循环虚拟仿真实验	天津大学	高文志	
	1 000 MW 超超临界火电机组燃烧系统虚拟仿真实验	清华大学	高琪瑞	
	合成反应热危险性评估虚拟仿真实验	南京工业大学	赵声萍	
	阻燃改性聚合物热氧化降解与燃烧过程测试虚拟仿真实验	浙大宁波理工学院	方征平	
	煤炭燃烧控制及其燃烧烟气污染物协同脱除实验	东北大学	杜涛	
	气体燃烧特性虚拟实验	辽宁科技大学	李丽丽	
	流化床锅炉燃烧虚拟仿真实验	哈尔滨理工大学	陈巨辉	
	直流锅炉燃烧调整虚拟仿真实验项目	长沙理工大学	刘亮	

续　表

教材位置	课程名称	所属学校	负责人	课程资源
第三章 知识拓展	海上钻井平台火灾扑救与应急救生虚拟仿真实验	中国地质大学（武汉）	周克清	 第三章课程资源
	森林燃烧蔓延模拟及灭火机具仿真实验	东北林业大学	杨光	
	岩石隧道防火体系虚拟仿真实验教学系统	同济大学	李晓军	
第四章 知识拓展	浏阳烟药燃放设计虚拟仿真实验	长沙理工大学	刘卫东	 第四章课程资源
	高能炸药的超细化虚拟仿真实验	南京理工大学	谈玲华	
	杀爆榴弹威力性能测试虚拟仿真实验	中北大学	王志军	
	炸药性能及爆破网络虚拟仿真实验	石家庄铁道大学	刘勇	
	火炸药机械感度测试虚拟仿真实验	中北大学	袁俊明	
	矿山粉尘危害职业防控虚拟仿真实验	山东科技大学	程卫东	
第五章 知识拓展	化工企业火灾风险防控及应急处置演练虚拟仿真实验	江苏海洋大学	姜琴	 第五章课程资源
	石油储备罐区检测与事故应急处置虚拟仿真实验	东北石油大学	李伟	
	油库油品蒸发损耗与火灾防控虚拟仿真实验	中国石油大学（北京）	侯磊	
	化学实验过程安全操作与火灾应急演练虚拟仿真实验	天津工业大学	郭玉高	
	实验室易燃溶剂泄漏触发火灾事故处理虚拟仿真实验	河北科技大学	许永权	
	煤制甲醇安全应急演练虚拟仿真	银川能源学院	黄瑞民	
	化工厂爆燃事件公共卫生应急处置	南京医科大学	王建明	
	甲醇生产应急预案虚拟仿真项目	东北电力大学	杨春华	
	危化品运输管理与应急处置虚拟仿真项目	常州大学	陆华良	
	化工生产突发事件应急处置仿真实训	许昌学院	徐静莉	
	氟利昂 F1426 槽区危险辨识及泄漏事故应急救援虚拟仿真实验	四川轻化工大学	颜杰	
	加氢反应系统安全应急演练 3D 仿真实训项目	徐州工程学院	王超	

教材位置	课程名称	所属学校	负责人	课程资源
	甲醇爆燃泄露的公共卫生现场及环境污染应急处置虚拟仿真实验	南京医科大学	夏彦恺	
	易燃易爆危险化学品车载运输系统安全虚拟仿真实验项目	武汉理工大学	陈先锋	
	危险化学品罐区安全虚拟仿真	北京化工大学	张东胜	
	海南天然气分析与合成能源化工安全虚拟仿真实验	海南大学	李嘉诚	
	基于合成氨工艺的典型生产安全事故应急处置虚拟仿真实验	河北工业大学	张东升	
	加氢系统安全事故综合培训虚拟仿真项目	宁波工程学院	尤玉静	
	临海危险化学品泄漏事故应急处置虚拟仿真实验	福州大学	阳富强	
	MOOC 教学模式下危险化学品安全使用综合实验	中国科学技术大学	冯红艳	
	过氧化甲乙酮的合成及安全性 3D 虚拟仿真系统	西北师范大学	查飞	
第六章知识拓展	高校公共建筑安全疏散设计虚拟仿真实验	中国矿业大学	朱国庆	第六章课程资源
	建筑消防系统虚拟仿真实验	兰州理工大学	王亚军	
	建筑消防设施有效性检查与功能评测虚拟仿真实验	中国人民警察大学	李思成	
	高层建筑防火设计与消防疏散虚拟仿真实验	哈尔滨工业大学	孙澄	

附录2

教材中引用的特别重大火灾
爆炸事故调查报告

序号	事故调查报告名称	序号	事故调查报告名称
1	江苏响水天嘉宜化工有限公司"3·21"特别重大爆炸事故调查报告	11	包茂高速陕西延安"8·26"特别重大道路交通事故调查报告
2	重庆市永川区金山沟煤业有限责任公司"10·31"特别重大瓦斯爆炸事故调查报告	12	四川省攀枝花市西区正金工贸有限责任公司肖家湾煤矿"8·29"特别重大瓦斯爆炸事故调查报告
3	内蒙古自治区赤峰宝马矿业有限责任公司"12·3"特别重大瓦斯爆炸事故调查报告	13	京珠高速河南信阳"7·22"特别重大卧铺客车燃烧事故调查报告
4	天津港"8·12"瑞海公司危险品仓库特别重大火灾爆炸事故调查报告	14	国务院安委会办公室关于黑龙江省伊春市华利实业有限公司"8·16"特别重大烟花爆竹爆炸事故调查处理结果的通报
5	河南平顶山"5·25"特别重大火灾事故调查报告	15	国务院安委会办公室关于黑龙江省龙煤矿业集团股份有限公司鹤岗分公司新兴煤矿"11·21"特别重大煤(岩)与瓦斯突出和瓦斯爆炸事故调查处理结果的通报
6	江苏省苏州昆山市中荣金属制品有限公司"8·2"特别重大爆炸事故调查报告	16	山西省晋中市灵石县王禹乡南山煤矿"11·12"特别重大火灾事故
7	晋济高速公路山西晋城段岩后隧道"3·1"特别重大道路交通危化品燃爆事故调查报告	17	2005年江西省上饶"3·17"道路交通黑火药爆炸特别重大事故
8	山东省青岛市"11·22"中石化东黄输油管道泄漏爆炸特别重大事故调查报告	18	河北唐山恒源实业有限公司"12·7"特别重大瓦斯煤尘爆炸事故
9	山东保利民爆济南科技有限公司"5·20"特别重大爆炸事故调查报告	19	陕西延安子长县瓦窑堡镇煤矿"4·29"特别重大瓦斯爆炸事故
10	吉林省吉煤集团通化矿业集团公司八宝煤业公司"3·29"特别重大瓦斯爆炸事故调查报告	20	山西同煤集团轩岗煤电公司焦家寨煤矿"11·5"特别重大瓦斯爆炸事故

续　表

序号	事故调查报告名称	序号	事故调查报告名称
21	云南曲靖富源县后所镇昌源煤矿"11·25"特别重大瓦斯爆炸事故	31	历史上四月发生的危险化学品事故
22	辽宁阜新五龙煤矿"6·28"特别重大瓦斯爆炸事故基本情况及处理结果	32	历史上五月发生的危险化学品事故
23	四川都汶高速公路董家山隧道工程"12·22"特别重大瓦斯爆炸事故基本情况及处理结果	33	历史上六月发生的危险化学品事故
24	吉林辽源中心医院"12·15"特别重大火灾事故基本情况及处理结果	34	历史上七月发生的危险化学品事故
25	黑龙江七台河东风煤矿"11·27"特别重大煤尘爆炸事故基本情况及处理结果	35	历史上八月发生的危险化学品事故
26	吉化"11·13"特大爆炸事故及松花江特别重大水污染事件基本情况及处理结果	36	历史上九月发生的危险化学品事故
27	河南鹤壁"10·3"特别重大瓦斯爆炸事故基本情况及处理结果	37	历史上十月发生的危险化学品事故
28	历史上一月发生的危险化学品事故	38	历史上十一月发生的危险化学品事故
29	历史上二月发生的危险化学品事故	39	历史上十二月发生的危险化学品事故
30	历史上三月发生的危险化学品事故		

附录二　教材中引用的重特大
火灾爆炸事故调查报告

附录 3
教材参考的法律、规范和标准

类别	法律、规范或标准名称
法律	中华人民共和国安全生产法 中华人民共和国消防法
法规	危险化学品安全管理条例 易制毒化学品管理条例
规章	化学品物理危险性鉴定与分类管理办法 危险化学品安全使用许可证实施办法 危险化学品经营许可证管理办法 危险化学品登记管理办法 危险化学品建设项目安全监督管理办法 危险化学品输送管道安全管理规定 危险化学品生产企业安全生产许可证实施办法 危险化学品重大危险源监督管理暂行规定 非药品类易制毒化学品生产、经营许可办法
规范性 文件	危险化学品企业重大危险源安全包保责任制办法 化工和危险化学品生产经营单位重大生产安全事故隐患判定标准 化工园区安全风险排查治理导则（试行） 危险化学品企业安全风险隐患排查治理导则
标准	GB/T 267—1988 石油产品闪点与燃点测定法（开口杯法） GB/T 699—2015 优质碳素结构钢 GB/T 2406.1—2008 塑料 用氧指数法测定燃烧行为 第 1 部分：导则 GB/T 2406.2—2009 塑料 用氧指数法测定燃烧行为 第 2 部分：室温试验 GB/T 2900.35—2008 电工术语 爆炸性环境用设备 GB/T 3536—2008 石油产品闪点和燃点的测定 克利夫兰开口杯法 GB/T 3836.1—2021 爆炸性环境 第 1 部分：设备 通用要求 GB/T 3836.2—2021 爆炸性环境 第 2 部分：由隔爆外壳"d"保护的设备 GB/T 3836.3—2021 爆炸性环境 第 3 部分：由增安型"e"保护的设备 GB/T 3836.4—2021 爆炸性环境 第 4 部分：由本质安全型"i"保护的设备 GB/T 3836.5—2021 爆炸性环境 第 5 部分：由正压外壳"p"保护的设备 GB/T 3836.6—2017 爆炸性环境 第 6 部分：由液浸型"o"保护的设备 GB/T 3836.7—2017 爆炸性环境 第 7 部分：由充砂型"q"保护的设备 GB/T 3836.8—2021 爆炸性环境 第 8 部分：由"n"型保护的设备

类别	法律、规范或标准名称
	GB/T 3836.9—2021 爆炸性环境 第 9 部分:由浇封型"m"保护的设备
	GB/T 3836.11—2017 爆炸性环境 第 11 部分:气体和蒸气物质特性分类 试验方法和数据
	GB/T 3836.12—2019 爆炸性环境 第 12 部分:可燃性粉尘物质特性 试验方法
	GB 3836.14—2014 爆炸性环境 第 14 部分:场所分类 爆炸性气体环境
	GB/T 3836.15—2017 爆炸性环境 第 15 部分:电气装置的设计、选型和安装
	GB/T 3836.24—2017 爆炸性环境 第 24 部分:由特殊型"s"保护的设备
	GB/T 3836.26—2019 爆炸性环境 第 26 部分:静电危害 指南
	GB/T 3836.31—2021 爆炸性环境 第 31 部分:由防粉尘点燃外壳"t"保护的设备
	GB/T 3836.35—2021 爆炸性环境 第 35 部分:爆炸性粉尘环境场所分类
	GB 4065—1983 二氟一氯一溴甲烷灭火剂
	GB 4066—2017 干粉灭火剂
	GB 4351.1—2005 手提式灭火器 第 1 部分:性能和结构要求
	GB 4351.2—2005 手提式灭火器 第 2 部分:手提式二氧化碳灭火器钢质无缝瓶体的要求
	GB/T 4351.3—2005 手提式灭火器 第 3 部分:检验细则
	GB 4396—2005 二氧化碳灭火剂
	GB 4716—2005 点型感温火灾探测器
	GB/T 4968—2008 火灾分类
	GB 5085.1—2007 危险废物鉴别标准 腐蚀性鉴别
	GB 5085.2—2007 危险废物鉴别标准 急性毒性初筛
	GB 5085.3—2007 危险废物鉴别标准 浸出毒性鉴别
	GB 5085.4—2007 危险废物鉴别标准 易燃性鉴别
	GB 5085.5—2007 危险废物鉴别标准 反应性鉴别
	GB 5085.6—2007 危险废物鉴别标准 毒性物质含量鉴别
	GB 5085.7—2007 危险废物鉴别标准 通则
	GB/T 5208—2008 闪点的测定 快速平衡闭杯法
	GB/T 5332—2007 可燃液体和气体引燃温度试验方法
	GB/T 5907.1—2014 消防词汇 第 1 部分:通用术语
	GB/T 5907.5—2015 消防词汇 第 5 部分:消防产品
	GB 6051—1985 三氟一溴甲烷灭火剂（1301 灭火剂）
	GB 6441—86 企业职工伤亡事故分类
	GB 6944—2012 危险货物分类和品名编号
	GB 7956.1—2014 消防车 第 1 部分:通用技术条件
	GB 8109—2005 推车式灭火器
	GB 8624—2012 建筑材料及制品燃烧性能分级
	GB/T 8924—2005 纤维增强塑料燃烧性能试验方法 氧指数法
	GB/T 9343—2008 塑料燃烧性能试验方法 闪燃温度和自燃温度的测定
	GB/T 9978.1—2008 建筑构件耐火试验方法 第 1 部分:通用要求
	GB/T 9978.2—2019 建筑构件耐火试验方法 第 2 部分:耐火试验试件受火作用均匀性的测量指南
	GB/T 9978.3—2008 建筑构件耐火试验方法 第 3 部分:试验方法和试验数据应用注释
	GB 12014—2019 防护服装 防静电服
	GB 12158—2006 防止静电事故通用导则
	GB/T 12474—2008 空气中可燃气体爆炸极限测定方法
	GB 12955—2008 防火门
	GB 13495.1—2015 消防安全标志 第 1 部分:标志
	GB 13690—2009 化学品分类和危险性公示 通则
	GB/T 13861—2009 生产过程危险和有害因素分类与代码

续　表

类别	法律、规范或标准名称
	GB 14102—2005 防火卷帘
	GB 14287.1—2014 电气火灾监控系统 第 1 部分:电气火灾监控设备
	GB 14287.2—2014 电气火灾监控系统 第 2 部分:剩余电流式电气火灾监控探测器
	GB 14287.3—2014 电气火灾监控系统 第 3 部分:测温式电气火灾监控探测器
	GB 14287.4—2014 电气火灾监控系统 第 4 部分:故障电弧探测器
	GB 14371—2013 危险货物运输 爆炸品的认可和分项程序及配装要求
	GB/T 14659—2015 民用爆破器材术语
	GB 15258—2009 化学品安全标签编写规定
	GB 15308—2006 泡沫灭火剂
	GB/T 15463—2018 静电安全术语
	GB 15577—2018 粉尘防爆安全规程
	GB/T 15604—2008 粉尘防爆术语
	GB/T 15605—2008 粉尘爆炸泄压指南
	GB 15631—2008 特种火灾探测器
	GB 15763.1—2009 建筑用安全玻璃 第 1 部分:防火玻璃
	GB 15930—2007 建筑通风和排烟系统用防火阀门
	GB 16280—2014 线型感温火灾探测器
	GB/T 16425—2018 粉尘云爆炸下限浓度测定方法
	GB/T 16426—1996 粉尘云最大爆炸压力和最大压力上升速率测定方法
	GB/T 16428—1996 粉尘云最小着火能量测定方法
	GB/T 16483—2008 化学品安全技术说明书 内容和项目顺序
	GB/T 16581—1996 绝缘液体燃烧性能试验方法 氧指数法
	GB 16809—2008 防火窗
	GB/T 17519—2013 化学品安全技术说明书编写指南
	GB/T 17582—2011 工业炸药分类和命名规则
	GB 17835—2008 水系灭火剂
	GB/T 17919—2008 粉尘爆炸危险场所用收尘器防爆导则
	GB 17945—2010 消防应急照明和疏散指示系统
	GB/T 18154—2000 监控式抑爆装置技术要求
	GB 18218—2018 危险化学品重大危险源辨识
	GB 18265—2019 危险化学品经营企业安全技术基本要求
	GB 18614—2012 七氟丙烷(HFC227ea)灭火剂
	GB 20128—2006 惰性气体灭火剂
	GB/T 20936.2—2017 爆炸性环境用气体探测器 第 2 部分:可燃气体和氧气探测器的选型、安装、使用和维护
	GB 21175—2007 危险货物分类定级基本程序
	GB/T 21535—2008 危险化学品 爆炸品 名词术语
	GB/T 21611—2008 危险品 易燃固体自燃试验方法
	GB/T 21615—2008 危险品 易燃液体闭杯闪点试验方法
	GB/T 21756—2008 工业用途的化学产品 固体物质相对自燃温度的测定
	GB/T 21775—2008 闪点的测定 闭杯平衡法
	GB/T 21789—2008 石油产品和其他液体闪点的测定 阿贝尔闭口杯法
	GB/T 21791—2008 石油产品自燃温度测定法
	GB/T 21850—2008 化工产品 固体和液体自燃性的确定
	GB/T 21859—2008 气体和蒸气点燃温度的测定方法
	GB/T 21860—2008 液体化学品自燃温度的试验方法
	GB/T 21929—2008 泰格闭口杯闪点测定法

类别	法律、规范或标准名称
	GB 21976.1—2008 建筑火灾逃生避难器材 第1部分:配备指南
	GB 21976.2—2012 建筑火灾逃生避难器材 第2部分:逃生缓降器
	GB 21976.3—2012 建筑火灾逃生避难器材 第3部分:逃生梯
	GB 21976.4—2012 建筑火灾逃生避难器材 第4部分:逃生滑道
	GB 21976.5—2012 建筑火灾逃生避难器材 第5部分:应急逃生器
	GB 21976.6—2012 建筑火灾逃生避难器材 第6部分:逃生绳
	GB 21976.7—2012 建筑火灾逃生避难器材 第7部分:过滤式消防自救呼吸器
	GB/T 23767—2009 固体化工产品在气态氧化剂中燃烧极限测定的通用方法
	GB/T 23819—2018 机械安全 防火与消防
	GB/T 24626—2009 耐爆炸设备
	GB/T 25285.1—2021 爆炸性环境 爆炸预防和防护 第1部分:基本原则和方法
	GB/T 25285.2—2021 爆炸性环境 爆炸预防和防护 第2部分:矿山爆炸预防和防护的基本原则和方法
	GB/T 25445—2010 抑制爆炸系统
	GB/T 25482—2010 自动闭口闪点仪
	GB 25506—2010 消防控制室通用技术要求
	GB 25971—2010 六氟丙烷(HFC236fa)灭火剂
	GB/T 27847—2011 石油产品 闪点测定 阿贝尔-宾斯基闭口杯法
	GB/T 27848—2011 液态沥青和稀释沥青 闪点测定 阿贝尔闭口杯法
	GB/T 27862—2011 化学品危险性分类试验方法 气体和气体混合物燃烧潜力和氧化能力
	GB 27897—2011 A类泡沫灭火剂
	GB/T 29304—2012 爆炸危险场所防爆安全导则
	GB/T 29329—2021 废弃化学品术语
	GB/T 29639—2020 生产经营单位生产安全事故应急预案编制导则
	GB 30000.2—2013 化学品分类和标签规范 第2部分:爆炸物
	GB 30000.3—2013 化学品分类和标签规范 第3部分:易燃气体
	GB 30000.4—2013 化学品分类和标签规范 第4部分:气溶胶
	GB 30000.5—2013 化学品分类和标签规范 第5部分:氧化性气体
	GB 30000.6—2013 化学品分类和标签规范 第6部分:加压气体
	GB 30000.7—2013 化学品分类和标签规范 第7部分:易燃液体
	GB 30000.8—2013 化学品分类和标签规范 第8部分:易燃固体
	GB 30000.9—2013 化学品分类和标签规范 第9部分:自反应物质和混合物
	GB 30000.10—2013 化学品分类和标签规范 第10部分:自燃液体
	GB 30000.11—2013 化学品分类和标签规范 第11部分:自燃固体
	GB 30000.12—2013 化学品分类和标签规范 第12部分:自热物质和混合物
	GB 30000.13—2013 化学品分类和标签规范 第13部分:遇水放出易燃气体的物质和混合物
	GB 30000.14—2013 化学品分类和标签规范 第14部分:氧化性液体
	GB 30000.15—2013 化学品分类和标签规范 第15部分:氧化性固体
	GB 30000.16—2013 化学品分类和标签规范 第16部分:有机过氧化物
	GB 30122—2013 独立式感温火灾探测报警器
	GB/T 30777—2014 胶粘剂闪点的测定 闭杯法
	GB/T 31540.2—2015 消防安全工程指南 第2部分:火灾发生、发展及烟气的生成
	GB/T 31540.3—2015 消防安全工程指南 第3部分:结构响应和室内火灾的对外蔓延
	GB/T 31540.4—2015 消防安全工程指南 第4部分:探测、启动和灭火
	GB/T 31540.5—2019 消防安全工程指南 第5部分:火灾烟气运动
	GB/T 31593.3—2015 消防安全工程 第3部分:火灾风险评估指南
	GB/T 31593.5—2015 消防安全工程 第5部分:火羽流的计算要求

续　表

类别	法律、规范或标准名称
	GB/T 31593.8—2015 消防安全工程 第 8 部分:开口气流的计算要求
	GB/T 31593.9—2015 消防安全工程 第 9 部分:人员疏散评估指南
	GB/T 31857—2015 废弃固体化学品分类规范
	GB/T 33215—2016 气瓶安全泄压装置
	GB/T 33668—2017 地铁安全疏散规范
	GB 35181—2017 重大火灾隐患判定方法
	GB 35373—2017 氢氟烃类灭火剂
	GB/T 35684—2017 燃油容器爆炸性环境阻隔抑爆材料技术要求
	GB/T 36381—2018 废弃液体化学品分类规范
	GB 36894—2018 危险化学品生产装置和储存设施风险基准
	GB/T 37241—2018 惰化防爆指南
	GB/T 37243—2019 危险化学品生产装置和储存设施外部安全防护距离确定方法
	GB/T 37521.1—2019 重点场所防爆炸安全检查 第 1 部分:基础条件
	GB/T 37816—2019 承压设备安全泄放装置选用与安装
	GB/T 38298—2019 固体化学品自动点火温度的试验方法
	GB/T 38301—2019 可燃气体或蒸气极限氧浓度测定方法
	GB/T 38310—2019 火灾烟气致死毒性的评估
	GB/T 39531—2020 建筑构配件术语
	GB/T 39652.1—2021 危险货物运输应急救援指南 第 1 部分:一般规定
	GB/T 39652.2—2021 危险货物运输应急救援指南 第 2 部分:应急指南
	GB/T 39652.3—2021 危险货物运输应急救援指南 第 3 部分:救援距离
	GB/T 39652.4—2021 危险货物运输应急救援指南 第 4 部分:遇水反应产生毒性气体的物质目录
	GB 40163—2021 海运危险货物集装箱装箱安全技术要求
	GB/T 40238—2021 建筑材料及制品燃烧试验 基材选取、试样状态调节和安装要求
	GB/T 45001—2020 职业健康安全管理体系 要求及使用指南
	GB 50016—2014 建筑设计防火规范
	GB 50019—2015 工业建筑供暖通风与空气调节设计规范
	GB 50057—2010 建筑物防雷设计规范
	GB 50058—2014 爆炸危险环境电力装置设计规范
	GB 50116—2013 火灾自动报警系统设计规范
	GB 50140—2005 建筑灭火器配置设计规范
	GB 50156—2021 汽车加油加气加氢站技术标准
	GB 50222—2017 建筑内部装修设计防火规范
	GB 50444—2008 建筑灭火器配置验收及检查规范
	AQ 4273—2016 粉尘爆炸危险场所用除尘系统安全技术规范
	AQ/T 9007—2019 生产安全事故应急演练基本规范

附录 4

化工园区安全风险排查治理检查表

序号	要素	排查内容	评分标准	分值 E_i
1	设立（15分）	化工园区应整体规划、集中布置，化工园区内不应有居民居住	0分——无整体规划或化工园区内有居民居住；1分——整体规划，但未集中布置；5分——符合要求	
		化工园区应符合国家、区域、省和设区产业布局规划要求，在城乡总体规划确定的建设用地范围之内，符合国土空间规划	0分——不符合国家、区域、省和设区的市产业布局规划要求或不在城乡总体规划确定的建设用地范围之内或不符合国土空间规划；5分——符合要求	
		化工园区的设立应经省级及以上人民政府认定，负责园区管理的当地人民政府应明确承担园区安全生产和应急管理职责的机构	0分——未经省级及以上人民政府认定，或未明确承担园区安全生产和应急管理职责的机构；5分——符合要求	
2	选址及规划（30分）	化工园区应位于地方人民政府规划的专门用于危险化学品生产、储存的区域，符合化工园区所在地区化工行业安全发展规划	0分——化工园区未位于危险化学品的生产、储存规划区域或不符合化工园区所在地区化工行业安全发展规划；5分——符合要求	
		化工园区选址应把安全放在首位，进行选址安全评估，化工园区与城市建成区、人口密集区、重要设施等防护目标之间保持足够的安全防护距离，留有适当的缓冲带，将化工园区安全与周边公共安全的相互影响降至风险可以接受	0分——未进行选址安全评估或化工园区与城市建成区、人口密集区、重要设施等防护目标之间安全防护距离不满足要求；1分——进行了选址安全评估，化工园区与城市建成区、人口密集区、重要设施等防护目标之间安全防护距离满足要求，缓冲带小于200米（不含200米）；3分——进行了选址安全评估，化工园区与城市建成区、人口密集区、重要设施等防护目标之间安全防护距离满足要求，缓冲带200～500米（不含500米）；5分——进行了选址安全评估，化工园区与城市建成区、人口密集区、重要设施等防护目标之间安全防护距离满足要求，缓冲带大于等于500米	

序号	要素	排查内容	评分标准	分值 E_i
		化工园区应编制《化工园区总体规划》和《化工园区产业规划》，《化工园区总体规划》应包含安全生产和综合防灾减灾规划章节	0分——未编制《化工园区总体规划》和《化工园区产业规划》或《化工园区总体规划》无安全生产和综合防灾减灾规划章节；5分——符合要求	
		化工园区安全生产管理机构应至少每五年开展一次化工园区整体性安全风险评估，评估安全风险，提出消除、降低、管控安全风险的对策措施	0分——未按照规定要求开展化工园区整体性安全风险评估；5分——符合要求	
		化工园区安全生产管理机构应依据化工园区整体性安全风险评估结果和相关法规标准的要求，划定化工园区周边土地规划安全控制线，并报送化工园区所在地设区的市级和县级地方人民政府规划主管部门、应急管理部门	0分——未设置化工园区周边土地规划安全控制线；1分——设置了化工园区周边土地规划安全控制线，但未报送；5分——符合条件	
		化工园区所在地设区的市级和县级地方人民政府规划主管部门应严格控制化工园区周边土地开发利用，土地规划安全控制线范围内的开发建设项目应经过安全风险评估，满足安全风险控制要求	0分——土地规划安全控制线内的开发项目未经过安全风险评估，不满足安全风险控制要求；5分——符合要求	
3	园区内布局（20分）	化工园区应综合考虑主导风向、地势高低落差、企业装置之间的相互影响、产品类别、生产工艺、物料互供、公用设施保障、应急救援等因素，合理布置功能分区。劳动力密集型的非化工企业不得与化工企业混建在同一园区内	0分——劳动力密集型的非化工企业与化工企业混建在同一化工园区内；1分——功能分区未严格执行国家相关标准，功能分区不合理；5分——符合要求	
		化工园区行政办公、生活服务区等人员集中场所与生产功能区应相互分离，布置在化工园区边缘或化工园区外；消防站、应急响应中心、医疗救护站等重要设施的布置应有利于应急救援的快速响应需要，并与涉及爆炸物、毒性气体、液化易燃气体的装置或设施保持足够的安全距离	0分——行政办公、生活服务区等人员集中场所与生产功能区未相互分离，或消防站、应急响应中心、医疗救护站等重要设施的布置不能满足应急救援的快速响应需要；1分——行政办公、生活服务区等人员集中场所与生产功能区相互分离，但未布置在化工园区边缘或化工园区外；消防站、应急响应中心、医疗救护站等重要设施的布置满足应急救援的快速响应需要，但	

序号	要素	排查内容	评分标准	分值 E_i
			受涉及爆炸物、毒性气体、液化易燃气体的装置或设施影响,未采取有效防护措施;3分——行政办公、生活服务区等人员集中场所与生产功能区相互分离,且布置在化工园区边缘或化工园区外;消防站、应急响应中心、医疗救护站等重要设施的布置满足应急救援的快速响应需要,但受涉及爆炸物、毒性气体、液化易燃气体的装置或设施影响,采取了有效防护措施;5分——符合要求	
		化工园区整体性安全风险评估应结合国家有关法律法规和标准规范要求,评估化工园区布局的安全性和合理性,对多米诺效应进行分析,提出安全风险防范措施,降低区域安全风险,避免多米诺效应	0分——未进行多米诺效应分析;1分——进行了多米诺效应分析,但未对化工园区布局的安全性和合理性提出意见,未提出安全风险防范措施;5分——符合要求	
		在安全条件审查时,危险化学品建设项目单位提交的安全评价报告应对危险化学品建设项目与周边企业的相互影响进行多米诺效应分析,优化平面布局	0分——危险化学品建设项目安全评价报告未进行多米诺效应分析;1分——危险化学品建设项目安全评价报告进行了多米诺效应分析,对优化平面布局未提出建议措施;5分——符合要求	
4	准入和退出(25分)	化工园区应当严格根据《化工园区总体规划》和《化工园区产业规划》,制定适应区域特点、地方实际的《化工园区产业发展指引》和"禁限控"目录	0分——未制定《化工园区产业发展指引》或"禁限控"目录;1分——《化工园区产业发展指引》和"禁限控"目录未明确产业目录、产业类别、生产能力、工艺水平等关键指标;5分——符合要求	
		化工园区的项目准入应有利于形成相对完整的"上、中、下游"产业链和主导产业,实现化工园区内资源的有效配置和充分利用	0分——近5年化工园区的准入项目与化工园区"上、中、下游"产业链和主导产业无关;1分——近5年化工园区的准入项目与化工园区"上、中、下游"产业链和主导产业有一定关联性;5分——符合要求	

续　表

序号	要素	排查内容	评分标准	分值 E_i
		化工园区内危险化学品建设项目应由具有相关工程设计资质的单位设计;涉及"两重点一重大"装置的专业管理人员必须具有大专以上学历,操作人员必须具有高中或者相当于高中及以上文化程度,企业特种作业人员应持证上岗	0分——化工园区内危险化学品建设项目未由具有相关工程设计资质的单位设计或涉及"两重点一重大"装置的专业管理人员不具有大专以上学历或操作人员不具有高中或者相当于高中及以上文化程度或特种作业人员未持证上岗;5分——符合要求	
		化工园区内凡存在重大事故隐患、生产工艺技术落后、不具备安全生产条件的企业,责令停产整顿,整改无望的或整改后仍不能达到要求的企业,应依法予以关闭	0分——存在重大事故隐患、生产工艺技术落后、不具备安全生产条件的企业,责令停产整顿,整改无望或整改后仍不能达到要求的企业;5分——符合要求	
		化工园区应建立健全企业、承包商准入和退出机制,建立黑名单制度	0分——化工园区未建立企业、承包商准入和退出机制或未建立黑名单制度;1分——化工园区建立了企业、承包商准入和退出机制,建立了黑名单制度,但未有效运行并考核;5分——符合要求	
5	配套功能设施(35分)	化工园区供水水源应充足、可靠,建设统一集中的供水设施和管网,满足企业和化工园区配套设施生产、生活、消防用水的需求。化工园区附近有天然水源的,应设置供消防车取水的消防车道和取水码头	0分——供水不能满足企业和化工园区配套设施生产、生活、消防用水的需求;1分——供水水源充足、可靠,但化工园区未建设统一集中的供水设施和管网;3分——供水水源充足、可靠,建设了统一集中的供水设施和管网,附近有天然水源但未设置供消防车取水的消防车道和取水码头;5分——符合要求	
		化工园区应能保障双电源供电。供电应满足化工园区各企业和化工园区配套设施生产、生活和应急用电需求,电源可靠	0分——供电不满足保障双电源供电;5分——符合条件	
		化工园区公用管廊应满足《化工园区公共管廊管理规程》(GB/T 36762—2019)要求	0分——未建设公用管廊;1分——建有公用管廊,但未按照《化工园区公共管廊管理规程》(GB/T 36762—2018)要求建设;5分——符合要求	

365

序号	要素	排查内容	评分标准	分值 E_i
		化工园区应严格管控运输安全风险,运用物联网等先进技术对危险化学品运输车辆进出进行实时监控,实行专用道路、专用车道和限时限速行驶等措施,由化工园区实施统一管理、科学调度,防止安全风险积聚。有危险化学品车辆聚集较大安全风险的化工园区应建设危险化学品车辆专用停车场并严格管理	0分——未运用物联网等先进技术对危险化学品运输车辆进出进行实时监控,或有危险化学品车辆聚集较大安全风险的化工园区未建设危险化学品车辆专用停车场;3分——运用物联网等先进技术对危险化学品运输车辆进出进行实时监控,但未实行专用道路、专用车道和限时限速行驶等措施,由化工园区实施统一管理、科学调度,防止安全风险积聚;有危险化学品车辆聚集较大安全风险的化工园区建设了危险化学品车辆专用停车场,但未对危险化学品车辆专用停车场进行严格管理;5分——符合要求	
		化工园区应按照"分类控制、分级管理、分步实施"要求,结合产业结构、产业链特点、安全风险类型等实际情况,分区实行封闭化管理,建立完善门禁系统和视频监控系统,对易燃易爆、有毒有害化学品和危险废物等物料、人员、车辆进出实施全过程监管	0分——未按照"分类控制、分级管理、分步实施"的要求实行化工园区封闭化管理且未建立门禁系统和视频监控系统;1分——实行化工园区封闭化管理但未建立门禁系统和视频监控系统;3分——实施封闭化管理并建立门禁系统和视频监控系统,但未对易燃易爆、有毒有害化学品和危险废物等物料、人员、车辆进出实施全过程监管;5分——符合要求	
		化工园区应按照有关法律法规和国家标准规范对产生的固体废物特别是危险废物全部进行安全处置,必要时建设配套的固体废物特别是危险废物集中处置设施,并实行专业化运营管理,充分利用信息化等手段对危险废物种类、产生量、流向、贮存、处置、转移等全链条的风险实施监督和管理	0分——未按照有关法律法规和国家标准规范要求,对产生的固体废物特别是危险废物全部进行安全处置;3分——对产生的固体废物特别是危险废物全部进行安全处置,但未充分利用信息化等手段对危险废物种类、产生量、流向、贮存、处置和转移等全链条的风险实施监督和管理;5分——符合要求	
		化工园区应配套建设满足化工园区需要,符合安全环保要求的污水处理设施;合理分析和估算安全事故废水量,根据需求规划建设公共的事故废水应急池,确保在安全事故发生时能满足废水处置要求	0分——化工园区污水处理设施不满足化工园区需要或不符合安全环保要求;或未对化工园区安全事故废水进行合理分析和估算;或估算后,在化工园区安全事故发生时不能满足事故废水处置要求,未采取措施;5分——符合要求	

序号	要素	排查内容	评分标准	分值 E_i
6	一体化安全管理及应急救援（40分）	化工园区应实施安全生产与应急一体化管理,建立健全行业监管、协同执法和应急救援的联动机制,协调解决化工园区内企业之间的安全生产重大问题,统筹指挥化工园区的应急救援工作,指导企业落实安全生产主体责任,全面加强安全生产和应急管理工作	0分——未实施安全生产与应急一体化管理;5分——符合要求	
		化工园区管委会应配备具有化工专业背景的负责人,并建立化工园区管委会领导带班制度;根据企业数量、产业特点、整体安全风险状况,配备满足安全监管需要的人员,其中具有相关化工专业学历或化工安全生产实践经历的人员或注册安全工程师的人员数量不低于安全监管人员的75%	0分——未配备具有相关化工专业学历或化工安全生产实践经历的人员或注册安全工程师等专业监管人员,或化工园区管委会未配备具有化工专业背景的负责人;1分——配备了具有相关化工专业学历或化工安全生产实践经历的人员或注册安全工程师等专业监管人员但比例低于75%;或未建立化工园区管委会领导带班制度;5分——符合要求	
		化工园区应按照国家有关要求,制定安全风险分级管控制度,对化工园区内企业进行安全风险分级,加强对红色、橙色安全风险的分析、评估、预警	0分——未按照国家有关要求,对化工园区内企业进行安全风险分级,未制定安全风险分级管控制度,未对红色、橙色安全风险的分析、评估、预警;5分——符合要求	
		化工园区应建设安全监管和应急救援信息平台,构建基础信息库和风险隐患数据库,至少应接入企业重大危险源（储罐区和库区）实时在线监测监控相关数据、关键岗位视频监控、安全仪表等异常报警数据,实现对化工园区内重点场所、重点设施在线实时监测、动态评估和及时自动预警;要建立园区三维倾斜摄影模型,在平台中实时更新园区建设边界、园区内企业边界及分布等基础信息;化工园区应将接入数据上传至省、市级应急管理部门	0分——未建设平台;1分——建设了平台,但只有基础信息数据库,未接入其他相关数据;3分——建设了平台且能实现预警功能;5分——符合要求	
		化工园区应制定总体应急救援预案及专项预案,并至少每2年组织1次安全事故应急救援演练	0分——未制定总体应急救援预案及专项预案或未按要求组织安全事故应急救援演练;5分——符合要求	

续　表

序号	要素	排查内容	评分标准	分值 E_i
		化工园区应编制化工园区消防规划,消防站布点应根据化工园区面积、危险性、平面布局等因素综合考虑,按照不低于《城市消防站建设标准》中特勤消防站的标准进行建设,消防车种类、数量、结构以及车载灭火药剂数量、装备器材、防护装具等应满足安全事故处置需要。化工园区应建设危险化学品专业应急救援队伍;根据自身安全风险类型和实际需求,配套建设医疗急救场所和气防站	0分——未建设化工园区消防站;1分——建设了化工园区消防站但未按照《城市消防站建设标准》中特勤消防站的标准进行建设;或未建有危险化学品专业应急救援队伍;或配备的消防设备设施不满足事故处置需要;5分——符合要求	
		化工园区应建立健全化工园区内企业及公共应急物资储备保障制度,统筹规划配备充足的应急物资装备	0分——未建立企业及公共应急物资储备保障制度,未统筹规划配备充足的应急物资装备;5分——符合要求	
		化工园区应加强对台风、雷电、洪水、泥石流、滑坡等自然灾害的监测和预警,并落实有关灾害的防范措施,防范因自然灾害引发危险化学品次生灾害	0分——未对台风、雷电、洪水、泥石流、滑坡等自然灾害监测和预警;3分——对台风、雷电、洪水、泥石流、滑坡等自然灾害监测和预警,但未落实有关灾害的防范措施;5分——符合要求	
7	分值汇总	/	/	

参考文献

[1] 隋鹏程,陈宝智,隋旭. 安全原理[M]. 北京:化学工业出版社,2005.

[2] 杨泗霖. 防火防爆技术[M]. 北京:中国劳动社会保障出版社,2008.

[2] 蒋军成. 化工安全[M]. 北京:中国劳动社会保障出版社,2008.

[3] [美] STEPHEN R T. 燃烧学导论[M]. 姚强,李水清,王宇,译. 北京:清华大学出版社,2009.

[4] 蒋军成. 危险化学品安全技术与管理[M]. 2版. 北京:化学工业出版社,2009.

[5] 解立峰,余永刚,韦爱勇,等. 防火与防爆工程[M]. 北京:冶金出版社,2010.

[6] 朱建芳. 防火防爆理论与技术[M]. 北京:煤炭工业出版社,2013.

[7] 潘旭海. 燃烧爆炸理论及应用[M]. 北京:化学工业出版社,2015.

[8] 张英华,黄志安,高玉坤. 燃烧与爆炸学[M]. 2版. 北京:冶金出版社,2015.

[9] 徐彧,李耀庄. 建筑防火设计[M]. 北京:机械工业出版社,2015.

[10] 朱向东,胡川普.《建筑设计防火规范》图解[M]. 北京:机械工业出版社,2015.

[11] 徐志胜,姜学鹏. 安全系统工程[M]. 3版. 北京:机械工业出版社,2016.

[12] 邬长城. 燃烧爆炸理论基础与应用[M]. 北京:化学工业出版社,2016.

[13] [美]DANIEL A C, JOSEPH F L. 化工过程安全基本原理与应用(原著第3版)[M].赵东风,孟亦飞,刘义,等译. 青岛:中国石油大学出版社,2017.

[14] 曹庆贵. 安全评价[M]. 北京:机械工业出版社,2017.

[15] 李永康,马国祝. 消防安全技术实务[M]. 北京:机械工业出版社,2019.

[16] 陈先峰,高伟. 防火防爆技术[M]. 武汉:武汉理工大学出版社,2020.

[17] 陈宝智,张培红. 安全原理[M]. 3版. 北京:冶金出版社,2016.

[18] 和丽秋. 消防燃烧学[M]. 北京:机械工业出版社,2018.

[19] 杨峰峰,张世峰. 防火防爆技术[M]. 北京:冶金出版社,2020.

[20] 杨泗霖. 防火与防爆[M]. 北京:首都经济贸易大学出版社,2019.

[21] 潘荣锟. 防火防爆[M]. 徐州:中国矿业大学出版社,2021.

[22] 袁牧. 建筑设计防火规范速查手册[M]. 北京:中国建筑工业出版社,2022.